Schittenhelm
Kälteanlagentechnik

Schittenhelm

Kälteanlagentechnik

Elektro- und Steuerungstechnik

2., überarbeitete und erweiterte Auflage

C. F. Müller Verlag, Heidelberg

Alle in diesem Buch enthaltenen Angaben, Daten, Ergebnisse usw. wurden vom Autor nach bestem Wissen erstellt und von ihm und dem Verlag mit größtmöglicher Sorgfalt überprüft. Dennoch sind inhaltliche Fehler nicht völlig auszuschließen. Daher erfolgen die Angaben usw. ohne jegliche Verpflichtung oder Garantie des Verlags oder des Autors. Beide übernehmen deshalb keinerlei Verantwortung und Haftung für etwa vorhandene inhaltliche Unrichtigkeiten.

Die Deutsche Bibliothek – CIP-Einheitsaufnahme

Schittenhelm, Dietmar:
Kälteanlagentechnik : Elektro- und Steuerungstechnik /
Schittenhelm. – 2., überarb. und erw. Aufl. – Heidelberg : Müller, 1999
ISBN 3-7880-7642-9

2. Auflage 1999

Zeichnungen: Ulrike Edelmann, Königsbronn
Gesamtherstellung: Druckhaus „Thomas Müntzer" GmbH, Bad Langensalza
Gedruckt auf chlorfrei gebleichtem Papier

Printed in Germany
ISBN 3-7880-7642-9

Vorwort zur 2. Auflage

Bedanken möchte ich mich zunächst bei allen, die die erste Auflage dieses Buches erworben, und besonders bei denen, die mich auf Fehler aufmerksam gemacht und konstruktive Hinweise zur Überarbeitung gegeben haben. Dank gilt hierbei besonders den Schülern der Bundesfachschule Kälte-Klima-Technik in Maintal und den Dozenten der Bundesfachschule.

Alle Aufgaben und Beispiele sind auf die Spannungen 230/400 V umgerechnet worden. Hinsichtlich von Druck-, Schreib- und Rechenfehlern hat eine völlige Überarbeitung stattgefunden.

Ergänzt wurde die 2. Auflage durch die Kapitel „Elektronischer Motorstart“ und „Speicherprogrammierbare Steuerung SPS“.

Rödermark-Urberach im Juli 1999 *Dietmar Schittenhelm*

Vorwort zur 1. Auflage

Wer in der Kälteanlagentechnik tätig ist, weiß um die Vielzahl der elektrischen und steuerungstechnischen Komponenten von Anlagen. Auf diesen Bereich berufsbezogen einzugehen bzw. ihn fachspezifisch zu vermitteln, muß daher fester Bestandteil einer Aus- und Weiterbildung in der Kältetechnik sein.

Nun hängt aber eine erfolgreiche Vermittlung sehr stark ab von guten – und das heißt vor allem: branchenspezifischen – Ausarbeitungen. Für diesen wichtigen Bereich der Elektro- und Steuerungstechnik stand Fachliteratur bisher nur losgelöst von den Belangen der Kältetechnik zur Verfügung. Dieser unbefriedigende Zustand galt auch für die entsprechenden Nachschlagewerke.

Der vorliegende Band soll nun sowohl als Lehr- wie gleichermaßen als Nachschlagewerk die Lücke schließen; es soll damit auch dem Berufsbild „Kälteanlagenbauer" helfen, seine volkswirtschaftliche Bedeutung noch klarer herauszustreichen.

Das Berufsbild des Kälteanlagenbauers ist – wie praktisch alle Berufsbilder – einem ständigen technologischen Wandel unterworfen. Dabei ist der Stellenwert der Elektro- und Steuerungstechnik innerhalb der Kälteanlagentechnik sprunghaft angestiegen; die Vielzahl elektronischer Komponenten bei heutigen Kälteanlagen spiegelt dies wieder. Da die Entwicklung zukünftig weiter in dieser Richtung vorpreschen wird, kann nur eine solide Grundbildung den Fachmann auf dem Stand der Technik halten. Dazu soll dieses Buch einen Beitrag leisten.

Verlag und Verfasser sind allen Lesern dankbar, die ihre Meinung und konstruktive Kritik mitteilen. In einer erneuten Auflage sollen diese dann mitaufgenommen werden.

Es ist guter Brauch, in einem Vorwort ein Dankeschön auszusprechen an Personen, Gruppen und Firmen, die bei der Erstellung des Buches hilfreich mitgewirkt haben. Auch ich habe allen Grund, mich dieser Tradition anzuschließen.

Danken möchte ich den beiden Lektoren Herrn Heinz Veith und Claus Heyland für ihre Korrekturarbeit, Herrn Manfred Seikel und dem Team der Bundesfachschule Kälte-Klima-Technik für die wertvolle Unterstützung und fachliche Anregungen, Herrn Dr. Müller-Wirth und dem Team des C. F. Müller Verlages für die konstruktive Zusammenarbeit, den Fachfirmen für die Unterstützung durch Bild- und Textmaterial, meiner Lebensgefährtin Ursula Nostadt für die Korrektur des Manuskriptes und last not least meinem Sohn Daniel für die nicht immer leicht zu verstehende Rücksichtnahme und den Verzicht der vielen Stunden, an denen er nicht mit mir spielen konnte.

Rödermark-Urberach im August 1992 *Dietmar Schittenhelm*

Inhaltsverzeichnis

I Elektrotechnik

1 Grundbegriffe

Wer ohne Vorkenntnisse an die Elektrotechnik im Kälteanlagenbau herangeht, der sollte sich zunächst einmal mit den elektrischen **Grundgrößen** befassen und sie unterscheiden lernen. Diese beruhen im wesentlichen auf atomphysikalischen Grundlagen, deren wichtigste Elemente in einer sehr vereinfachten Form nachstehend vorgestellt werden.

1.1 Elektrische Ladung

Grundlagen für folgende, vereinfacht dargestellte, Überlegung ist das von dem dänischen Physiker Niels Bohr aufgestellte sogenannte **„Bohrsche Atommodell"**. Zum Atomaufbau selber läßt sich folgendes sagen:

- Atome bestehen aus **Elektronen, Protonen** und **Neutronen.**
- Im **Atomkern** befinden sich Protonen und Neutronen.
- Die Elektronen kreisen auf unterschiedlichen Bahnen (Elektronenschalen) um den Kern.
- Die Anzahl von Elektronen und Protonen sind im elektrisch neutralen Atom gleich groß.

Die Elemente werden nach ihrem Atomaufbau in einem sogenannten **Periodensystem der Elemente** dargestellt. Ihre Einteilung erfolgt nach zwei Merkmalen:

1. Anzal der Elektronen auf der Außenschale
2. Anzahl der Schalen

Auf weitere Gesetzmäßigkeiten im Atomaufbau und dem Periodensystem der Elemente soll hier nicht weiter eingegangen, sondern dafür die drei Bausteine eines Atomes etwas näher betrachtet werden.
Hierbei ist der bereits erwähnte Begriff **„elektrisch neutral"** näher zu erklären.

Die drei Bausteine werden nach Masse und Ladung unterschieden:

	Masse in g	Ladung in As
Elektron	$9{,}1 \cdot 10^{-28}$	$-1{,}6 \cdot 10^{-19}$
Proton	$1{,}6 \cdot 10^{-24}$	$1{,}6 \cdot 10^{-19}$
Neutron	$1{,}6 \cdot 10^{-24}$	Null

Für die Elektrotechnik ist dabei der Begriff der Ladung von besonderer Bedeutung. Es zeigt sich, daß Elektronen und Protonen die gleiche Ladung besitzen, jedoch mit unterschiedlichem Vorzeichen. Das Neutron besitzt keine Ladung. Sind in einem Atom die Anzahl der Elektronen gleich der Anzahl der Protonen, so ist dieses elektrisch neutral, da sich positive und negative Ladungen nach außen hin aufheben.
Der Nobelpreisträger „Millikan" hat in einem Versuch nachgewiesen, daß die Ladungen von Elektronen und Protonen die kleinstmöglichen sind. Daher werden diese Ladungen als **„Elementarladungen"** bezeichnet.

Elementarladung $e = \pm 1{,}6 \cdot 10^{-19}$ As

Jede größere Ladung setzt sich aus einem Vielfachen der Elementarladung zusammen.
Die Einheit der elektrischen Ladung ist Ampere-Sekunde (As).

Elektrische Ladung $Q = N \cdot e$ in As (1.1)

Dabei sind: Q = Ladung
N = Anzahl
e = Elementarladung

Der Ladungsbegriff läßt sich nur äußerst schwierig definieren. Am Beispiel einer Autobatterie wird der Ladungsbegriff nochmals verdeutlicht.

Beispiel 1:
Eine Autobatterie besitzt eine Ladung von 60 Ah (Ah = Ampere-Stunde). Wie groß ist die Anzahl der Elementarladungen?

Lösung:

$$Q = N \cdot e \qquad N = \frac{Q}{e} = \frac{60\ \text{Ah} \cdot 3600\ \frac{\text{s}}{\text{h}}}{1{,}6 \cdot 10^{-19}\ \text{As}} = \mathbf{1{,}35 \cdot 10^{24}}$$

Dies bedeutet, daß eine Autobatterie von 60 Ah die unvorstellbare Anzahl von $1{,}35 \cdot 10^{24}$ Elementarladungen besitzt.

Stoffe, die nach außen elektrisch neutral sind können aus diesem Gleichgewichtszustand gebracht werden, indem man:

1. Elektronen zuführt → Elektronenüberschuß → elektrisch negativ geladen
2. Elektronen wegführt → Elektronenmangel → elektrisch positiv geladen

Dieser Vorgang ist hinglänglich bekannt. Er spielt sich z. B. ab, wenn man über einen statisch geladenen Teppichboden läuft, sich dabei auflädt und anschließend an einem metallischen Teil entlädt.

Zur Erweiterung des Ladungsbegriffs soll nun folgender Versuch dienen:

Versuchsaufbau
Zwischen zwei Metallplatten befindet sich eine beweglich aufgehängte Metallkugel. Die Platten sind unterschiedlich aufgeladen und werden ständig nachgeladen. Die Metallkugel ist elektrisch neutral.

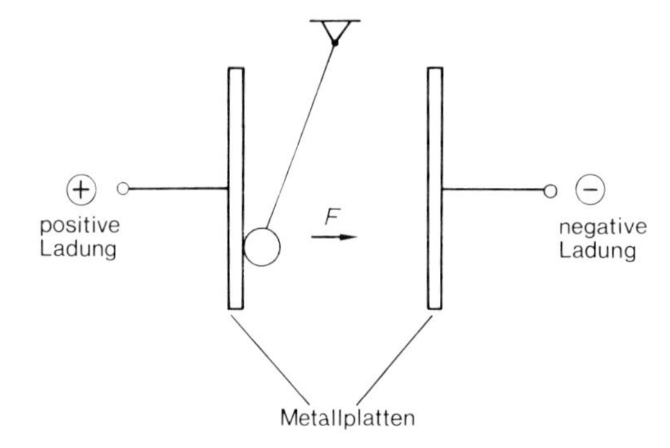

Bild 1.11
Versuch zur Ladungsbeschreibung

Versuchsdurchführung
Die Metallkugel wird an eine der beiden Platten angelegt. Nachdem sie in Berührung gebracht wurde pendelt die Kugel ständig zwischen den beiden Platten hin und her.

Versuchsbeschreibung
Die elektrisch neutrale Metallkugel wird an der Metallplatte aufgeladen. Sie wird danach abgestoßen und von der entgegengesetzten Ladung der anderen Metallplatte angezogen. Dort entlädt sie sich und wird wieder entsprechend der Ladung der anderen Platte aufgeladen. Danach wird sie von dort abgestoßen und von der entgegengesetzten Ladung der anderen Platte angezogen usw.

Aufgrund der Versuchsbeschreibung läßt sich folgende Aussage treffen:

Gleichnamige Ladungen stoßen sich ab
Ungleichnamige Ladungen ziehen sich an

Daraus erfolgt eine einfache Definition des Ladungsbegriffes:

Ladungen sind Elementarteile, die Kräfte aufeinander ausüben.

1.2 Elektrischer Strom

Die Elektronen sind im Atom fest an den Atomkern gebunden. Ursache dafür sind die auftretenden Kräfte zwischen Elektronen und Atomkern. Diese **Bindungskraft** nimmt jedoch mit dem Quadrat des Abstands eines Elektrons zum Atomkern hin ab. Elektronen auf den äußeren Schalen eines Elements können somit ihre Bindungskraft an den Atomkern verlieren und zu **„frei beweglichen Elektronen“** werden. Bei Metallen lagern sich die Atome zu einem festen kristallartigen Aufbau zusammen. Dadurch wird die Anzahl der frei beweglichen Elektronen vergrößert.

Zunächst führen diese frei beweglichen Elektronen ungeordnete Schwirrbewegungen durch. Werden diese ungeordneten Bewegungen geordnet, d. h. die freien Elektronen in eine bestimmte Richtung bewegt, so spricht man von einem **elektrischen Strom**.

Elektrischer Strom ist die gerichtete Bewegung freier Elektronen

Es ist sicherlich bekannt, daß der elektrische Strom nicht in allen Materialien gleich gut fließt. Es wird daher eine Einteilung in **Leiter** und **Nichtleiter** (Isolatoren) getroffen. Vereinfacht ausgedrückt sind:

Leiter → Stoffe mit vielen freien Elektronen
Nichtleiter → Stoffe mit wenig freien Elektronen

Das Vorhandensein von frei beweglichen Elektronen eines Stoffes bestimmt seine **elektrische Leitfähigkeit**. Gute Leiter sind z. B. Metalle wie Kupfer, Aluminium, Gold und Silber. Die meisten leitenden Verbindungen im Kälteanlagenbau sind aus Kupfer. Zwischen den Leitern und Nichtleitern gibt es noch eine Gruppe, die sog. Halbleiter. Die Eigenschaften der Halbleiter werden hauptsächlich im Bereich der Elektronik genutzt.

Werden nun Ladungen Q in einer bestimmten Zeit durch einen Leitungsquerschnitt bewegt, so ist dies ein Maß für die Stärke des Stromes. Man bezeichnet als **Stromstärke** I die Ladung Q die pro Zeiteinheit durch einen bestimmten Leiterquerschnitt bewegt wird.

Elektrische Stromstärke $$I = \frac{Q}{t} \quad \text{in} \quad \frac{\text{As}}{\text{s}} = \text{A (Ampere)} \qquad (1.2)$$

Elektrischer Strom bzw. Stromstärke kann nicht unmittelbar wahrgenommen werden. Dafür ist seine Wirkung in Form von Wärme, Licht oder magnetischer Kraft wahrnehmbar. Ebenso muß sich erst ein Gefühl für die Größenordnung der Stromstärke entwickeln. Was bewirkt z. B. eine Stromstärke von 1 mA oder 1000 A bei einem bestimmten Verbraucher?

Die auch für den Kälteanlagenbau wichtige Größe der **Strombelastbarkeit isolierter Leitungen** nach VDE 0100 führt uns zu dem Begriff der Stromdichte. Die Strombelastbarkeit gibt für einen bestimmten Leiterquerschnitt den maximal zulässigen Strom an. Dabei wird noch nach Material und Verlegungsart unterschieden (siehe Kapitel 2.2).

Bezieht man die Stromstärke I auf den Leiterquerschnitt A, so erhält man die Stromdichte S.

Elektrische Stromdichte $$S = \frac{I}{A} \quad \text{in} \quad \frac{\text{A}}{\text{mm}^2} \qquad (1.3)$$

Beispiel 1:
Nach VDE 0100 ist die Strombelastbarkeit für Kupferleitungen der Gruppe 2 bei einem Querschnitt von 1,5 mm² mit 18 A und bei einem Querschnitt von 2,5 mm² mit 26 A angegeben.
Berechnen Sie die jeweilige Stromdichte.

Lösung:

$A_1 = 1{,}5\ \text{mm}^2$

$I_1 = 18\ \text{A}$

$$S_1 = \frac{I_1}{A_1} = \frac{18\ \text{A}}{1{,}5\ \text{mm}^2} = \mathbf{12\ \frac{A}{mm^2}}$$

$A_2 = 2{,}5\ \text{mm}^2$

$I_2 = 26\ \text{A}$

$$S_2 = \frac{I_2}{A_2} = \frac{26\ \text{A}}{2{,}5\ \text{mm}^2} = \mathbf{10{,}4\ \frac{A}{mm^2}}$$

Die Größe des elektrischen Stromes läßt sich mit einem **Strommesser** bestimmen.

Bild 1.21
Schaltzeichen eines Strommessers

Das in Bild 1.21 dargestellte Symbol zeigt das Schaltzeichen eines Strommessers. Da die gerichtete Elektronenbewegung gemessen werden soll, muß ein Strommesser immer **in die Leitung geschaltet** werden. Die Leitung wird aufgetrennt, das Strommeßgerät dazwischen geschaltet und somit ist der Stromkreis wieder gschlossen.

1.3 Elektrische Spannung

In Kapitel 1.2 ist der elektrische Strom als gerichtete Bewegung von freien Elektronen definiert worden. Es ist nun die Frage zu klären wie es erreicht wird, die freien Elektronen in einem Leiter einer Bewegungsrichtung auszusetzen. Dies führt zu dem Begriff der **„Elektrischen Spannung"**, der Ursache für die Elektronenbewegung und damit des elektrischen Stromes.

Es wurde weiterhin in Kapitel 1.2 festgestellt, daß getrennte Ladungen auf andere Ladungen Kräfte ausüben, also auch auf die Elementarladungen der freien Elektronen. Würden nun die freien Elektronen eines Leiters auf einer Seite Abstoßung und auf der anderen Seite Anziehung erfahren, so würden sie in eine Richtung bewegt. Damit wäre ein Stromfluß erreicht.

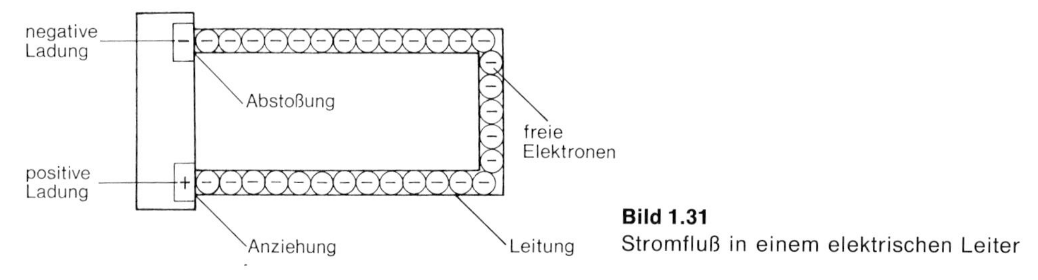

Bild 1.31
Stromfluß in einem elektrischen Leiter

Um auf der einen Seite Anziehung zu erreichen, benötigen wir eine **positive Ladung (Plus-Pol)** und auf der Seite, der Abstoßung eine **negative Ladung (Minus-Pol)**. Wir benötigen also ein Gerät das zwei unterschiedliche getrennte Ladungen besitzt. Dieses Gerät wird als **Stomerzeuger** oder auch **Spannungsquelle** bezeichnet. Die Größe des elektrischen Stromes hängt dann u. a. auch von der Größe der getrennten Ladungen ab. Die Größe die einen Stromfluß in einem Leiter erzeugt wird elektrische Spannung genannt und hat den Formelbuchstaben U mit der Einheit V für Volt.

Elektrische Spannung ist der Zustand zwischen getrennten Ladungen.

Ursache ist die elektrische Spannung
Wirkung ist der elektrische Strom.

Aus Bild 1.31 ist zu erkennen, daß die Richtung der **Elektronenbewegung** vom Minus-Pol zum Plus-Pol verläuft. Dies ist die sog. **„physikalische Stromrichtung"**. Bevor dieser Sachverhalt eindeutig geklärt war, hat man die Stromrichtung genau anders herum definiert. Man spricht in diesem Fall von der **„technischen Stromrichtung"**. In allen Darstellungen des Stromes hat man diese Richtung beibehalten, da es für die technischen Betrachtungen zunächst unwichtig ist in welche Richtung der Strom tatsächlich fließt.

In der Elektrotechnik werden prinzipiell die zwei Spannungsarten – **Gleichspannung** und **Wechselspannung** – unterschieden.

Gleichspannung:
Die Spannung ist in Abhängigkeit von der Zeit zu jedem Zeitpunkt gleich groß.

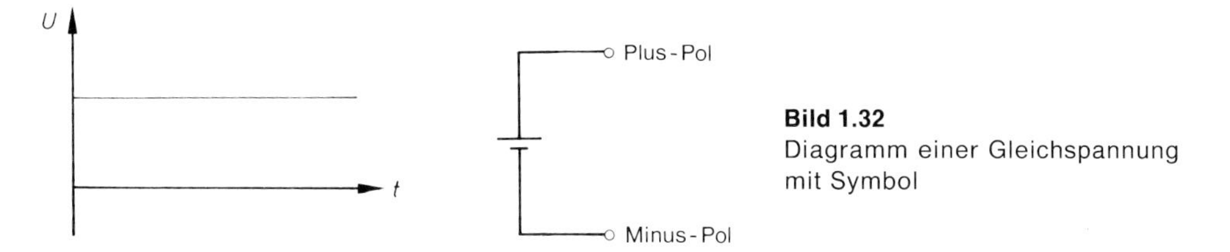

Bild 1.32
Diagramm einer Gleichspannung mit Symbol

Wechselspannung:
Die Spannung ändert ihren Wert in Abhängigkeit von der Zeit. Die für den Kälteanlagenbau wichtigste Wechselspannung ist die sinusförmige Wechselspannung.

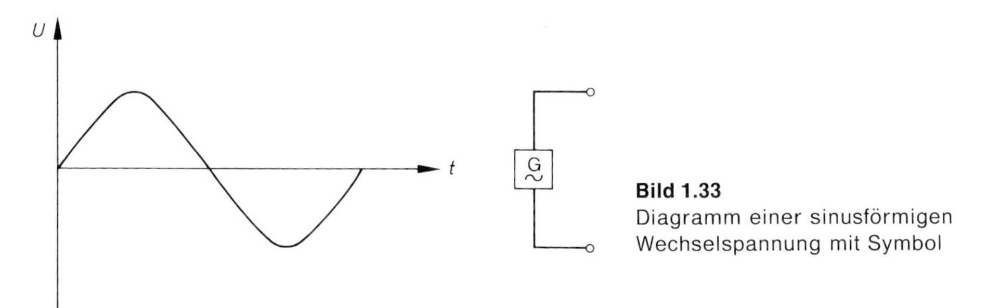

Bild 1.33
Diagramm einer sinusförmigen Wechselspannung mit Symbol

Die weiteren Betrachtungen werden zunächst nur für Gleichspannungen angestellt. Eine Übertragung der Gesetzmäßigkeiten auf die Wechselspannung erfolgt dann in Kapitel 6.

Da Spannungen nach ihrer Größe und Richtung unterschieden werden können, also Vektoren sind, werden sie allgemein mit einem **Spannungspfeil** dargestellt.

U

Bild 1.34
Spannungspfeil

Die Größe der elektrischen Spannung läßt sich mit einem **Spannungsmesser** bestimmen. Da getrennte Ladungen gemessen werden sollen, wird ein Spannungsmesser immer **parallel** zur messenden Größe geschaltet.

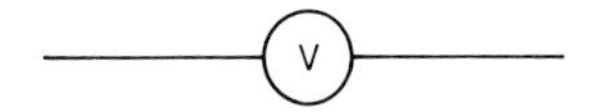

Bild 1.35.
Schaltzeichen eines Spannungsmessers

1.4 Elektrischer Widerstand

Jeder elektrische Verbraucher (Abtauheizung, Meldeleuchte etc.) kann als elektrischer Widerstand betrachtet werden. Außer diesen sog. **„Ohmschen Widerständen"** werden später in der Wechselstromtechnik noch andere Widerstände eingeführt. Der Begriff „Verbraucher" ist eigentlich nicht korrekt, da keine Energie verbraucht sondern lediglich umgewandelt wird. Da sich aber der Begriff in der Elektrotechnik sprachlich durchgesetzt hat, wird er auch hier durchgängig verwendet.

Bei der Definition des Begriffs „elektrischer Widerstand" geht man von der Vorstellung aus, daß hier eine **Behinderung der Elektronenbewegung** stattfindet. Es wird ein „Widerstand" entgegengesetzt.

Der elektrische Widerstand wird mit dem Formelbuchstaben R gekennzeichnet und bekommt die Einheit Ohm. Die Einheit wird mit dem griechischen Buchstaben Ω (Omega) abgekürzt, um eine Verwechslung mit der Ziffer Null auszuschließen. Das elektrische Schaltzeichen eines Widerstandes ist ein Rechteck.

Bild 1.41
Elektrischer Widerstand

Zwei extreme Fälle von elektrischen Widerständen sind zu unterscheiden:

1. **Unendlich großer Widerstand: $R = \infty\,\Omega$**
   Dieser Fall wird als **„Leerlauf"** bezeichnet. Es ist kein elektrischer Verbraucher an eine Spannungsquelle angeschlossen. Daher ist ein Stromfluß auch nicht möglich. Man spricht daher von einer unendlich kleinen Belastung.
2. **Unendlich kleiner Widerstand: $R = 0\,\Omega$**
   Dieser Fall wird als **„Kurzschluß"** bezeichnet. Da kein Widerstand die freien Elektronen behindert, würde sich hierbei ein unendlich großer Strom einstellen. Man spricht von einer unendlich hohen Belastung.

Neben dem elektrischen Widerstand gibt es noch den Begriff **elektrischer Leitwert** mit dem Formelbuchstaben G und der Einheit S (für Siemens). Dieser ist jedoch nur der Kehrwert des Widerstandes:

Elektrischer Leitwert $G = \frac{1}{R}$ in $\frac{1}{\Omega} = \text{S(Siemens)}$ (1.4)

Elektrische Widerstände lassen sich mit einem Ohmmeter bestimmen. Die meisten Vielfachmeßinstrumente besitzen eine in Ohm geeichte Skala. Da dieses Meßprinzip über eine Spannungsmessung erfolgt, muß ein Ohmmeter mit einer konstanten Betriebsspannung versorgt werden. Diese wird durch eine im Meßgerät vorhandene Batterie gewährleistet.

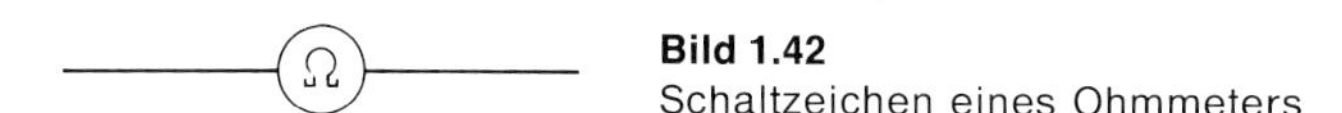

Bild 1.42
Schaltzeichen eines Ohmmeters

1.5 Elektrischer Stromkreis

Schließt man einen **Verbraucher** über **Zuleitungen** an eine **Spannungsquelle** an, so entsteht ein geschlossener elektrischer Stromkreis. Bild 1.51 zeigt einen solchen Stromkreis mit den entsprechenden Symbolen.

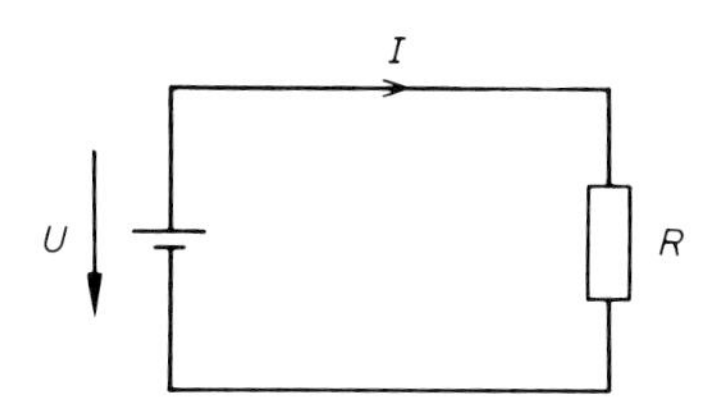

Bild 1.51
Elektrischer Stromkreis

Möchte man in einem Stromkreis die Größen Strom und Spannung messen, so zeichnet man die im Kapitel 1.2 und 1.3 beschriebenen Meßgeräte in das Schaltbild ein.

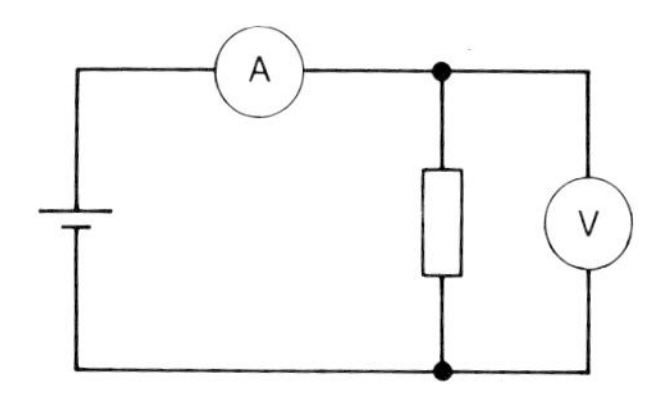

Bild 1.52
Strom- und Spannungsmessung in einem elektrischen Stromkreis

Die Gesetzmäßigkeiten im elektrischen Stromkreis werden in den nachfolgenden Kapiteln behandelt.

2 Verhalten elektrischer Widerstände

2.1 Das Ohmsche Gesetz

Dieses wichtige Gesetz beschreibt das **Zusammenwirken von Strom, Spannung und Widerstand** in einem elektrischen Stromkreis. Aus den in Kapitel 1.4 beschriebenen Fällen Kurzschluß und Leerlauf sowie der Definition der Stromstärke aus Kapitel 1.2 läßt sich in einfachster Form die Gesetzmäßigkeit herleiten:

a) **Die Spannung wird U = const. gesetzt:**
   Bei einem sehr kleinen Widerstand ist der Strom groß und umgekehrt:
   R klein → I groß
   R groß → I klein

Daraus folgt, daß der Strom **umgekehrt proportional** dem Widerstand ist.

$$\boldsymbol{I \sim \frac{1}{R}}$$

b) **Der Widerstand wird R = const. gesetzt:**
   Bei einer großen getrennten Ladung können mehr freie Elektronen fließen als bei kleinen getrennten Ladungen.
   (Extremfall: keine getrennte Ladungen → keine Spannung → kein Strom).
   U klein → I klein
   U groß → I groß

Daraus folgt, daß der Strom **direkt proportional** der Spannung ist.

$$\boldsymbol{I \sim U}$$

Aus diesen Überlegungen läßt sich das Ohmsche Gesetz formulieren.

Ohmsches Gesetz $$I = \frac{U}{R} \quad \text{in} \quad \frac{\text{V}}{\Omega} = \text{A} \qquad (2.1)$$

Die Stromstärke steht zur Spannung im gleichen, zum Widerstand im umgekehrten Verhältnis.

Beispiel 1:
Der Widerstand einer Abtauheizung wird mit R = 500 Ω gemessen. Der Widerstand liegt an einer Spannung U = 230 V. Welcher Strom stellt sich ein?

Lösung:

$$I = \frac{U}{R} = \frac{230\ \text{V}}{500\ \Omega} = \mathbf{0{,}46\ A}$$

Beispiel 2:
Bei einer Strom- und Spannungsmessung an einem Verbraucher ergeben sich folgende Werte: U = 50 V, I = 1 mA.
Wie groß ist der Widerstand des Verbrauchers?

Lösung:

$$R = \frac{U}{I} = \frac{50\ \text{V}}{1\ \text{mA}} = \frac{50\ \text{V}}{1 \cdot 10^{-3}\ \text{A}} = \mathbf{50 \cdot 10^3\ \Omega = 50000\ \Omega = 50\ k\Omega}$$

Beispiel 3:
Durch einen Widerstand von $R = 1\ \text{k}\Omega$ fließt ein Strom von $I = 230\ \text{mA}$. An welcher Spannung liegt der Widerstand?

Lösung:
$U = I \cdot R = 230\ \text{mA} \cdot 1\ \text{k}\Omega = 230 \cdot 10^{-3}\ \text{A} \cdot 1 \cdot 10^{3}\ \Omega = \mathbf{230\ V}$

2.2 Leitungswiderstand

Unterschieden wurden bisher Materialien, die den elektrischen Strom leiten oder nicht leiten. Aber auch innerhalb der Materialien die gute elektrische Leiter sind, gibt es Unterschiede in ihrer **Leitfähigkeit**. Wie gut nun ein Material den elektrischen Strom leitet wird in einer spezifischen Materialkonstanten, dem **„spezifischen Widerstand“** ausgedrückt. Für unterschiedliche Materialien kann der spezifische Widerstand aus Tabellen entnommen werden. Der spezifische Widerstand bekommt den Formelbuchstaben ϱ (Rho) und hat die Einheit $\frac{\Omega \cdot \text{mm}^2}{\text{m}}$.

Einige wichtige Werte:

Material	spezifischer Widerstand in $\frac{\Omega \cdot \text{mm}^2}{\text{m}}$
Aluminium	0,0278
Gold	0,023
Kupfer	0,0178
Silber	0,016

Alle Werte beziehen sich auf eine Temperatur von 20 °C.

Je kleiner der spezifische Widerstand eines Materiales ist, desto besser ist die elektrische Leitfähigkeit.

Neben dem spezifischen Widerstand wird oft auch die Leitfähigkeit $\varkappa$ (Kappa) angegeben. Diese ist der Kehrwert des spezifischen Widerstandes.

Leitfähigkeit $\varkappa = \frac{1}{\varrho}$ in $\frac{\text{m}}{\Omega \cdot \text{mm}^2}$ (2.2)

Neben dieser Materialkonstanten ist der Widerstand einer Leitung außerdem abhängig von seinen Abmessungen; also Leiterlänge ℓ und Querschnittsfläche A. Große Leiterlänge bedeutet großer Leiterwiderstand. Großer Leiterquerschnitt bedeutet kleiner Leiterwiderstand.

Damit läßt sich der Leitungswiderstand aus den drei Größen:
- spezifischer Widerstand ϱ
- Leiterlänge ℓ
- Leiterquerschnitt A

berechnen.

Leitungswiderstand $R_L = \frac{\varrho \cdot \ell}{A}$ in $\frac{\frac{\Omega \cdot \text{mm}^2}{\text{m}} \cdot \text{m}}{\text{mm}^2} = \Omega$ oder

$$R_L = \frac{\ell}{\varkappa \cdot A} \quad \text{in} \quad \frac{\text{m}}{\frac{\text{m}}{\Omega \cdot \text{mm}^2} \cdot \text{mm}^2} = \Omega \qquad (2.3)$$

Beispiel 1:
Welchen Leitungswiderstand hat ein Kupferdraht von 1,5 mm² Querschnitt und 500 m Länge?

Lösung:

$$R_L = \frac{\varrho \cdot \ell}{A} = \frac{0{,}0178 \frac{\Omega \cdot \text{mm}^2}{\text{m}} \cdot 500 \text{ m}}{1{,}5 \text{ mm}^2} = \mathbf{5{,}9\ \Omega}$$

Beispiel 2:
Welchen Querschnitt muß ein Kupferdraht von 300 m Länge mindestens haben, damit der Leitungswiderstand höchstens 0,8 Ω beträgt?

Lösung:

$$A = \frac{\varrho \cdot \ell}{R_L} = \frac{0{,}0178 \frac{\Omega \cdot \text{mm}^2}{\text{m}} \cdot 300 \text{ m}}{0{,}8\ \Omega} = \mathbf{6{,}68\ mm^2}$$

Leiterquerschnitte von Kabeln sind nicht in jedem beliebigen Querschnitt erhältlich. Die erhältlichen Querschnitte sind genormt und heißen **Norm- oder Nennquerschnitt**. Bei der Auswahl eines Normquerschnitts ist nach VDE 0100 die **Strombelastbarkeit** und die Größe der **Absicherung** zu beachten. Hierbei erfolgt weiterhin eine Einteilung in Gruppen, welche sich nach der Art der Verlegung richten. Für die Anwendung im Kälteanlagenbau ist hierbei hauptsächlich die Gruppe 2 von Bedeutung. Diese gibt Auskunft über Mehraderleitungen, z. B. Mantelleitungen, Rohrdrähte, Bleimantelleitungen, Stegleitungen, beweglichen Leitungen.

Folgende Tabelle zeigt die Zuordnung der Normquerschnitte bis 70 mm² für Kupferleitungen der Gruppe 2:

Tabelle 2.1 Strombelastbarkeit und Absicherung der Gruppe 2

Normquerschnitt in mm²	Belastbarkeit in A	Sicherung in A
0,75	12	6
1	15	10
1,5	18	10*
2,5	26	20
4	34	25
6	44	35
10	61	50
16	82	53
25	108	80
35	135	100
50	168	125
70	207	160

* für Leitungen mit nur zwei Adern kann bis zur endgültigen Festlegung weiterhin mit 16 A abgesichert werden.

Auf Werte dieser Tabelle werden wir in den nachfolgenden Kapiteln noch zurückgreifen.

Beispiel 3:
Eine Kälteanlage ist von der Stromversorgung 350 m entfernt. Die dorthin geführte Kupferzuleitung soll einen Leitungswiderstand von 0,8 Ω nicht überschreiten.
a) Welcher rechnerische Querschnitt ergibt sich?
b) Welcher Normquerschnitt wird gewählt?
c) Welcher Leitungswiderstand stellt sich beim Normquerschnitt ein?

Lösung:

zu a) $A = \frac{\ell \cdot \varrho}{R_L}$ $\quad \ell = 2 \cdot 350\ \text{m}$ (wegen Hin- und Rückleitung)

$$A = \frac{700\ \text{m} \cdot 0{,}0178\ \frac{\Omega \cdot \text{mm}^2}{\text{m}}}{0{,}8\ \Omega} = \mathbf{15{,}58\ mm^2}$$

zu b) nach Tabelle 2.1 $\quad A_{\text{Gewählt}} = \mathbf{16\ mm^2}$

zu c) $$R_L = \frac{\ell \cdot \varrho}{A_{\text{Gewählt}}} = \frac{700\ \text{m} \cdot 0{,}0178\ \frac{\Omega \cdot \text{mm}^2}{\text{m}}}{16\ \text{mm}^2} = \mathbf{0{,}78\ \Omega}$$

2.3 Widerstand und Temperatur

Bei den Werten des spezifischen Widerstandes wurde von einer konstanten Temperatur (20 °C) ausgegangen. Widerstände, und damit auch Leitungswiderstände, sind von der Temperatur abhängig. Die Widerstandszunahme hängt u. a. von dem Material ab. Auskunft über die Größe der Widerstandszunahme gibt der **Temperaturbeiwert** $\boldsymbol{\alpha}$ (Alpha) an.

Der Temperaturbeiwert α gibt an, um welchen Wert sich der Widerstand 1 Ω bei einer Temperaturänderung um 1 K (K = Kelvin) bezogen auf 20 °C ändert.

Die Einheit von α ist $\frac{1}{\text{K}}$. Bei einigen Metallen liegen die unterschiedlichen α-Werte sehr eng zusammen. Ohne wesentlichen Fehler bei der Berechnung der Widerstandszunahme kann für Kupfer, Aluminium, Silber etc. von einem Wert $\boldsymbol{\alpha} = \mathbf{0{,}004}\ \frac{\mathbf{1}}{\mathbf{K}}$ ausgegangen werden. Die genauen Werte können aus Tabellen entnommen werden.

Neben α ist die Widerstandsänderung abhängig von:
- der **Temperaturerhöhung** $\boldsymbol{\Delta T}$ (bezogen auf 20 °C)
- dem **Kaltwiderstand** $\boldsymbol{R_K}$ (Widerstand bei 20 °C)

Die Widerstandsänderung ΔR berechnet sich daher:

Widerstandsänderung $\quad \Delta R = R_K \cdot \alpha \cdot \Delta T \quad$ in $\quad \Omega \cdot \frac{1}{\text{K}} \cdot \text{K} = \Omega \quad$ (2.4)

Der Widerstandswert bei erhöhter Temperatur wird als Warmwiderstand R_W bezeichnet:

Warmwiderstand $\quad R_W = R_K + \Delta R \quad$ (2.5)

Ersetzt man ΔR in Formel 2.5 durch die Werte aus Formel 2.4, so erhält man:

$$R_W = R_K + R_K \cdot \alpha \cdot \Delta T \qquad (2.6)$$

Oder durch ausklammern von R_K:

$$R_W = R_K \cdot (1 + \alpha \cdot \Delta T) \qquad (2.7)$$

Beispiel 1:
Die Wicklung einer Kupferspule hat bei 20 °C einen Widerstand von 500 Ω. Nach längerer Betriebszeit erhöht sich die Temperatur der Wicklung auf 65 °C. Welchen Widerstandswert hat die Wicklung bei dieser Temperatur?

Lösung:

$\Delta T = 65\,°\text{C} - 20\,°\text{C} = 45\,°\text{C} \mathrel{\hat{=}} 45\,\text{K}$

$R_W = R_K + R_K \cdot \alpha \cdot \Delta T = 500\,\Omega + 500\,\Omega \cdot 0{,}004\,\frac{1}{\text{K}} \cdot 45\,\text{K} = \mathbf{590\,\Omega}$ oder

$\Delta R = R_K \cdot \alpha \cdot \Delta T = 500\,\Omega \cdot 0{,}004\,\frac{1}{\text{K}} \cdot 45\,\text{K} = \mathbf{90\,\Omega}$

$R_W = R_K + \Delta R = 500\,\Omega + 90\,\Omega = \mathbf{590\,\Omega}$

Ist ein Widerstand an eine Spannungsquelle angeschlossen, so hat nach dem Ohmschen Gesetz jede Widerstandsänderung eine Stromänderung zur Folge. So läßt sich jeder Widerstandsänderung infolge Temperaturänderung eine Stromänderung zuordnen. Dieses Verhalten bildet die Grundlage für eine **elektrische Temperaturmessung**.

Beispiel 2:
Ein Widerstand aus Kupfer liegt an einer Spannung von 24 V. Bei Normaltemperatur (20 °C) hat der Widerstand 200 Ω. Nachdem der Widerstand einer höheren Temperatur ausgesetzt wurde ist sein Wert auf 230 Ω angestiegen.

a) Welche Temperatur hat der Widerstand angenommen?
b) Welche Stromänderung hat sich ergeben?

Lösung:

zu a) $\Delta R = R_W - R_K = 230\,\Omega - 200\,\Omega = \mathbf{30\,\Omega}$

$$\Delta T = \frac{\Delta R}{\alpha \cdot R_K} = \frac{30\,\Omega}{0{,}004\,\frac{1}{\text{K}} \cdot 200\,\Omega} = 37{,}5\,\text{K}$$

$T = 20\,°\text{C} + 37{,}5\,°\text{C} = \mathbf{57{,}5\,°C}$

zu b) $I_K = \frac{U}{R_K} = \frac{24\,\text{V}}{200\,\Omega} = 0{,}12\,\text{A}$, $\quad I_W = \frac{U}{R_W} = \frac{24\,\text{V}}{230\,\Omega} = 0{,}1043\,\text{A}$

$\Delta I = I_K - I_W = 0{,}12\,\text{A} - 0{,}1043\,\text{A} = 0{,}0157\,\text{A} = \mathbf{15{,}7\,mA}$

2.3.1 Temperaturfühler in der Kältetechnik

Materialien die zur Temperaturmessung nach dem Prinzip des **Widerstandsthermometers** eingesetzt werden, sollten neben einem hohen Temperaturbeiwert α auch einen großen spezifischen Widerstand haben, dessen Widerstandsänderung in einem bestimmten Temperaturbereich linear verläuft. Dadurch ist es möglich, den Meßfühler auf kleinstem Raum unterzubringen. Diese Anforderungen werden von **Platin (Pt)** und **Nickel**

(Ni) weitgehend erfüllt. Bei Platinfühlern ist außerdem die hohe Beständigkeit gegen Korrosion von wesentlichem Vorteil. Eine exakte Berechnung der Widerstände von Platin- bzw. Nickelmeßfühlern bei unterschiedlichen Temperaturen ist nur mit einer umfangreicheren Formel möglich. Die Widerstandswerte werden in der sog. **Grundwertreihe** nach DIN 43760 aufgeführt.

Die Bezeichnung der Meßfühler sind z. B.: Pt 100, Pt 1000 oder Ni 100.

Hierbei kennzeichnen die Buchstaben das Material und der Zahlenwert den Widerstand bei 0 °C **(Nennwiderstand)**. Demnach bedeutet Pt 100, daß es sich um einen Platinmeßfühler handelt, der bei 0 °C einen Widerstand von 100 Ω hat. Es ist festzustellen, daß die Bezugstemperatur 0 °C hier von der üblichen Temperatur (20 °C) abweicht. Die Messung des Nennwiderstandes mittels Eiswasser hat einen wesentlichen praktischen Vorteil.

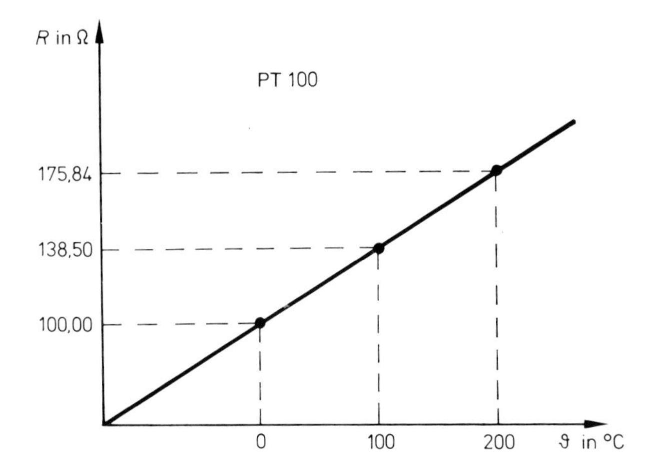

Bild 2.31
Kennlinie eines Pt 100 Fühlers

In der Praxis werden häufig Pt 100 bzw. Pt 1000 Fühler zur **Temperaturmessung** und **Temperaturüberwachung** eingesetzt.

Neben den metallischen Temperaturfühlern sind die Halbleiter-Temperaturfühler von besonderer Bedeutung. Sie werden auch **Thermistoren** genannt. Man unterscheidet nach ihrem Verhalten zwei Arten von Thermistoren:

- **NTC-Widerstände oder Heißleiter**
- **PTC-Widerstände oder Kaltleiter**

(NTC = Negativer Temperatur Koeffizient)
(PTC = Positiver Temperatur Koeffizient)

Bei **NTC-Widerständen** wird der Widerstand bei zunehmender Temperatur kleiner. Die Widerstandsänderung ist wesentlich größer als bei metallischen Widerständen. Daher wird – um den gesamten Bereich darstellen zu können – bei Kennlinien die Widerstandsachse logarithmisch aufgetragen. Bild 2.32 zeigt den typischen Verlauf eines NTC-Widerstandes in Abhängigkeit von der Temperatur. Hierbei kennzeichnen die unterschiedlichen Kennlinien den Widerstandswert bei 20 °C.

Beispiel 3:
Gegeben ist die Kennlinie aus Bild 2.32. Für die Kennlinie 1 kΩ bei 20 °C sind die Widerstandswerte bei −10 °C, 10 °C, 50 °C und 80 °C abzulesen.

Lösung: Aus der Kennlinie ergeben sich folgende Werte:

4,0 kΩ bei −10 °C
1,5 kΩ bei +10 °C

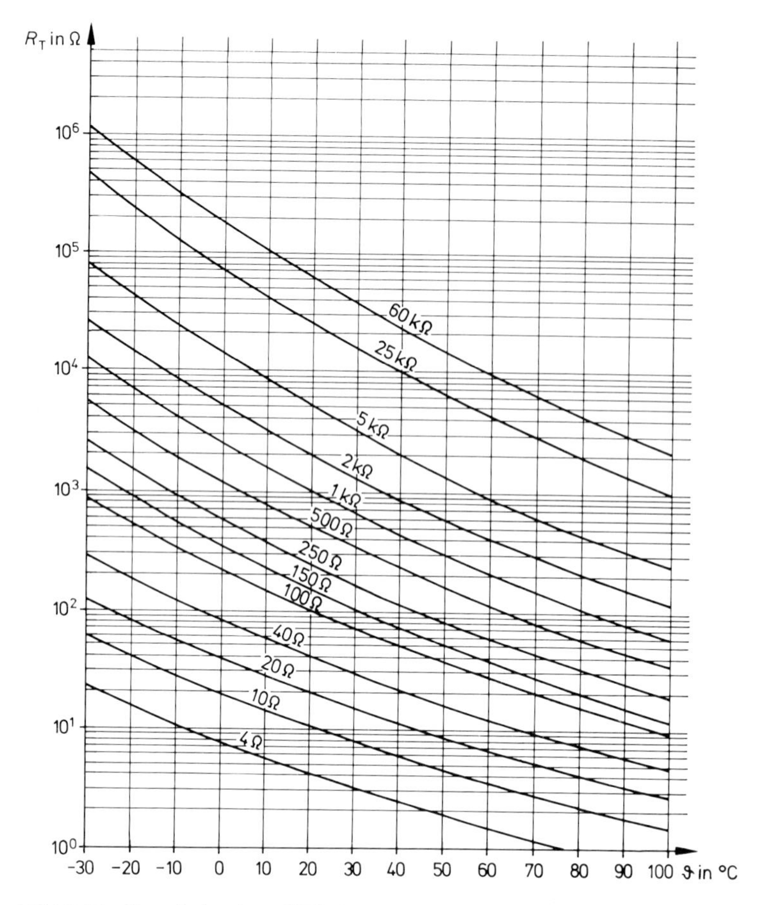

Bild 2.32 Kennlinie eines NTC-Widerstandes

300 Ω bei +50 °C
100 Ω bei +80 °C

Bild 2.33 zeigt das Schaltzeichen eines NTC-Widerstandes. Dabei deuten die gegenläufigen Pfeile das Temperatur-Widerstands-Verhalten an (Temperatur wird größer → Widerstand wird kleiner und umgekehrt).

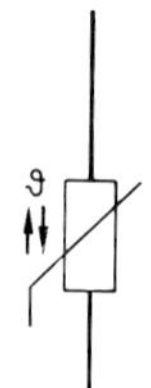

Bild 2.33
Schaltzeichen eines NTC-Widerstandes

PTC-Widerstände verhalten sich im Arbeitsbereich genau umgekehrt wie NTC-Widerstände. Ihr Widerstand wird mit zunehmender Temperatur größer. Bei niedrigen Temperaturen zeigt der PTC-Widerstand ein NTC-Verhalten. Im **Arbeitsbereich** ist der

Verlauf der Kennlinie sehr steil. Dies bedeutet, daß bereits eine geringe Temperaturänderung eine große Widerstandsänderung zur Folge hat. Bild 2.34 zeigt den Verlauf eines PTC-Widerstandes und das elektrische Schaltzeichen.

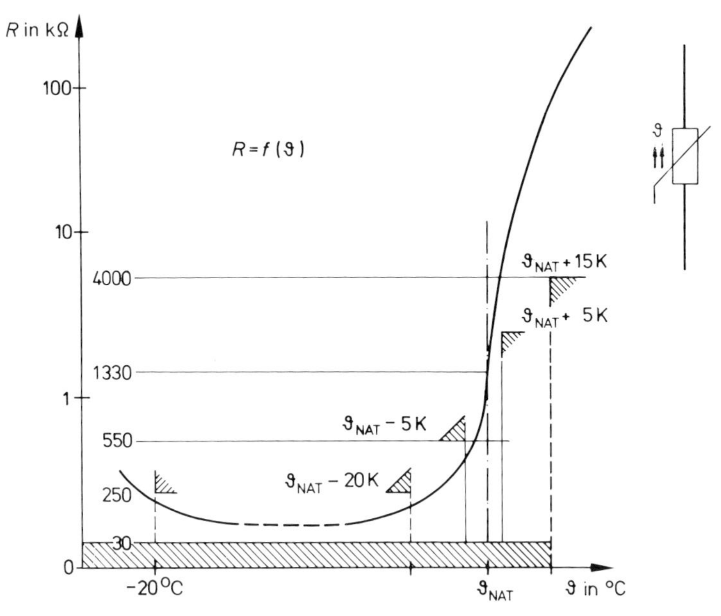

Bild 2.34 Kennlinie und Schaltzeichen eines PTC-Widerstandes

Ab dem Wert der **Nennansprechtemperatur (NAT)** geht die Kennlinie in einen sehr steilen Verlauf über. Dieses sprunghafte Ansteigen des Widerstandes im Bereich der Nennansprechtemperatur wird dann durch entsprechende Motorschutzgeräte überwacht. Je nach Anwendung gibt es Fühler mit unterschiedlicher Nennansprechtemperatur. Diese sind nach DIN 44081 durch **Farbcode** festgelegt.

Die Anwendung von temperaturabhängigen Widerständen in **Sicherheitseinrichtungen für Verdichtermotoren** werden in Kapitel 2.4.1.1 und deren Einbindung in die Steuerungstechnik im Teil II (Steuerungstechnik) ausführlich behandelt.

2.4 Schaltungen elektrischer Widerstände

Widerstände bzw. elektrische Verbraucher sind in der Regel nicht einzeln in einem elektrischen Stromkreis vorhanden. Um z. B. die Wirkungsweise eines Thermistor Motorschutzes in einem Verdichtermotor erklären zu können, sind die nachfolgend beschriebenen Gesetzmäßigkeiten eine notwendige Voraussetzung. Prinzipiell können Widerstände entweder in Reihe- oder parallel geschaltet werden. Allerdings sind auch Kombinationen von **Reihen- und Parallelschaltung** möglich.

2.4.1 Reihenschaltung elektrischer Widerstände

Bild 2.41 zeigt eine Reihenschaltung von drei Widerständen. Diese liegen insgesamt an einer Spannung U.

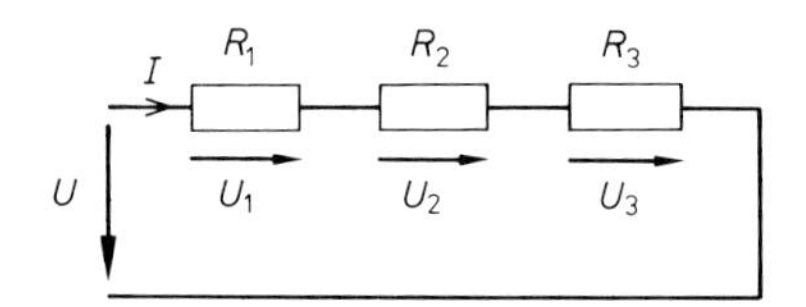

Bild 2.41
Reihenschaltung von drei Widerständen

Zunächst stellt man fest, daß alle drei Widerstände vom **gemeinsamen Strom *I*** durchflossen werden. Bei ungleich großen Widerständen gilt nach dem Ohmschen Gesetz:

$U_1 = I \cdot R_1 \qquad U_2 = I \cdot R_2$ und $U_3 = I \cdot R_3$

Dies bedeutet, die Spannungen an den einzelnen Widerständen sind bei gleichem Strom I ungleich groß. Diese einzelnen Spannungen nennt man auch Spannungsfälle oder Teilspannungen. Die anliegende Spannung setzt sich daher aus der Summe der Teilspannungen zusammen.

Gesamtspannung einer Reihenschaltung $U = U_1 + U_2 + U_3$ (2.8)

Allgemein gilt für n in Reihe geschalteter Widerstände:

$$U = U_1 + U_2 + \dots + U_n \qquad (2.9)$$

Beispiel 1:
Gegeben ist folgende Schaltung:

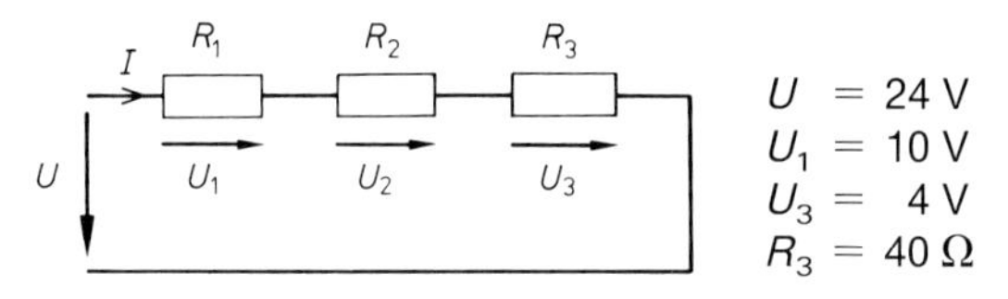

$U = 24\ \text{V}$
$U_1 = 10\ \text{V}$
$U_3 = 4\ \text{V}$
$R_3 = 40\ \Omega$

Gesucht ist I, U_2, R_2 und R_1.

Lösung:

$U = U_1 + U_2 + U_3, \qquad U_2 = U - U_1 - U_3 = 24\ \text{V} - 10\ \text{V} - 4\ \text{V} = \mathbf{10\ V}$

$$I = \frac{U_3}{R_3} = \frac{4\ \text{V}}{40\ \Omega} = \mathbf{0{,}1\ A}$$

$$R_2 = \frac{U_2}{I} = \frac{10\ \text{V}}{0{,}1\ \text{A}} = \mathbf{100\ \Omega}$$

$$R_1 = \frac{U_1}{I} = \frac{10\ \text{V}}{0{,}1\ \text{A}} = \mathbf{100\ \Omega}$$

Bei der Berechnung eines **Ersatz- bzw. Gesamtwiderstandes** einer Reihenschaltung geht man von folgender Überlegung aus:

Gesucht ist nur ein Widerstand R, der bei gleicher Spannung U denselben Strom I zur Folge hat. Das heißt, Strom und Spannung sollen bei beiden Schaltungen gleich groß sein.

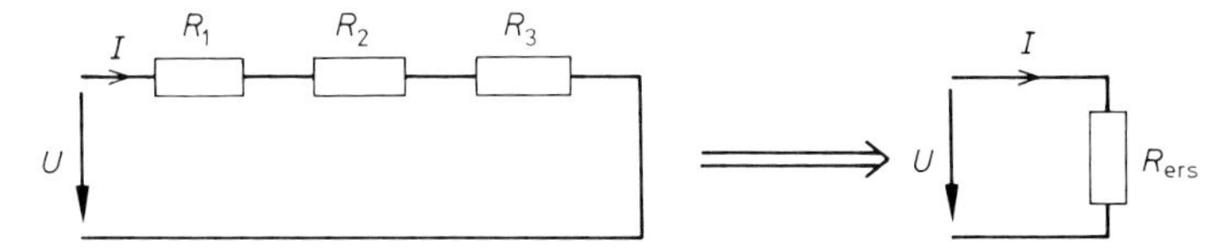

Bild 2.42 Ersatzwiderstand einer Reihenschaltung

Nach dem Ohmschen Gesetz (2.1) gilt:

$U_1 = I \cdot R_1$; $U_2 = I \cdot R_2$ und $U_3 = I \cdot R_3$ sowie $U = I \cdot R_{ers}$

Nach (2.9) gilt:

$U = U_1 + U_2 + U_3$

Ersetzt man nun diese Spannungen durch die Werte die sich aus dem Ohmschen Gesetz ergeben, so erhält man:

$I \cdot R_{ers} = I \cdot R_1 + I \cdot R_2 + I \cdot R_3$ oder $I \cdot R_{ers} = I \cdot (R_1 + R_2 + R_3)$

Nach kürzen des Stromes I erhält man:

Gesamtwiderstand einer Reihenschaltung $R_{ers} = R_1 + R_2 + R_3$ (2.10)

Allgemein gilt für n in Reihe geschalteter Widerstände:

$R_{ers} = R_1 + R_2 + ... + R_n$ (2.11)

Beispiel 2:
Für die Schaltung aus Beipiel 1 soll der Ersatzwiderstand R_{ers} berechnet werden.

Lösung:
$R_{ers} = R_1 + R_2 + R_3 = 100\,\Omega + 100\,\Omega + 40\,\Omega = \mathbf{240\,\Omega}$

Demnach muß auch $I = \frac{U}{R_{ers}} = \frac{24\text{ V}}{240\,\Omega} = 0{,}1\text{ A}$ sein.

Da der Strom in jedem Teilwiderstand einer Reihenschaltung gleich groß ist, lassen sich noch folgende Verhältnisgleichungen aufstellen:

Verhältnisgleichungen bei Reihenschaltung $\frac{U_1}{R_1} = \frac{U_2}{R_2} = ... = \frac{U}{R_{ers}}$ (2.12)

2.4.1.1 Funktionsbeschreibung des Thermistor-Motorschutzes

Der Thermistor-Motorschutz bietet einen wirksamen und zuverlässigen Schutz für elektrische Maschinen gegen thermische Überlast. Die Überlast kann folgende Ursachen haben:

- Phasenausfall
- behinderte Kühlung
- zu hohe Umgebungstemperatur
- zu hohe Schalthäufigkeit etc.

An dem Schaltbild eines Thermistor-Motorschutzes soll die Funktionsweise erklärt werden.

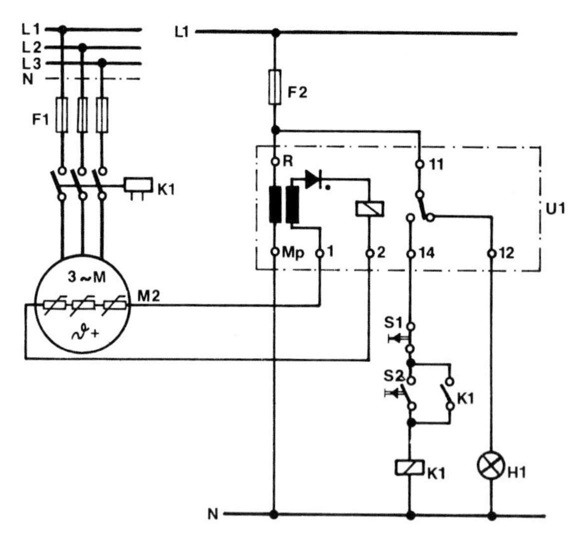

S1: Taster „Aus"
S2: Taster „Ein"
K1: Schütz
F1: Motorsicherung

F2: Steuersicherung F 6A
H1: Meldelampe „Störung"
M2: geschützter Motor
U1: Steuergerät INT 69

Bild 2.43
Schaltbild eines Thermistor-Motorschutzes

Die in die Wicklungen des Motors eingebauten PTC-Fühler sind in Reihe mit der Wicklung des Relais K geschaltet und liegen an der Gesamtspannung U. Die Spannung U ist eine Gleichspannung, die aus 230 V Wechselspannung heruntertransformiert und gleichgerichtet wird. Will man nur den **Meßkreis** darstellen, so ergibt sich folgende Reihenschaltung:

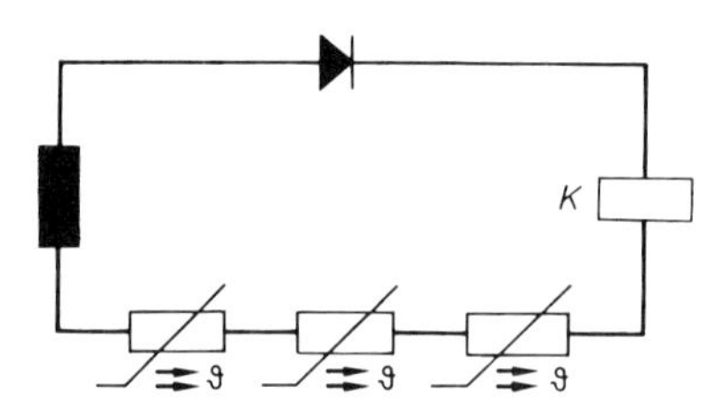

Bild 2.44
Meßkreis des Thermistor-Motorschutzes

Zur Erklärung der Funktionsweise können die drei PTC-Widerstände zu einem R_{PTC} zusammengefaßt und die Spule von K als Widerstand R_K dargestellt werden. Damit ergibt sich folgendes Ersatzschaltbild.

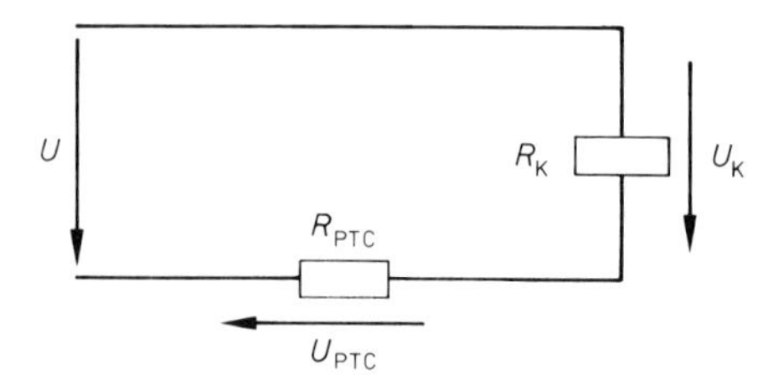

Bild 2.45
Ersatzschild des Meßkreises

Um das Funktionsprinzip zu erklären, kann man jetzt sehr einfach die Gesetzmäßigkeiten der Reihenschaltung anwenden. Bei normaler Temperatur hat der PTC-Fühler einen geringen Widerstand (vgl. Kapitel 2.3.1). R_{PTC} ist im Verhältnis zu R_K sehr viel kleiner. Da nach (2.12) die Spannungen sich wie ihre Widerstände verhalten, ist U_{PTC} sehr viel kleiner als U_K. Nach (2.9) muß gelten:

$U = U_{PTC} + U_K$ und demnach $U \approx U_K$

Dies bedeutet, daß fast die gesamte Spannung an K anliegt und dadurch das Relais anzieht. Damit wird der Kontakt 11 – 14 des Relais K geschlossen (vgl. Bild 2.43) und die Maschine kann eingeschaltet werden.

Tritt nun eine der bereits genannten Störungen auf, so erhöht sich die **Wicklungstemperatur**. Dies hat zur Folge, daß sich der Widerstand des PTC-Fühlers sehr schnell stark erhöht. R_{PTC} wird dann im Verhältnis zu R_K sehr viel größer und damit wird $U \approx U_{PTC}$. Die Spannung an K wird zu gering und das Relais fällt ab. Damit schließt der Kontakt 11 – 12. Die Maschine wird abgeschaltet und die Störlampe H1 leuchtet auf.

Diese Meßschaltung ist nach dem sog. **„Ruhestromprinzip"** aufgebaut. Das heißt, der Meßkreis wird auch auf Unterbrechung überwacht. Wird z. B. die Zuleitung vom Fühler zum Relais unterbrochen, so ist der Stromkreis nicht mehr geschlossen und damit keine Spannung an K vorhanden. Somit ist immer der Kontakt 11 – 12 geschlossen und die Maschine auf Störung geschaltet.

Die Einbindung des Thermistor-Motorschutzes in kältetechnische Steuerungen, z. B. als **Verdichterschutz**, erfolgt im Kapitel Steuerungstechnik.

2.4.1.2 Spannungsfall auf Zuleitungen

Bei der Frage, mit welchem Normquerschnitt ein elektrischer Verbraucher, z. B. eine Abtauheizung, angeschlossen werden soll, spielt neben der Belastbarkeit und Absicherung nach VDE 0100 (vgl. Kapitel 2.2) auch der Spannungsfall U_V eine wesentliche Rolle. Grundlage nachfolgender Überlegung und gleichzeitige Problematik ist, daß ein geschlossener Stromkreis dann entsteht, wenn ein Verbraucher über Zuleitungen an eine Spannungsquelle angeschlossen wird. Da jeder Verbraucher über eine Hin- und Rückleitung angeschlossen wird, ergibt sich folgendes Ersatzschaltbild:

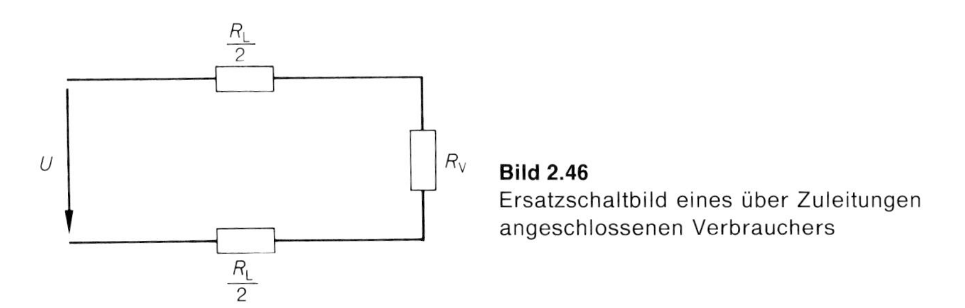

Bild 2.46
Ersatzschaltbild eines über Zuleitungen angeschlossenen Verbrauchers

Dabei bedeuten $\frac{R_L}{2}$ die Hälfte des Zuleitungswiderstandes R_L (Hin- und Rückleitung) und R_V der Widerstand des Verbrauchers. Faßt man nun die Widerstände der Leitung zusammen, so ergibt sich ein vereinfachtes Ersatzschaltbild nach Bild 2.47.
Unter dem Spannungsfall U_V versteht man die Spannung die durch den Leitungswiderstand R_L entsteht und damit die Spannung am Verbraucher R_V vermindert. Da eine verminderte Verbraucherspannung die Leistung des Verbrauchers wesentlich herabsetzen kann (vgl. Kapitel 3), ist der Spannungsfall U_V möglichst gering zu halten. Dies

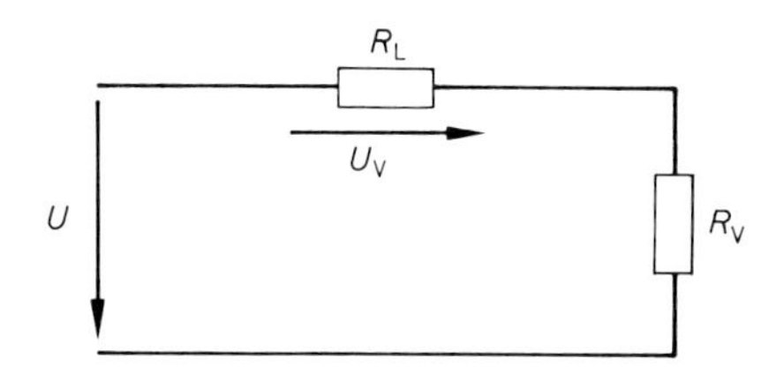

Bild 2.47
Vereinfachtes Ersatzschaltbild der Zuleitungen

bedeutet aber, daß nach (2.3) bei vorgegebener Leitlänge (Entfernung Stromversorgung-Verbraucher) und Material (z. B. Kupferleitung) nur der Leiterquerschnitt entsprechend geändert werden kann. Je geringer der Spannungsfall sein soll, desto höher ist der Leiterquerschnitt zu wählen.

Geringer Spannungsfall bedeutet großer Leiterquerschnitt

Die Größe des Spannungsfalls wird neben dem Leiterquerschnitt auch durch die Größe des Lastwiderstandes (Verbraucherwiderstand) und damit durch den Strom bestimmt:

Spannungsfall $U_V = I \cdot R_L$ damit $U_V = \dfrac{I \cdot \ell}{\varkappa \cdot A}$ (2.13)

Wobei hier die Entfernung Stromversorgung-Verbraucher „ℓ" zweimal zu nehmen ist.

Beispiel 1:
Eine elektrische Abtauheizung hat beim Anschluß an 230 V eine Stromaufnahme von 8 A. Die Heizung ist von der Stromversorgung 50 m entfernt anzuschließen. Welcher Leiterquerschnitt ist zu wählen, damit nicht mehr als 3% Spannungsfall entstehen?

Lösung:
3% von 230 V entspricht einem $U_V = 6{,}9$ V

nach (2.13) ist $A = \dfrac{I \cdot \ell}{\varkappa \cdot U_V} = \dfrac{8\text{ A} \cdot 100\text{ m}}{56 \dfrac{\text{m}}{\Omega \cdot \text{mm}^2} \cdot 6{,}9\text{ V}} = \mathbf{2{,}1\ mm^2}$

$$A_{\text{Gewählt}} = \mathbf{2{,}5\ mm^2} \quad \text{(nach Tabelle 2.1)}$$

Zu Verlegen wäre dann der nächst höhere Normquerschnitt $A = 2{,}5\text{ mm}^2$. Nach Tabelle 2.1 aus kapitel 2.2 hätte ein wesentlich geringerer Leiterquerschnitt der VDE 0100 genügt. Dieser würde jedoch einen wesentlich größeren Spannungsfall verursachen.

Es ist nun die Frage zu klären, welcher **tatsächliche Spannungsfall** sich beim gewählten Querschnitt einstellt. Aufgrund der Daten der Abtauheizung läßt sich der Widerstand der Abtauheizung errechnen. Dieser bildet – wie Bild 2.47 zeigt – zusammen mit dem Leitungswiderstand eine Reihenschaltung.

$R_H = \dfrac{230\text{ V}}{8\text{ A}} = 28{,}75\ \Omega$ (Widerstand der Abtauheizung), $R_{ers} = R_H + R_L$

$$R_L = \frac{\ell}{\varkappa \cdot A} = \frac{100\text{ m}}{56 \dfrac{\text{m}}{\Omega \cdot \text{mm}^2} \cdot 2{,}5\text{ mm}^2} = 0{,}714\ \Omega\,,$$

$R_{ers} = 28{,}75\ \Omega + 0{,}714\ \Omega = \mathbf{29{,}464\ \Omega}$

$$I = \frac{U}{R_{ers}} = \frac{230\ \text{V}}{29{,}464\ \Omega} = \mathbf{7{,}8\ A}, \qquad U_V = I \cdot R_L = 7{,}8\ \text{A} \cdot 0{,}714\ \Omega = \mathbf{5{,}57\ V}$$

Es stellt sich also ein wesentlich geringerer Spannungsfall ein. Wie die Berechnung zeigt, ist auch die Stromaufnahme unter 8 A gefallen. Dies hat zwei Gründe:

1. Die Stromaufnahme von 8 A gilt bei 230 V. Da durch den Spannungsfall keine 230 V am Verbraucher anliegen, ist auch die Stromaufnahme geringer.
2. Durch die Reihenschaltung Verbraucherwiderstand und Leitungswiderstand hat sich der Gesamtwiderstand erhöht.

Natürlich sind die beiden Gründe voneinander abhängig. Bei der Berechnung des Leiterquerschnitts ist aber mit einem kleinen Fehler gerechnet worden. Es wurde für die Stromaufnahme 8 A eingesetzt. Diese Stromaufnahme ist in dieser Höhe jedoch nicht vorhanden, da die Spannung geringer als 230 V ist. In der Regel macht sich dieser Fehler kaum bemerkbar. Im Grenzfall kann man jedoch zu einem anderen Leiterquerschnitt kommen. Eine genaue Berechnung wird im Kapitel 3 vorgenommen.

2.4.2 Parallelschaltung elektrischer Widerstände

Werden an einer Kälteanlage Verdichtermotor, Verdampferventilatormotor, Abtauheizung etc. angeschlossen, so handelt es sich stets um eine Parallelschaltung elektrischer Verbraucher. Die Verbraucher sind also immer an der **gleichen Spannung** – z. B. 230 V – angeschlossen.

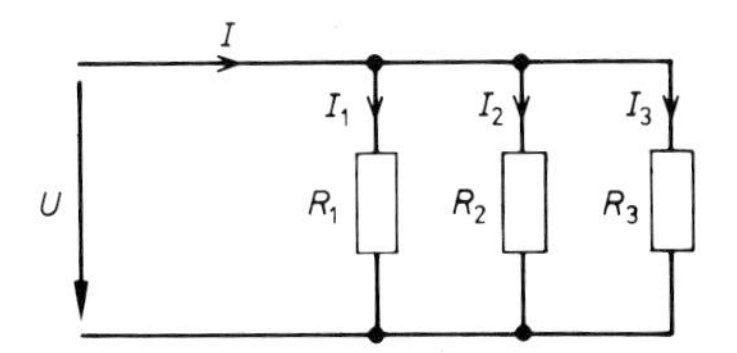

Bild 2.48
Parallelschaltung von drei Widerständen

Anders als bei der Reihenschaltung, liegen hier alle Widerstände an der gleichen Spannung U. Nach dem Ohmschen Gesetz gilt daher:

$$I_1 = \frac{U}{R_1}; \quad I_2 = \frac{U}{R_2} \quad \text{und} \quad I_3 = \frac{U}{R_3}$$

Dies bedeutet, daß bei ungleichgroßen Widerständen die einzelnen Ströme ungleichgroß sind. Die Ströme I_1, I_2 und I_3 werden auch **Teilströme** genannt. Die Summe der Teilströme ergibt den Gesamtstrom I.

Gesamtstrom einer Parallelschaltung $\quad I = I_1 + I_2 + I_3 \quad$ (2.14)

Allgemein gilt für n parallel geschalteter Widerstände:

$$I = I_1 + I_2 + \ldots + I_n \qquad (2.15)$$

Beispiel 1:
Gegeben ist folgende Schaltung:

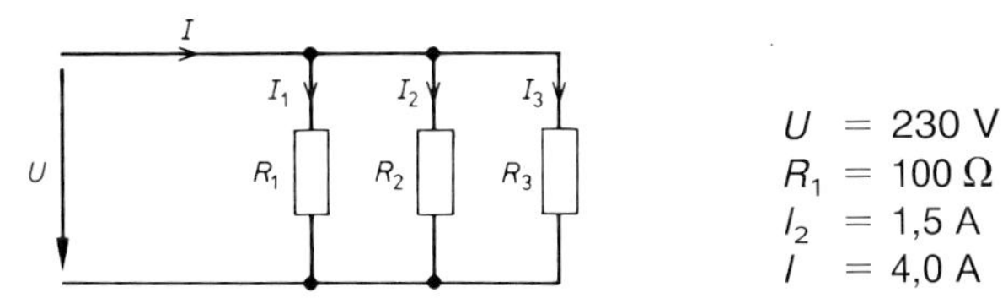

$U = 230\ \text{V}$
$R_1 = 100\ \Omega$
$I_2 = 1{,}5\ \text{A}$
$I = 4{,}0\ \text{A}$

Berechnen Sie R_2, I_1, I_3 und R_3.

Lösung:

$$R_2 = \frac{U}{I_2} = \frac{230\ \text{V}}{1{,}5\ \text{A}} = \mathbf{153{,}33\ \Omega}$$

$$I_1 = \frac{U}{R_1} = \frac{230\ \text{V}}{100\ \Omega} = \mathbf{2{,}3\ A}$$

$$I_3 = I - I_1 - I_2 = 4\ \text{A} - 2{,}3\ \text{A} - 1{,}5\ \text{A} = \mathbf{0{,}2\ A}$$

$$R_3 = \frac{U}{I_3} = \frac{230\ \text{V}}{0{,}2\ \text{A}} = \mathbf{1150\ \Omega}$$

Ähnlich wie bei der Reihenschaltung läßt sich auch bei der Parallelschaltung ein Ersatzwiderstand berechnen.

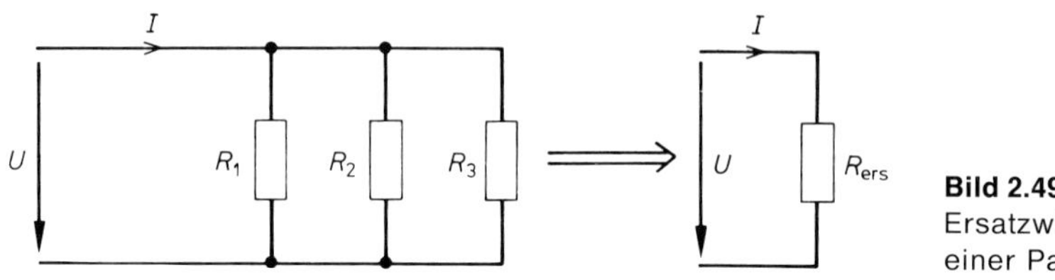

Bild 2.49
Ersatzwiderstand einer Parallelschaltung

Nach dem Ohmschen Gesetz gilt:

$$I_1 = \frac{U}{R_1}; \quad I_2 = \frac{U}{R_2}; \quad I_3 = \frac{U}{R_3} \quad \text{und} \quad I = \frac{U}{R_{ers}}$$

Nach (2.15) gilt: $I = I_1 + I_2 + I_3$

Ersetzt man nun diese Ströme durch die Werte aus dem Ohmschen Gesetz, so erhält man:

$$\frac{U}{R_{ers}} = \frac{U}{R_1} + \frac{U}{R_2} + \frac{U}{R_3} \quad \text{oder} \quad U \cdot \frac{1}{R_{ers}} = U \cdot \left(\frac{1}{R_1} + \frac{1}{R_2} + \frac{1}{R_3}\right)$$

Nach kürzen der Spannung U erhält man:

Gesamtwiderstand einer Parallelschaltung $$\frac{1}{R_{ers}} = \frac{1}{R_1} + \frac{1}{R_2} + \frac{1}{R_3} \qquad (2.16)$$

Allgemein gilt für n parallelgeschalteter Widerstände:

$$\frac{1}{R_{ers}} = \frac{1}{R_1} + \frac{1}{R_2} + \ldots + \frac{1}{R_n} \qquad (2.17)$$

Rein mathematisch bedeutet dies, daß der Ersatzwiderstand einer Parallelschaltung immer **kleiner** sein muß **als der kleinste Teilwiderstand**.

Für nur zwei parallelgeschalteter Widerstände gilt: $\frac{1}{R_{ers}} = \frac{1}{R_1} + \frac{1}{R_2}$

Gesamtwiderstand zweier paralleler Widerstände $R_{ers} = \dfrac{1}{\dfrac{1}{R_1} + \dfrac{1}{R_2}}$ und somit

$$R_{ers} = \frac{R_1 \cdot R_2}{R_1 + R_2} \qquad (2.18)$$

Beispiel 2:
Für die Schaltung aus Beispiel 1 soll der Ersatzwiderstand berechnet werden.

Lösung:

$$\frac{1}{R_{ers}} = \frac{1}{100\,\Omega} + \frac{1}{153{,}33\,\Omega} + \frac{1}{1150\,\Omega} \rightarrow \mathbf{R_{ers} = 57{,}5\,\Omega}$$

Demnach muß auch $I = \frac{U}{R_{ers}} = \frac{230\,V}{57{,}5\,\Omega} = \mathbf{4\,A}$ sein.

Da die Spannung an jedem Teilwiderstand gleich groß ist, lassen sich folgende Verhältnisgleichungen für die Parallelschaltung angeben.

Verhältnisgleichungen der Parallelschaltung

$$I_1 \cdot R_1 = I_2 \cdot R_2 = \ldots = I \cdot R_{ers} \qquad (2.19)$$

2.4.3 Gemischte Schaltungen

Sehr oft kommen in elektrischen Schaltungen die Reihenschaltung und die Parallelschaltung zusammen – in einer Kombination einer „Gemischten Schaltung" – vor. Dies bedeutet, daß bei Berechnungen von gemischten Schaltungen die **Gesetzmäßigkeiten von Reihen- und Parallelschaltung kombiniert** anzuwenden sind, was sich am Einfachsten an zwei Beispielen verdeutlichen läßt:

Beispiel 1:
Gegeben ist folgende gemischte Schaltung:

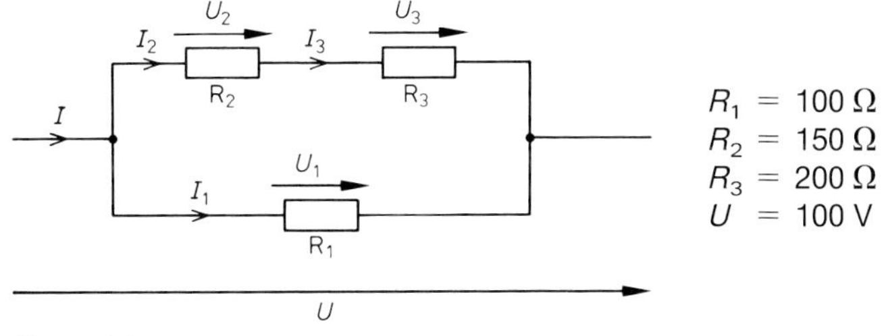

$R_1 = 100\,\Omega$
$R_2 = 150\,\Omega$
$R_3 = 200\,\Omega$
$U = 100\,V$

Gesucht:
a) Der Ersatzwiderstand
b) Alle Teilspannungen und Teilströme

Lösung:
zu a)
Zunächst berechnet man die Reihenschaltung von R_2 und R_3.

$$R_{2/3} = R_2 + R_3 = 150\,\Omega + 200\,\Omega = \mathbf{350\,\Omega}$$

Dieser Widerstand liegt parallel zu R_1 und ergibt den folgenden Ersatzwiderstand.

$$R_{ers} = \frac{R_1 \cdot R_{2/3}}{R_1 + R_{2/3}} = \frac{100\,\Omega \cdot 350\,\Omega}{100\,\Omega + 350\,\Omega} = \mathbf{77{,}78\,\Omega}$$

zu b)
Mit dem Ohmschen Gesetz wird der Gesamtstrom bestimmt.

$$I = \frac{U}{R_{ers}} = \frac{100\ \text{V}}{77{,}78\ \Omega} = \mathbf{1{,}29\ A}$$

Dieser Strom teilt sich gemäß den Gesetzmäßigkeiten der Parallelschaltung wie folgt auf:

$$I_1 = \frac{U}{R_1} = \frac{100\ \text{V}}{100\ \Omega} = \mathbf{1\ A}$$

$$I_2 = \frac{U}{R_{2/3}} = \frac{100\ \text{V}}{350\ \Omega} = \mathbf{0{,}29\ A} \mathrel{\hat{=}} I_3$$

Die Teilspannungen U_2 und U_3 berechnen sich ebenfalls nach dem Ohmschen Gesetz.

$$U_2 = I_2 \cdot R_2 = 0{,}29\ \text{A} \cdot 150\ \Omega = \mathbf{43{,}5\ V}$$

$$U_3 = I_2 \cdot R_3 = 0{,}29\ \text{A} \cdot 200\ \Omega = \mathbf{58\ V}$$

Die Summe der Teilspannungen U_2 und U_3 sind gleich der Gesamtspannung und damit auch gleich U_1.

$$U = U_2 + U_3 = 43{,}5\ \text{V} + 58\ \text{V} = 101{,}5\ \text{V} \approx 100\ \text{V} \mathrel{\hat{=}} U_1$$

Anmerkung: Die Abweichung zu 100 V ergibt sich aus dem gerundeten Stromwert I_2!

Beispiel 2:
Gegeben ist folgende Schaltung:

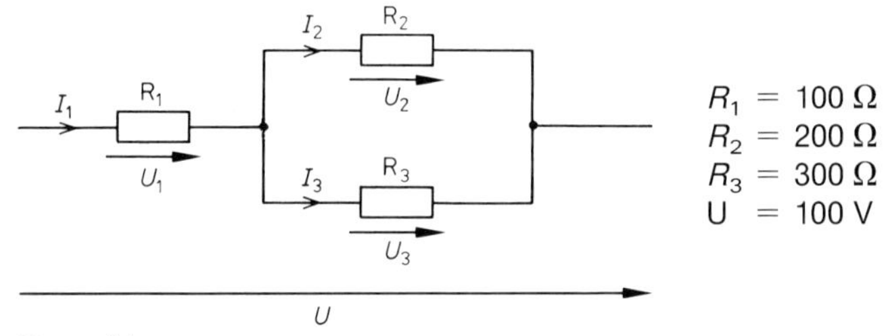

$R_1 = 100\ \Omega$
$R_2 = 200\ \Omega$
$R_3 = 300\ \Omega$
$U = 100\ \text{V}$

Gesucht:
a) Ersatzwiderstand
b) Alle Teilspannungen und Teilströme

Lösung:
zu a)
Zunächst wird der Widerstand der Parallelschaltung aus R_2 und R_3 berechnet.

$$R_{2/3} = \frac{R_2 \cdot R_3}{R_2 + R_3} = \frac{200\ \Omega \cdot 300\ \Omega}{200\ \Omega + 300\ \Omega} = \mathbf{120\ \Omega}$$

Zu diesem Widerstand wird dann R_1 addiert und man erhält den Ersatzwiderstand.

$$R_{ers} = R_1 + R_{2/3} = 100\ \Omega + 120\ \Omega = \mathbf{220\ \Omega}$$

zu b)
Der Gesamtstrom berechnet sich nach dem Ohmschen Gesetz.

$$I = \frac{U}{R_{ers}} = \frac{100\ \text{V}}{220\ \Omega} = \mathbf{0{,}455\ A}$$

Dieser Strom fließt auch durch R_1 und erzeugt eine Teilspannung U_1

$$I = I_1 \rightarrow U_1 = I \cdot R_1 = 0{,}455\ \text{A} \cdot 100\ \Omega = \mathbf{45{,}5\ V}$$

Die Spannung über R_2 ist gleich der Spannung über R_3.

$U_2 = U_3 = U - U_1 = 100\,\text{V} - 45{,}5\,\text{V} = \mathbf{54{,}5\,V}$

Die Teilströme durch R_2 und R_3 lassen sich wiederum nach dem Ohmschen Gesetz berechnen.

$I_2 = \frac{U_2}{R_2} = \frac{54{,}5\,\text{V}}{200\,\Omega} = \mathbf{0{,}273\,A}$ $\quad I_3 = \frac{U_3}{R_3} = \frac{54{,}5\,\text{V}}{300\,\Omega} = \mathbf{0{,}182\,A}$

Die Summe der beiden Teilströme muß den Gesamtstrom ergeben.

$I = I_2 + I_3 = 0{,}273\,\text{A} + 0{,}182\,\text{A} = \mathbf{0{,}455\,A}$

Wie aus den beiden Beispielen ersichtlich wird, lassen sich alle Berechnungen zurückführen auf:

- das Ohmsche Gesetz
- Gesetzmäßigkeiten der Reihenschaltung
- Gesetzmäßigkeiten der Parallelschaltung

2.4.4 Wicklungswiderstände in Verdichtermotoren

Um festzustellen, ob die Motorwicklung eines Verdichters fehlerhaft ist, kann man den Wicklungswiderstand messen und mit den Datenblättern des Herstellers vergleichen. Dabei muß eine fehlerhafte Wicklung nicht immer die beiden Extremfälle, $R = 0\,\Omega$ (Kurzschluß) oder $R = \infty\,\Omega$ (Unterbrechung) annehmen. Es kann auch zu einem **Teilwicklungsschluß** gekommen sein. Dies bedeutet, daß sich ein Widerstand bestimmen läßt, der jedoch von den Herstellerdaten abweicht, Zu berücksichtigen ist hierbei unbedingt die Wicklungstemperatur, da bei einem Vergleich der Herstellerdaten für den Wicklungswiderstand dieser immer bei einer bestimmten Temperatur gegeben ist.

2.4.4.1 Wechselstromverdichter

Der elektrische Stromkreis für einen hermetischen Verdichter ist im Bild 2.410 dargestellt. Dabei ist zunächst wichtig, daß dieser mit zwei Wicklungen, der Hauptwicklung und der Hilfswicklung, ausgestattet ist. Die elektrische Funktionsweise der hermetischen Verdichter wird in einem späteren Kapitel ausführlich behandelt.

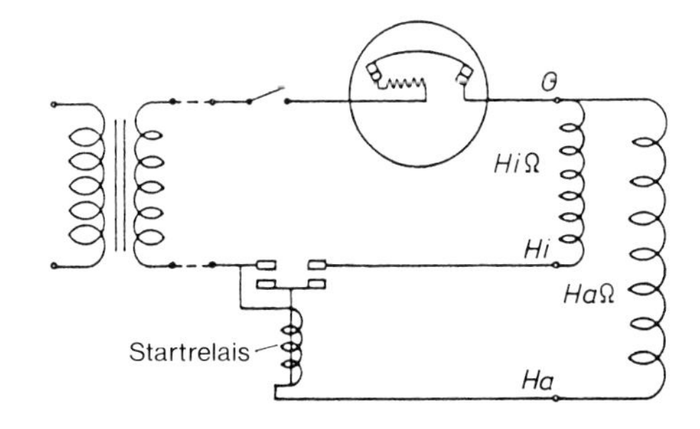

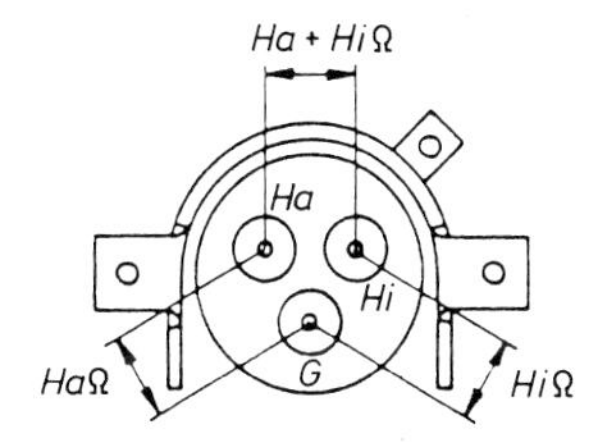

Bild 2.410
Elektrischer Stromkreis eines hermetischen Verdichters (Danfoss Unterlagen)

Schließt man ein Ohmmeter an die Klemmen G und Hi an, so mißt man den Widerstand der Hilfswicklung. Zwischen G und Ha den Widerstand der Hauptwicklung und zwischen Hi und Ha die Summe beider Widerstände, da diese ja eine Reihenschaltung von zwei Widerständen darstellen (Vgl. Kapitel 2.4.1).

Beispiel: Ermittlung unleserlich gewordener Anschlüsse eines hermetischen Verdichters Fabrikat Danfoss Modell 11A.

Aus dem Datenblatt des Herstellers ermittelt man folgende Werte:

Hauptwicklung = 8,8 Ω
Hilfswicklung = 12,0 Ω
Diese Widerstandswerte beziehen sich auf 25 °C.

Zunächst kennzeichnet man sich die drei Anschlüsse z. B. mit den Zahlen 1, 2 und 3. Weiter ist zu beachten, daß sich der Verdichter auf Raumtemperatur ca. 25 °C abgekühlt haben muß. Dann werden die Widerstände zwischen den festgelegten Anschlüssen 1, 2 und 3 gemessen. Bei nicht fehlerhaften Wicklungen ergeben sich dann folgende Meßwerte:

Widerstand zwischen 1 – 2: 20,8 Ω
Widerstand zwischen 2 – 3: 8,8 Ω
Widerstand zwischen 3 – 1: 12,0 Ω

Ein Vergleich mit den Herstellerdaten ergibt:

1 – 2 entspricht Ha – Hi
2 – 3 entspricht Ha – G
3 – 1 entspricht Hi – G

Aus diesem Vergleich lassen sich nun die wahllos festgelegten Bezeichnungen auf die Herstellerbezeichnungen übertragen:

1 entspricht Hi
2 entspricht Ha
3 entspricht G

In der Praxis kann es vorkommen, daß die gemessenen Werte nicht genau mit denen des Herstellers übereinstimmen. Dies kann folgende Gründe haben:
- Toleranz der Wicklungen
- Meßungenauigkeit des Ohmmeters
- Temperatur der Wicklung entspricht nicht genau der Herstellerangabe

Wesentlich ist außerdem, daß bei jeder Widerstandsmessung weder ein angeschlossenes Thermostat noch das Startrelais (Vgl. Bild 2.410) geschaltet sein darf, da sich bei eventuell angeschlossenen Kondensatoren oder über den Wicklungswiderstand des Startrelais starke Meßfehler ergeben würden.

Beispiel: Meßfehler durch defektes Startrelais (ohne Startkondensator)

Bei einer Messung an den Klemmen Hi und G würde sich bei geschlossenen Kontakten des Startrelais nach Bild 2.410 folgendes Ersatzschaltbild ergeben.

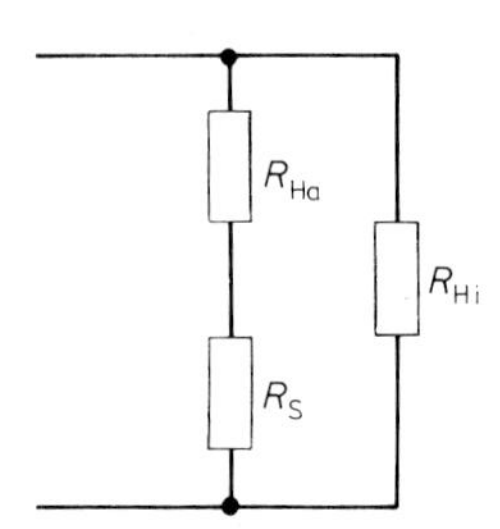

Bild 2.411
Ersatzschaltbild bei geschlossenen Kontakten des Startrelais

Wie das Ersatzschaltbild zeigt, ist nun zwischen den Klemmen Hi und G eine gemischte Schaltung von Widerständen. Der Widerstand des Startrelais R_S liegt eine Reihe zur Hauptwicklung und diese beiden wiederum parallel zum Widerstand der Hilfswicklung. Dieser gemessene Widerstand würde auf keinen Fall dem Widerstand der Hilfswicklung, wie oben beschrieben, entsprechen.

$$R_{Meß} = \frac{(R_S + R_{Ha}) \cdot R_{Hi}}{R_S + R_{Ha} + R_{Hi}}$$

2.4.4.2 Drehstromverdichter

Drehstrommotoren besitzen drei gleichgroße Wicklungen deren Anschlußbezeichnungen genormt sind.

Bild 2.412
Wicklungen eines Drehstrommotors mit Anschlußbezeichnungen

Bei offenen Klemmen kann zwischen U1 – U2, V1 – V2 und W1 – W2 der jeweilige Wicklungswiderstand gemessen werden. Die Wicklungswiderstände müssen annähernd gleich groß sein.

Durch ein entsprechendes Verbinden einzelner Klemmen mittels Brücken können die Wicklungen in **Stern- oder Dreieck** geschaltet werden. Für die **Sternschaltung** werden die Klemmen U2, V2 und W2 miteinander verbunden.

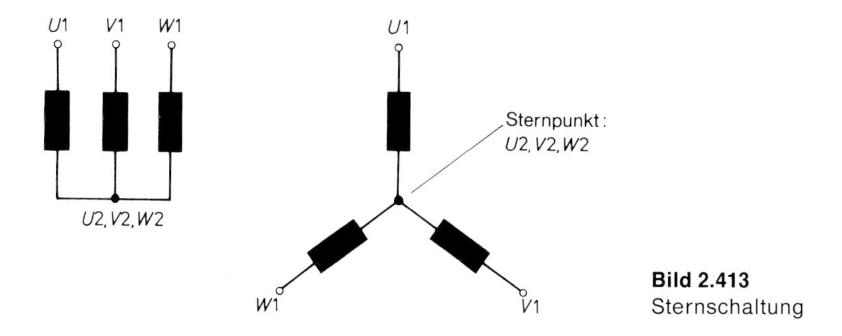

Bild 2.413
Sternschaltung

Wird nun der Widerstand zwischen zwei der Klemmen U1, V1 oder W1 gemessen, so muß dieser jeweils dem **doppelten Widerstand der Einzelwicklung** entsprechen, da immer zwei Wicklungen in Reihe geschaltet sind. Der Widerstand einer Einzelwicklung kann aber auch in der Sternschaltung gemessen werden. Dabei liegt ein Anschluß des Ohmmeters immer auf dem Sternpunkt (Verbindung U2 – V2 – W2). Mit dem zweiten Anschluß kann an den Klemmen U1, V1 oder W1 der jeweilige Widerstand gemessen werden.

Bei der **Dreieckschaltung** werden die Klemmen U1 – W2, V1 – U2 und W1 – V2 miteinander verbunden.

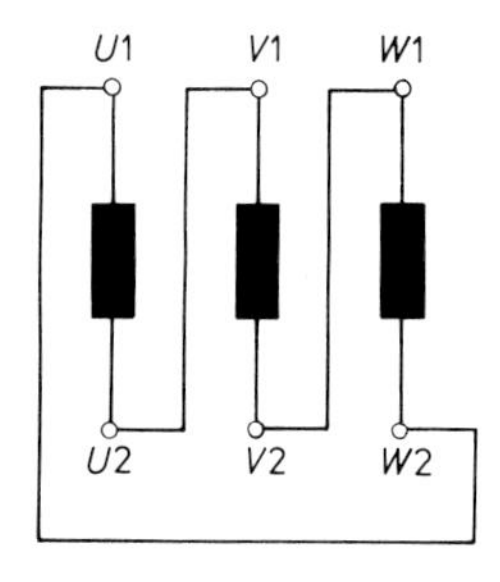

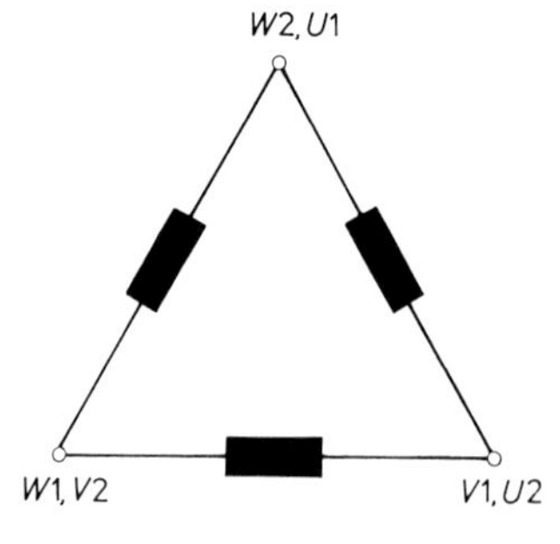

Bild 2.414
Dreieckschaltung

Die Ohmmessung zwischen jeweils zwei zusammengeschalteten Klemmen führt auf eine **gemischte Schaltung**. Dabei liegen zwei Widerstände in Reihe und dazu einer parallel. Die Reihenschaltung hat den Gesamtwiderstand $2 \cdot R$. Dazu liegt R parallel. Demnach ist der Widerstand zwischen zwei Klemmen nach (2.18):

$$R_{\triangle} = \frac{(R + R) \cdot R}{R + R + R} = \frac{2 \cdot R^2}{3 \cdot R} = \frac{2}{3} R$$

Es lassen sich somit folgende Zusammenhänge aufstellen:

$$R_{\curlywedge} = 2 \cdot R$$

$$R_{\triangle} = \frac{2}{3} \cdot R$$

$$R_{\triangle} = \frac{1}{3} \cdot R_{\curlywedge}$$

R = Wicklungswiderstand einer Teilwicklung
$R_{\curlywedge}$ = Widerstand zwischen den Anschlußklemmen in Sternschaltung
$R_{\triangle}$ = Widerstand zwischen den Anschlußklemmen in Dreieckschaltung

Grundsätzlich dürfen die Widerstandswerte der drei Wicklungen nur sehr geringfügig voneinander abweichen. DWM z. B. gibt hierfür folgende Zahlen an:
- 3% zulässige Abweichung der Wicklungswiderstände eines Motortyps
- 10% zulässige Abweichung bei Verdichtern gleichen Motortyps untereinander

Beim Vergleich der Meßergebnisse mit den Datenblättern der Hersteller kann es zu Unterschieden kommen, wenn die Wicklungstemperatur zum Zeitpunkt der Messung wesentlich von der Umgebungstemperatur abweicht. Eine **Korrekturmöglichkeit** des Meßergebnisses ist mit Formel (2.7) aus Kapitel 2.3 grundsätzlich gegeben. Da es sich um Kupferwicklungen handelt, kann der $\varkappa$-Wert mit $0{,}004 \frac{1}{\mathrm{K}}$ gleich berücksichtigt werden.

$$R_{\mathrm{W}} = R_{\mathrm{K}} \cdot \left(1 + 0{,}004 \frac{1}{\mathrm{K}} \cdot \Delta T\right)$$

Dabei entspricht der Warmwiderstand dem bei erhöhter Temperatur gemessenen Wicklungswiderstand. Um auch hier ein befriedigendes Ergebnis zu erreichen, ist die Kenntnis der Wicklungstemperatur nötig. Diese ist jedoch in den meisten Fällen nicht gegeben. Die Empfehlung lautet daher, den Wicklungswiderstand bei **Umgebungstemperatur** zu messen. Es ist darauf zu achten, daß die Abkühlung auf Umgebungstemperatur, je nach Größe des Verdichters, bis zu 12 Stunden dauern kann.

2.4.5 Brückenschaltung

Unter einer Brückenschaltung versteht man folgende Zusammenschaltung elektrischer Widerstände:

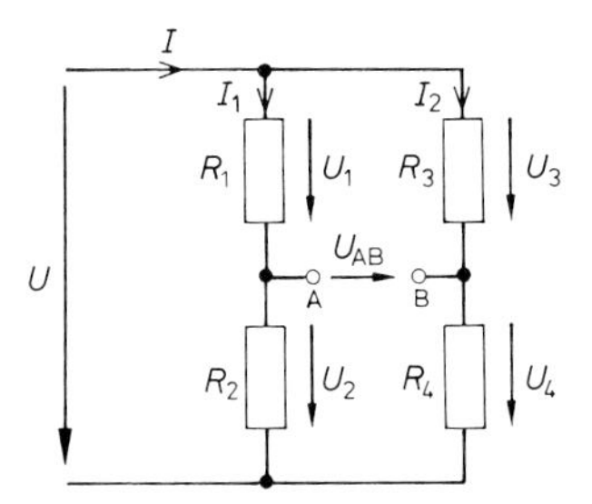

Bild 2.415
Brückenschaltung

Eine Brückenschaltung nennt man **abgeglichen**, wenn die Spannung zwischen den Punkten A und B (Brückenspannung) **Null Volt** beträgt. Unter der Voraussetzung $U_{AB} = 0\,\mathrm{V}$ haben die Widerstände eine ganz bestimmte Beziehung zueinander.

U_{AB} läßt sich nach den Gesetzmäßigkeiten aus Kapitel 2.4.1 berechnen:

$U_{AB} + U_1 = U_3$ oder $U_{AB} + U_4 = U_2$

Damit ist $U_{AB} = U_3 - U_1$ oder $U_{AB} = U_2 - U_4$

Für $U_{AB} = 0\,\mathrm{V}$ gilt: $U_3 = U_1$ und $U_2 = U_4$

Nach Formel (2.12) gilt: $\dfrac{U_1}{U_2} = \dfrac{R_1}{R_2}$ und $\dfrac{U_3}{U_4} = \dfrac{R_3}{R_4}$

Da aber $\dfrac{U_3}{U_4} = \dfrac{U_1}{U_2}$ gilt:

Widerstandsverhältnis bei abgeglichener Brücke $$\frac{R_1}{R_2} = \frac{R_3}{R_4} \qquad (2.20)$$

Bei jedem anderen Verhältnis der Widerstände entsteht eine Spannung U_{AB}. Dabei ist gleichgültig, ob U_{AB} über U_1 und U_3 oder über U_2 und U_4 berechnet wird.

Berechnung der Brückenspannung U_{AB} über U_1 und U_3:

$U_{AB} = U_3 - U_1$ mit $\dfrac{U_3}{U} = \dfrac{R_3}{R_3 + R_4}$ und $\dfrac{U_1}{U} = \dfrac{R_1}{R_1 + R_2}$ wird

$U_{AB} = U \cdot \dfrac{R_3}{R_3 + R_4} - U \cdot \dfrac{R_1}{R_1 + R_2}$ oder

$$U_{AB} = U \cdot \left(\frac{R_3}{R_3 + R_4} - \frac{R_1}{R_1 + R_2} \right) \qquad (2.21)$$

Wird nun in der Brückenschaltung aus Bild 2.415 ein Widerstand durch einen temperaturabhängigen Widerstand ersetzt, so erhält man eine **Temperaturmeßbrücke**. Die Brückenspannung U_{AB} ändert sich dann in Abhängigkeit der Temperatur, durch die temperaturbedingte Widerstandsänderung. Zusätzlich wird ein veränderbarer Widerstand eingebaut. Mit diesem ist ein **Brückenabgleich** bei einer bestimmten Temperatur möglich.

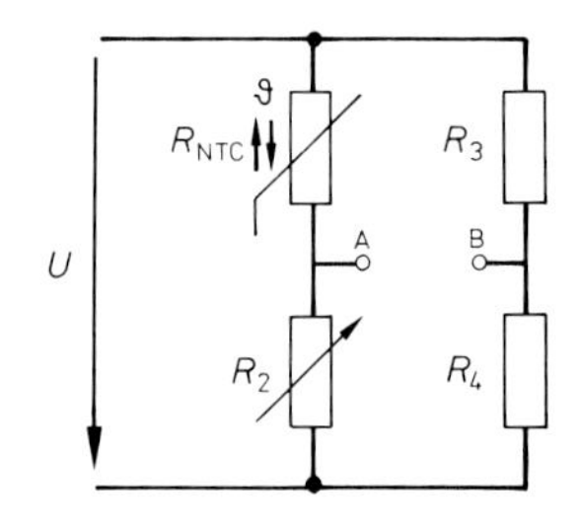

Bild 2.416
Temperaturmeßbrücke

Beispiel 1:
Gegeben ist eine Temperaturmeßbrücke nach Bild 2.416 mit folgenden Werten:
$U = 24\,V$; $R_3 = 2\,k\Omega$; $R_4 = 1\,k\Omega$
Als temperaturabhängiger Widerstand wird ein Widerstand 1 kΩ bei 20 °C der Kennlinie vom Bild 2.32 aus Kapitel 2.3 eingesetzt.

Für die Temperaturen −10 °C, 10 °C, 20 °C, 50 °C und 80 °C sollen die Spannungen U_{AB} berechnet werden, wenn die Brücke bei 20 °C abgeglichen sein soll.

Lösung: Berechnung von R_2 aus der Abgleichbedingung:

$$\frac{R_{NTC}}{R_2} = \frac{R_3}{R_4} \rightarrow R_2 = R_{NTC} \cdot \frac{R_4}{R_3} = 1\,k\Omega \cdot \frac{1\,k\Omega}{2\,k\Omega} = \mathbf{500\,\Omega}$$

Nach (2.21) gilt: $U_{AB} = 24\,V \cdot \left(\frac{2\,k\Omega}{2\,k\Omega + 1\,k\Omega} - \frac{R_{NTC}}{R_{NTC} + 500\,\Omega} \right)$

Aus dem Diagramm werden die R_{NTC}-Werte für die unterschiedlichen Temperaturen bestimmt und die jeweiligen Brückenspannungen berechnet.

T in °C	−10	10	20	50	80
R_{NTC}	4 kΩ	1,5 kΩ	1 kΩ	300 Ω	100 Ω
U_{AB}	−5,33 V	−2 V	0 V	7 V	12 V

Die errechneten Werte lassen sich in einem Diagramm auftragen. Damit läßt sich jedem Spannungswert ein Temperaturwert im Bereich von −10 °C bis 80 °C ablesen.

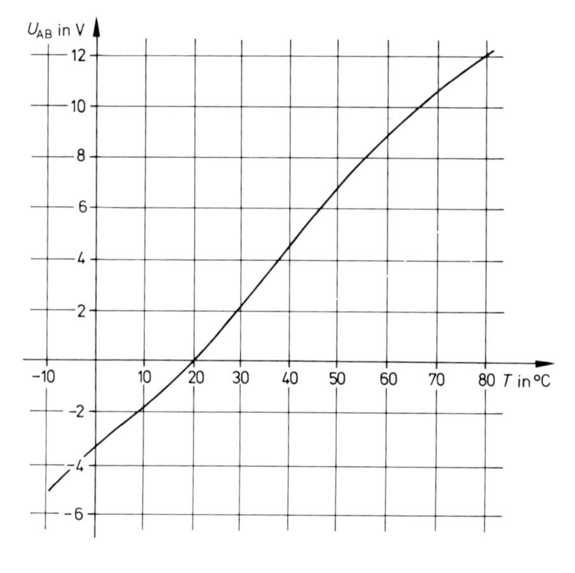

Bild 2.417
Brückenspannung in Abhängigkeit der Temperatur

Möchte man die **Empfindlichkeit**, d. h. die Größe der Brückenspannung bei einer bestimmten Temperaturänderung, erhöhen, so muß ein **zweiter temperaturabhängiger Widerstand** in die Brückenschaltung aufgenommen werden.

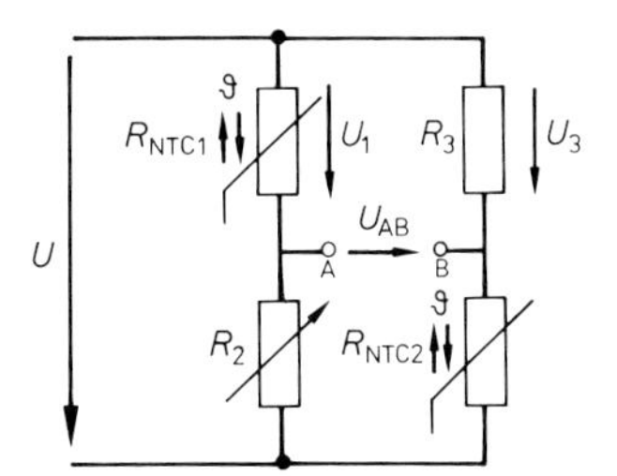

Bild 2.418
Temperaturmeßbrücke mit erhöhter Empfindlichkeit

Dieser zweite Meßwiderstand muß natürlich derselben Meßtemperatur ausgesetzt sein. Bei einer Temperaturänderung z. B. in Richtung höherer Temperatur wird nicht nur U_1 kleiner sondern auch U_3 größer. Bei gleicher Änderung von U_1 und U_3 hat dies eine Verdopplung von U_{AB} zur Folge.

Eine weitere Anwendung der Brückenschaltung ist die **Temperaturdifferenzmessung**. Hier wird ebenfalls ein zweiter temperaturabhängiger Widerstand benötigt.

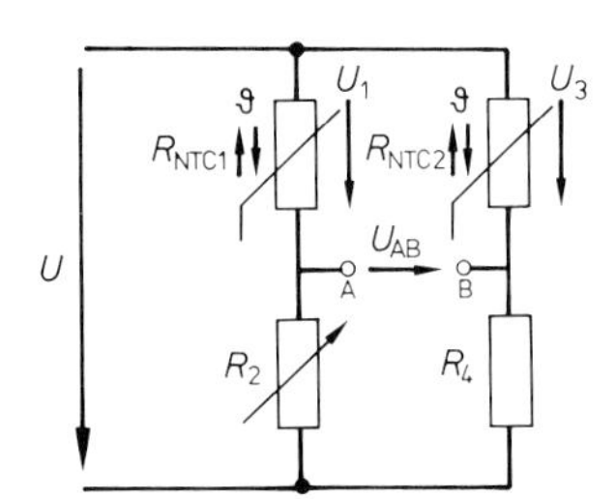

Bild 2.419
Temperaturdifferenzmeßbrücke

Die Brückenspannung ist immer 0 V solange die beiden Meßwiderstände den gleichen Widerstandswert haben; also der gleichen Temperatur ausgesetzt sind. Gleicher Widerstand bedeutet, daß U_1 gleich U_3 ist und damit $U_{AB} = 0\,\mathrm{V}$ ist. Nur wenn die Temperaturen voneinander abweichen entsteht eine Brückenspannung. Wird z. B. ein Meßfühler einer konstanten Vergleichstemperatur ausgesetzt, so gibt das Vorzeichen der Brückenspannung (positiver oder negativer Spannungswert) Auskunft darüber ob die Temperatur dem der zweite Meßfühler ausgesetzt ist, größer oder kleiner geworden ist.

Die Gesetzmäßigkeiten der Brückenschaltung wird auch für die **Widerstandsmessung** ausgenutzt. Ein Widerstandsmeßgerät das nach dem Prinzip der Brückenschaltung funktioniert wird auch als **Wheatstonsche Meßbrücke** bezeichnet. Bild 2.420 zeigt den grundsätzlichen Aufbau.

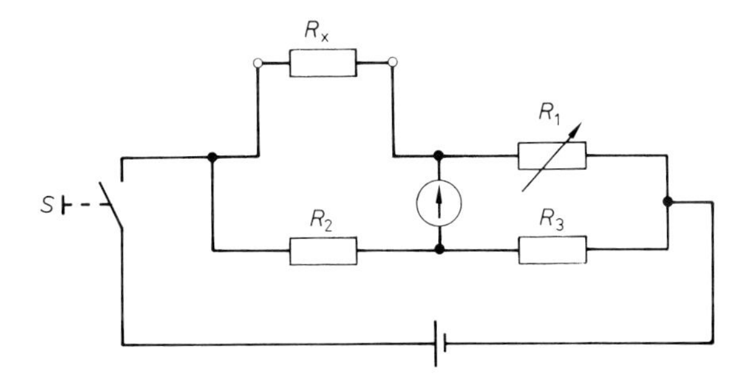

Bild 2.420
Wheatstonsche Meßbrücke

Mit dem Taster S wird Spannung an die Meßbrücke gelegt. Bei angeschlossenem Meßwiderstand R_x und gedrücktem Taster S entsteht je nach eingestelltem Wert von R_1 eine Brückenspannung die mit dem Meßinstrument angezeigt wird. Da die Brükkenspannung positiv oder negativ sein kann, je nach Einstellung von R_1, ist das Meßinstrument so ausgelegt, daß in Mittelstellung 0 V angezeigt wird. Der Widerstand R_1 wird nun solange verändert bis das Meßinstrument 0 V anzeigt, also die Brücke abgeglichen ist. Nach Formel (2.20) ist dann:

$$\frac{R_x}{R_1} = \frac{R_2}{R_3} \rightarrow R_x = R_1 \cdot \frac{R_2}{R_3}$$

Wird nun $R_2 = R_3$ gewählt, so entspricht der Widerstand R_x dem Widerstandswert von R_1. Der momentan eingestellte Widerstandswert von R_1 ist auf einer Skala am Meßgerät ablesbar. Damit ist der unbekannte Widerstand R_x bestimmt.

Meßverfahren:
- Den zu messenden Widerstand an die Klemmen anschließen
- Taste S betätigen
- R_1 verändern bis Meßinstrument 0 V anzeigt
- $R_1 = R_x$ an der Skala ablesen

3 Elektrische Energie

3.1 Elektrische Arbeit und elektrische Leistung

Damit man Ladungen Q trennen kann, um eine elektrische Spannung U zu erhalten, ist eine elektrische Arbeit W notwendig. Je größer die getrennten Ladungen und je größer die entstandene Spannung ist, desto größer ist der Aufwand an elektrischer Arbeit. Aus diesen Überlegungen läßt sich eine Berechnung für die elektrische Arbeit herleiten.

Elektrische Arbeit

$W = U \cdot Q$ in VAs (3.1)

Ersetzt man die Ladung $Q = I \cdot t$ so erhält man:

$W = U \cdot I \cdot t$ (3.2)

Aus der allgemeinen Definition, daß Arbeit Leistung mal Zeit ist, läßt sich die elektrische Leistung ableiten. Aus:

$P = \frac{W}{t}$ wird $P = \frac{U \cdot I \cdot t}{t}$

Elektrische Leistung

$P = U \cdot I$ in VA = W(Watt) (3.3)

Die **Elektrizitätszähler** messen die elektrische Arbeit, als das Produkt aus Spannung, Strom und Zeit. Die Einheit wird meistens in **kWh** angegeben.

Beispiel 1:
Eine elektrische Abtauheizung ist viermal pro Tag für 20 Minuten in Betrieb. Die Heizung ist an 230 V angeschlossen und zieht einen Strom von 1,5 A.
Welche Leistung hat die Heizung?
Wie groß ist die elektrische Arbeit pro Tag?

Lösung:
$P = U \cdot I = 230\ \text{V} \cdot 1{,}5\ \text{A} = \mathbf{345\ W}$

$W = P \cdot t = 345\ \text{W} \cdot 20\ \text{min} \cdot 4 = 27600\ \text{Wmin} = 460\ \text{Wh} = \mathbf{0{,}46\ kWh}$

In Verbindung mit dem Ohmschen Gesetz kann die Leistung direkt über den Widerstand bestimmt werden.

Mit $P = U \cdot I$ und $I = \frac{U}{R}$ erhält man: $P = U \cdot \frac{U}{R}$ oder:

$P = \frac{U^2}{R}$ (3.4)

Mit $P = U \cdot I$ und $U = I \cdot R$ erhält man: $P = I \cdot R \cdot I$ oder:

$P = I^2 \cdot R$ (3.5)

Beispiel 2:
Eine elektrische Abtauheizung bringt beim Anschluß an 230 V eine Leistung von 100 W.
Welchen Wert hat der Widerstand der Heizung?

Lösung:

nach (3.4): $P = \frac{U^2}{R} \Rightarrow R = \frac{U^2}{P} = \frac{(230\ \text{V})^2}{100\ \text{W}} = \mathbf{529\ \Omega}$ $\left(\frac{\text{V} \cdot \text{V}}{\text{V} \cdot \text{A}} = \frac{\text{V}}{\text{A}} = \Omega\right)$

oder: $I = \frac{P}{U} = \frac{100\ \text{W}}{230\ \text{V}} = 0{,}4348\ \text{A}$ und $R = \frac{U}{I} = \frac{230\ \text{V}}{0{,}4348\ \text{A}} = \mathbf{529\ \Omega}$

oder: $P = I^2 \cdot R \Rightarrow R = \frac{P}{I^2} = \frac{100\ \text{W}}{(0{,}4348\ \text{A})^2} = \mathbf{529\ \Omega}$

Beispiel 3:
Von einer Abtauheizung sind folgende Daten bekannt:
$U = 230\ V$
$P = 1$ kW
Infolge des Zuleitungswiderstandes für die Abtauheizung kann diese nur mit einer Spannung von 220 V betrieben werden.

Welche Leistung hat dann noch die Abtauheizung?

Lösung:
Aus den Daten der Abtauheizung wird der Widerstand bestimmt.

$$P = \frac{U^2}{R} \Rightarrow R = \frac{U^2}{P} = \frac{(230\ \text{V})^2}{1000\ \text{W}} = \mathbf{52{,}9\ \Omega}$$

Dann wird die neue Leistung bei geringerer Spanung berechnet.

$$P = \frac{U^2}{R} = \frac{(230\ \text{V})^2}{52{,}9\ \Omega} = \mathbf{914{,}9\ W}$$

Dies bedeutet, daß bei 10 V **Spannungsfall** ca. 85 W Leistungsverlust entstehen.

In den Kapiteln 2.4.1 und 2.4.2 wurden die Reihen- bzw. Paralellschaltung elektrischer Widerstände behandelt. Nun sollen diese auch bezüglich ihrer Leistung untersucht werden.

Bei einer Reihenschaltung nach Bild 2.41 wird an jedem Teilwiderstand die Leistung $P_1 = U_1 \cdot I$, $P_2 = U_2 \cdot I$ und $P_3 = U_3 \cdot I$ umgesetzt. Die Gesamtleistung ist $P_{Ges} = U \cdot I$. Da bei der reinen Reihenschaltung sich die Spannung aufteilt, kann man für die Gesamtleistung auch $P = (U_1 + U_2 + U_3) \cdot I$ schreiben. Löst man die Klammer durch multiplizieren auf, so erhält man:

$$P_{Ges} = U_1 \cdot I + U_2 \cdot I + U_3 \cdot I \quad \text{und somit} \quad P_{Ges} = P_1 + P_2 + P_3$$

Für die Parallelschaltung nach Bild 2.48 ergeben sich die Teilleistungen $P_1 = U \cdot I_1$, $P_2 = U \cdot I_2$ und $P_3 = U \cdot I_3$. Die Gesamtleistung ist auch $P_{Ges} = U \cdot I$. Bei der reinen Parallelschaltung teilen sich die Ströme auf und es kann auch $P = U \cdot (I_1 + I_2 + I_3)$ geschrieben werden. Nach auflösen der Klammer erhält man:

$$P_{Ges} = U \cdot I_1 + U \cdot I_2 + U \cdot I_3 \quad \text{und somit} \quad P_{Ges} = P_1 + P_2 + P_3$$

Für beide Fälle gilt:

Die Gesamtleistung ist gleich der Summe der Teilleistungen

Beispiel 4:
Die Heizstäbe zur Abtauung haben die Daten 200 W/230 V und 300 W/230 V. Diese können so geschaltet werden, daß entweder einer von beiden allein, beide parallel oder beide in Reihe geschaltet sind.

Welche unterschiedlichen Gesamtheizleistungen lassen sich somit erreichen?

Lösung:
Ist je ein Heizstab allein geschaltet, so ist die jeweilige Gesamtleistung auch die entsprechende Einzelleistung. Also entweder 200 W oder 300 W.

Sind beide parallel geschaltet, so entspricht die Gesamtleistung der Summe der Einzelleistungen, da beide an Nennspannung 230 V liegen; also 500 W.

Da sich bei der Reihenschaltung die Spannungen entsprechend der Widerstände der Heizstäbe aufteilen, muß die Leistung der Heizstäbe auch entsprechend geringer werden (vgl. Beispiel 3). Berechnet man nach (3.4) zunächst die Widerstände, so ergeben sich folgende Werte:

$$P_1 = \frac{U^2}{R_1} \Rightarrow R_1 = \frac{U^2}{P_1} = \frac{(230\,\mathrm{V})^2}{200\,\mathrm{W}} = \mathbf{264{,}5\,\Omega} \quad \text{und} \quad R_2 = \frac{U^2}{P_2} = \frac{(230\,\mathrm{V})^2}{300\,\mathrm{W}} = \mathbf{176{,}33\,\Omega}$$

Danach läßt sich mit (2.12) die jeweilige Teilspannung bestimmen:

$$\frac{U_1}{R_1} = \frac{U}{R_{\mathrm{Ges}}} \Rightarrow U_1 = U \cdot \frac{R_1}{R_{\mathrm{Ges}}} = 230\,\mathrm{V} \cdot \frac{264{,}5\,\Omega}{440{,}83\,\Omega} = \mathbf{138\,V}$$

$$U_2 = U - U_1 = 230\,\mathrm{V} - 138\,\mathrm{V} = \mathbf{92\,V}$$

Mit (3.4) wird die Teilleistung bestimmt:

$$P_1 = \frac{U_1^2}{R_1} = \frac{(138\,\mathrm{V})^2}{264{,}5\,\Omega} = \mathbf{72\,W} \quad \text{und} \quad P_2 = \frac{U_2^2}{R_2} = \frac{(92\,\mathrm{V})^2}{176{,}33\,\Omega} = \mathbf{48\,W}$$

Die Gesamtleistung entspricht dann auch der Summe der Teilleistungen:

$$P_{\mathrm{Ges}} = P_1 + P_2 = 72\,\mathrm{W} + 48\,\mathrm{W} = \mathbf{120\,W}$$

Somit lassen sich die Leistungen 120 W, 200 W, 300 W und 500 W einstellen.

3.2 Leistungsverluste

In Kapitel 2.4.1.2 wurde eine Formel für den Spannungsfall auf Zuleitungen hergeleitet. Multipliziert man nun diesen Wert mit dem Strom I, so erhält man nach (3.3) den Leistungsverlust P_V.

Leistungsverlust:

$$P_{\mathrm{V}} = U_{\mathrm{V}} \cdot I \quad \text{oder} \quad P_{\mathrm{V}} = \frac{\ell \cdot I^2}{\varkappa \cdot A} \quad \text{oder} \quad P_{\mathrm{V}} = \frac{\ell \cdot P^2}{\varkappa \cdot A \cdot U^2} \qquad (3.6)$$

Diese Gesetzmäßigkeit ist jedoch immer nur dann richtig anwendbar, wenn der Strom I der sich aus einer Reihenschaltung von Leitungswiderstand und Verbraucherwiderstand berechnet, bekannt ist.

Beispiel 1:
Ein Verbraucher wird in 150 m Entfernung von der Stromversorgung über ein 2,5 mm² Kupferkabel angeschlossen. Dabei stellt sich ein Strom von 5 A ein.

Wie groß ist der Leistungsverlust auf der Zuleitung?

Lösung:

$$P_V = \frac{\ell \cdot I^2}{\varkappa \cdot A} = \frac{2 \cdot 150\ \text{m} \cdot (5\ \text{A})^2}{56 \frac{\text{m}}{\Omega \cdot \text{mm}^2} \cdot 2{,}5\ \text{mm}^2} = \mathbf{56{,}6\ W}$$

Die **TAB (Technische Anschlußbedingungen)** sowie die DIN 18015 Teil 1 geben höchstzulässige Werte für den Spannungsfall U_V an, die der Errichter einer Verbraucheranlage einzuhalten hat.

- 0,5% Spannungsfall bei Leitungen vom Hausanschluß bis zu den Zählern
- 4% Spannungsfall bei Leitungen nach dem Zähler

Aufgrund dieser Vorgaben läßt sich der zu verlegende Querschnitt bei bekannter Leiterlänge und zu übertragener Leistung oder Stromaufnahme berechnen. Da die Leitungsverlegung im Kälteanlagenbau fast ausschließlich nach dem Zähler erfolgt, sind hier die 4% anzusetzen.

Beispiel 2:
Mehrere Abtauheizungen werden über eine gemeinsame Kupferzuleitung an 230 V angeschlossen. Je nach Schaltung der Heizungen stellt sich ein maximaler Strom von 10 A ein. Die Entfernung zur Stromversorgungs-Anlage beträgt 200 m.

Welcher – rein rechnerische – Leiterquerschnitt ist zu verlegen, damit der 4% Spannungsfall eingehalten werden können?

Lösung:
4% von 230 V = 9,2 V d. h. $U_V = 9{,}2$ V

$$U_V = \frac{I \cdot \ell}{\varkappa \cdot A} \Rightarrow A = \frac{I \cdot \ell}{\varkappa \cdot U_V} = \frac{10\ \text{A} \cdot 2 \cdot 200\ \text{m}}{56 \frac{\text{m}}{\Omega \cdot \text{mm}^2} \cdot 9{,}2\ \text{V}} = \mathbf{7{,}8\ mm^2}$$

Zu beachten ist bei dieser Berechnung, daß die Formel nur für Gleichstrom oder Wechselstrom mit rein ohmschen Verbrauchern (z. B. Heizungen) gilt. Eine Erweiterung der Formel ist im Kapitel Wechselstrom nachzulesen.

Für die Praxis gibt uns diese Berechnung keine Auskunft darüber, welche Leistungsverluste bezüglich eines angeschlossenen Verbrauchers entstanden sind. Denn es ist lediglich der Leistungsverlust über den Spannungsfall auf der Zuleitung bestimmt worden. Um die Leistungsverluste des Verbrauchers durch eine Zuleitung berechnen zu können, betrachten wir uns noch einmal das in Kapitel 2 bereits dargestellte Ersatzschaltbild.

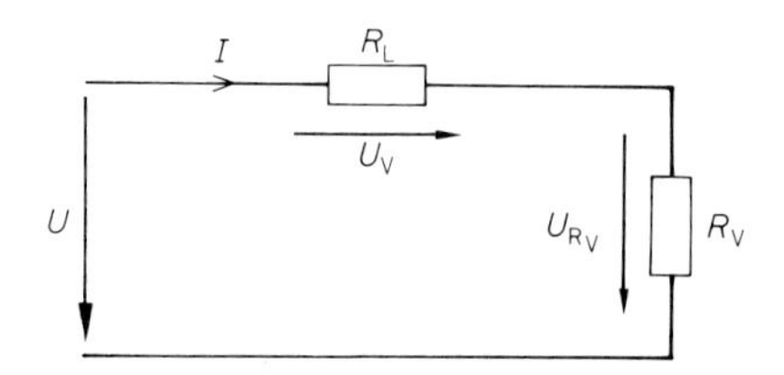

Bild 3.21
Ersatzschaltbild zur Leistungsverlustberechnung

Hierbei sind: U = Anschlußspannung (z. B 230 V)
I = Gesamtstrom
R_L = Leitungswiderstand der Zuleitung
U_V = Spannungsfall
R_V = Verbraucherwiderstand
U_{R_V} = Spannung am Verbraucherwiderstand

Da die nachfolgende Berechnung exakte Ergebnisse liefern soll, ist folgende Überlegung zwingend notwendig. Die Leistungsangabe eines elektrischen Verbrauchers beziehen sich nur auf eine **Nennanschlußwerte**. Dies bedeutet, daß z. B. eine Abtauheizung mit den Angaben 1000 W/230 V nur dann 1000 W Leistung bringt, wenn sie genau an einer Spannung von 230 V angeschlossen ist. Jede kleinere Spannung hat auch eine geringe Leistung zur Folge. Diese sinkt jedoch nicht proportional (10% weniger Spannung bedeuten nicht 10% weniger Leistung), da sich nach dem Ohmschen Gesetz auch der Strom verringert. Einzige Größe, die bei veränderter Spannung **konstant bleibt**, und sich aus den Angaben 1000 W/230 V, also aus Leistung und Spannung nach Leistungsschild bzw. Herstellerangaben, berechnen läßt, ist der **elektrische Widerstand des Verbrauchers**. Über diesen läßt sich nach (3.4) die veränderte elektrische Leistung bestimmen. Folgendes Beispiel soll dies verdeutlichen.

Beispiel 3:
Auf welche Leistung sinkt eine elektrische Abtauheizung mit den Herstellerdaten 1000 W/230 V, wenn infolge eines Spannungsfalls auf einer Zuleitung nur noch 220 V an der Abtauheizung anliegt?

Lösung:
Mit den Herstellerangaben wird zunächst der elektrische Widerstand bestimmt.

$$R = \frac{U^2}{P} = \frac{(230\ \text{V})^2}{1000\ \text{W}} = \mathbf{52{,}9\ \Omega}$$

Mit der verminderten Spannung bestimmt man die verbleibende Leistung.

$$P = \frac{U^2}{R} = \frac{(220\ \text{V})^2}{52{,}9\ \Omega} = \mathbf{914{,}93\ W}$$

Aufgrund dieser Überlegung ist sicherlich klar, daß ein Verbraucher, sobald dieser über eine Zuleitung angeschlossen wird, niemals mit seiner vollen Leistung betrieben werden kann. Dabei ist das Verhältnis von Verbraucherwiderstand zu Leitungswiderstand wesentlich, wie später noch gezeigt wird.

Zunächst wollen wir folgende **Definition** treffen:
- P_0 = Leistung eines Verbrauchers nach Herstellerangaben oder nach dem Leistungsschild
- P = tatsächliche, noch vorhandene Leistung nach Anschluß einer Zuleitung
- P_{0V} = Leistungsverlust des Verbrauchers durch Zuleitung

Grundlage für folgende Herleitung ist Bild 3.21:

Mit $U_{RV} = U - U_V$ wird $P = \dfrac{U_{RV}^2}{R_V} = \dfrac{(U - U_V)^2}{R_V}$.

Ersetzt man $R_V = \dfrac{U^2}{P_0}$ so gilt:

$$P = \frac{(U - U_V)^2}{\dfrac{U^2}{P_0}} \quad \text{oder} \quad P = P_0 \cdot \left(\frac{U - U_V}{U}\right)^2 \qquad (3.7)$$

Um den tatsächlichen Spannungsfall bei Zuleitungswiderstand genau bestimmen zu können, muß folgende Überlegung gemacht werden:

Mit $U_V = I \cdot R_L$ und $I = \dfrac{U}{R_L + R_V}$ wird der

Tatsächliche Spannungsfall

$$U_V = U \cdot \frac{R_L}{R_L + R_V} \qquad (3.8)$$

Wobei sich R_L weiter mit $R_L = \dfrac{\ell}{\varkappa \cdot A}$ berechnet.

Ersetzt man nun den tatsächlichen Spannungsfall (3.8) in die Formel (3.7) ein, so erhält man:

$$P = P_O \cdot \left[\frac{U - U \cdot \dfrac{R_L}{R_L + R_V}}{U}\right]^2 \Rightarrow P = P_O \cdot \left(1 - \frac{R_L}{R_L + R_V}\right)^2 \Rightarrow P = P_O \cdot \left(\frac{R_L + R_V - R_L}{R_L + R_V}\right)^2$$

Tatsächlich verbleibende Leistung

$$P = P_O \cdot \left(\frac{R_V}{R_L + R_V}\right)^2 \qquad (3.9)$$

Somit kann die tatsächlich verbleibende Leistung eines Verbrauchers nach Anschluß über eine Zuleitung durch die Widerstände von Zuleitung und Verbraucher bestimmt werden.

Beispiel 4:
Eine Heizung mit den Angaben 1500 W/230 V ist von der Stromversorgung 300 m entfernt mit einem 2,5 mm² Kupferkabel angeschlossen worden.

a) Welche Leistung bringt die Heizung noch?
b) Wie groß ist der tatsächliche Spannungsfall?

Lösung:
zu a:

$$P_O = \frac{U^2}{R_V} \Rightarrow R_V = \frac{U^2}{P_O} = \frac{(230\ \text{V})^2}{1500\ \text{W}} = \mathbf{35{,}27\ \Omega}$$

und

$$R_L = \frac{\ell}{\varkappa \cdot A} = \frac{2 \cdot 300\ \text{m}}{56\ \dfrac{\text{m}}{\Omega \cdot \text{mm}^2} \cdot 2{,}5\ \text{mm}^2} = \mathbf{4{,}29\ \Omega}$$

nach (3.9): $P = 1500\ \text{W} \left(\dfrac{35{,}27\ \Omega}{4{,}29\ \Omega + 35{,}27\ \Omega}\right)^2 = \mathbf{1192{,}3\ W}$

zu b:

nach (3.8): $U_V = 230\ \text{V} \left(\dfrac{4{,}29\ \Omega}{4{,}29\ \Omega + 35{,}27\ \Omega}\right) = \mathbf{25\ V}$

Dies entspricht einem Spannungsfall von ca. 11%.

Soll der Spannungsfall nach TAB 4% nicht übersteigen, müßte in diesem Fall mit einem größeren Querschnitt gearbeitet werden.

Da eine Kälteanlage in der Regel aus mehreren Verbrauchern besteht und diese über eine größere Entfernung angeschlossen werden müssen, empfiehlt es sich in der Praxis eine sogenannte **Unterverteilung** vorzusehen. Dabei wird nur eine Hauptzuleitung mit großem Querschnitt von der Stromversorgung zur Unterverteilung an der Anlage verlegt und von dort mit kleinerem Querschnitt die einzelnen Verbraucher angeschlossen. Dadurch werden Spannungs- und Leistungsverluste entsprechend niedrig gehalten.

3.3 Leistungsermittlung von Kälteanlagen

Kälteanlagen bestehen nicht nur aus Ohmschen Verbrauchern (z. B. Abtauheizungen), sondern sind im wesentlichen durch den Anschluß ihrer elektrischen Motore bestimmt. Diese haben jedoch nicht nur, wie bei den Ohmschen Verbrauchern, eine reine Wirkleistung, sondern außerdem eine **Blindleistung**. Dieses wichtige Unterscheidungsmerkmal wird im Kapitel Wechselstrom näher untersucht. Da die elektrische Leistung nach (3.3) als das Produkt aus Strom und Spannung bestimmt wird, liegt der Schluß nahe, eine Leistungsermittlung einer Kälteanlage ließe sich auf eine Messung des Stromes und der Spannung zurückführen. Dies gilt jedoch nur für Gleichstrom oder für reine Ohmsche Verbraucher an Wechselstrom.

3.3.1 Direkte Leistungsmessung

Um nun die reine Wirkleistung einer Anlage feststellen zu können, schließt man einen Leistungsmesser in die Zuleitung. Ein Leistungsmesser besteht grundsätzlich aus einem **Strom- und Spannungspfad** deren Anschlüsse nach DIN festgelegt sind.

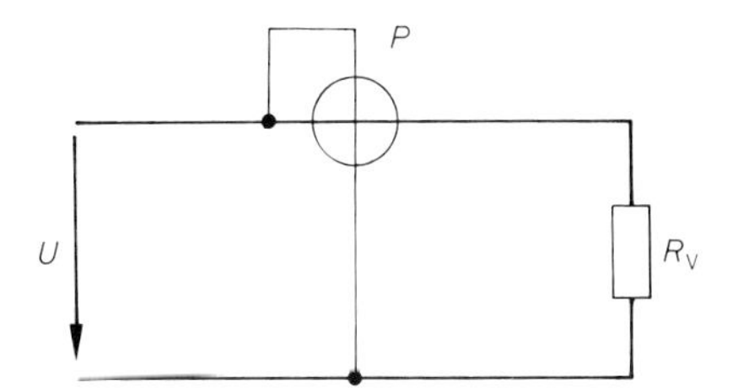

Bild 3.31
Prinzip einer Leistungsmessung

Bild 3.31 zeigt wie ein Leistungsmesser prinzipiell in ein Stromkreis geschaltet wird. Das nach DIN genormte Symbol eines Leistungsmessers mit den entsprechenden Anschlußbezeichnungen ist im Bild 3.32 dargestellt.

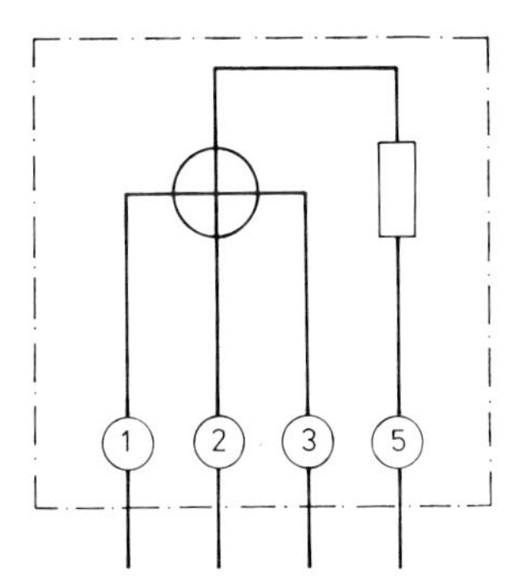

Bild 3.32
Leistungsmessung nach DIN

Wie Bild 3.32 zeigt, wird die Leitung aufgetrennt und zwischen 1 und 3 der Strompfad angeschlossen. Zwischen 2 und 5 wird dann der Spannungspfad geschaltet. Der Spannungspfad wird über einen Vorwiderstand geschaltet, der sich im Meßgerät selbst befindet.

Beim Messen größerer Leistungen werden **Stromwandler** bzw. Strom- und **Spannungswandler** eingesetzt, die Strom und Spannung zuerst in einem festen Verhältnis heruntertransformieren bevor diese an den Strom- und Spannungspfad des Meßgerätes angeschlossen werden.

3.3.2 Zähler und Zählerkonstante

Wie bereits in Kapitel 3.1 erwähnt, messen **Zähler** die elektrische Arbeit in kWh.

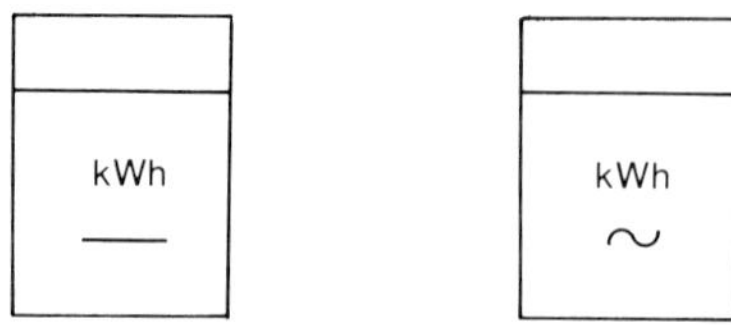

Bild 3.33
Gleichstrom und Einphasen-Wechselstromzähler

Wird eine Leistung über einen Zähler eingeschaltet, so dreht sich eine Zählerscheibe je nach größe der Leistung schneller oder langsamer. Die Anzahl der Umdrehungen in einer bestimmten Zeit ist also ein Maß für die angeschlossene Leistung. Ein Zähler mißt also Strom und Spannung sowie die Zeit der Umdrehungen der Zählerscheibe. Dieses Produkt, also die elektrische Arbeit, wird mittels eines Zählwerkes angezeigt. Jeder Zähler besitzt eine **Zählerkonstante** c_Z, die die Anzahl der Umdrehungen der Zählerscheibe pro kWh angibt. Aufgrund dieser Konstanten und der Beobachtung wieviel Umdrehungen der Zähler in einer bestimmten Zeit macht, läßt sich die angeschlossene Leistung ermitteln.

Teilt man die Anzahl der gezählten Umdrehungen der Zählerscheibe pro Stunde durch den Wert der Zählerkonstanten, so erhält man die angeschlossene elektrische Leistung in kW.

$$P = \frac{N}{c_Z} \qquad c_Z \text{ in } \frac{1}{\text{kWh}} \qquad (3.10)$$

N = Anzahl der Umdrehungen der Zählerscheibe pro Stunde
c_Z = Zählerkonstante

Beispiel 1:
Zur Leistungsermittlung einer Kälteanlage wird ein Zähler mit der Zählerkonstanten $c_Z = 75 \frac{1}{\text{kWh}}$ in die Zuleitung geschaltet. Dabei wird festgestellt, daß sich die Zählerscheibe innerhalb von 5 min 75 mal gedreht hat.
Welche Leistung hat die Anlage?

Lösung:

$$N = \frac{75}{5} \frac{1}{\text{min}} = 15 \frac{1}{\text{min}} = 15 \frac{1}{\frac{1}{60}\text{h}} = 900 \frac{1}{\text{h}} \qquad P = \frac{N}{c_Z} = \frac{900 \frac{1}{\text{h}}}{75 \frac{1}{\text{kWh}}} = \mathbf{12\ kW}$$

3.4 Kälteanlagen und Stromkosten

Die Erzeuger elektrischer Energie sind die **Elektrizitäts-Versorgungs-Unternehmen (EVU)**. Mit diesen wird ein Vertrag über die Bereitstellung der elektrischen Energie geschlossen. Die hieraus resultierenden Kosten teilen sich in fixe und variable Kosten auf. Die variablen Kosten der sog. Arbeitspreis ist in unterschiedliche Tarife eingeteilt. Er gibt die Kosten pro Verbrauch-KWh an.

Interessant ist in diesem Zusammenhang einmal die Berechnung der jährlichen variablen Kosten nach einem durchschnittlichen Tarif für elektrische Komponenten im Kälteanlagenbau.

Beispiel 1:
Welche jährlichen Kosten verursacht eine elektrische Abtauvorrichtung eines Verdampfers mit 1100 W Leistung bei einem Arbeitspreis von 15 Pf. pro kWh? Die Abtauvorrichtung ist pro Tag 4 mal für 30 min eingeschaltet.

Lösung:
Zunächst wird die Gesamtzeit berechnet in der die Abtauvorrichtung pro Jahr eingeschaltet ist:

$$4 \cdot \frac{1}{2}\ \text{h} \cdot 365\ \text{Tage} = \mathbf{730\ h} \quad \text{(im Jahr)}$$

Danach errechnet man die Gesamtjahresarbeit:

$$W = P \cdot t = 1100\ \text{W} \cdot 730\ \text{h} = 803000\ \text{Wh} = \mathbf{803\ kWh}$$

Multipliziert mit dem Arbeitspreis ergeben sich die Gesamtkosten:

$$\text{Kosten (pro Jahr)} = 803\ \text{kWh} \cdot 0{,}15\ \frac{\text{DM}}{\text{kWh}} = \mathbf{120{,}45\ DM}$$

Beispiel 2:
Ein Kälteaggregat für eine Klimaanlage hat eine Leistungsaufnahme von 22 kW und ist pro Tag durchschnittlich 18 Stunden in Betrieb.
Der Arbeitspreis beträgt 16 Pf. pro kWh.

Welche jährlichen Kosten entstehen?

Lösung:

$$18\ \text{h} \cdot 365\ \text{Tage} = \mathbf{6570\ h} \quad \text{(im Jahr)}$$

$$W = P \cdot t = 22\ \text{kW} \cdot 6570\ \text{h} = 144540\ \text{kWh}$$

$$\text{Kosten (pro Jahr)} = 144540\ \text{kWh} \cdot 0{,}16\ \frac{\text{DM}}{\text{kWh}} = \mathbf{23126{,}40\ DM}$$

Wie das zweite Beispiel zeigt, können die **Betriebskosten einer Kälteanlage** sehr hoch werden. Bei jeder Planung einer Kälteanlage ist dieser Faktor unbedingt zu berücksichtigen. Denn Energiekosten senken, durch optimale Projektierung der Kälteanlage, heißt Einsparen von Betriebskosten. Somit kann eine vermeintlich teure Anlage wegen geringerer Betriebskosten letztlich kostengünstiger sein.

3.5 Der elektrische Wirkungsgrad

Beim Anschluß eines Motors nimmt dieser eine ganz bestimmte elektrische Leistung auf. An der Welle des Motors wird durch das übertragene Drehmoment eine Leistung abgegeben. Der Idealfall wäre, wenn diese beiden Leistungen gleich groß wären. Real ist jedoch, daß die abgegebene Motorleistung immer geringer ist als die aufgenommene- oder zugeführte Leistung. Nur dort, wo der Energieumwandlungsprozeß in Wärme erfolgt, sind die Verluste sehr gering, d. h. die beiden Leistungen sind gleich groß. Bei Motoren tritt in der Regel der Energieverlust in Form von entstehender Wärmeenergie auf. Ein Maß für die Größe der Energieverluste kennzeichnet der elektrische Wirkungsgrad η (Eta).

Der elektrische Wirkungsgrad ist das Verhältnis von abgegebener zu zugeführter Leistung

Elektrischer Wirkungsgrad $\eta = \frac{P_{ab}}{P_{zu}}$ (3.11)

P_{ab} = abgegebene Leistung
P_{zu} = zugeführte Leistung

Der elektrische Wirkungsgrad ist immer kleiner als 1. Oft wird dieser in Prozent angegeben.

Elektrischer Wirkungsgrad in % $\eta \text{ in } \% = \frac{P_{ab}}{P_{zu}} \cdot 100$ (3.12)

Die Differenz zwischen zugeführter und abgegebener Leistung kennzeichnet die Verlustleistung P_V.

Verlustleistung $P_V = P_{zu} - P_{ab}$ (3.13)

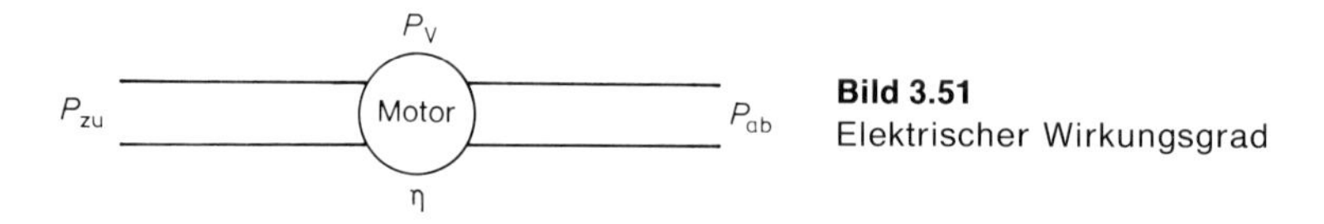

Bild 3.51
Elektrischer Wirkungsgrad

Die Leistungsangabe auf dem **Leistungsschild** elektrischer Maschinen ist nach DIN immer die **abgegebene Leistung**. Diese wird auch als Nennleistung bezeichnet.

Beispiel 1:
Auf dem Leistungsschild eines Motors wird 1,5 kW abgelesen. Mit einem Leistungsmesser in der Motorzuleitung wird 1,9 kW gemessen.

Wie groß ist der Wirkungsgrad und die Verlustleistung?

Lösung:

$$\eta = \frac{P_{ab}}{P_{zu}} = \frac{1{,}5 \text{ kW}}{1{,}9 \text{ kW}} = \mathbf{0{,}789} \quad \text{oder} \quad \eta = \mathbf{78{,}9\%}$$

$$P_V = P_{zu} - P_{ab} = 1{,}9 \text{ kW} - 1{,}5 \text{ kW} = 0{,}4 \text{ kW} = \mathbf{400\ W}$$

Bei einer, mit einem Motor angetriebenen Pumpe, muß die abgegebene Leistung zunächst über die Pumpendaten errechnet werden. Danach kann der Wirkungsgrad der Anlage errechnet werden.

Beispiel 2:
Eine motorangetriebene Pumpe fördert 100 Liter Wasser in 5 Minuten 40 m hoch. Der Motor hat eine Leistungsaufnahme von 200 W.

Wie groß ist der Wirkungsgrad der Anlage?

Lösung:

Mechanisch gilt: $P_{ab} = \frac{F \cdot s}{t}$ und

$$F = m \cdot g = 100\ \text{kg} \cdot 9{,}81\ \frac{\text{m}}{\text{s}^2} = 981\ \frac{\text{kg m}}{\text{s}^2} = \mathbf{981\ N}$$

$$P_{ab} = \frac{981\ \text{N} \cdot 40\ \text{m}}{5 \cdot 60\ \text{s}} = 130{,}8\ \frac{\text{Nm}}{\text{s}} = \mathbf{130{,}8\ W} \quad (1\ \text{Nm} = 1\ \text{Ws})$$

$$\eta = \frac{P_{ab}}{P_{zu}} = \frac{130{,}8\ \text{W}}{200\ \text{W}} = \mathbf{0{,}654} \quad \text{oder} \quad \eta = \mathbf{65{,}4\%}$$

Um den Gesamtwirkungsgrad einer Anlage beurteilen zu können, stellt man die Komponenten der Anlage getrennt dar.

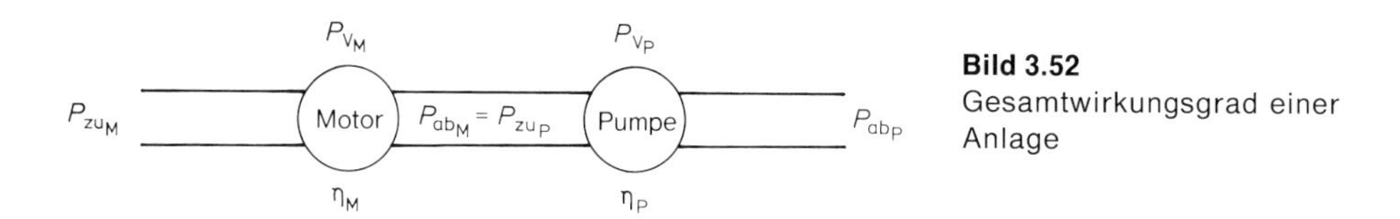

Bild 3.52
Gesamtwirkungsgrad einer Anlage

Der Gesamtwirkungsgrad η_{Ges} berechnet sich aus: $\eta_{Ges} = \frac{P_{ab_P}}{P_{zu_M}}$

Der Motorwirkungsgrad η_M berechnet sich aus: $\eta_M = \frac{P_{ab_M}}{P_{zu_M}}$

Der Pumpenwirkungsgrad η_P berechnet sich aus: $\eta_P = \frac{P_{ab_P}}{P_{zu_P}}$

Da P_{ab_M} gleich P_{zu_P} ist, kann man auch schreiben: $\eta_P = \frac{P_{ab_P}}{P_{ab_M}}$

Multipliziert man nun: $\eta_M \cdot \eta_P = \frac{P_{ab_M}}{P_{zu_M}} \cdot \frac{P_{ab_P}}{P_{ab_M}} = \frac{P_{ab_P}}{P_{zu_M}} = \eta_{Ges}$

Dies bedeutet, daß sich der Gesamtwirkungsgrad aus der Multiplikation der Einzelwirkungsgrade ergibt. Allgemein kann man den Gesamtwirkungsgrad aus mehreren Einzelwirkungsgraden errechnen:

Gesamtwirkungsgrad $\eta_{Ges} = \eta_1 \cdot \eta_2 \cdot \ldots \cdot \eta_n$ (3.14)

Beispiel 3:
Eine Pumpe wird von einem Motor mit einer Nennleistung von 500 W angetrieben. Die Leistungsaufnahme des Motors beträgt 650 W. Die Pumpe gibt umgerechnet 400 W Leistung ab.

Wie groß sind die Einzelwirkungsgrade von Motor und Pumpe und wie groß ist der Gesamtwirkungsgrad?

Lösung:

$$\eta_M = \frac{P_{ab_M}}{P_{zu_M}} = \frac{500\ W}{650\ W} = \mathbf{0{,}77}$$

$$\eta_P = \frac{P_{ab_P}}{P_{ab_M}} = \frac{400\ W}{500\ W} = \mathbf{0{,}8}$$

$$\eta_{Ges} = \eta_M \cdot \eta_P = 0{,}77 \cdot 0{,}8 = \mathbf{0{,}62}$$

oder

$$\eta_{Ges} = \frac{P_{ab_P}}{P_{zu_M}} = \frac{400\ W}{650\ W} = \mathbf{0.62}$$

4 Kondensator und Kapazität

Im Kälteanlagenbau finden Kondensatoren bei den Wechselstromverdichtern ihre Anwendung. Sie werden dort als **Anlauf- bzw. Betriebskondensator** bezeichnet. Aber auch in Steuerungen für Kälteanlagen finden sie Anwendung. Dort wird meist das Zeitverhalten von Kondensatoren ausgenutzt. Wesentlich ist auch der Einsatz bei der Kompensation von elektrischen Anlagen. Das wesentliche Verhalten und die Wirkungsweise wird in den nachfolgenden Kapiteln beschrieben.

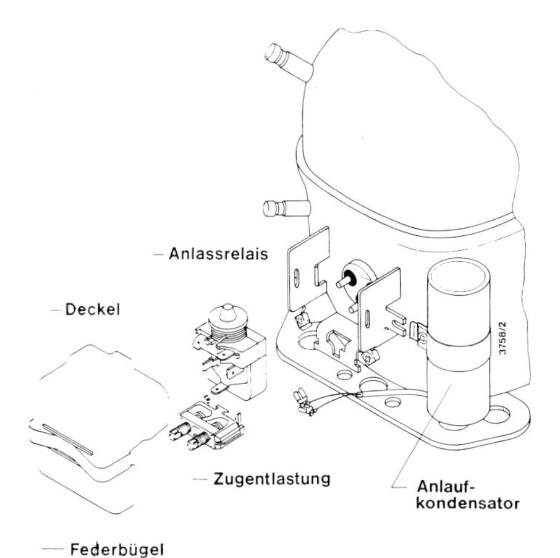

Bild 4.10
Anlaufkondensator an einem Danfoss-Verdichter

4.1 Kapazität von Kondensatoren

Das einfachste Modell eines Kondensators ist der **Plattenkondensator** mit Luft zwischen den Platten. Es handelt sich hierbei um zwei Metallplatten, die sich nicht berühren dürfen. Diese werden an eine Gleichspannung gelegt und somit unterschiedlich geladen.

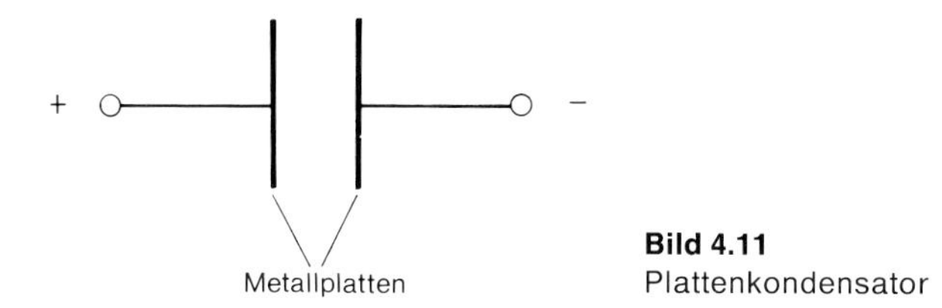

Bild 4.11
Plattenkondensator

Wird die Spannungsquelle entfernt, so bleiben die Platten aufgeladen. Ein Kondensator ist also in der Lage, elektrische Ladungen zu speichern. Die Menge an gespeicherter elektrischer Ladung wird als **Kapazität** C bezeichnet.

Die Kapazität C ist die Menge gespeicherter elektrischer Ladungen eines Kondensators.

Die Größe der Kapazität läßt sich aus der gespeicherten Ladungsmenge Q und der Spannung zwischen den Platten berechnen. Die Kapazität gibt also das **Fassungsvermögen elektrischer Ladungen** für eine bestimmte Spannung an.

$$C = \frac{Q}{U} \quad \text{in} \quad \frac{\text{As}}{\text{V}} = 1\,\text{F}\ (\text{F} = \text{Farad}) \qquad (4.1)$$

Die in der Anwendung vorkommenden Kapazitäten sind um mehrere Zehnerpotenzen kleiner als 1 Farad. Die im Kälteanlagenbau vorkommenden Kapazitäten liegen meist im Bereich von µF ($\mu = 10^{-6}$ = Mikro).

Die Kapazität eines Kondensators läßt sich aber auch nach seinen geometrischen Abmessungen bestimmen. Diese sind Plattenabstand d und Plattenfläche A. Bei einem kleinen Plattenabstand sind die Anziehungskräfte auf die Ladungen groß. Die Kapazität wird dadurch größer. Eine große Plattenfläche hat zur Fläche, daß der Kondensator viele Ladungen aufnehmen kann und dadurch auch eine große Kapazität hat.

Die Kapazität ist proportional der Plattenfläche und umgekehrt proportional dem Plattenabstand

$$C \sim \frac{A}{d}$$

Die Kapazität ist außerdem noch von einer Naturkonstanten, der elektrischen Feldkonstanten ε_0 (sprich Epsilon), abhängig.

Elektrische Feldkonstante $\varepsilon_0 = 8{,}86 \cdot 10^{-12} \frac{\text{As}}{\text{Vm}}$

Somit kann die Kapazität berechnet werden mit:

$$C = \varepsilon_0 \cdot \frac{A}{d} \quad \text{in} \quad \frac{\text{As}}{\text{Vm}} \cdot \text{m} = \frac{\text{As}}{\text{V}} = \text{F} \qquad (4.2)$$

Um die Kapazität zu erhöhen bringt man einen Isolierstoff, das sog. **Dielektrikum**, zwischen die Platten. Der Effekt, der sich dabei einstellt wird elektrische Polarisation genannt. Im Dielektrikum richten sich die Ladungen so aus, daß mehr Ladungen auf die Platten gebracht werden. Ein Maß für die Kapazitätserhöhung ist die **Dielektrizitätszahl** ε_r. Diese gibt an, um wieviel sich die Kapazität, bezogen auf Luft (Vakuum) zwischen den Platten, erhöht. So wird die Kapazität z. B. bei einem keramischen Isolierstoff mehr als 3000-fach erhöht. Man spricht dann auch von Keramikkondensatoren.

Vollständig läßt sich die Kapazität berechnen mit:

$$C = \varepsilon_0 \cdot \varepsilon_r \cdot \frac{A}{d} \qquad (4.3)$$

In der Kältetechnik spielt die Umwandlung einer physikalischen Größe z. B. Druck in eine elektrische Größe eine immer wichtigere Rolle, da dieses Signal dann entsprechend weiterverarbeitet werden kann. So kann ein **Drucktransmitter** nach dem Prinzip einer Kapazitätsänderung aufgrund einer Plattenabstandsänderung arbeiten. Dabei wirkt der Druck auf eine Metallplatte eines Kondensators. Je nach Größe des Druckes sind diese eng zusammen oder weit auseinander. Dies bedeutet, daß die Kapazitätsänderung ein Maß für die Druckänderung darstellt. Befindet sich der Kondensator in einem elektrischen Stromkreis, so hat dies auch eine Stromänderung zur Folge. Man kann also einem elektrischen Stromwert ein Druckwert zuordnen.

Bei dem Schaltzeichen eines Kondensators werden die beiden Platten dargestellt. Er wird mit dem Buchstaben C gekennzeichnet.

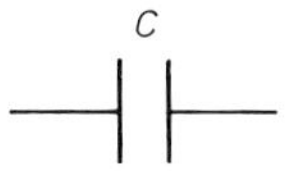

C

Bild 4.12
Schaltzeichen eines Kondensators

4.2 Schaltung von Kondensatoren

Bei Wechselstromverdichtermotoren werden oft im Anlaufmoment zwei Kondensatoren parallel geschaltet und somit das Anlaufverhalten verbessert. Es ist daher die Frage zu klären, wie sich Kondensatoren verhalten, wenn sie in Reihe oder parallel geschaltet sind.

Ähnlich wie bei der Untersuchung von Widerständen soll auch bei den Kondensatoren ein Ersatzkondensator ermittelt werden, der die gleichen Eigenschaften aufweist wie eine Anzahl parallelgeschalteter Kondensatoren. Das Verhalten soll am Beispiel von drei parallelgeschalteten Kondensatoren untersucht werden.

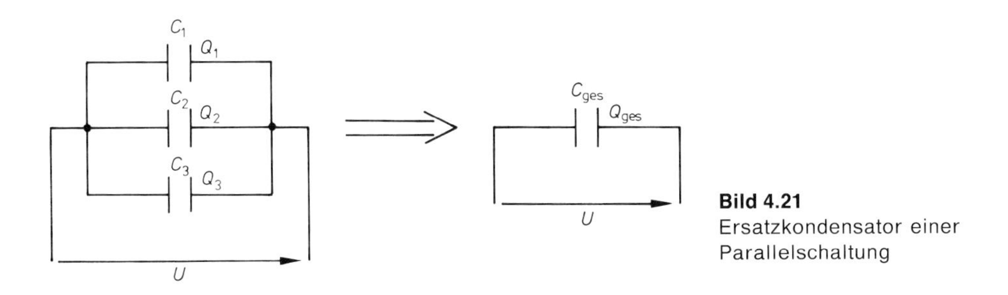

Bild 4.21
Ersatzkondensator einer Parallelschaltung

Für die Parallelschaltung gilt nach (4.1):

$$C_1 = \frac{Q_1}{U}, \qquad C_2 = \frac{Q_2}{U} \quad \text{und} \quad C_3 = \frac{Q_3}{U}$$

Ebenso gilt für den Ersatzkondensator: $C_{Ges} = \frac{Q_{Ges}}{U}$

Da man sich die Parallelschaltung auch als Addition der Plattenflächen vorstellen kann, muß der Ersatzkondensator die gleiche Ladungsmenge haben wie die drei Ladungsmengen der Parallelschaltung.

$Q_{Ges} = Q_1 + Q_2 + Q_3$

Da $Q_{Ges} = C_{Ges} \cdot U, Q_1 = C_1 \cdot U, Q_2 = C_2 \cdot U$ und $Q_3 = C_3 \cdot U$ ist, kann man schreiben:

$C_{Ges} \cdot U = C_1 \cdot U + C_2 \cdot U + C_3 \cdot U$

Nach Ausklammern und Kürzen der Spannung U erhält man:

$$C_{Ges} = C_1 + C_2 + C_3 \qquad (4.4)$$

Allgemein gilt für n parallelgeschalteter Kondensatoren:

$$C_{Ges} = C_1 + C_2 + \ldots + C_n \qquad (4.5)$$

Dies bedeutet, daß eine Parallelschaltung von Kapazitäten eine Vergrößerung der Gesamtkapazität ergibt.

Zur Ermittlung des Ersatzkondensators einer Reihenschaltung von Kondensatoren betrachten wir uns Bild 4.22.

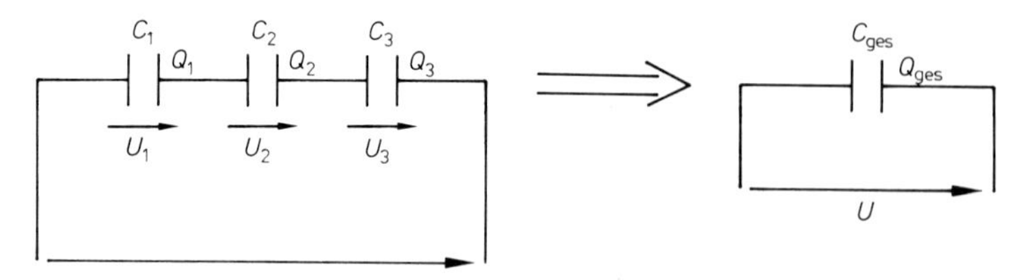

Bild 4.22 Ersatzkondensator einer Reihenschaltung

Da bei der Reihenschaltung der gleiche Ladestrom fließt, kann jeder Kondensator nur die gleiche Ladungsmenge Q aufnehmen.

$$Q = Q_1 = Q_2 = Q_3 = Q_{Ges}$$

Die Spannungen an den Kondensatoren teilen sich auf zu:

$$U_1 = \frac{Q}{C_1}, \quad U_2 = \frac{Q}{C_2}, \quad U_3 = \frac{Q}{C_3} \quad \text{und} \quad U = \frac{Q}{C_{Ges}}$$

Da $U = U_1 + U_2 + U_3$ ist, kann man schreiben:

$$\frac{Q}{C_{ers}} = \frac{Q}{C_1} + \frac{Q}{C_2} + \frac{Q}{C_3}$$

Nach Ausklammern und Kürzen der Ladung Q erhält man:

$$\frac{1}{C_{ers}} = \frac{1}{C_1} + \frac{1}{C_2} + \frac{1}{C_3} \qquad (4.6)$$

Allgemein gilt für n in Reihe geschalteter Kondensatoren:

$$\frac{1}{C_{ers}} = \frac{1}{C_1} + \frac{1}{C_2} + \ldots + \frac{1}{C_n} \qquad (4.7)$$

Bei einer Reihenschaltung von Kondensatoren ist der Ersatzkondensator immer kleiner als der kleinste Einzelkondensator.

Genau wie bei den Widerständen lassen sich Kondensatoren auch in gemischten Schaltungen, also Parallel- und Reihenschaltung kombiniert, darstellen. Hierbei sind die oben beschriebenen Gesetzmäßigkeiten entsprechend anzuwenden.

Beispiel:
Ein defekter Anlaufkondensator eines Wechselstromverdichters hat eine Kapazität von 40 µF. Dieser soll ausgetauscht werden. Zur Verfügung stehen jedoch nur drei Kondensatoren mit den Kapazitäten 75 µF, 50 µF und 10 µF.

Wie sind diese zu schalten, damit man einen Ersatzkondensator von 40 µF erhält?

Lösung:

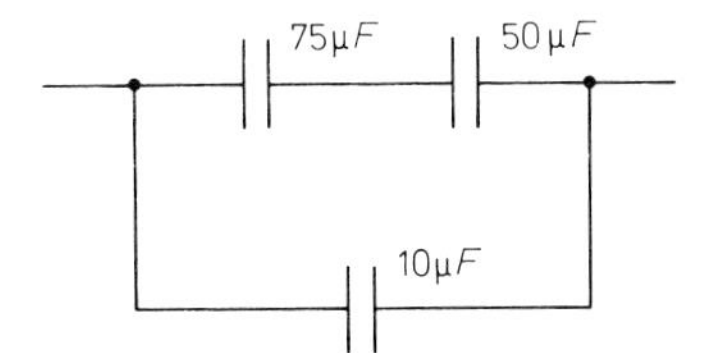

aus der Reihenschaltung
75 µF und 50 µF folgt:

$$\frac{1}{C'_{Ges}} = \frac{1}{75\ \mu F} + \frac{1}{50\ \mu F}$$

$$\boldsymbol{C'_{Ges} = 30\ \mu F}$$

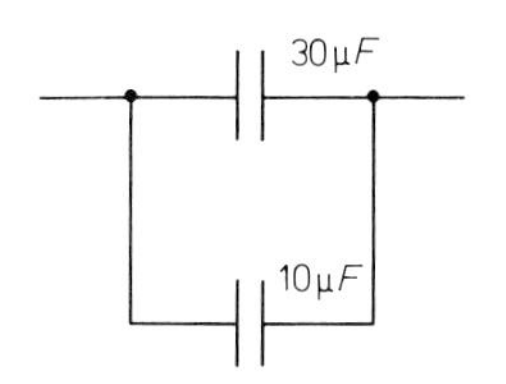

aus der verbleibenden
Parallelschaltung folgt:

$$C_{Ges} = 30\ \mu F + 10\ \mu F$$

$$\boldsymbol{C_{Ges} = 40\ \mu F}$$

4.3 Lade- und Entladeverhalten von Kondensatoren

Im Kapitel 4.1 wurde gesagt, daß ein Kondensator sich auflädt, wenn dieser an eine Gleichspannung angeschlossen wird. In diesem Kapitel soll untersucht werden, wie der zeitliche Verlauf dieser Aufladung sich darstellt. Dazu soll die Meßschaltung im Bild 4.31 näher betrachtet werden.

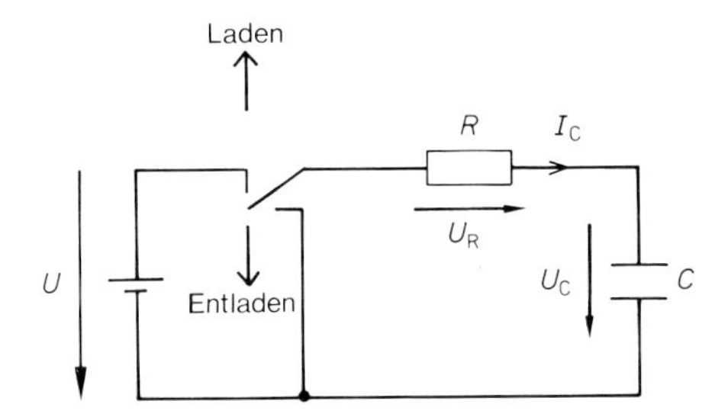

Bild 4.31
Meßschaltung zum Lade- und Entladeverhalten

In der Schalterstellung Laden wird der Kondensator über einen Widerstand an die Spannungsquelle angeschlossen. Im Einschaltmoment sind die Platten des Kondensators elektrisch neutral und somit die Spannung $U_c = 0$ V. Da nun die Ladungsträger auf den Kondensatorplatten, durch den Einfluß der angeschlossenen Spannungsquelle, abwandern und auf die andere Platte zuwandern, kommt es zu einem Stromfluß I_c. Dieser Strom ist direkt im Einschaltmoment sehr groß und wird nur durch den Widerstand R begrenzt, da im Einschaltmoment sehr viele Ladungsträger auf den Kondensatorplatten zum Transport zur Verfügung stehen. Dieser Strom wird anfangs schnell kleiner bis keine Ladungsträger mehr auf den Platten sind. Er nimmt langsam ab und wird dann zu Null.

Durch die anfangs schnelle Ladungstrennung auf den Platten steigt die Kondensatorspannung auch schnell an. Im aufgeladenen Zustand, also wenn kein Strom mehr fließt, hat sich der Kondensator auf den Spannungswert der angeschlossenen Spannungsquelle aufgeladen.

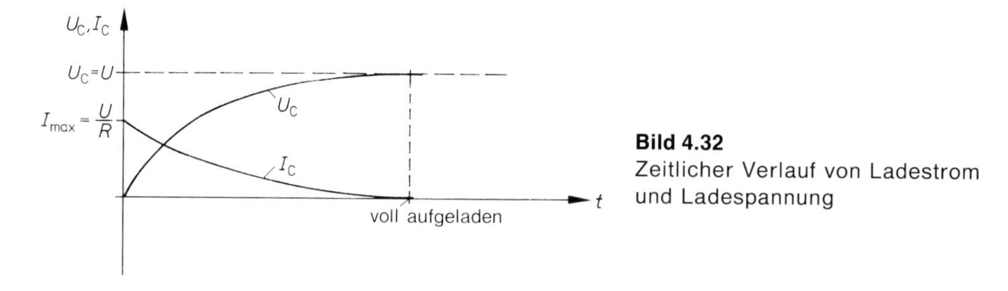

Bild 4.32
Zeitlicher Verlauf von Ladestrom und Ladespannung

Dieser zeitliche Verlauf wird durch eine sog. **Exponentialfunktion** mathematisch beschrieben. Der Verlauf zeigt das Verhalten eines steilen Anstiegs am Anfang der später flach wird und sich dann einem Grenzwert nähert.

Wäre der Widerstand im Einschaltmoment nicht vorhanden, so würde sich ein sehr großer Einschaltstrom einstellen.

Im Einschaltmoment wirkt ein Kondensator wie ein Kurzschluß

Da bei voll aufgeladenem Kondensator kein Strom mehr fließt, kann man sagen:

Ein geladener Kondensator wirkt wie ein unendlich großer Widerstand

Wird jetzt der Schalter in die Stellung Entladen gebracht, so kann sich der voll aufgeladene Kondensator über den Widerstand R entladen. Dabei wirkt der Kondensator als Spannungsquelle für den Widerstand. Dies hat zur Folge, daß sich die Stromrichtung umkehrt. Je mehr sich die Ladungen auf den Kondensatorplatten ausgleichen desto geringer wird die Kondensatorspannung. Sind alle Ladungen ausgeglichen so fließt kein Strom mehr und es ist keine Kondensatorspannung mehr vorhanden.

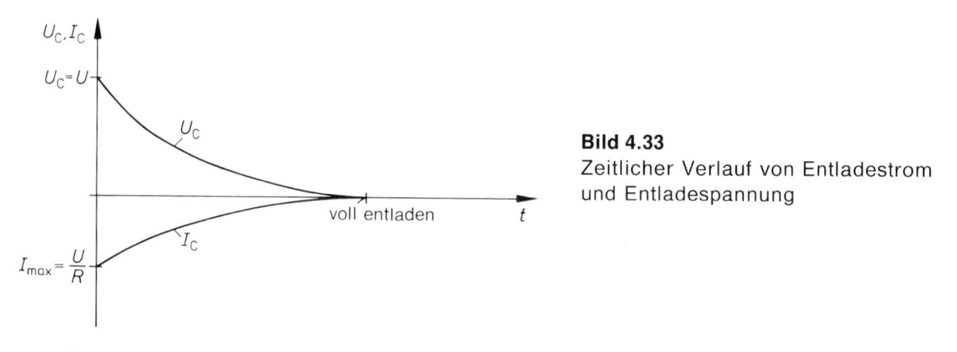

Bild 4.33
Zeitlicher Verlauf von Entladestrom und Entladespannung

Die Überlegungen haben gezeigt, daß ein Kondensator sich zeitlich verzögert auflädt. Die Größe der zeitlichen Verzögerung wird durch die Zeitkonstante τ (τ sprich Tau) beschrieben. Die Zeitkonstante ist abhängig von:

- der Kapazität C
- dem Widerstand R

Eine große Kapazität hat zur Folge, daß viele Ladungsträger vorhanden sind. Daher wird der Lade- bzw. Entladevorgang länger dauern als bei einer kleineren Kapazität. Ein großer Widerstand stellt eine große Behinderung für die Ladungsträger dar. Je größer also der Widerstand ist, desto länger wird der Lade- bzw. Entladevorgang andauern. Die Zeitkonstante ist also proportional der Kapazität und dem Widerstand.

Zeitkonstante $\tau = R \cdot C \quad \text{in} \quad \Omega \cdot \text{F} = \frac{\text{V}}{\text{A}} \cdot \frac{\text{As}}{\text{V}} = \text{s}$ (4.8)

Wie die Betrachtung der Einheit aus dem Produkt $R \cdot C$ zeigt, ist dies eine Zeiteinheit. Nur mit der mathematischen Beschreibung des zeitlichen Verlaufs der Lade- und Entladekurven, läßt sich eine genaue Aussage über die Zeitkonstante treffen.

Die genauen Werte von Strom und Spannung während des Lade- und Entladevorganges lassen sich mit folgenden Formeln berechnen:

Ladevorgang

$$U_c = U \cdot \left(1 - e^{-\frac{t}{\tau}}\right) \quad (4.9)$$

$$I_c = \frac{U}{R} \cdot e^{-\frac{t}{\tau}} \quad (4.10)$$

Entladevorgang

$$U_c = U \cdot e^{-\frac{t}{\tau}} \quad (4.11)$$

$$I_c = -\frac{U}{R} \cdot e^{-\frac{t}{\tau}} \quad (4.12)$$

Dabei bedeuten:

I_c, U_c	Strom und Spannung zu einem bestimmten Zeitpunkt t
U	angelegte Spannung
C	Kondensator
R	Widerstand
τ	Zeitkonstante
e	Eulersche Zahl, Basis der natürlichen Logarithmen, e = 2,718 ...
t	betrachteter Zeitpunkt

Beispiel 1:
Auf wieviel Prozent der angelegten Spannung ist die Kondensatorspannung beim Aufladen nach den Zeitpunkten $t = 1 \cdot \tau$ und $t = 5 \cdot \tau$ angestiegen?

Lösung: nach (4.9) gilt:

$$\frac{U_c}{U} = 1 - e^{-\frac{1 \cdot \tau}{\tau}} = 1 - e^{-1} = \mathbf{0{,}632}$$ d. h. nach $t = 1 \cdot \tau$ auf ca. **63%**

$$\frac{U_c}{U} = 1 - e^{-\frac{5 \cdot \tau}{\tau}} = 1 - e^{-5} = \mathbf{0{,}9933}$$ d. h. nach $t = 5 \cdot \tau$ auf ca. **99%**

Rein mathematisch erreicht die Kondensatorspannung nie genau den Wert der angelegten Spannung. Wie das Beispiel 1 jedoch zeigt, kann man sagen, daß ein Kondensator nach einer Zeit $t = 5 \cdot \tau$ als voll aufgeladen gilt. Da die Kurvenverläufe für den Strom bzw. das Entladeverhalten die grundsätzlich gleiche Form haben, gilt die Aussage entsprechend. So kann man z. B. für das Entladen sagen, daß der Strom nach einer Zeit $t = 5 \cdot \tau$ zu Null geworden ist.

Möchte man wissen zu welchem Zeitpunkt die Kondensatorspannung einen bestimmten Wert hat, so ist die Gleichung nach der Zeit t umzustellen. Da sich die unbekannte

Größe dann im Exponenten zur Basis e befindet, handelt es sich um eine Exponentialgleichung die durch beidseitigem logarithmieren mit dem **natürlichen Logarithmus ln** gelöst werden kann. Das nachfolgende Beispiel zeigt diesen Rechengang:

Beispiel 2:
Nach welcher Zeit ist die Kondensatorspannung beim Entladen auf 50% gefallen?

Lösung: nach (4.11) gilt:

$$U_c = U \cdot e^{-\frac{t}{\tau}} \quad \text{mit} \quad U_c = 0{,}5 \cdot U \quad \text{folgt:}$$

$$0{,}5 \cdot U = U \cdot e^{-\frac{t}{\tau}} \Rightarrow 0{,}5 = e^{-\frac{t}{\tau}} \Rightarrow \ln 0{,}5 = \ln e^{-\frac{t}{\tau}}$$

$$\Rightarrow \ln 0{,}5 = -\frac{t}{\tau}$$

$$\Rightarrow \frac{t}{\tau} = \mathbf{0{,}69 \approx 0{,}7}$$

D. h. nach $t \approx 0{,}7 \cdot \tau$.

Das Nachvollziehen dieser Rechnung erfordert einige mathematische Kenntnisse!

5 Magnetische Wirkung des elektrischen Stromes

In der Elektrotechnik nimmt das Kapitel des sog. magnetischen Feldes einen großen Raum ein. Hierbei wird sehr oft nur rein theoretisch gearbeitet. Für die Bedeutung im Kälteanlagenbau sind hier jedoch nur einige wesentliche Grundaussagen nötig. Zum anderen soll rein inhaltlich dem **Rahmenlehrplan** für den Ausbildungsberuf **Kälteanlagenbauer/Kälteanlagenbauerin** genüge getan werden, dessen Lernziele zu diesem Themenbereich hiermit abgedeckt werden.

5.1 Magnetische Grundeigenschaften

Zur Betrachtung von magnetischen Eigenschaften hat man ein Modell, das sog. **Feldlinienmodell**, entwickelt. Die Festlegungen dieses Modells sollen an einem Dauermagneten beschrieben werden:

- Feldlinien treten aus dem Nordpol aus und treten in den Südpol wieder ein
- im inneren des Magneten verlaufen sie vom Südpol zum Nordpol
- Feldlinien sind in sich geschlossen

Damit ergibt sich für einen **Dauermagneten** folgendes Feldlinienbild:

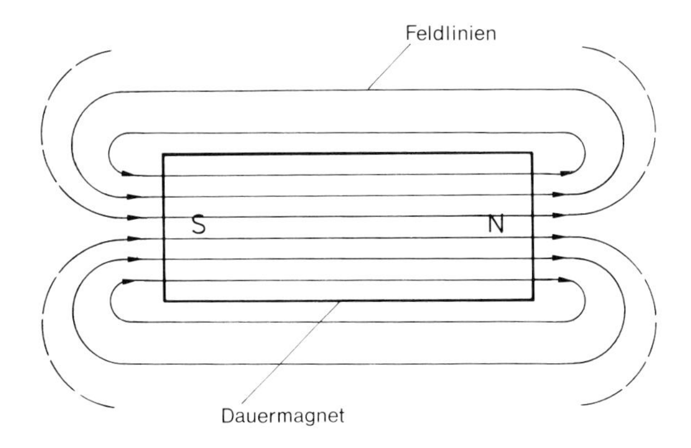

Bild 5.11
Feldlinienverlauf bei einem Dauermagneten

Werden zwei Magnete zusammengeführt, so ist bekannt, daß sich ungleichnamige Pole anziehen und gleichnamige Pole abstoßen. Dieses Verhalten läßt sich auch durch die Feldlinien darstellen.

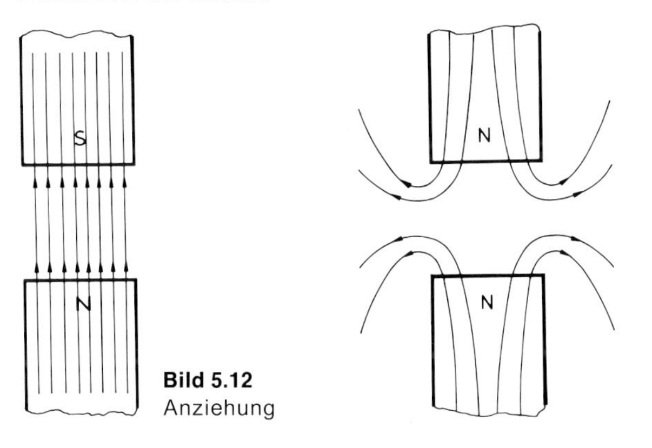

Bild 5.12
Anziehung

Bild 5.13
Abstoßung

Nach der Art, wie Stoffe ein Magnetfeld beeinflussen, trifft man folgende Einteilung:

- **Paramagnetische Stoffe** (z. B.: Zinn, Aluminium) verstärken ein Magnetfeld geringfügig.
- **Diamagnetische Stoffe** (z. B.: Kupfer, Blei) schwächen ein Magnetfeld.
- **Ferromagnetische Stoffe** (z. B.: Eisen, Nickel) verstärken ein Magnetfeld wesentlich.

Folgende Bilder verdeutlichen am Feldlinienmodell nochmals diese Einteilung:

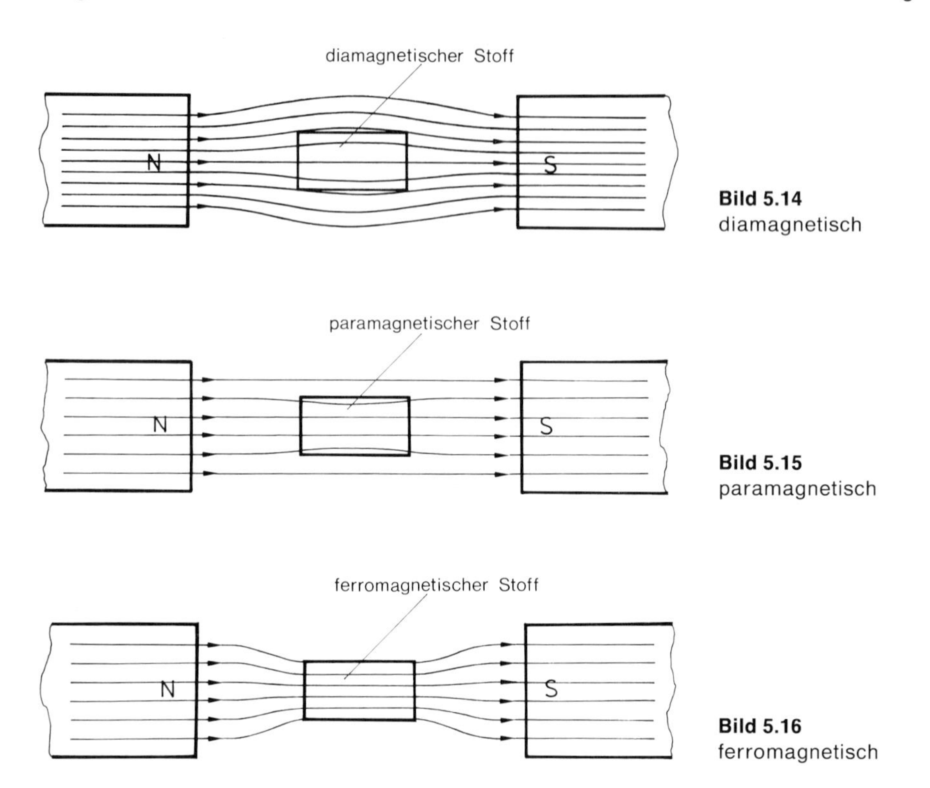

Bild 5.14 diamagnetisch

Bild 5.15 paramagnetisch

Bild 5.16 ferromagnetisch

In der Praxis kommt es oft vor, daß man starke magnetische Einflüsse (z. B.: von Motoren), die sich auf andere Einrichtungen (z. B.: Elektronische Steuerungen) negativ auswirken, beseitigen möchte. Dabei bindet man die magnetischen Feldlinien in einem ferromagnetischen Stoff und schafft dadurch einen magnetfeldfreien Raum. Bild 5.17 zeigt das **Prinzip einer Abschirmung** durch einen ferromagnetischen Stoff.

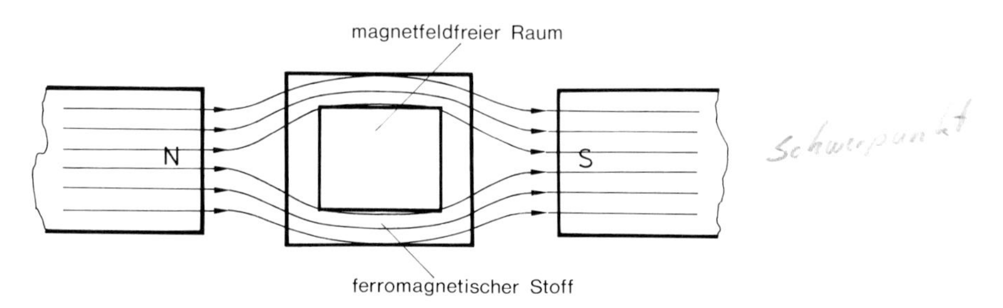

Bild 5.17 Abschirmung durch einen ferromagnetischen Stoff

5.2 Stromdurchflossener Leiter, Induktivität und Spule

Diese einfachen grundlegenden Überlegungen erklären die Funktionsweise eines Schützes (elektromagnetischer Schalter) und der **magnetischen Kraftwirkung eines Motors (Motorprinzip)**.

Um jeden stromdurchflossenen Leiter bildet sich ein Magnetfeld aus. Ändert man die Stromrichtung, so ändert sich auch die Richtung der magnetischen Feldlinien. Dabei hat man folgende Regel aufgestellt **(Rechtsschraubenregel)**:

Denkt man sich eine Schraube mit Rechtsgewinde in Stromrichtung gedreht, so gibt die Drehrichtung der Schraube die Richtung der magnetischen Feldlinien an.

Graphisch deutet man die Stromrichtung durch einen Punkt oder ein Kreuz bei Draufsicht auf den Leiterquerschnitt an. Dabei bedeutet ein Punkt, daß der Strom herausfließt und ein Kreuz, daß der Strom hineinfließt.

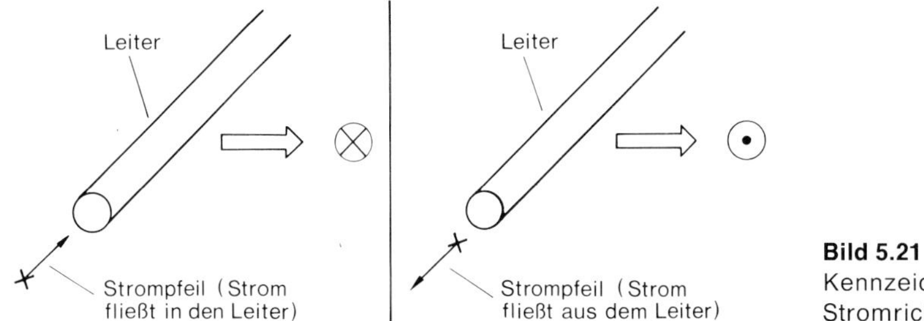

Bild 5.21
Kennzeichnung der Stromrichtung eines Leiters

Wendet man nun die oben beschriebene Regel an, so kann man die magnetischen Feldlinien für die beiden Stromrichtungen einzeichnen.

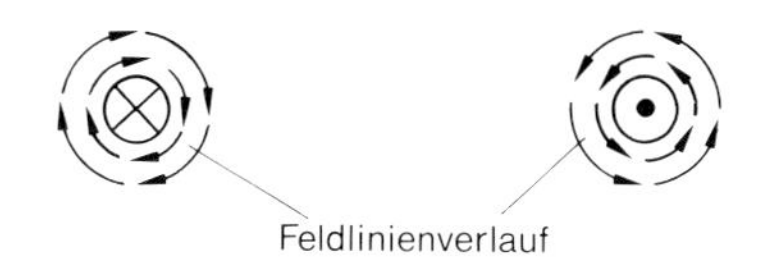

Bild 5.22
Magnetische Feldlinien um einen stromdurchflossenen Leiter

Denkt man sich einen längeren stromdurchflossenen Leiter um einen zylinderischen Eisenkern, also um ein ferromagnetisches Material, gewickelt und in der Mitte aufgeschnitten, so entsteht die in Bild 5.23 dargestellte Ansicht. Man spricht dabei von einer **Spule**.

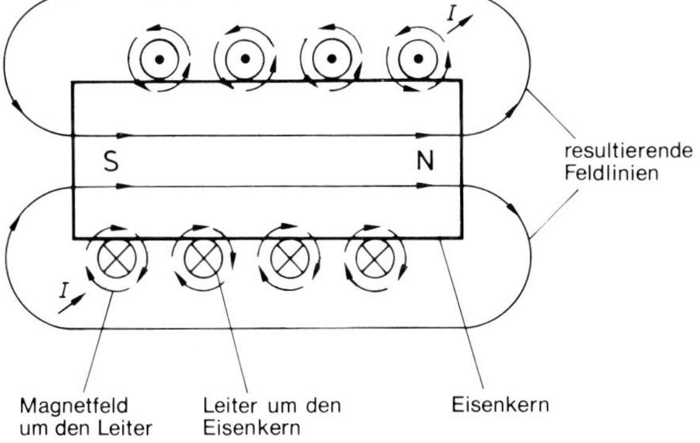

Bild 5.23
Magnetfeld einer Spule

Die einzelnen um den Leiter entstandenen Feldlinien werden im Eisenkern gebunden und verlaufen als resultierende Feldlinien genau wie in einem Dauermagneten (vgl. Bild 5.11). Bei einer Spule kann aber durch schließen oder öffnen eines Stromkreises bestimmt werden, ob eine magnetische Wirkung vorhanden sein soll oder nicht. Bei einem **Schütz** oder **Relais** wird in Verbindung mit einer entsprechenden Mechanik ein **Öffnen oder Schließen von Kontakten** (Verbindungen) durch ein erzeugtes Magnetfeld einer Spule erreicht.

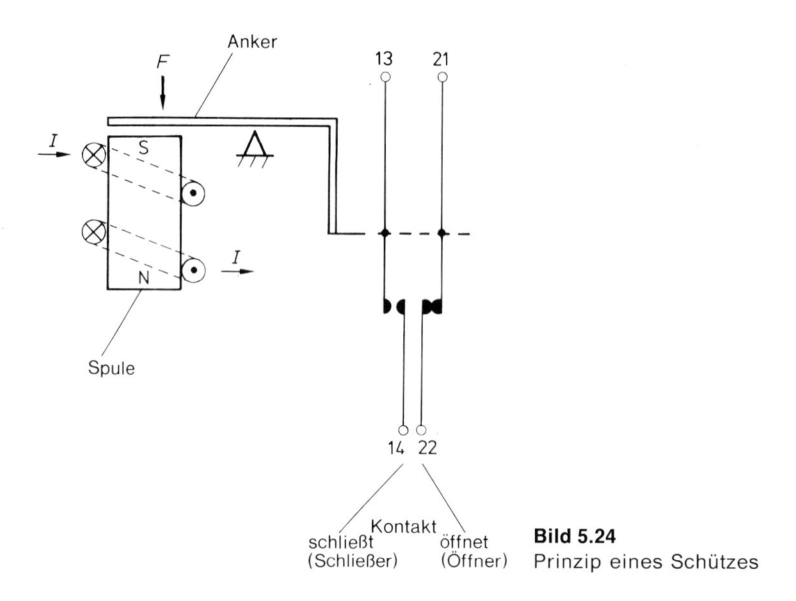

Bild 5.24
Prinzip eines Schützes

Die Stärke einer Spule wird durch eine charakteristische Kenngröße, der **Induktivität L** bestimmt. Diese bauteilspezifische Größe hat die Einheit:

$$\text{Induktivität L in } \frac{\text{Vs}}{\text{A}} = \text{H (Henry)}$$

Eine Spule entsteht durch eine Vielzahl von Drahtwindungen (Windungszahl) die z. B. um einen Eisenkern gewickelt sind. Diese Drahtwindungen stellen in der Praxis einen Ohmschen Widerstand dar. Aus diesem Grund existiert eine reine Induktivität nur theoretisch, d. h. der ohmsche Anteil wird vernachlässigt.

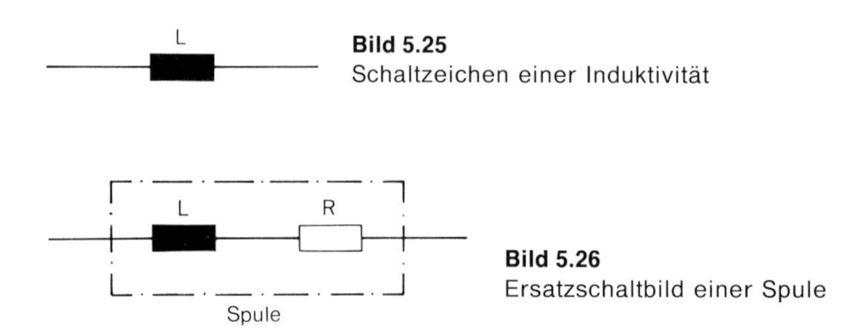

Bild 5.25
Schaltzeichen einer Induktivität

Bild 5.26
Ersatzschaltbild einer Spule

Ein Elektromotor wandelt die zugeführte elektrische Energie in eine mechanische Energie (Rotation der Motorwelle) um. Die dazu notwendige Kraftwirkung läßt sich prinzipiell mit einem stromdurchflossenen Leiter im Magnetfeld erklären (Motorprinzip).

Um einen **stromdurchflossenen Leiter** bildet sich, je nach Stromrichtung, ein Magnetfeld aus (Vgl. Bild 5.22). Bringt man einen solchen Leiter in ein Magnetfeld, so entsteht dort am Leiter, wo die Feldlinien in gleicher Richtung verlaufen, eine Feldverstärkung, auf der anderen Seite eine Feldschwächung. Dadurch wirkt eine Kraft F auf den Leiter. Bild 5.27 verdeutlicht diese Zusammenhänge nochmals graphisch.

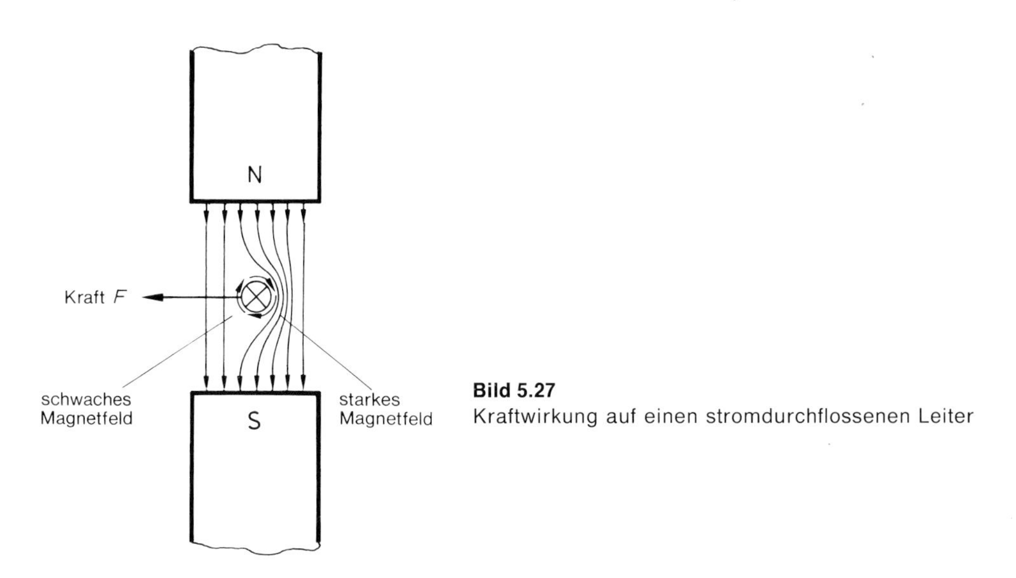

Bild 5.27
Kraftwirkung auf einen stromdurchflossenen Leiter

Stellt man sich den Leiter als eine beweglich aufgehängte Leiterschleife vor, so bewegt sich die Schleife in Kraftrichtung. Diese Kraftwirkung in einem Magnetfeld wird bei Motoren ausgenutzt.

5.3 Ein- und Ausschaltverhalten einer Spule

Dargestellt werden soll der zeitliche Verlauf von Strom und Spannung nach dem Ein- bzw. Ausschalten an einer Spule. Beim Kondensator wurde dieses Verhalten in Kapitel 4.3 untersucht (vgl. Bild 4.32). Die physikalische Grundlage für dieses Verhalten ist das sog. Induktionsgesetzt, auf dessen theoretische Herleitung hier verzichtet wird.

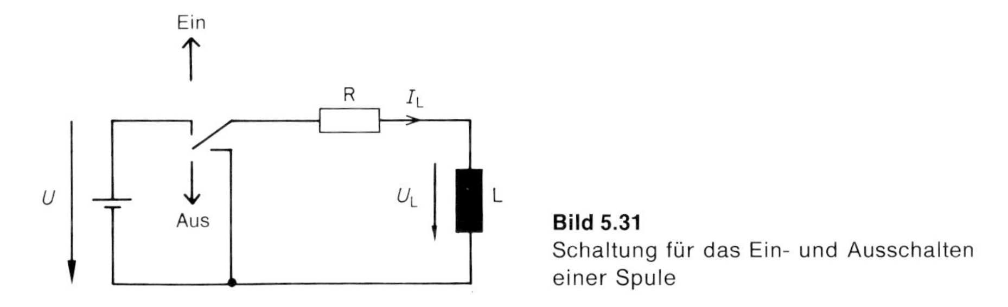

Bild 5.31
Schaltung für das Ein- und Ausschalten einer Spule

Schaltet man eine Spule in einem Stromkreis über einen Schalter ein, so baut sich das Magnetfeld mit steigendem Strom auf. Dieser Anstieg erfolgt mathematisch nach der **Exponentialfunktion** (vgl. Kapitel 4.3). Die Spannung geht ebenfalls nach der Exponentialfunktion vom Wert der angeschlossenen Spannungsquelle auf einen geringen Wert zurück, der nur von dem relativ kleinen Gleichstromwiderstand der Spule abhängt. Beim Ausschaltvorgang, also nach Öffnen des Schalters, baut sich das vorhandene Magnetfeld mit dem verringerndem Strom langsam ab. Den Ohmschen Widerstand kann man sich nun parallel zur reinen Induktivität vorstellen. Da der Strom in gleicher Richtung weiterfließt, entsteht am Widerstand eine entgegengesetzte Spannung, die durch die entstandene Parallelschaltung gleichzeitig Spulenspannung ist.

Da diese Spannung im wesentlichen von der Größe des Parallelwiderstandes abhängig ist, kann es beim Ausschalten von Spulen zu sehr hohen **Spannungsspitzen** kommen, die andere Bauteile oder die Spule selbst zerstören können. Daher müssen auch bei der Verbindung von Spulen mit elektronischen Schaltgeräten besondere **Schutzmaßnahmen** getroffen werden.

Beim Ausschalten von Spulen können gefährliche Spannungsspitzen entstehen

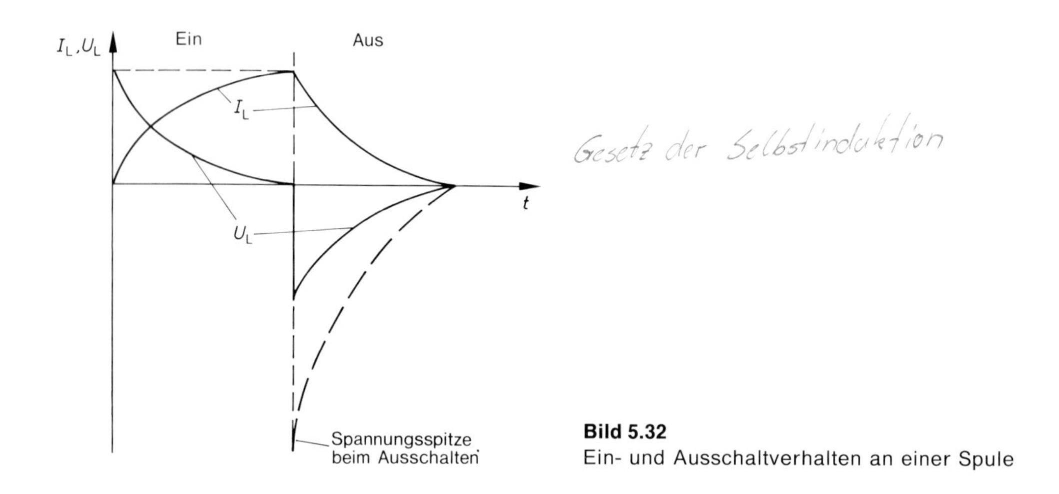

Bild 5.32
Ein- und Ausschaltverhalten an einer Spule

6 Grundlagen der Wechselstromlehre

Bei der aus dem **öffentlichen Netz** entnommenen Spannung, also beim Anschluß eines elektrischen Verbrauchers an die sog. „Steckdose“, handelt es sich immer um eine **sinusförmige Wechselspannung**. Dabei ändert sich der Spannungswert als auch die Polarität nach der mathematischen Beschreibung der Sinusfunktion ständig. Da Kälteanlagen in der Regel mit Spannung aus dem öffentlichen Netz versorgt werden, handelt es sich demgemäß um diese sinusförmige Wechselspannung.

6.1 Darstellung sinusförmiger Wechselgrößen

Eine sinusförmige Wechselgröße läßt sich durch drei Darstellungen eindeutig beschreiben:

- **Liniendiagram**
- **Zeigerdiagramm**
- **mathematische Formel.**

Dabei gibt das **Liniendiagramm** (vgl. Bild 1.33) den zeitlichen Verlauf der Wechselgröße (Spannung oder Strom) in einem Diagramm wieder.

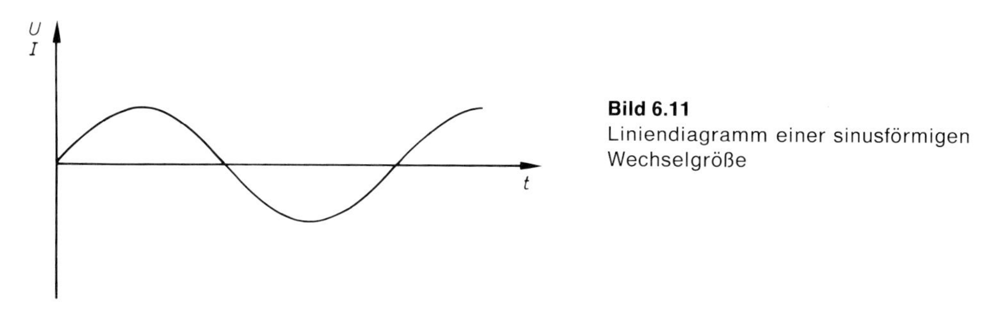

Bild 6.11
Liniendiagramm einer sinusförmigen Wechselgröße

Diese Art der Darstellung stellt zwar immer den tatsächlichen Verlauf der Wechselgröße dar, ist jedoch für grundlegende Erläuterungen sehr aufwendig und damit nicht immer geeignet. Aus diesem Grund hat man eine vereinfachte Darstellung, das **Zeigerdiagramm**, entwickelt. Dabei wird ein Zeiger im Kreis entgegen dem Uhrzeigersinn gedreht und die Endpunkte des entsprechenden Drehwinkels in ein Liniendiagramm übertragen.

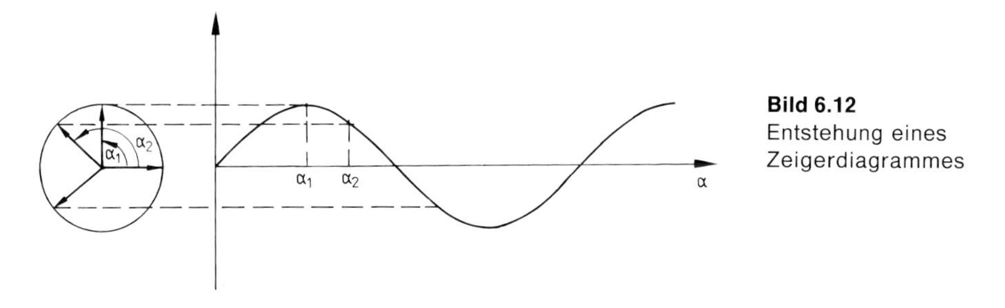

Bild 6.12
Entstehung eines Zeigerdiagrammes

Die vereinfachte Darstellung ist dann nur noch der Zeiger des Kreises, den man sich mit einer konstanten Geschwindigkeit rotierend und in das Liniendiagramm übertragen vorstellt. Diese Art der Darstellung wird später nur noch zur Beschreibung dienen, um verschiedene Zusammenhänge im Wechselstromkreis zu erklären.

Die rein **mathematische Beschreibung** einer Sinusgröße erfolgt nach der Formel:

$$y = \sin(x) \qquad (6.1)$$

Stellt man diese Formel in einer Funktion $y = f_{(x)}$ dar, so erhält man die mathematische Darstellung eines Liniendiagrammes.

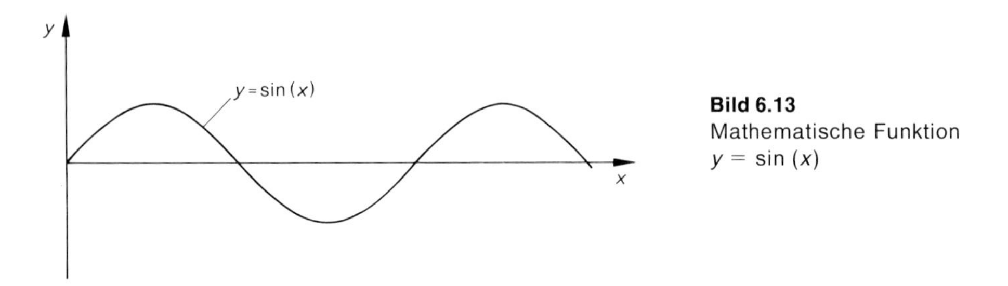

Bild 6.13
Mathematische Funktion
$y = \sin(x)$

Diese mathematische Schreibweise muß jedoch für die elektrotechnische Darstellung einer sinusförmigen Spannung oder eines sinusförmigen Stromes noch entsprechend gedeutet werden.

6.2 Definition der Grundgrößen

Zunächst sei bemerkt, daß **wechselnde Größen** in der Elektrotechnik mit **kleinen Buchstaben** gekennzeichnet werden. Am Beispiel einer sinusförmigen Wechselspannung werden die wichtigsten Grundgrößen bestimmt.

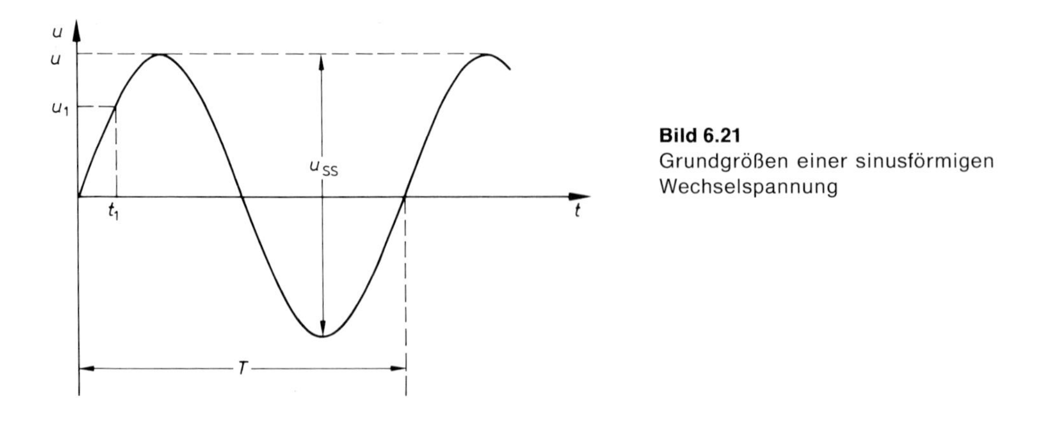

Bild 6.21
Grundgrößen einer sinusförmigen Wechselspannung

Dabei sind:

- $\hat{u}$ = Maximalwert, Amplitude, Spitzenwert
- u_1 = Momentanwert zum Zeitpunkt t
- u_{SS} = Spitzen-Spitzenwert
- T = Periodendauer (Dauer einer vollständigen Schwingung)

Eine weitere wichtige Grundgröße ist die **Frequenz *f***. Zählt man eine Anzahl von Schwingungen und setzt diese zur abgelaufenen Zeit ins Verhältnis, so erhält man die Frequenz f.

$$\text{Frequenz } f = \frac{\text{Anzahl der Schwingungen}}{\text{abgelaufene Zeit}}$$

Beispiel 1:
Bei einer sinusförmigen Wechselspannung werden in 10 Sekunden 100 vollständige Schwingungen gezählt.

Welche Frequenz hat die Wechselspannung?

Lösung:

$$f = \frac{100}{10\ \text{s}} = \mathbf{10\ \frac{1}{s}}$$

Bestimmt man nun umgekehrt die Zeit t für nur eine Schwingung, so gilt:

- Anzahl der Schwingungen = 1
- abgelaufene Zeit = T (Periodendauer)

Mit dieser Überlegung läßt sich folgende Formel schreiben:

Frequenz: $f = \frac{1}{T}$ in $\frac{1}{\text{s}} = 1\ \text{Hz}$ (Hertz) (6.1)

Die Einheit der Frequenz wird in Hz (Hertz) angegeben. Die aus dem öffentlichen Netz entnommene Wechselspannung hat die Frequenz 50 Hz. In anderen Ländern beträgt die Frequenz 60 Hz. Dies ist z. B. bei der Auswahl von Verdichtermotoren entsprechend zu berücksichtigen.

Beispiel 2:
Welche Periodendauer hat eine sinusförmige Wechselspannung von $f = 50\ \text{Hz}$?

Lösung:

$$f = \frac{1}{T} \Rightarrow T = \frac{1}{f} = \frac{1}{50\ \frac{1}{\text{s}}} = 0{,}02\ \text{s} = \mathbf{20\ ms}$$

Schließt man nun einen elektrischen Verbraucher z. B. eine Glühlampe an eine sinusförmige Wechselspannung der Frequenz 50 Hz an, so hat dies tatsächlich zur Folge, daß die Glühlampe alle 10 ms keine Spannung hat und somit nicht leuchtet. Dies wird jedoch wegen der Trägheit des menschlichen Auges nicht direkt wahrgenommen.

Eine weitere Grundgröße ist die **Kreisfrequenz ω (Omega)**. Diese ist für einige elektrotechnische Berechnungen von Bedeutung. Im Zeigerdiagramm (vgl. Bild 6.12) bedeutet eine vollständige Schwingung, daß der Zeiger den Winkel $360° = 2\pi$ überfahren hat. Für die Kreisfrequenz gilt daher:

- Anzahl der Schwingungen = 2π
- abgelaufene Zeit = T

Kreisfrequenz: $\omega = \frac{2\pi}{T}$ in $\frac{1}{\text{s}} = 1\ \text{Hz}$ (6.3)

Rein mathematisch läßt sich zu jedem Drehwinkel α (Alpha) aus dem Zeigerdiagramm der Momentanwert einer sinusförmigen Wechselspannung mit folgender Formel berechnen:

$$u = \hat{u} \cdot \sin \alpha \qquad (6.4)$$

Zwischen dem Drehwinkel und der Periodendauer gilt der Zusammenhang:

$$\frac{\alpha}{2\pi} = \frac{t}{T}, \qquad \alpha = 2\pi \cdot \frac{t}{T}, \qquad \alpha = 2\pi \cdot \frac{1}{T} \cdot t = 2\pi f \cdot t, \qquad \alpha = \omega \cdot t$$

Damit kann man Formel (6.4) auch schreiben:

$$u = \hat{u} \cdot \sin(\omega \cdot t) \qquad (6.5)$$

Beispiel 3:
Welchen Momentanwert hat eine sinusförmige Wechselspannung mit der Amplitude $\hat{u} = 100$ V und der Frequenz $f = 50$ Hz nach einer Zeit $t = 5$ ms?

Lösung:

$$u = \hat{u} \cdot \sin(\omega \cdot t) = 100\,\text{V} \cdot \sin\left(2\pi \cdot 50\frac{1}{\text{s}} \cdot 0{,}005\,\text{s}\right) = 100\,\text{V} \cdot \sin(1{,}571)$$

u = 100 V (sin (1,571) = 1, da nach 5 ms bei $f = 50$ Hz $u = \hat{u}$)

6.3 Ohmscher Widerstand im Wechselstromkreis

Schließt man z. B. eine Abtauheizung an die Wechselspannung des öffentlichen Netzes an, so ist bekannt, daß es sich hierbei um eine **Wechselspannung 230 V** mit der **Frequenz 50 Hz** handelt. Über den Frequenzbegriff ist in Kap. 6.2 ausführlich gesprochen worden. Es stellt sich nun die Frage, welchem Spannungswert die 230 V entsprechen, da die sinusförmige Wechselspannung zu jedem Zeitpunkt einen anderen Wert annimmt.

Ein ohmscher Verbraucher an einer Wechselspannung erzeugt nach dem Ohmschen Gesetz ein Wechselstrom nach der Formel:

$$i = \frac{u}{R}$$

Dieser Wechselstrom hat ebenfalls einen sinusförmigen Verlauf. Ist die Spannung Null, so ist der Strom auch Null. Hat die Spannung ihren Maximalwert, so ist der Strom auch

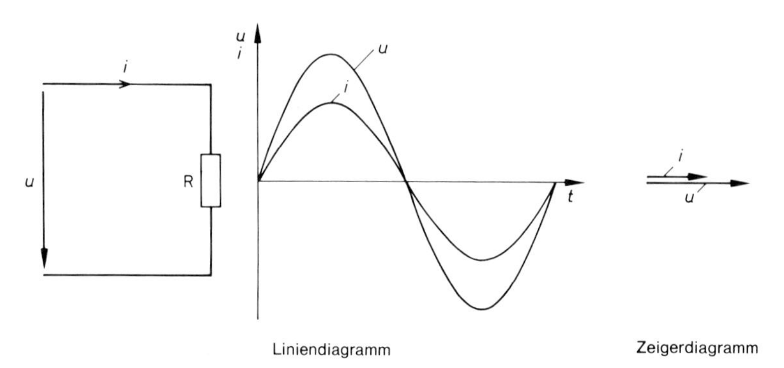

Bild 6.31 Ohmscher Widerstand an einer Wechselspannung

maximal. Ändert die Spannung ihre Polarität, so kehrt sich auch die Stromrichtung um. Diese Überlegungen kann man in einem gemeinsamen Liniendiagramm für Strom und Spannung auftragen.

Da Strom und Spannung gleichen Verlauf aufweisen, spricht man davon, daß Strom und Spannung in Phase verlaufen. Überträgt man diesen Verlauf in das Zeigerdiagramm, so liegen Strom- und Spannungszeiger aufeinander.

Betrachtet man nun die im Widerstand umgesetzte Leistung, so gilt zu jedem Zeitpunkt die Formel:

$$p = u \cdot i$$

Trägt man den **zeitlichen Verlauf der Leistung** mit in das Liniendiagramm ein, so erhält man folgende Darstellung:

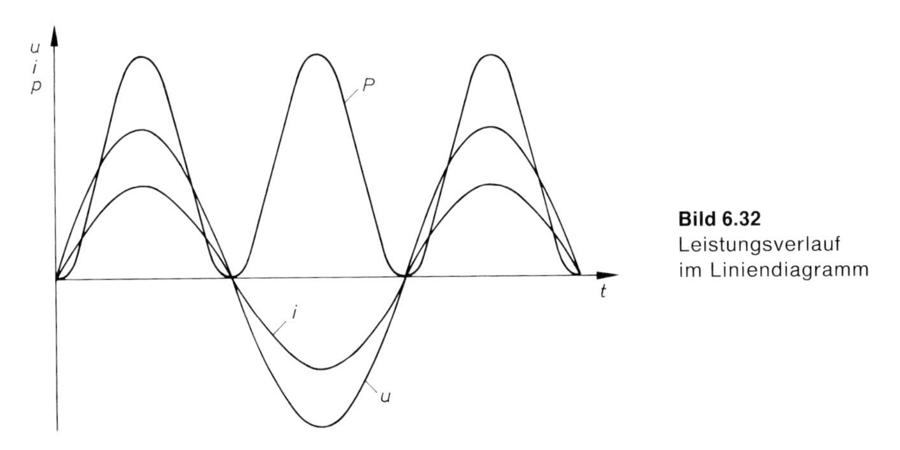

Bild 6.32
Leistungsverlauf
im Liniendiagramm

Ist Strom und Spannung Null, so wird auch keine Leistung umgesetzt. Die maximale Leistung ist vorhanden, wenn Strom und Spannung maximal sind. Ist Strom und Spannung negativ, so bleibt die Leistung aber positiv, da rein mathematisch $(-u) \cdot (-i) = +p$ ist.

Für die Praxis ist es weniger von Bedeutung, wann die Leistung maximal oder Null ist. Wichtig ist vielmehr, welche Leistung durchschnittlich an einer Wechselspannung umgesetzt wird. Diese **durchschnittliche Leistung**, also der Mittelwert, beschreibt die Fläche unter der Leistungskurve. Die Ermittlung der Fläche unter der Leistungskurve kann man sich bildlich sehr einfach vorstellen.

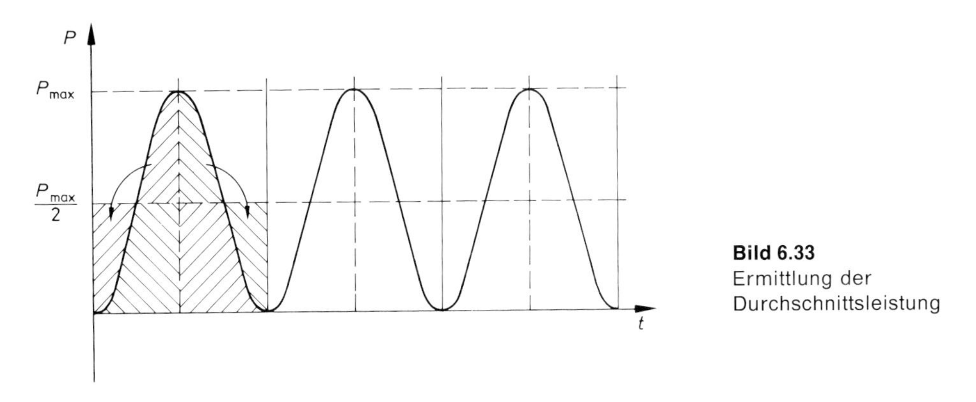

Bild 6.33
Ermittlung der
Durchschnittsleistung

Aus der bildlichen Darstellung erkennt man, daß die Durchschnittsleistung genau die Hälfte der maximalen Leistung ist. Da diese **Durchschnittsleistung** für die Praxis genau der Wert ist, der effektiv umgesetzt wird, spricht man hierbei von der **effektiven Leistung** P_{eff}. Es gilt also:

$$P_{eff} = \frac{P_{max}}{2} \quad \text{mit} \quad P_{max} = \hat{u} \cdot \hat{i} \quad \text{wird} \quad P_{eff} = \frac{\hat{u} \cdot \hat{i}}{2}$$

Der Strom- und Spannungswert, der diese effektive Leistung erzeugt, läßt sich durch eine Umformung leicht ermitteln:

$$P_{eff} = \frac{\hat{u} \cdot \hat{i}}{\sqrt{2} \cdot \sqrt{2}} = \frac{\hat{u}}{\sqrt{2}} \cdot \frac{\hat{i}}{\sqrt{2}}, \qquad \frac{\hat{u}}{\sqrt{2}} = U_{eff} = U, \qquad \frac{\hat{i}}{\sqrt{2}} = I_{eff} = I$$

Die **Effektivwerte von Strom und Spannung** werden nun wieder mit Großbuchstaben gekennzeichnet. Somit gilt auch für die Leistungsberechnung eines ohmschen Verbrauchers an einer sinusförmigen Wechselspannung:

$$P = U \cdot I$$

Die Spannungsangabe 230 V aus dem öffentlichen Netz entspricht genau diesem Effektivwert. Die Netzspannung hat demnach alle 10 ms einen Spannungswert von ca. **325 V (Amplitude)**. Spannungsmeßgeräte zeigen in der Regel bei **Wechselspannungsmessungen** auch den **Effektivwert** an.

6.4 Induktivität im Wechselstromkreis

Wie bereits in Kapitel 5 beschrieben, ist die reine Induktivität nur eine theoretische Größe. Für die spätere Betrachtung eines Schützes oder eines Motors im Wechselstromkreis sind jedoch vorher einige theoretische Überlegungen zwingend erforderlich.

6.4.1 Phasenverschiebung, Blindwiderstand, Blindleistung

Betrachtet man das Ein- und Ausschaltverhalten einer Spule (vgl. Kap. 5, Bild 5.32) und vernachlässigt den ohmschen Widerstand, so kann man auch von dem Schaltverhalten einer Induktivität sprechen. Vereinfacht lassen sich aus diesem Verhalten folgende Aussagen ableiten:

- Strom Null ↔ Spannung maximal
- Spannung Null ↔ Strom maximal

Das Anschließen einer Induktivität an eine sinusförmige Wechselspannung kann als Ein- bzw. Ausschalten mit Spannungsumkehr interpretiert werden. Trägt man nun in einem Liniendiagramm Strom und Spannung gemeinsam auf und berücksichtigt dabei das Schaltverhalten, so erhält man die Diagramme nach Bild 6.41 und 6.42

Man erkennt, daß Strom und Spannung nicht phasengleich verlaufen. Das Zeigerdiagramm zeigt deutlich eine Phasenverschiebung von 90°. Dabei eilt der Strom der angelegten sinusförmigen Spannung um diese 90° nach. Welche Auswirkung diese Phasenverschiebung hat, erkennt man bei der Ermittlung der Leistung im Liniendiagramm.

Die Bereiche, in denen Strom und Spannung entgegengesetzte Vorzeichen haben, erzeugen eine negative Leistung. Da positive und negative Leistungen gleich groß sind,

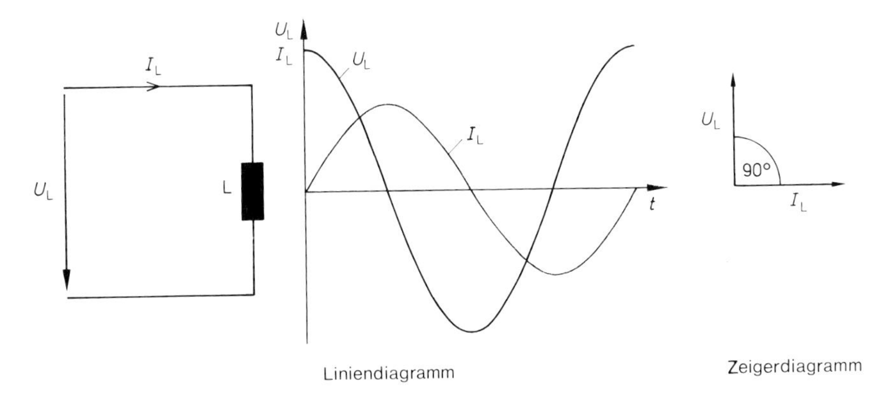

Bild 6.41 Induktivität an einer Wechselspannung

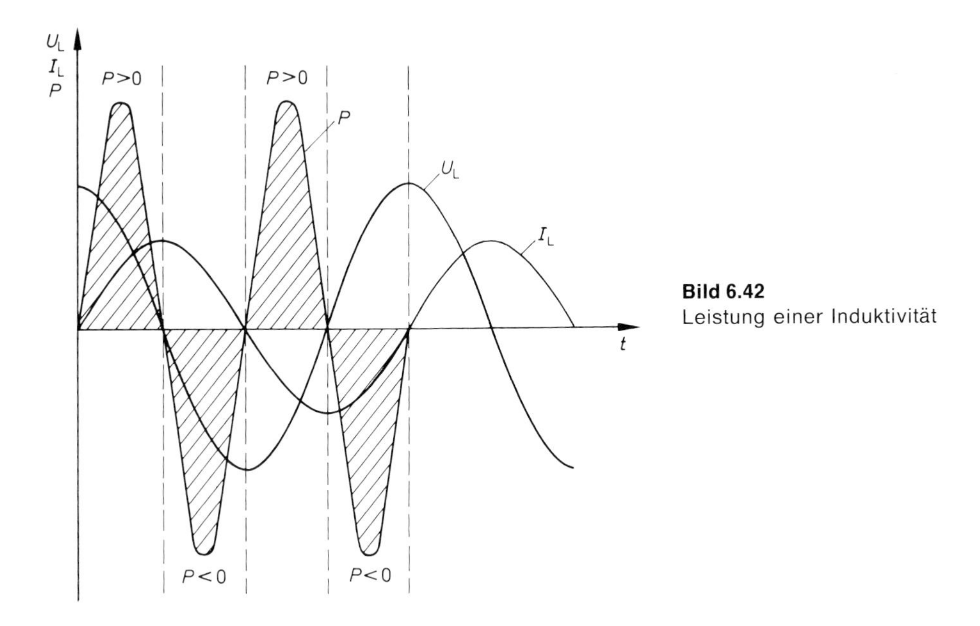

Bild 6.42
Leistung einer Induktivität

ist die Summe der Gesamtleistung Null. Ein angeschlossener Leistungsmesser nach Bild 3.32 würde dementsprechend auch 0 Watt anzeigen.

An einer reinen Induktivität entsteht keine Wirkleistung

Da aber nach Bild 6.41 die Effektivwerte von Spannung und Strom existieren, ergibt das Produkt aus U_L und I_L aber auch eine Leistung. Diese nennt man induktive Blindleistung Q_L.

Induktive Blindleistung $Q_L = U_L \cdot I_L$ in var (6.6)

Um die Blindleistung bereits an der Einheit zu erkennen, bekommt diese die kleinen Buchstaben **var (volt-ampere-reaktiv)**. Diese induktive Blindleistung ist zum Auf- bzw. Abbau des entstehenden Magnetfeldes notwendig.

Bildet man den Quotienten aus Spannung und Strom, so erhält man nach dem Ohmschen Gesetz einen Widerstand. Diesen Widerstand nennt man induktiven Blindwiderstand X_L.

Induktiver Blindwiderstand $$X_L = \frac{U_L}{I_L} \quad \text{in } \Omega \qquad (6.7)$$

Die Größe des induktiven Blindwiderstandes ist abhängig von:

- Frequenz f
- Induktivität L

Diese Abhängigkeit kann man sich leicht an Extremfällen erklären. Eine sehr kleine Frequenz, im Extremfall $f = 0$ Hz, also Gleichspannung, hat einen induktiven Blindwiderstand von 0 Ω zur Folge, da bei Gleichspannung keine Phasenverschiebung auftreten kann. Ist die Induktivität $L = 0$ H, so kann ebenfalls keine Phasenverschiebung auftreten.

Der induktive Blindwiderstand ist also proportional der Induktivität und der Frequenz (hier der Kreisfrequenz).

$$X_L = \omega \cdot L \quad \text{in } \frac{1}{\text{s}} \cdot \frac{\text{Vs}}{\text{A}} = \frac{\text{V}}{\text{A}} = \Omega \qquad (6.8)$$

6.4.2 Induktivität und Ohmscher Widerstand

Wie bereits in Kapitel 5 erwähnt, vernachlässigt man bei einer reinen Induktivität den Ohmschen Widerstand. Jede Motorwicklung oder Spule ist nach Bild 5.26 eine Schaltung aus reiner Induktivität mit einem Ohmschen Widerstand. Den ohmschen Anteil kann man sich dabei als in reihe- oder parallelgeschaltet vorstellen. Die nachfolgenden Betrachtungen führen dann zu dem wichtigen Kennwert von Motoren, dem sog. **Leistungsfaktor cos φ** (sprich: Cosinus Phi).

6.4.2.1 Reihenschaltung Induktivität und Ohmscher Widerstand

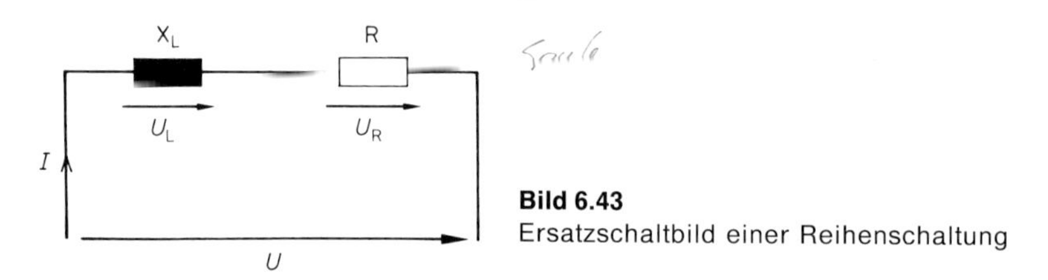

Bild 6.43
Ersatzschaltbild einer Reihenschaltung

Bei der Schaltung nach Bild 6.43 fließt der gleiche Strom I durch den induktiven- und ohmschen Widerstand. Es gelten zunächst die Gesetze der Reihenschaltung (vgl. Kapitel 2.4.1). Dieser Strom erzeugt nach dem Ohmschen Gesetz eine Spannung

$U_L = I \cdot X_L$ und $U_R = I \cdot R$.

Tragen wir diesen Sachverhalt in ein Liniendiagramm ein, so bekommen wir Bild 6.44.

Wird der Strom als Bezugsgröße abgetragen, so müssen die Spannung U_R phasengleich und U_L um 90° phasenverschoben zum Strom eingezeichnet werden (vgl. Bilder 6.31 und 6.41).

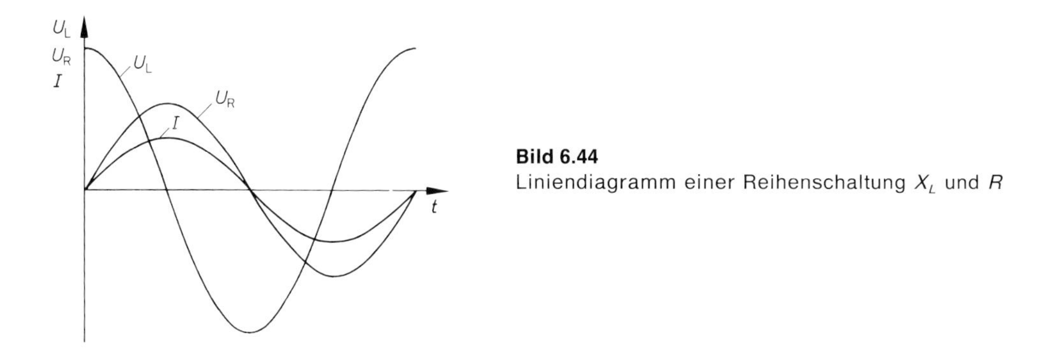

Bild 6.44
Liniendiagramm einer Reihenschaltung X_L und R

Um nun die Gesamtspannung bestimmen zu können, muß zu jedem Zeitpunkt U_R und U_L addiert werden. Dies führt zu folgendem Verlauf im Liniendiagramm:

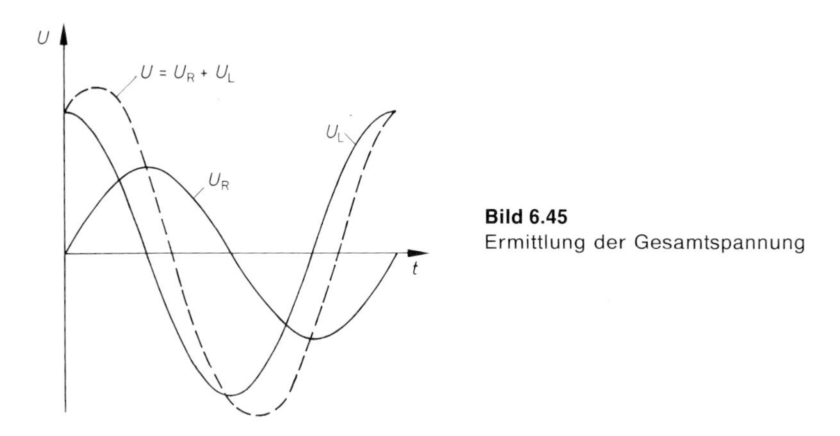

Bild 6.45
Ermittlung der Gesamtspannung

Aus Bild 6.45 wird erkennbar, daß Strom und Gesamtspannung in einem Winkel zwischen 0° und 90° in der Phase verschoben sein können. Das Bild 6.45 läßt sich in ein Zeigerdiagramm übertragen.

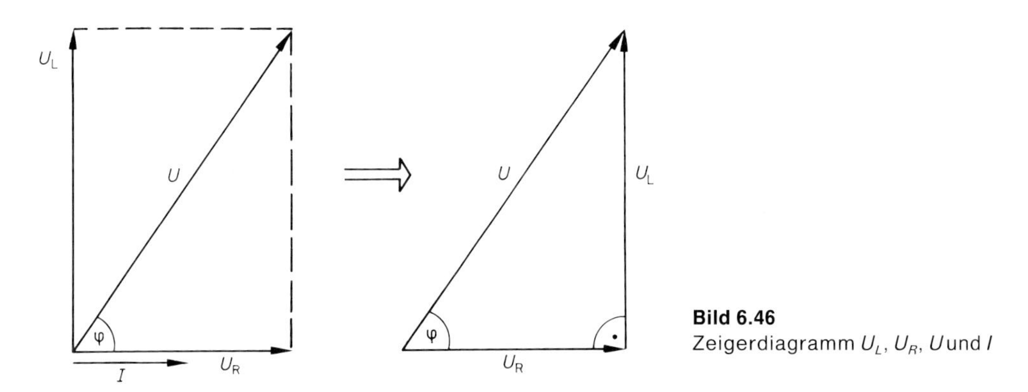

Bild 6.46
Zeigerdiagramm U_L, U_R, U und I

Da das **Spannungsdiagramm** ein rechtwinkliges Dreieck darstellt, läßt sich mit dem „Satz des Pythagoras“ folgende Formel herleiten:

$$U^2 = U_L^2 + U_R^2 \quad \text{oder} \quad U = \sqrt{U_L^2 + U_R^2} \qquad (6.9)$$

Man spricht hierbei von einer **„geometrischen Addition"**. Teilspannungen dürfen also, sobald eine Phasenverschiebung vorhanden ist, nicht rein arithmetisch addiert werden!

Als weitere Gesetzmäßigkeiten gelten auch die **„Winkelfunktionen"** im rechtwinkligen Dreieck:

$$\sin\varphi = \frac{U_L}{U}$$

$$\cos\varphi = \frac{U_R}{U}$$

$$\tan\varphi = \frac{U_L}{U_R} \qquad (6.10)$$

(Anmerkung: sin = Sinus, cos = Cosinus und tan = Tangens)

Aus dem Zeigerdiagramm nach Bild 6.46 läßt sich ein Widerstandsdiagramm und ein Leistungsdiagramm entwickeln.

Beim **Widerstandsdiagramm** geht man von der Tatsache aus, daß sich Spannung und Widerstand nach dem Ohmschen Gesetz direkt proportional verhalten. Man erhält den Widerstand indem man durch die konstante Größe des Stromes teilt. Dies bedeutet, Widerstandsdiagramm und Spannungsdiagramm sind **ähnliche Dreiecke**.

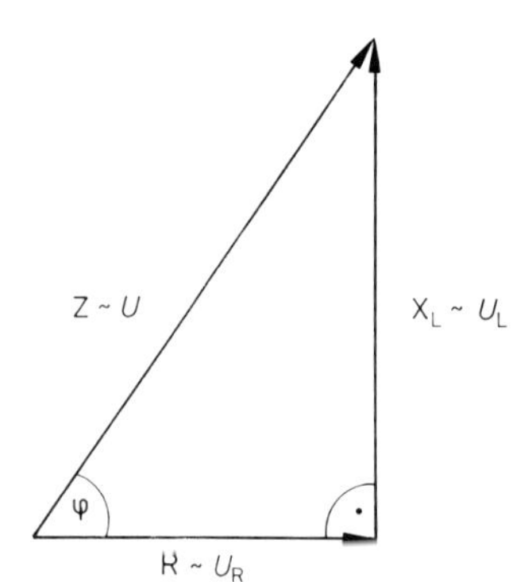

Bild 6.47
Widerstandsdiagramm einer Reihenschaltung R und X_L

Während die Größen R und X_L bekannt sind, muß für die Widerstandsgröße die sich aus Gesamtspannung und Gesamtstrom ergibt, eine neue Definition getroffen werden. Dieser Wert wird Scheinwiderstand Z genannt.

Scheinwiderstand $Z = \frac{U}{R}$ in Ω (6.11)

Nach den Gesetzmäßigkeiten des rechtwinkligen Dreiecks ergeben sich für Berechnungen im Widerstandsdiagramm folgende Formeln:

$$Z^2 = X_L^2 + R^2 \quad \text{oder} \quad Z = \sqrt{X_L^2 + R^2}$$

$$\sin\varphi = \frac{X_L}{Z}$$

$$\cos\varphi = \frac{R}{Z}$$

$$\tan\varphi = \frac{X_L}{R} \qquad (6.12)$$

Die gleichen Überlegungen lassen sich für das **Leistungsdiagramm** anstellen. Hierbei ist die Leistung auch direkt proportional der Spannung. Man erhält die Leistung indem man die Spannung mit der konstanten Größe des Stromes multipliziert. Es entsteht auch ein zum Spannungsdiagramm ähnliches Dreieck.

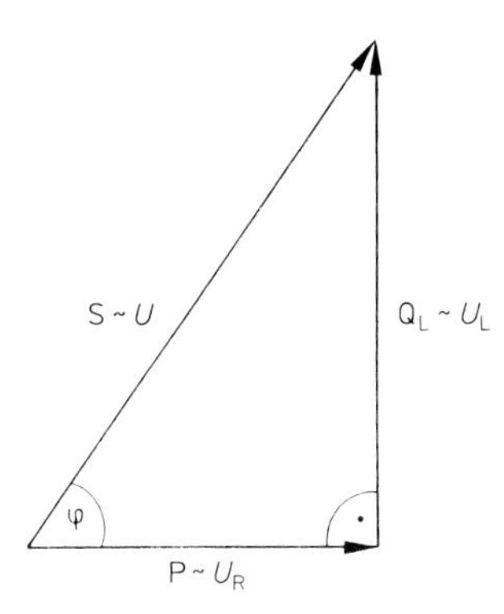

Bild 6.48
Leistungsdiagramm einer Reihenschaltung R und X_L

Auch hier muß eine neue Größe definiert werden, die Scheinleistung S. Die Scheinleistung wird bestimmt aus dem Produkt von Gesamtspannung und Gesamtstrom.

Scheinleistung $\quad S = U \cdot I \quad$ in VA $\qquad$ (6.13)

Wendet man die Formeln für das rechtwinklige Dreieck an, so ergeben sich folgende Beziehungen:

$$S^2 = Q_L^2 + P^2 \quad \text{oder} \quad S = \sqrt{Q_L^2 + P^2}$$

$$\sin\varphi = \frac{Q_L}{S}$$

$$\cos\varphi = \frac{P}{S}$$

$$\tan\varphi = \frac{Q_L}{P} \qquad (6.14)$$

Hierbei spielt die bereits erwähnte Größe des **cos φ** eine wichtige Rolle. Diese Größe nennt man den **Leistungsfaktor**.

Leistungsfaktor = $\cos\varphi$

Auf diese Größe wird später in Verbindung mit einem **Motorverdichter** noch genauer eingegangen.

Mit Formel (6.13) $S = U \cdot I$ und $\cos\varphi = \frac{P}{S}$ aus Formel (6.14) läßt sich die **aufgenommene Wirkleistung** auch berechnen mit:

$$\cos \varphi = \frac{P}{U \cdot I} \quad \text{und somit} \quad P = U \cdot I \cdot \cos \varphi \qquad (6.15)$$

Ebenso gilt für die **Blindleistung**:

$$\sin \varphi = \frac{Q_L}{U \cdot I} \quad \text{und somit} \quad Q_L = U \cdot I \cdot \sin \varphi \qquad (6.16)$$

Mit einem abschließenden Beispiel sollen nochmals alle Untersuchungen der Reihenschaltung eines Ohmschen Widerstandes und einer Induktivität verdeutlicht werden.

Beispiel:
Ein Axial-Ventilator hat folgende Herstellerangaben:

Spannung: $U = 230$ V/50 Hz
Leistungsaufnahme: $P = 0{,}28$ kW
Stromaufnahme: $I = 1{,}7$ A

Gesucht ist:
a) Scheinleistung S
b) Leistungsfaktor $\cos \varphi$
c) Blindleistung Q_L
d) Scheinwiderstand Z
e) Wirkwiderstand R
f) Blindwiderstand X_L

Lösung:
Ersatzschaltbild eines Motors als Reihenschaltung: (Bild (6.43))

zu a) $S = U \cdot I = 230\ \text{V} \cdot 1{,}7\ \text{A} = \mathbf{391\ VA}$ (nach (6.13))

zu b) $\cos \varphi = \frac{P}{S} = \frac{280\ \text{W}}{391\ \text{VA}} = \mathbf{0{,}72}$ (nach (6.14))

zu c) $Q_L = \sqrt{S^2 - P^2} = \sqrt{(391\ \text{VA})^2 - (280\ \text{W})^2} = \mathbf{272{,}9\ var}$ (nach (6.14))

zu d) $Z = \frac{U}{I} = \frac{230\ \text{V}}{1{,}7\ \text{A}} = \mathbf{135{,}3\ \Omega}$ (nach (6.11))

zu e) $R = Z \cdot \cos \varphi = 135{,}3\ \Omega \cdot 0{,}72 = \mathbf{97{,}4\ \Omega}$ (nach (6.12))

zu f) $X_L = \sqrt{Z^2 - R^2} = \sqrt{(135{,}3\ \Omega)^2 - (97{,}4\ \Omega)^2} = \mathbf{93{,}9\ \Omega}$ (nach (6.12))

6.4.2.2 Parallelschaltung Induktivität und Ohmscher Widerstand

müsste man sich selbst bauen

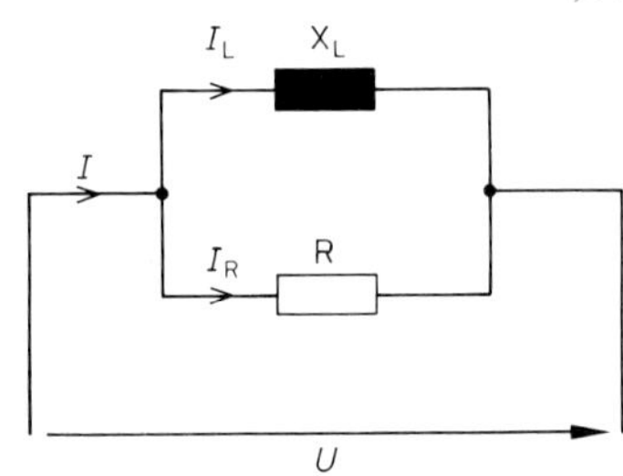

Bild 6.49
Ersatzschaltbild einer Parallelschaltung

Bei der Schaltung nach Bild 6.49 liegen die Bauteile an der gleichen Spannung U. Nach den Gesetzmäßigkeiten der Parallelschaltung (vgl. Kapitel 2.4.2) erzeugt diese Spannung zwei Teilströme.

$$I_L = \frac{U}{X_L} \quad \text{und} \quad I_R = \frac{U}{R}$$

Beachten wir hierbei wieder die Phasenverschiebung der Bauteile, so ergibt sich folgendes Liniendiagramm:

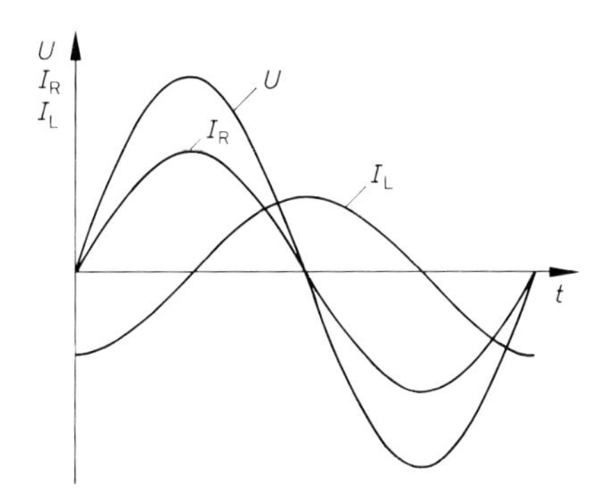

Bild 6.410
Liniendiagramm einer Parallelschaltung X_L und R

Um auch hierbei den Gesamtstrom bestimmen zu können, überträgt man diesen Verlauf in ein Zeigerdiagramm, wobei nun die Gesamtspannung als konstante Größe waagerecht abgetragen wird.

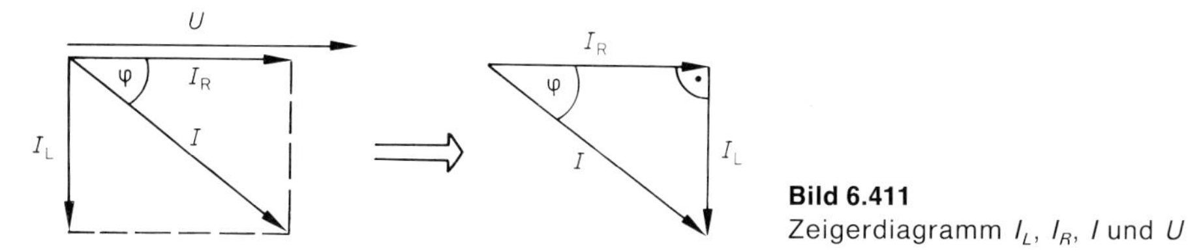

Bild 6.411
Zeigerdiagramm I_L, I_R, I und U

Der Gesamtstrom ergibt sich wiederum als „geometrische Addition" der beiden Teilströme. D. h. im Liniendiagramm wird zu jedem Zeitpunkt die Summe beider Ströme gebildet.

Da auch hierbei ein rechtwinkliges Dreieck entsteht, können sowohl der „Satz des Pythagoras" als auch die Winkelfunktionen zur Berechnung herangezogen werden. Danach ist:

$$I^2 = I_L^2 + I_R^2 \quad \text{oder} \quad I = \sqrt{I_L^2 + I_R^2}$$

$$\sin \varphi = \frac{I_L}{I}$$

$$\cos \varphi = \frac{I_R}{I}$$

$$\tan \varphi = \frac{I_L}{I_R} \qquad (6.16)$$

Bei der Entwicklung eines Widerstandsdiagrammes ist zu beachten, daß sich **Strom und Widerstand umgekehrt proportional** verhalten. D. h. dem Strom ist der Kehrwert des Widerstandes oder seinem Leitwert direkt proportional.

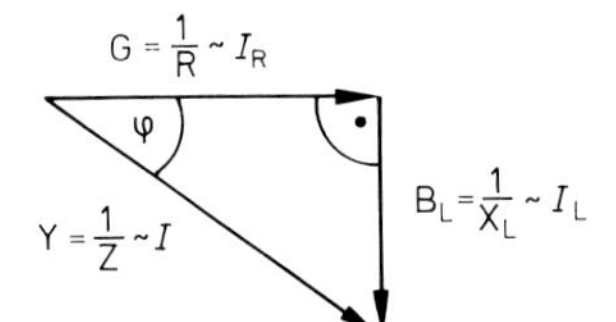

Bild 6.412
Leitwertdiagramm einer Parallelschaltung X_L und R

Bekannt ist, daß der Leitwert eines Ohmschen Widerstandes mit G gekennzeichnet wird (vgl. Kapitel 1.4). Für die Leitwerte von X_L und Z werden neue Formelbuchstaben und Formelnamen definiert:

Induktiver Blindleitwert $B_L = \frac{1}{X_L}$

Scheinleitwert $Y = \frac{1}{Z}$

Gesetzmäßigkeiten im Leitwertdiagramm:

$$Y^2 = B_L^2 + G^2 \quad \text{oder} \quad Y = \sqrt{B_L^2 + G^2}$$

$$\sin \varphi = \frac{B_L}{Y}$$

$$\cos \varphi = \frac{G}{Y}$$

$$\tan \varphi = \frac{B_L}{G} \qquad (6.17)$$

Ersetzt man die Leitwerte durch die Kehrwerte der Widerstände so erhält man:

$$\left(\frac{1}{Z}\right)^2 = \left(\frac{1}{X_L}\right)^2 + \left(\frac{1}{R}\right)^2 \quad \text{oder} \quad \frac{1}{Z} = \sqrt{\left(\frac{1}{X_L}\right)^2 + \left(\frac{1}{R}\right)^2}$$

$$\sin \varphi = \frac{Z}{X_L}$$

$$\cos \varphi = \frac{Z}{R}$$

$$\tan \varphi = \frac{R}{X_L} \qquad (6.18)$$

Für die Darstellung eines Leistungsdiagrammes ergibt sich wieder eine direkte Proportionalität zwischen Leistung und Strom.

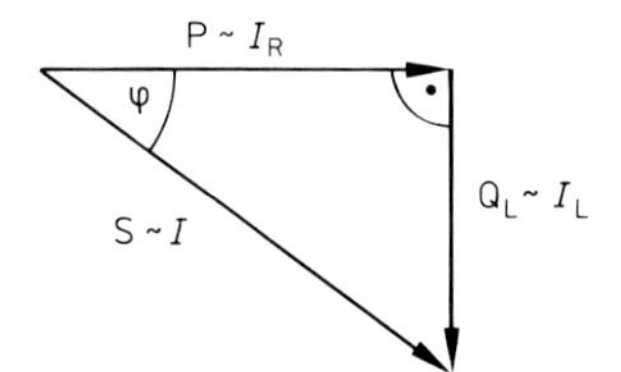

Bild 6.413
Leistungsdiagramm einer Parallelschaltung X_L und R

Daraus ergeben sich die entsprechenden Beziehungen der einzelnen Größen:

$$S^2 = Q_L^2 + P^2 \quad \text{oder} \quad S = \sqrt{Q_L^2 + P^2}$$

$$\sin \varphi = \frac{Q_L}{S}$$

$$\cos \varphi = \frac{P}{S}$$

$$\tan \varphi = \frac{Q_L}{P} \qquad (6.19)$$

Vergleicht man diese Formeln mit den Formeln (6.14) aus Kapitel 6.4.2.1, so stellt man völlige Übereinstimmung fest.

Das Ersatzschaltbild einer Spule oder eines Motors kann man sich sowohl als Reihenschaltung wie auch als Parallelschaltung vorstellen.

Wiederholen wir nochmals das Beispiel aus Kapitel 6.4.2.1 für den Axial-Ventilator mit der Voraussetzung einer Parallelschaltung.

Beispiel:
Ein Axial-Ventilator hat folgende Herstellerangaben:

Spannung: $U = 230$ V/50 Hz
Leistungsaufnahme: $P = 0{,}28$ kW
Stromaufnahme: $I = 1{,}7$ A

Gesucht:

a) Scheinleistung S
b) Leistungsfaktor $\cos \varphi$
c) Blindleistung Q_L
d) Scheinwiderstand Z
e) Wirkwiderstand R
f) Blindwiderstand X_L

Lösung:
Ersatzschaltbild eines Motors als Parallelschaltung: (Bild 6.49)

zu a) $S = U \cdot I = 230\ \text{V} \cdot 1{,}7\ \text{A} = \mathbf{391\ VA}$ (nach (6.13))

zu b) $\cos \varphi = \frac{P}{S} = \frac{280\ \text{W}}{391\ \text{VA}} = \mathbf{0{,}72}$ (nach (6.19))

zu c) $Q_L = \sqrt{S^2 - P^2} = \sqrt{(391\ \text{VA})^2 - (280\ \text{W})^2} = \mathbf{272{,}9\ var}$ (nach (6.19))

zu d) $Z = \frac{U}{I} = \frac{230\ \text{V}}{1{,}7\ \text{A}} = \mathbf{135{,}3\ \Omega}$ (nach (6.11))

zu e) $R = \frac{Z}{\cos \varphi} = \frac{135{,}3\ \Omega}{0{,}72} = \mathbf{187{,}9\ \Omega}$ (nach (6.18))

zu f) $\frac{1}{X_L} = \sqrt{\left(\frac{1}{Z}\right)^2 - \left(\frac{1}{R}\right)^2} = \sqrt{\left(\frac{1}{135{,}3\ \Omega}\right)^2 - \left(\frac{1}{187{,}9\ \Omega}\right)^2} = \frac{1}{195\ \Omega}$
$\Rightarrow X_L = \mathbf{195\ \Omega}$

Vergleicht man die einzelnen Ergebnisse, so erkennt man, daß sich nur Werte von **Blind- und Wirkwiderstand geändert** haben. Diese sind jedoch rein theoretische Werte, da man Wirkwiderstand und Induktivität eines Motors praktisch nie getrennt sehen kann. Eine **Spule** oder **Motorwicklung** stellt immer eine **Einheit** dar! Wichtig ist vielmehr, daß alle anderen Größen übereinstimmen, da diese auch in der Praxis gemessen werden können.

6.4.3 Berechnungen kältetechnischer Komponenten

Will man für einen Motorverdichter den Leistungsfaktor berechnen, so muß man beachten, daß die **Strom- und Leistungsaufnahme von der Verflüssigungs- und Verdampfungstemperatur abhängig** sind. Dies soll an folgendem Beispiel verdeutlicht werden.

Beispiel 1:
Gegeben ist das Datenblatt eines hermetischen Motorverdichters der Firma *L'Unite Hermetique.*

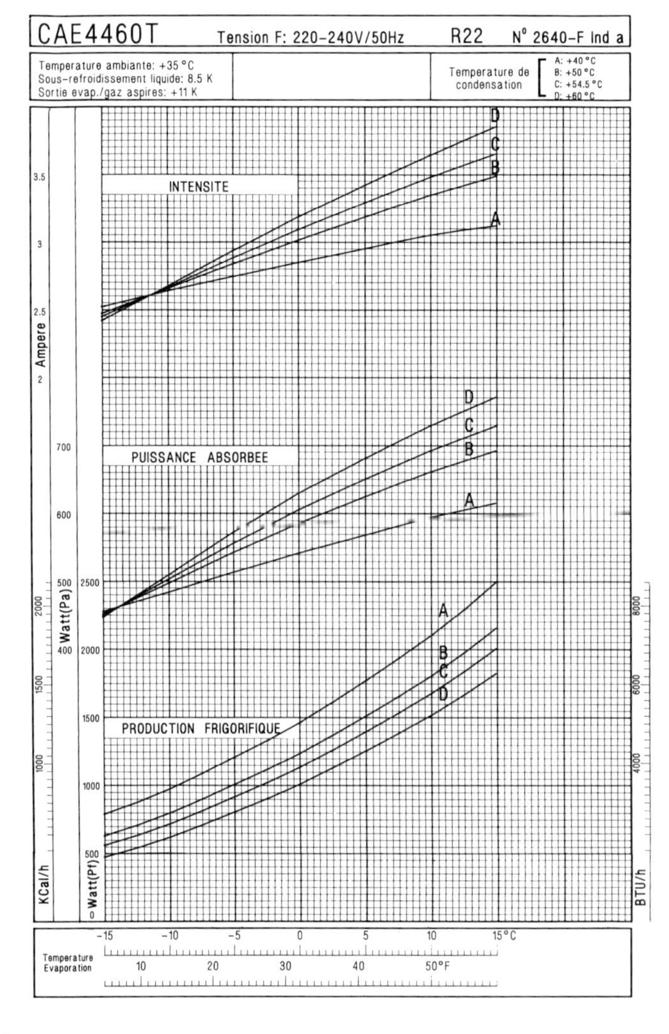

Bild 6.414
Datenblatt
L'Unite Hermetique

Gesucht: Der Leistungsfaktor cos φ bei:

a) Verdampfungstemperatur = +15 °C
   Verflüssigungstemperatur = +60 °C

b) Verdampfungstemperatur = + 0 °C
   Verflüssigungstemperatur = +50 °C

c) Verdampfungstemperatur = −10 °C
   Verflüssigungstemperatur = +40 °C

Lösung:
Zunächst werden im Datenblatt die drei Betriebspunkte eingetragen und die jeweilige Strom- und Leistungsaufnahme ermittelt.

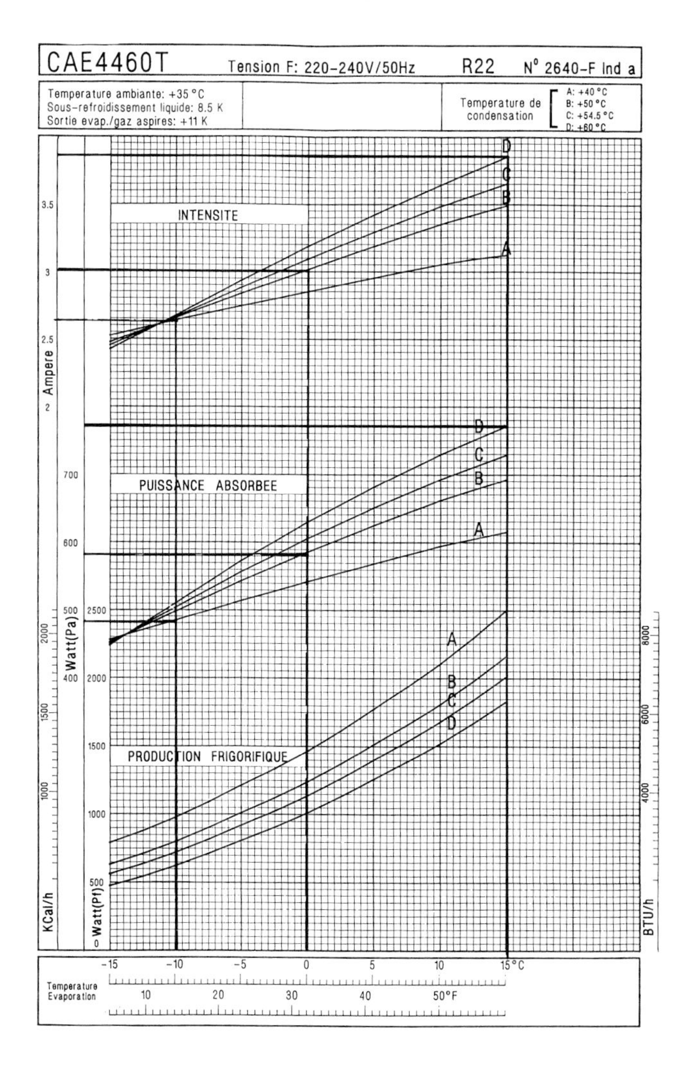

Bild 6.415
Betriebspunkte a), b) und c) im Datenblatt

zu a)

$I = 3{,}8\ \text{A}$

$P = 775\ \text{W}$

$$\cos\varphi = \frac{P}{U \cdot I} = \frac{775\ \text{W}}{230\ \text{V} \cdot 3{,}8\ \text{A}} = \mathbf{0{,}88}$$

zu b)

$I = 3{,}05\ \text{A}$

$P = 575\ \text{W}$

$$\cos\varphi = \frac{P}{U \cdot I} = \frac{575\ \text{W}}{230\ \text{V} \cdot 3{,}05\ \text{A}} = \mathbf{0{,}82}$$

zu c)

$I = 2{,}65\ \text{A}$

$P = 475\ \text{W}$

$$\cos\varphi = \frac{P}{U \cdot I} = \frac{475\ \text{W}}{230\ \text{V} \cdot 2{,}65\ \text{A}} = \mathbf{0{,}78}$$

Man erkennt, daß bei **hoher Verdampfungs-und Verflüssigungstemperatur** der **Leistungsfaktor** den **größten Wert** hat, gegenüber den kleineren bei niedrigen Temperaturen. Diese Rechnung soll für einen zweiten Verdichter nochmals durchgeführt werden.

Beispiel 2:
Für den Verdichter von DWM *Copeland* soll nach untenstehenden Tabellen der Leistungsfaktor $\cos\varphi$ für unterschiedliche Betriebspunkte berechnet werden.

a) Verdampfungstemperatur = +10 °C
   Verflüssigungstemperatur = +60 °C

b) Verdampfungstemperatur = − 5 °C
   Verflüssigungstemperatur = +45 °C

c) Verdampfungstemperatur = −25 °C
   Verflüssigungstemperatur = +30 °C

Lösung:
Aus den Tabellen im Datenblatt werden Strom- und Leistungsaufnahme für die drei Betriebspunkte abgelesen.

zu a)

$I = 10{,}7\ \text{A}$

$P = 2280\ \text{W}$

$$\cos\varphi = \frac{P}{U \cdot I} = \frac{2280\ \text{W}}{230\ \text{V} \cdot 10{,}8\ \text{A}} = \mathbf{0{,}92}$$

zu b)

$I = 7{,}81\ \text{A}$

$P = 1610\ \text{W}$

$$\cos\varphi = \frac{P}{U \cdot I} = \frac{1610\ \text{W}}{230\ \text{V} \cdot 7{,}81\ \text{A}} = \mathbf{0{,}89}$$

zu c)

$I = 5{,}24\ \text{A}$

$P = 987\ \text{W}$

$$\cos\varphi = \frac{P}{U \cdot I} = \frac{987\ \text{W}}{230\ \text{V} \cdot 5{,}24\ \text{A}} = \mathbf{0{,}82}$$

Auch hierbei zeigt sich ein ähnliches Ergebnis wie im Beispiel 1.

DWM COPELAND®

Hermetischer Motorverdichter
Hermetic motor compressor
Moto-compresseur hermétique

DCRD 1-0200-PFJ R 22

Einbaumotor	Built-in motor	Moteur V/Ph/Hz, V ± 10 %	PFJ = 220-240/1/50 = 265/1/60			
Anwendungsbereich	**Application range**	**Application**	**HM**			
Verdampfungstemperatur	Evaporating temperature	Température d'évaporation	+ 12,5 °C ... −25 °C			
Verflüssigungstemperatur	Condensing temperature	Température de condensation	63 °C max			
Motorverdichter	**Motor-Compressor**	**Moto-Compresseur**				
Zylinderzahl	Number of cylinders	Nombre de cylindres	2			
Volumenstrom	Displacement	Volume balayé	7,16 m³/h	50 Hz;	8,59 m³/h	60 Hz
Drehfrequenz, nominal	Nominal speed, r.p.m.	Vitesse nominale t/min	2900 min⁻¹	50 Hz;	3500 min⁻¹	60 Hz

Kälteleistung — Capacity rating — Puissance frigorifique — Watt, 50 Hz

Verflüssigungstemperatur / Condensing temperature / Température de condensation °C	Verdampfungstemperatur / Evaporating temperature / Température d'évaporation °C: −25	−20	−15	−10	−5	+0	+5	+10	+12.5
30	1200	1840	2620	3550	4630	5890	7320	8940	9830
35	1060	1670	2410	3290	4330	5530	6910	8480	9330
40	929	1490	2190	3020	4010	5160	6480	7980	8810
45	****	1320	1960	2750	3680	4770	6030	7470	8250
50	****	1150	1740	2470	3350	4370	5560	6920	7660
55	****	****	1520	2190	3000	3950	5060	6340	7040
60	****	****	1290	1900	2630	3510	4540	5730	6380
63	****	****	1160	1720	2410	3240	4220	5350	5970

Sauggasüberhitzung 11 K
Superheated return gas 11 K
Surchauffé 11 K

Flüssigkeitsunterkühlung 8,3 K
Liquid subcooling 8,3 K
Sous-refroidissement liquide 8,3 K

Umgebungstemperatur belüftet 35 °C
Ambient temperature, air over 35 °C
Température ambiante, flux d'air 35 °C

Leistungsaufnahme — Power input — Puissance absorbée — Watt, 50 Hz

Verflüssigungstemperatur / Condensing temperature / Température de condensation °C	Verdampfungstemperatur / Evaporating temperature / Température d'évaporation °C: −25	−20	−15	−10	−5	+0	+5	+10	+12.5
30	987	1100	1200	1270	1330	1370	1400	1420	1420
35	1010	1150	1260	1360	1430	1490	1540	1580	1590
40	1020	1180	1320	1430	1530	1610	1670	1730	1750
45	****	1190	1360	1490	1610	1710	1800	1870	1900
50	****	1190	1380	1540	1680	1810	1920	2010	2060
55	****	****	1390	1580	1750	1900	2030	2150	2200
60	****	****	1380	1600	1800	1970	2130	2280	2340
63	****	****	1370	1610	1820	2010	2190	2350	2430

Stromaufnahme bei 220 V – 1 Ph – 50 Hz — **Motor current** at 220 V – 1 Ph – 50 Hz — **Intensité du courant** à 220 V – 1 Ph – 50 Hz — **A**

Verflüssigungstemperatur / Condensing temperature / Température de condensation °C	Verdampfungstemperatur / Evaporating temperature / Température d'évaporation °C: −25	−20	−15	−10	−5	+0	+5	+10	+12.5
30	5.24	5.7	6.09	6.4	6.65	6.83	6.97	7.06	7.09
35	5.33	5.89	6.36	6.75	7.07	7.33	7.54	7.71	7.77
40	5.36	6.01	6.57	7.05	7.46	7.8	8.09	8.34	8.44
45	****	6.08	6.74	7.31	7.81	8.24	8.62	8.96	9.11
50	****	6.07	6.84	7.52	8.12	8.65	9.13	9.56	9.75
55	****	****	6.89	7.68	8.39	9.03	9.61	10.1	10.4
60	****	****	6.87	7.79	8.61	9.37	10.1	10.7	11
63	****	****	6.83	7.82	8.72	9.55	10.3	11	11.4

Zwangsbelüftung des Verdichters ist erforderlich oberhalb der gestrichelten Linie; da hier normaler Dauerbetrieb zugrunde liegt. Der Betrieb unterhalb dieser Grenze ist nur für die Wärmepumpenanwendung während relativ kurzer Betriebszeiten freigegeben; es kann in diesem Falle auch auf eine Belüftung verzichtet werden.

Based on normal continuous operation, air over the compressor is required above the dashed line. Any application below this limit is released for heat pumps during relatively short operating times only; in this case an air flow across the compressor is negligible.

La ventilation du compresseur est nécessaire en fonctionnement normal continue de celui-ci, c'est-à-dire pour les plages d'application situées au-dessus de la ligne pointillée. Au-dessous de cette ligne, l'utilisation du compresseur n'est permise que sur les pompes à chaleur pendant des durées de fonctionnement relativement courtes, auquel cas on peut d'ailleurs se passer de la ventilation.

© 1.84 DWMC

5-02

Bild 6.416 Datenblatt DWM *Copeland*

6.5 Kondensator im Wechselstromkreis

Im Kapitel 4 wurde der wesentliche Aufbau eines Kondensators beschrieben. Für die elektrischen Komponenten in der Kältetechnik, bei denen Kondensatoren wichtig sind (z. B. Anlaufkondensator), ist vorallem das Verhalten im Wechselstromkreis von Bedeutung.

6.5.1 Phasenverschiebung, Blindwiderstand, Blindleistung

Grundlegend ist zunächst das Ein- und Ausschaltverhalten eines Kondensators. Hierzu vergleicht man Strom und Spannung beim Ein- und Ausschalten nach den Bildern 4.32 und 4.33 aus Kapitel 4.

- Strom maximal ↔ Spannung Null
- Strom Null ↔ Spannung maximal

Überträgt man dieses Verhalten auf eine sinusförmige Wechselspannung, wie im Kapitel 6.4.1 der Induktivität, so erhält man folgendes Liniendiagramm:

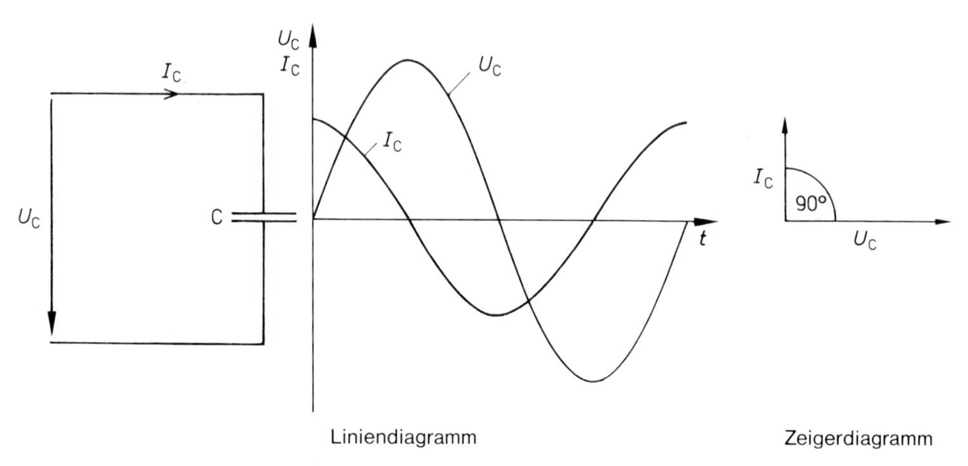

Bild 6.51 Kondensator an einer Wechselspannung

Wie bei der reinen Induktivität erkennt man, daß Strom und Spannung nicht phasengleich verlaufen. Das Zeigerdiagramm zeigt auch hier deutlich eine Phasenverschiebung von 90°. Im Unterschied zur Induktivität zeigt sich, daß der Strom der Spannung um 90° vorauseilt. Dieses gerade entgegengesetzte Verhalten zur Induktivität nutzt man bei der sog. **Kompensation von Motoren** (Kapitel 6.6) aus. In das Liniendiagramm von Bild 6.51 kann man die Leistung miteintragen.

Man erkennt, daß die positive und negative Leistung gleich groß ist und sich demnach aufhebt. Auch hier würde ein Wirkleistungsmesser 0 Watt anzeigen (siehe Bild 6.52).

An einem Kondensator entsteht keine Wirkleistung

Das Produkt aus Spannung und Strom führt zur kapazitiven Blindleistung Q_C.

Kapazitive Blindleistung $Q_C = U_C \cdot I_C$ in var (6.20)

Teilt man die Kondensatorspannung durch den Kondensatorstrom, so erhält man den kapazitiven Blindwiderstand X_C.

Kapazitiver Blindwiderstand $X_C = \frac{U_C}{I_C}$ in Ω (6.21)

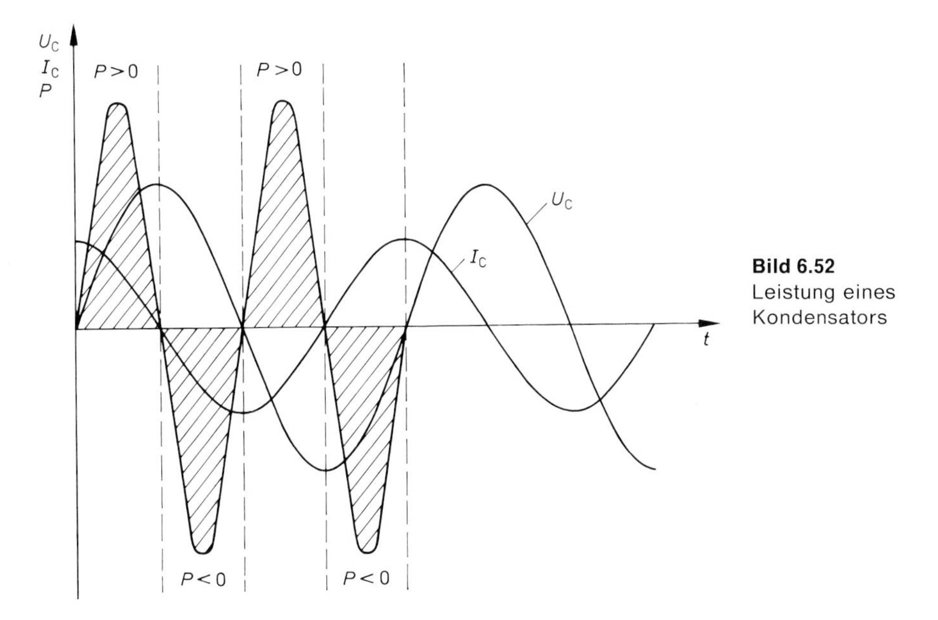

Bild 6.52
Leistung eines Kondensators

Die Größe des kapazitiven Blindwiderstandes ist abhängig von:

- Frequenz f
- Kapazität C

Bei Gleichspannung ($f = 0$ Hz) wissen wir aus Kapitel 4, daß sich ein aufgeladener Kondensator wie ein unendlich großer Widerstand verhält. Daraus kann gefolgert werden:

kleine Frequenz → großer Widerstand

Betrachtet man einen Kondensator mit einer Kapazität von 0 Farad, so würde dies nach Formel (4.3) einen unendlich großen Plattenabstand und damit unendlich großen Widerstand bedeuten.

kleine Kapazität → großer Widerstand

Der kapazitive Blindwiderstand ist also umgekehrt proportional der Kapazität und der Frequenz (hier Kreisfrequenz).

$$X_C = \frac{1}{\omega \cdot C} = \frac{1}{2\pi \cdot f \cdot C} \quad \text{in} \quad \frac{1}{\frac{1}{\text{s}} \cdot \frac{\text{As}}{\text{V}}} = \frac{\text{V}}{\text{A}} = \Omega \qquad (6.22)$$

6.5.2 Kondensator und Ohmscher Widerstand

Da ein Zusammenschalten von Kondensator und Ohmschem Widerstand für die Elektrotechnik in der Kältetechnik nur von **untergeordneter Bedeutung** ist, soll an dieser Stelle auf weitreichendere Erklärungen verzichtet werden. Prinzipiell lassen sich alle Überlegungen genau wie bei den Herleitungen zur Reihen- und Parallelschaltung mit einer Induktivität erklären, und zwar unter Beachtung der genau entgegengesetzten Phasenverschiebung.

Wegen der Vollständigkeit werden nachfolgend die Diagramme mit den zugehörigen Formeln angegeben.

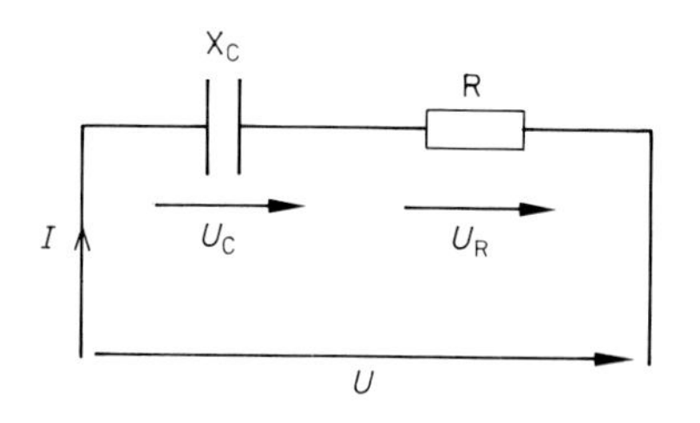

Ersatzschaltbild einer Reihenschaltung

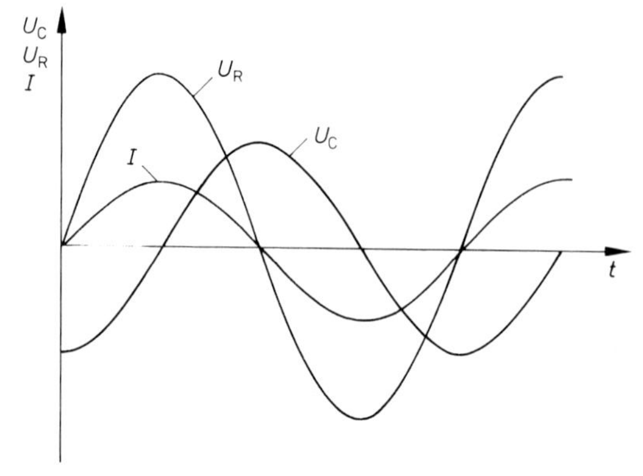

Liniendiagramm einer Reihenschaltung X_C und R

Zeigerdiagramme:

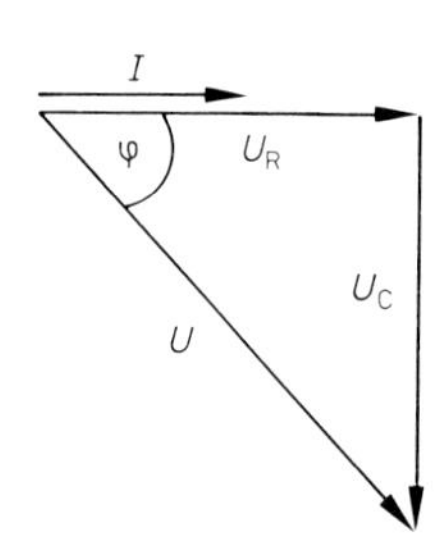

$U^2 = U_C^2 + U_R^2$ oder $U = \sqrt{U_C^2 + U_R^2}$

$\sin\varphi = \frac{U_C}{U}$

$\cos\varphi = \frac{U_R}{U}$

$\tan\varphi = \frac{U_C}{U_R}$

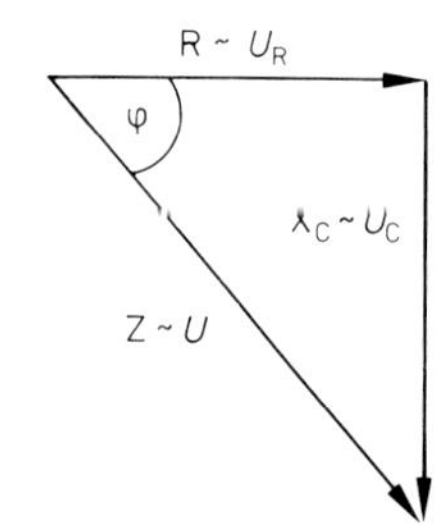

$Z^2 = X_C^2 + R^2$ oder $Z = \sqrt{X_C^2 + R^2}$

$\sin\varphi = \frac{X_C}{Z}$

$\cos\varphi = \frac{R}{Z}$

$\tan\varphi = \frac{X_C}{R}$

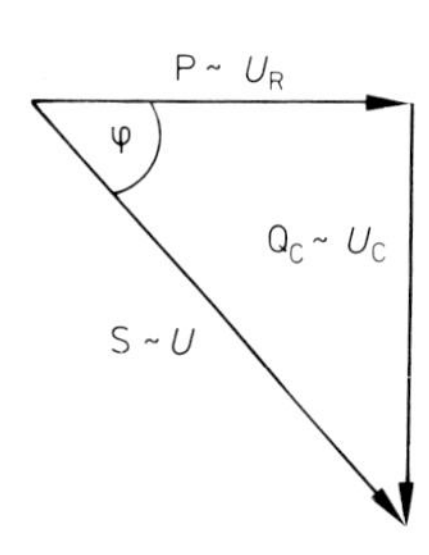

$S^2 = Q_C^2 + P^2$ oder $S = \sqrt{Q_C^2 + P^2}$

$\sin\varphi = \frac{Q_C}{S}$

$\cos\varphi = \frac{P}{S}$

$\tan\varphi = \frac{Q_C}{P}$

Bild 6.53
Reihenschaltung Kondensator und Ohmscher Widerstand

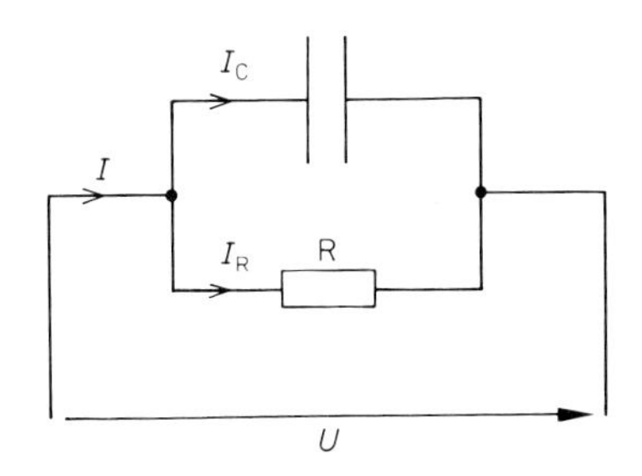

Ersatzbild einer Parallelschaltung

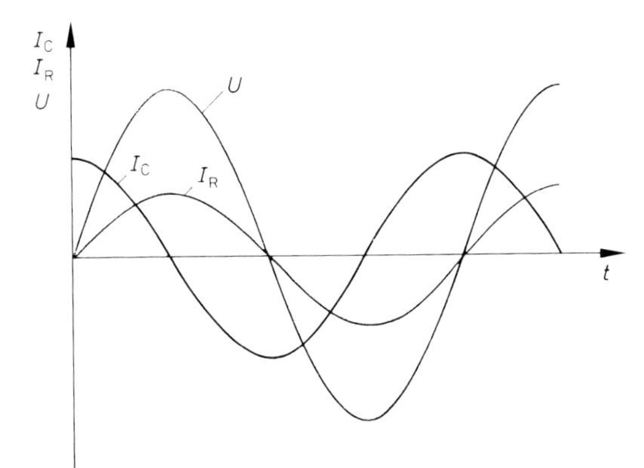

Liniendiagramm einer Parallelschaltung X_C und R

Zeigerdiagramme:

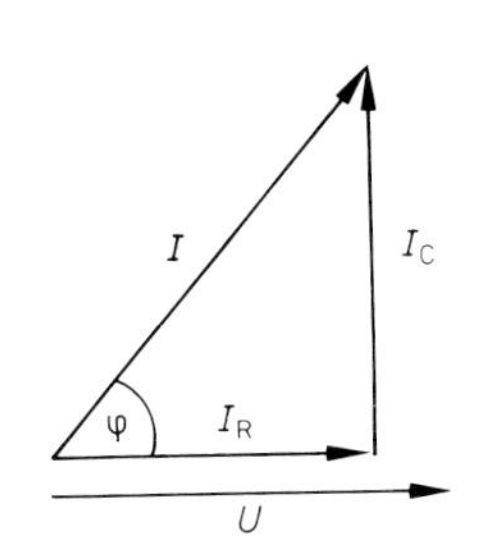

$$I^2 = I_C^2 + I_R^2 \quad \text{oder} \quad I = \sqrt{I_C^2 + I_R^2}$$

$$\sin \varphi = \frac{I_C}{I}$$

$$\cos \varphi = \frac{I_R}{I}$$

$$\tan \varphi = \frac{I_C}{I_R}$$

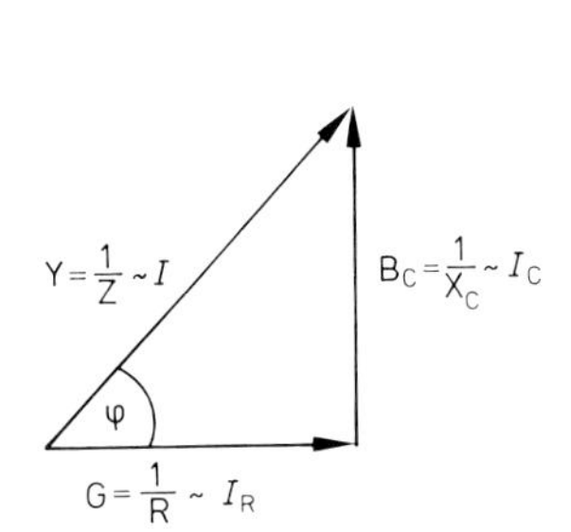

$$\left(\frac{1}{Z}\right)^2 = \left(\frac{1}{X_C}\right)^2 + \left(\frac{1}{R}\right)^2 \quad \text{oder} \quad \frac{1}{Z} = \sqrt{\left(\frac{1}{X_C}\right)^2 + \left(\frac{1}{R}\right)^2}$$

$$\sin \varphi = \frac{Z}{X_C}$$

$$\cos \varphi = \frac{Z}{R}$$

$$\tan \varphi = \frac{R}{X_C}$$

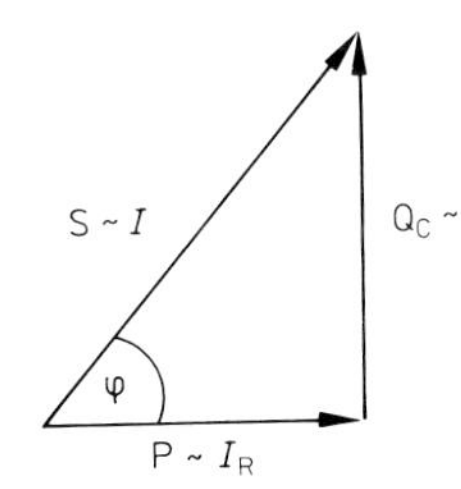

$$S^2 = Q_C^2 + P^2 \quad \text{oder} \quad S = \sqrt{Q_C^2 + P^2}$$

$$\sin \varphi = \frac{Q_C}{S}$$

$$\cos \varphi = \frac{P}{S}$$

$$\tan \varphi = \frac{Q_C}{P}$$

Bild 6.54
Parallelschaltung Kondensator und Ohmscher Widerstand

6.6 Blindstromkompensation kältetechnischer Anlagen

Die **elektrischen Daten einer Kälteanlage** werden im wesentlichen von Motoren bestimmt. Diese stellen nach den vorangestellten Überlegungen einen Ohmschen Widerstand in Verbindung mit einer Induktivität dar. Danach entsteht je nach Betriebsbedingungen eine induktive Blindleistung. Mit dem Leistungsfaktor $\cos \varphi$ und der aufgenommenen Motorleistung P kann die Blindleistung berechnet werden (vgl. Formel 6.14).

$$S = \frac{P}{\cos \varphi} \quad \text{und} \quad Q_L = \sqrt{S^2 - P^2}$$

Rechnet man den $\cos \varphi$ über die Winkelfunktionen in den $\tan \varphi$ um, so kann man die induktive Blindleistung nach Formel 6.14 auch direkt berechnen.

$$Q_L = P \cdot \tan \varphi$$

Beispiel 1:
Ein Verflüssigerventilatormotor hat eine Leistungsaufnahme von 750 W und einen Leistungsfaktor von 0,75.

Gesucht: Die Blindleistung.

Lösung:

$$S = \frac{P}{\cos \varphi} = \frac{750\ \text{W}}{0{,}75} = \mathbf{1000\ VA}$$

$$Q_L = \sqrt{S^2 - P^2} = \sqrt{(1000\ \text{VA})^2 - (750\ \text{W})^2} = \mathbf{661{,}44\ var}$$

oder:

$$\cos \varphi = 0{,}75 \Rightarrow \varphi = 41{,}41^\circ \Rightarrow \tan \varphi = 0{,}882$$

$$Q_L = P \cdot \tan \varphi = 750\ \text{W} \cdot 0{,}882 = \mathbf{661{,}44\ var}$$

Beide Berechnungsarten bringen eine induktive Blindleistung von 661,44 var als Lösung.

Es ist nun die Frage zu klären, wie diese entstehende induktive Blindleistung zu bewerten ist.

1. Beim Anschluß eines Verbrauchers mit induktivem Anteil (z. B. Verdichtermotor) stellt das **Elektrizitätsversorgungsunternehmen (EVU)** die Scheinleistung S zur Verfügung. Da der angeschlossene Zähler aber nur die Wirkleistung P aufnimmt, können auch nur diese Kosten berechnet werden. Die EVU's stellen also mehr Energie bereit, als sie zunächst berechnen können. Dieser Mehranteil an Energie wird durch die induktive Blindleistung bestimmt. Dies soll an einem Beispiel verdeutlicht werden.

Beispiel 2:
Ein Wechselstromverdichter hat bei einer Spannung von 230 V eine Stromaufnahme von 5 A. Er nimmt dabei eine Leistung von 750 W auf. Der Verdichter ist 18 Stunden am Tag in Betrieb.

Gesucht:

a) Scheinleistung, Leistungsfaktor und Blindleistung
b) Wirkarbeit und Blindarbeit im Monat (30 Tage)

Lösung:
zu a)

$$S = U \cdot I = 230\ \text{V} \cdot 5\ \text{A} = \mathbf{1150\ VA}$$

$$\cos\varphi = \frac{P}{S} = \frac{750\ \text{W}}{1150\ \text{VA}} = \mathbf{0{,}652}$$

$$Q_L = \sqrt{S^2 - P^2} = \sqrt{(1150\ \text{VA})^2 - (750\ \text{W})^2} = \mathbf{871{,}8\ var}$$

zu b)

$$t = 18\ \text{h} \cdot 30 = \mathbf{540\ h}$$

$$W = P \cdot t = 750\ \text{W} \cdot 540\ \text{h} = \mathbf{405\ kWh}$$

$$Q_W = Q_L \cdot t = 871{,}3\ \text{var} \cdot 540\ \text{h} = \mathbf{434{,}5\ kvarh}$$

Wie das Beispiel zeigt, kann die Blindarbeit sogar größer werden als die Wirkarbeit.

Da also die EVU's mehr an Energie liefern als sie über den Stand des Wirkleistungszählers bezahlt bekommen, werden ab einer bestimmten Größe zusätzlich sog. **Blindleistungszähler** gesetzt. Dabei gilt folgende Grundlage:

Die Blindarbeit ist bis zu 50% der Wirkarbeit kostenlos. Der darüber hinaus verbrauchte Anteil an Blindarbeit muß bezahlt werden.

Für das Beispiel 2 ergibt sich danach folgende Berechnung:

- Verbrauch an Wirkarbeit pro Monat: 405 kWh
- Verbrauch an Blindarbeit pro Monat: 434,5 kvarh
- kostenlose Blindarbeit pro Monat: 202,5 kvarh
- berechnete Blindarbeit pro Monat: 232 kvarh

Diese zusätzlichen Kosten können die **Gesamtbetriebskosten einer Kälteanlage** wesentlich erhöhen.

2. Da in der Zuleitung der Kälteanlage ein höherer Strom fließt, als er zur Erzeugung der reinen Wirkleistung nötig ist, müssen alle Leistungen und Schutzorgane aber auch nach diesem Strom ausgelegt werden. Dies kann zu größeren Betriebsmitteln führen, die somit die Kosten ebenfalls erhöhen. Machen wir uns diesen Sachverhalt auch an einem Beispiel klar.

Beispiel 3:
Verglichen werden zwei Wechselstromverdichter mit gleicher aufgenommener Wirkleistung aber unterschiedlichem Leistungsfaktor.

Verdichter 1: $U = 230\ \text{V}$, $P = 1200\ \text{W}$, $\cos\varphi_1 = 0{,}55$
Verdichter 2: $U = 230\ \text{V}$, $P = 1200\ \text{W}$, $\cos\varphi_2 = 0{,}9$

Gesucht: Der Strom in der Zuleitung für die beiden Verdichter.

Lösung:
Verdichter 1: $P = U \cdot I_1 \cdot \cos\varphi_1$

$$I_1 = \frac{P}{U \cdot \cos\varphi_1} = \frac{1200\ \text{W}}{230\ \text{V} \cdot 0{,}55} = \mathbf{9{,}49\ A}$$

Verdichter 2: $P = U \cdot I_2 \cdot \cos\varphi_2$

$$I_2 = \frac{P}{U \cdot \cos\varphi_2} = \frac{1200\ \text{W}}{230\ \text{V} \cdot 0{,}9} = \mathbf{5{,}8\ A}$$

Leitungen und Schutzorgane für den Verdichter 1 müßten also um 3,7 A höher ausgelegt werden als bei Verdichter 2. Grund dafür ist der wesentlich **schlechtere Leistungsfaktor** beim Verdichter 1.

Will man die induktive Blindleistung und damit die teuere Blindarbeit reduzieren, so muß man eine sog. „Kompensation" mit einem **Kompensationskondensator** vornehmen. Vergleicht man die beiden Leistungsdiagramme Widerstand und Kondensator parallel (Bild 6.54) mit Widerstand und Induktivität parallel (Bild 6.413), erkennt man, daß sich induktive und kapazitive Blindleistung genau entgegengesetzt verhalten. Schaltet man nun also einen Kondensator parallel zum Motor, so vernichtet man die induktive Blindleistung. Diese pendelt jetzt nur noch zwischen Motor und Kondensator. Eine reine Wirkleistung erhält man, wenn der Kondensator die gesamte induktive Blindleistung aufnimmt. In diesem Fall wäre der Leistungsfaktor cos $\varphi = 1$.

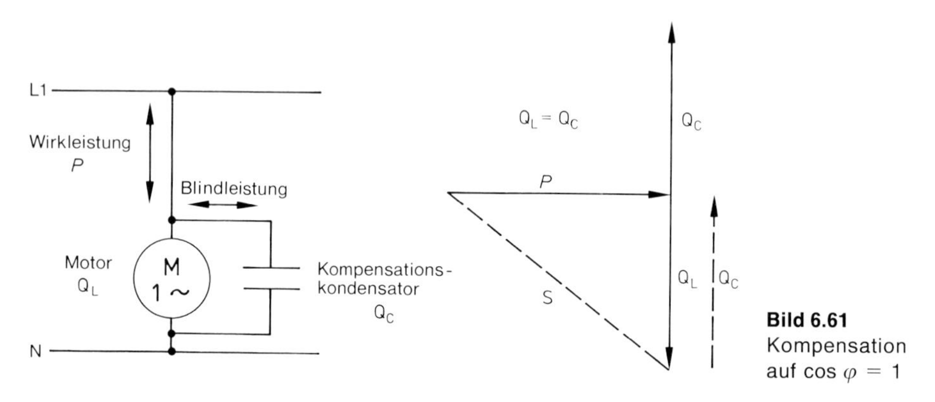

Bild 6.61
Kompensation auf cos $\varphi = 1$

Die EVU's fordern nicht eine Kompensation auf cos $\varphi = 1$, sondern auf Werte zwischen 0,9 und 0,95. Es stellt sich nun die Frage, welche Kapazität ein Kondensator haben muß, um die induktive Blindleistung entsprechend zu verringern. Dazu sind folgende Überlegungen im Zeigerdiagramm notwendig:

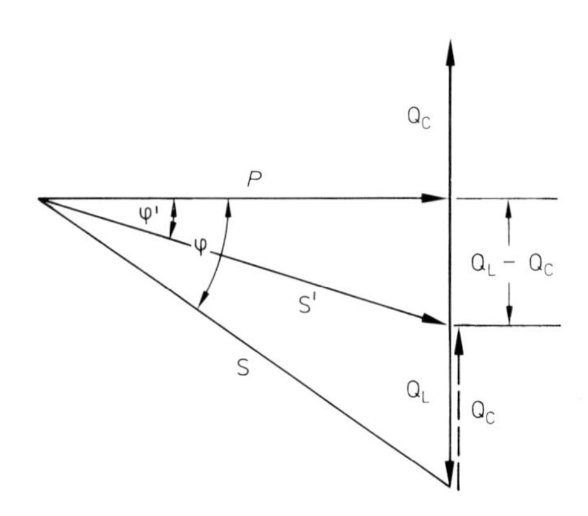

Bild 6.62
Zeigerdiagramm einer Kompensation

Dabei sind:

P = Wirkleistung
S = Scheinleistung vor der Kompensation
S' = Scheinleistung nach der Kompensation
Q_L = induktive Blindleistung
Q_C = kapazitive Blindleistung

$\cos \varphi$ = Leistungsfaktor ohne Kompensation
$\cos \varphi'$ = Leistungsfaktor nach der Kompensation

Mit Hilfe der Winkelfunktionen läßt sich die Größe der kapazitiven Blindleistung bestimmen um von einem $\cos \varphi$ auf einen $\cos \varphi'$ zu kompensieren:

$$\tan \varphi = \frac{Q_L}{P} \quad \text{und} \quad \tan \varphi' = \frac{Q_L - Q_C}{P}$$

$$Q_L = P \cdot \tan \varphi \quad \text{und} \quad Q_L - Q_C = P \cdot \tan \varphi'$$

$$P \cdot \tan \varphi - Q_C = P \cdot \tan \varphi'$$

$$Q_C = P \cdot \tan \varphi - P \cdot \tan \varphi'$$

$$Q_C = P \cdot (\tan \varphi - \tan \varphi')$$

Beispiel 4:
Ein Wechselstromverdichter hat folgende Daten:

- Stromaufnahme $I = 6$ A
- Leistungsaufnahme $P = 1000$ W
- Spannung $U = 230$ V/50 Hz

Welche kapazitive Blindleistung ist erforderlich, um auf $\cos \varphi' = 0{,}95$ zu kompensieren?

Lösung:

$$\cos \varphi = \frac{P}{U \cdot I} = \frac{1000\ \text{W}}{230\ \text{V} \cdot 6\ \text{A}} = \mathbf{0{,}725}$$

$$\cos \varphi = 0{,}725 \Rightarrow \varphi = 43{,}53° \Rightarrow \tan \varphi = 0{,}95$$

$$\cos \varphi' = 0{,}95 \Rightarrow \varphi' = 18{,}2° \Rightarrow \tan \varphi' = 0{,}3288$$

$$Q_C = P \cdot (\tan \varphi - \tan \varphi') = 1000\ \text{W} \cdot (0{,}95 - 0{,}3288)$$

$$\mathbf{Q_C = 621{,}2\ var}$$

Da sich nach Formel 3.4 die Leistung mit $P = \frac{U^2}{R}$ bestimmen läßt, kann analog dazu die kapazitive Blindleistung berechnet werden mit:

Kapazitive Blindleistung $$Q_C = \frac{U^2}{X_C} \qquad (6.24)$$

Ersetzt man $X_C = \frac{1}{\omega \cdot C}$ in der Formel, so erhält man:

$$Q_C = \frac{U^2}{\frac{1}{\omega \cdot C}} = U^2 \cdot \omega \cdot C = U^2 \cdot 2 \cdot \pi \cdot f \cdot C$$

Durch Umstellen der Formel nach C läßt sich somit die Größe des Kondensators berechnen:

Kompensationskondensator $$C = \frac{Q_C}{U^2 \cdot 2 \cdot \pi \cdot f} \qquad (6.25)$$

Beispiel 5:
Für die errechnete kapazitive Blindleistung aus Aufgabe 4 soll die Kapazität C des Kompensationskondensators bestimmt werden.

Lösung:

$$C = \frac{Q_C}{U^2 \cdot 2 \cdot \pi \cdot f} = \frac{621{,}2 \text{ var}}{(230 \text{ V})^2 \cdot 2 \cdot \pi \cdot 50 \frac{1}{\text{s}}} = 37{,}4 \cdot 10^{-6} \text{ F} = \mathbf{37{,}4\ \mu F}$$

Von einer **Überkompensation** spricht man, wenn die kapazitive Blindleistung größer ist als die von den induktiven Verbrauchern erzeugte Blindleistung. Eine Überkompensation ist unbedingt zu vermeiden, da dies zu **Überspannungen im Netz** führen und somit die angeschlossenen Verbraucher zerstören könnte.

Bei **Kälteanlagen mit wechselnden Verdampfungs- bzw. Verflüssigungstemperaturen** ändert sich auch der Leistungsfaktor $\cos \varphi$ (vgl. Kapitel 6.4.3). Dabei hat sich bei den Beispielen aus Kapitel 6.4.3 herausgestellt, daß der $\cos \varphi$ bei der höchsten Verdampfungs- und Verflüssigungstemperatur den größten Wert hat. Könnten diese Betriebspunkte bei einer Kälteanlage erreicht werden, so ist bei diesen Werten zu überprüfen, ob die errechnete Kondensatorblindleistung nicht größer ist als die zu kompensierende Motorblindleistung wird. Dadurch wird eine Überkompensation vermieden.

Je nach Anlagenbedingung unterscheidet man prinzipiell **Einzelkompensation, Gruppenkompensation** und **Zentralkompensation**. Während bei der Einzelkompensation jeder induktive Verbraucher (z. B.: Motor) für sich mit einem Kompensationskondensator versehen ist, werden bei der Gruppenkompensation mehrere Verbraucher, die gleichzeitig in Betrieb sind, über einen gemeinsamen Kondensator kompensiert. Eine Zentralkompensation wendet man bei mehreren Verbrauchern an, die zu unterschiedlichen Zeiten in Betrieb sind. Über einen entsprechenden Regler werden dann einzelne Kondensatoren, je nach Größe des Blindanteiles, zu- bzw. abgeschaltet. Natürlich sind auch Kombinationen der einzelnen Kompensationsarten möglich.

Für eine **einzelne Kälteanlage** mit Verdichter und Verdampferventilator als induktive Verbraucher wäre eine **Einzelkompensation** notwendig, wenn der Verdampferventilator nicht immer gleichzeitig mit dem Verdichter in Betrieb geht. Bei einer **Energiezentrale** mit mehreren unterschiedlichen Kälte- und Klimaanlagen ist sicherlich eine **Zentralkompensation** von Vorteil.

6.7 Spannungsfall bei Wechselstromverbrauchern

Ausgehend von den Überlegungen im Kapitel 2.4.1.2 (Spannungsfall auf Zuleitungen) ist bei der Übertragung von Formel (2.13) $U_V = \frac{I \cdot \ell}{\varkappa \cdot A}$ auf Wechselstromverbraucher der Einfluß des Leistungsfaktors $\cos \varphi$ zu berücksichtigen. Nur der reine Wirkanteil des Gesamtstromes $I \cdot \cos \varphi$ erzeugt am Leitungswiderstand den Spannungsfall. Demnach ändert sich die Formel zur Berechnung des Spannungsfalles für Wechselstromverbraucher nur wie folgt:

Spannungsfall bei Wechselstrom

$$U_V = \frac{I \cdot \cos \varphi \cdot \ell}{\varkappa \cdot A} \qquad (6.26)$$

Dies bedeutet, daß ein reiner ohmscher Verbraucher (z. B.: Abtauheizung) den größten Spannungsfall erzeugt, da hier der $\cos \varphi = 1$ ist. Mit zunehmendem Blindanteil ($\cos \varphi < 1$) wird der Spannungsfall geringer.

Mit der Formel (3.6) aus Kapitel 3 konnten wir die Leistungsverluste berechnen:

$P_V = \frac{\ell \cdot I^2}{\varkappa \cdot A}$ und nach (6.15) gilt:

$P = U \cdot I \cdot \cos\varphi$.

Setzt man nun für $I = \frac{P}{U \cdot \cos\varphi}$, so erhält man den Leistungsverlust bei Wechselstrom:

Leistungsverlust bei Wechselstrom $$P_V = \frac{\ell \cdot P^2}{\varkappa \cdot A \cdot U^2 \cdot (\cos\varphi)^2} \qquad (6.27)$$

Dies bedeutet, daß die Leistungsverluste sich mit kleinem Leistungsfaktor stark erhöhen und somit zur Erwärmung der Zuleitung führen. Dies war auch ein wesentliches Kriterium für eine Kompensation (vgl. Kapitel 6.6).

Die gesamten Zusammenhänge sollen an einem Beispiel nochmals verdeutlicht werden:

Beispiel 1:
Ein Wechselstromverdichter hat folgende Daten in seinem Betriebspunkt:

Leistungsaufnahme: $P = 2{,}5$ kW
Stromaufnahme: $I = 16{,}2$ A
Spannung: $U = 230$ V/50 Hz

Der Verdichter wird an eine 1,5 mm² Kupferleitung angeschlossen. Die Entfernung von der Stromversorgung zum Verdichter beträgt 50 m.

Gesucht:
a) Der Spannungsfall auf der Zuleitung
b) Die Leistungsverluste
c) Die Stromaufnahme nach einer Kompensation auf $\cos\varphi' = 0{,}95$
d) Der Spannungsfall nach der Kompensation
e) Die Leistungsverluste nach der Kompensation

Lösung:
zu a)

$$P = U \cdot I \cdot \cos\varphi \Rightarrow \cos\varphi = \frac{P}{U \cdot I} = \frac{2500\ \text{W}}{230\ \text{V} \cdot 16{,}2\ \text{A}} = \mathbf{0{,}67}$$

$$U_V = \frac{\ell \cdot I \cdot \cos\varphi}{\varkappa \cdot A} = \frac{2 \cdot 50\ \text{m} \cdot 16{,}2\ \text{A} \cdot 0{,}67}{56\ \frac{\text{m}}{\Omega \cdot \text{mm}^2} \cdot 1{,}5\ \text{mm}^2} = \mathbf{13\ V}$$

zu b)

$$P_V = \frac{\ell \cdot P^2}{\varkappa \cdot A \cdot U^2 \cdot (\cos\varphi)^2} = \frac{2 \cdot 50\ \text{m} \cdot (2500\ \text{W})^2}{56\ \frac{\text{m}}{\Omega \cdot \text{mm}^2} \cdot 1{,}5\ \text{mm}^2 \cdot (230\ \text{V})^2 \cdot (0{,}67)^2} = \mathbf{313{,}3\ W}$$

Einheitenbetrachtung: $$\frac{\text{m} \cdot \text{W}^2}{\frac{\text{m} \cdot \text{mm}^2 \cdot \text{V}^2}{\Omega \cdot \text{mm}^2}} = \frac{\text{m} \cdot \text{V}^2 \cdot \text{A}^2 \cdot \Omega \cdot \text{mm}^2}{\text{m} \cdot \text{mm}^2 \cdot \text{V}^2}$$

$$= \text{A}^2 \cdot \Omega = \text{A}^2 \cdot \frac{\text{V}}{\text{A}} = \text{AV} = \mathbf{W}$$

zu c)

$$P = U \cdot I' \cdot \cos\varphi' \Rightarrow I' = \frac{P}{U \cdot \cos\varphi'} = \frac{2500\ \text{W}}{230\ \text{V} \cdot 0{,}95} = \mathbf{11{,}44\ A}$$

(P bleibt konstant)

zu d)

$$U_V = \frac{\ell \cdot I' \cdot \cos\varphi'}{\varkappa \cdot A} = \frac{2 \cdot 50\ \text{m} \cdot 11{,}44\ \text{A} \cdot 0{,}95}{56\ \frac{\text{m}}{\Omega \cdot \text{mm}^2} \cdot 1{,}5\ \text{mm}^2} = \mathbf{13\ V}$$

zu e)

$$P_V = \frac{\ell \cdot P^2}{\varkappa \cdot A \cdot U^2 \cdot (\cos\varphi)^2} = \frac{2 \cdot 50\ \text{m} \cdot (2500\ \text{W})^2}{56\ \frac{\text{m}}{\Omega \cdot \text{mm}^2} \cdot 1{,}5\ \text{mm}^2 \cdot (230\ \text{V})^2 \cdot (0{,}95)^2} = \mathbf{155{,}8\ W}$$

Wie das Beispiel zeigt, ändert sich der Spannungsfall nach der Kompensation nicht. Dies beruht auf der Tatsache, daß das Produkt $I \cdot \cos\varphi$ konstant bleibt. Zu erkennen ist aber deutlich, daß die Leistungsverluste nach der Kompensation wesentlich zurückgegangen sind.

Da $P = U \cdot I \cdot \cos\varphi$ und $P = U \cdot I' \cdot \cos\varphi'$ ist,

muß $I \cdot \cos\varphi = I' \cdot \cos\varphi'$ sein.

7 Grundlagen des Dreiphasenwechselstromes (Drehstrom)

Werden Verbraucher höherer elektrischer Leistung in Kälteanlagen angeschlossen (Abtauheizungen, Verdichter, Ventilatoren etc.), so werden diese in der Regel mit Dreiphasenwechselstrom betrieben. Dabei unterscheidet man noch zusätzlich ob diese für **Sternschaltung** oder **Dreieckschaltung** ausgelegt sind. Das Verhalten von Stern- und Dreieckschaltung der Motorwicklungen eines elektrischen Antriebes in einer Kälteanlage findet in der sog. **„Anlaufstrombegrenzung"** eine wichtige Anwendung. Bevor jedoch diese fachspezifischen Themen behandelt werden können, sind für das bessere Verständnis einige grundlegende Überlegungen notwendig.

7.1 Kennzeichen des Dreiphasenwechselstromes

Ebenso wie beim Wechselstrom, wird der Dreiphasenwechselstrom von den EVU's bereitgestellt. Es handelt sich hierbei um drei Wechselspannungen der Frequenz 50 Hz, die jeweils um 120° **phasenverschoben** sind. Trägt man in einem Liniendiagramm dieses Verhalten ein, so kommt man zu folgender Darstellung:

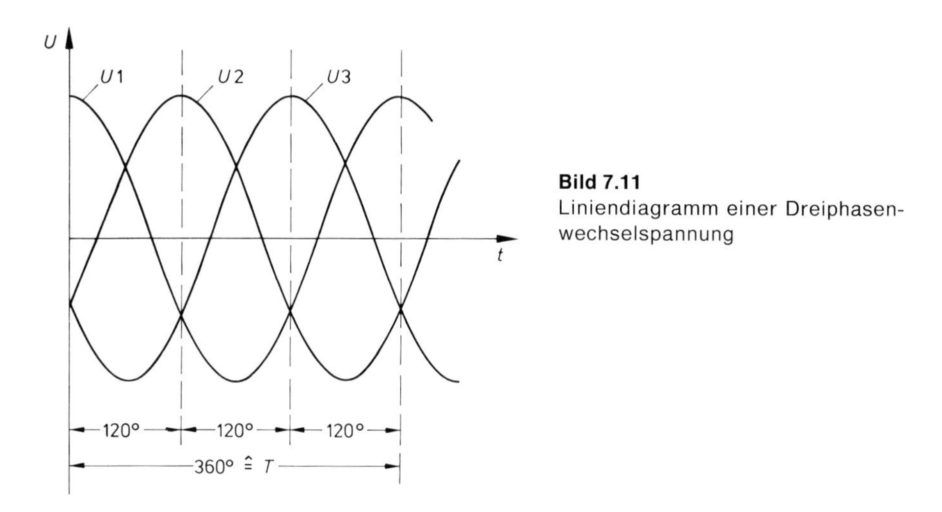

Bild 7.11
Liniendiagramm einer Dreiphasenwechselspannung

Für die Erzeugung dieser Dreiphasenwechselspannung kann man sich drei Wechselspannungsgeneratoren vorstellen, die ein gemeinsames Bezugspotential haben.

Dabei werden die Punkte *L*1, *L*2 und *L*3 als **„Außenleiter"** oder auch umgangssprachlich als **„Phasen"** bezeichnet. Der gemeinsame Bezugspunkt N als **„Neutralleiter"**. Zwischen den jeweiligen Phasen und dem Neutralleiter entstehen die im Liniendiagramm aus Bild 7.11 dargestellten Spannungen *U*1, *U*2 und *U*3. Diese Spannungen haben einen Effektivwert von 230 V.

> Zwischen einer Phase und dem Neutralleiter existiert immer eine sinusförmige Wechselspannung von 220 V.

$U1 = U_{1\,\mathrm{N}} = 230$ V
$U2 = U_{2\,\mathrm{N}} = 230$ V
$U3 = U_{3\,\mathrm{N}} = 230$ V

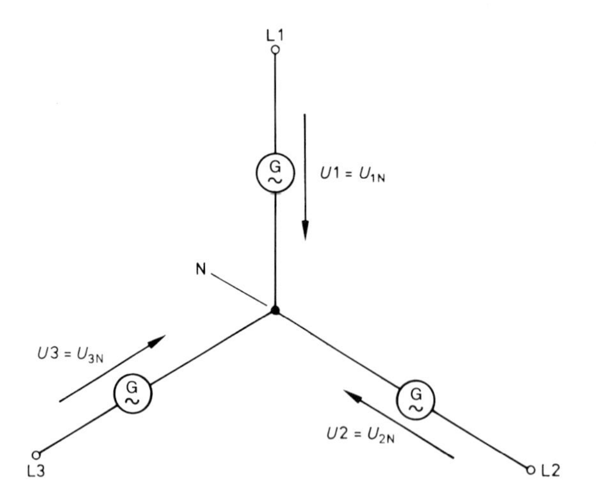

Bild 7.12
Erzeugung einer Dreiphasenwechselspannung

Überträgt man das Liniendiagramm aus Bild 7.11 in ein entsprechendes Zeigerdiagramm, so erhält man drei gleichgroße Zeiger, die um 120° phasenverschoben sind.

Bild 7.13
Zeigerdiagramm einer Dreiphasenwechselspannung

Es stellt sich nun aber die Frage, welche Spannung ein Meßgerät anzeigt, daß man zwischen zwei Phasen – also zwischen *L1* und *L2* oder *L1* und *L3* oder *L2* und *L3* – anschließt. Diese Spannungen zwischen den drei Phasen werden **Außenleiterspannungen** genannt.

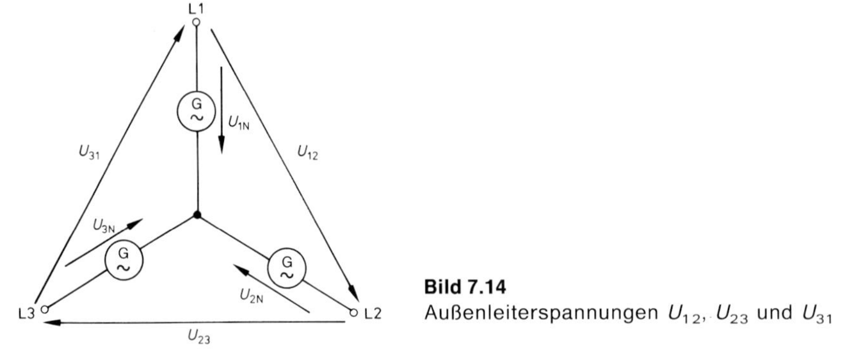

Bild 7.14
Außenleiterspannungen U_{12}, U_{23} und U_{31}

Man erkennt im Bild 7.14, daß die Außenleiterspannung U_{12} aus den beiden Spannungen U_{1N} und U_{2N} gebildet wird. Entsprechend U_{23} aus U_{2N} und U_{3N} sowie U_{31} aus U_{3N} und U_{1N}. Um die Größe dieser Außenleiterspannung bestimmen zu können, stellt man diesen Vorgang im Zeigerdiagramm dar.

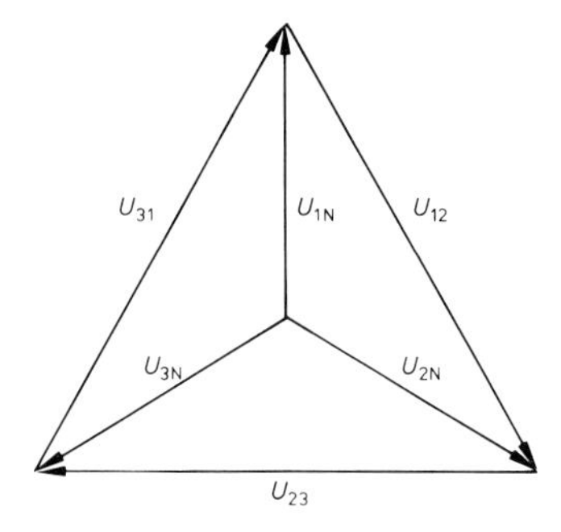

Bild 7.15
Außenleiterspannungen im Zeigerdiagramm

Zur Berechnung einer Außenleiterspannung z. B. U_{12} dient folgende geometrische Überlegung:

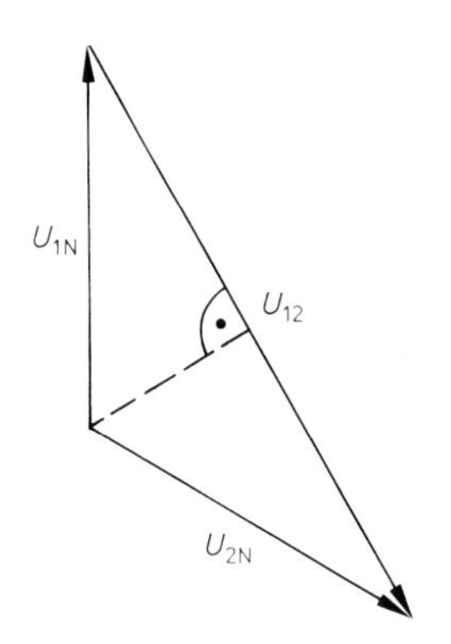

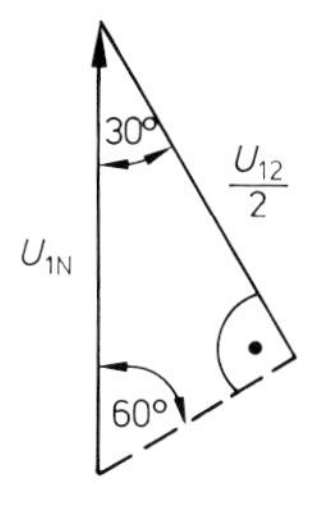

Bild 7.16
Berechnung der Außenleiterspannung *U*

Es gilt:

$$\cos 30^\circ = \frac{\frac{U_{12}}{2}}{U_{1N}} \Rightarrow U_{12} = U_{1N} \cdot (\cos 30^\circ) \cdot 2$$

mit $[(\cos 30^\circ) \cdot 2]^2 = 3$ und $(\cos 30^\circ) \cdot 2 = \sqrt{3}$

folgt: $U_{12} = U_{1N} \cdot \sqrt{3}$

Setzt man jetzt für die Spannung zwischen Phase und Neutralleiter 230 V ein, so erhält man den Wert der Außenleiterspannung:

Außenleiterspannung $= 230\ \text{V} \cdot \sqrt{3} = 398{,}4\ \text{V} \approx 400\ \text{V}$

Technisch gesehen wird mit einem Wert von 400 V als Außenleiterspannung gerechnet.

In späteren technischen Darstellungen – wie den Stromlaufplänen von kältetechnischen Steuerungen – wird das **Drehstrom-Vierleiter-Netz** durch Linien dargestellt, wobei beim Neutralleiter eine lange und eine kurze unterbrochene Linie gezeichnet wird.

Mit diesen Grundüberlegungen kann man nun das Verhalten von elektrischen Verbrauchern beschreiben, die an das Drehstromnetz angeschlossen werden.

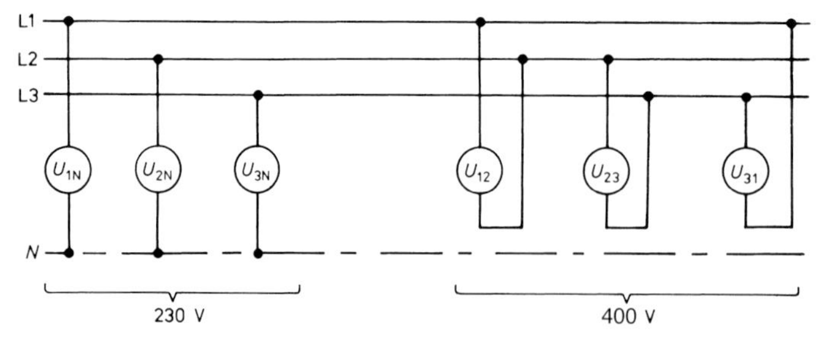

Bild 7.17
Drehstrom-Vierleiter-Netz mit Spannungsangaben

7.2 Ohmsche Verbraucher an Dreiphasenwechselstrom

Wie bereits erwähnt, werden Abtauheizungen größerer Leistungen mit Dreiphasenwechselstrom betrieben. Dabei können diese in Sternschaltung oder in Dreieckschaltung angeschlossen werden. Die wesentlichen Unterschiede werden in den nachfolgenden Kapiteln herausgearbeitet.

7.2.1 Sternschaltung

Wird ein Verbraucher in Sternschaltung an das Drehstrom-Vierleiter-Netz angeschlossen, so bedeutet dies immer eine Darstellung nach Bild 7.21. Bei einer Abtauheizung sind dies drei gleich große Heizwiderstände (Heizstäbe), die nach untenstehendem Bild zusammengeschaltet sind:

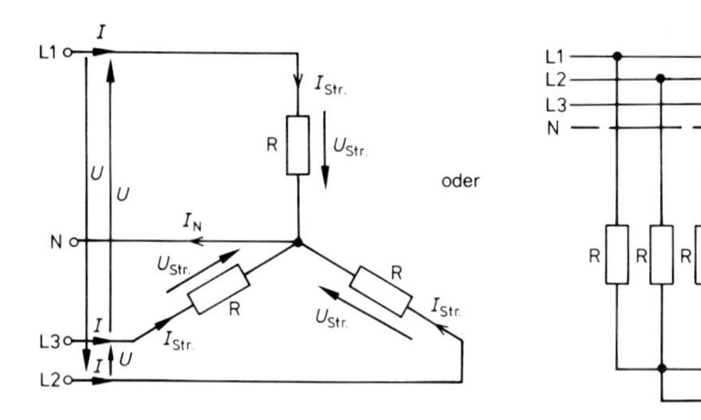

Bild 7.21
Verbraucher in Sternschaltung

Dabei werden Spannungen und Ströme an der Verbraucherseite folgendermaßen benannt:

U = Leiterspannung (Außenleiterspannung)
U_{Str} = Strangspannung (Spannung zwischen Phase und Neutralleiter)
I = Leiterstrom
I_{Str} = Strangstrom
I_N = Strom im Neutralleiter

Bei gleich großen Widerständen R spricht man auch von einer **symmetrischen Belastung** des Drehstromnetzes. Hierbei sind die jeweiligen Ströme und Spannungen gleich groß. Nun sollen die einzelnen Größen untereinander untersucht werden.

Aus Bild 7.21 erkennt man, daß Leiterströme und Strangströme sich nicht verzweigen und somit gleich sein müssen:

$$I = I_{Str} \qquad (7.1)$$

Nach der Erkenntnis aus Kapitel 7.1 muß gelten:

$$U = U_{Str} \cdot \sqrt{3} \qquad (7.2)$$

Für eine Gesamtleistungsberechnung P stellen wir folgende Überlegung an:

$$P = 3 \cdot P_{Str} \qquad (7.3)$$

Mit $P_{Str} = U_{Str} \cdot I_{Str}$ folgt $P = 3 \cdot U_{Str} \cdot I_{Str}$.
Ersetzt man für die Strangwerte die Leiterwerte so erhält man:

$$P = 3 \cdot \frac{U}{\sqrt{3}} \cdot I, \qquad P = U \cdot I \cdot \frac{3}{\sqrt{3}} \quad \text{und} \quad \frac{3}{\sqrt{3}} = \sqrt{3}$$

$$P = U \cdot I \cdot \sqrt{3} \qquad (7.4)$$

Außerdem erkennt man, daß der Strom im Neutralleiter aus der Summe der Strangströme = Leiterströme gebildet wird. Die Summe muß aber wegen der Phasenverschiebung der Spannungen untereinander – und damit auch der Ströme – **geometrisch** gebildet werden. Dies läßt sich sehr anschaulich im Zeigerdiagramm verdeutlichen. Die jeweiligen Ströme sind phasengleich zu ihren Spannungen, da bei ohmschen Verbrauchern keine Phasenverschiebung vorhanden ist.

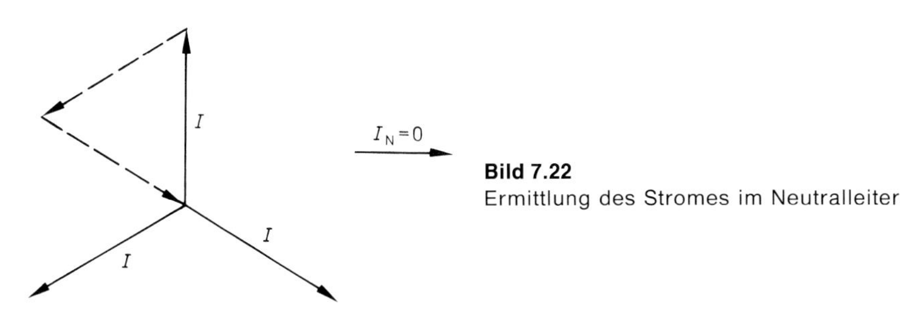

Bild 7.22
Ermittlung des Stromes im Neutralleiter

Man erkennt, daß das gebildete Dreieck der Ströme geschlossen wird. Demnach fließt kein Strom im Neutralleiter.

Bei symmetrischer Belastung ist der Strom im Neutralleiter gleich Null.

Beispiel 1:
Eine 6 kW Abtauheizung eines Hochleistungsverdampfers wird in Sternschaltung an das Drehstromnetz 400/230 V angeschlossen.

Gesucht:
a) Stromaufnahme
b) Widerstand eines Heizstabes

Lösung:

zu a) $P = U \cdot I \cdot \sqrt{3} \Rightarrow I = \dfrac{P}{U \cdot \sqrt{3}} = \dfrac{6000\ \text{W}}{400\ \text{V} \cdot \sqrt{3}} = \mathbf{8{,}7\ A}$

zu b) $P_{Str} = \dfrac{P}{3} = \dfrac{6000\ \text{W}}{3} = \mathbf{2000\ W}$

$$P_{Str} = \frac{U_{Str}^2}{R} \Rightarrow R = \frac{U_{Str}^2}{P_{Str}} = \frac{(230\ \text{V})^2}{2000\ \text{W}} = \mathbf{26{,}45\ \Omega}$$

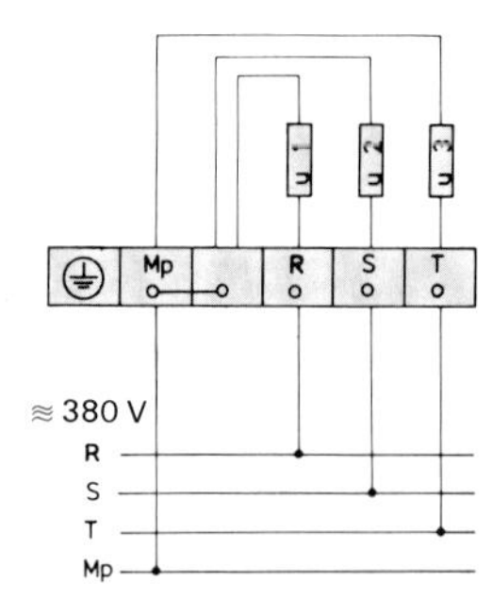

Schaltplan HVIS 51/81, 52/82

u 1–3 Abtauheizung Block
Defrosting coilblock
Dégivrage batterie

Bild 7.23
Schaltbild einer Verdampferabtauung in Sternschaltung der Fa. Roller

Beim oben dargestellten Schaltbild einer Firmenunterlage muß erwähnt werden, daß die Bezeichnungen *R, S, T* und *Mp* heute nicht mehr üblich sind, aber noch zulässig. Dabei entsprechen:

$$R \triangleq L1, \quad S \triangleq L2, \quad T \triangleq L3 \quad \text{und} \quad Mp \triangleq N$$

7.2.1.1 Störungen an Drehstromverbrauchern in Sternschaltung

Mögliche Störungen bei Drehstromverbrauchern in Sternschaltung können sein:

- **Ausfall von Außenleitern (Phasen); z. B. Durchbrennen einer Sicherung**
- **Ausfall von Strängen; z. B. Durchbrennen eines Widerstandes**

Zusätzlich ist zu unterscheiden, ob der *N*-Leiter mit angeschlossen ist oder nicht. Es gilt zu untersuchen, wie sich die Gesamtleistung bei unterschiedlichen Störfällen verhält.

Bei der Sternschaltung nach Bild 7.21 ist der Ausfall eines Außenleiters identisch mit dem Ausfall eines Stranges, da nach Formel (7.1) Außenleiter- und Strangstrom gleich groß sind. Für ein Drehstromnetz 400 V/230 V gilt für die Berechnung der Gesamtleistung:

$$P_{Ges} = 3 \cdot P_{Str} = 3 \cdot \frac{(230\ \text{V})^2}{R}$$

Für eine Leistungsbestimmung bei Störfällen muß mit dieser Gesamtleistung (kein Störfall) verglichen werden.

1. Ausfall eines Außenleiters (Stranges) mit *N*-Leiter

Wählen wir als Beispiel den Ausfall der Phase *L*1, so ergibt sich folgendes Bild 7.24.

Hierbei sind noch zwei Widerstände an 230 V angeschlossen und bilden somit eine verbleibende Leistung:

$$P' = 2 \cdot P_{Str} \quad \text{und somit} \quad P' = \frac{2}{3} P_{Ges}$$

(P' = verbleibende Leistung im Störfall)

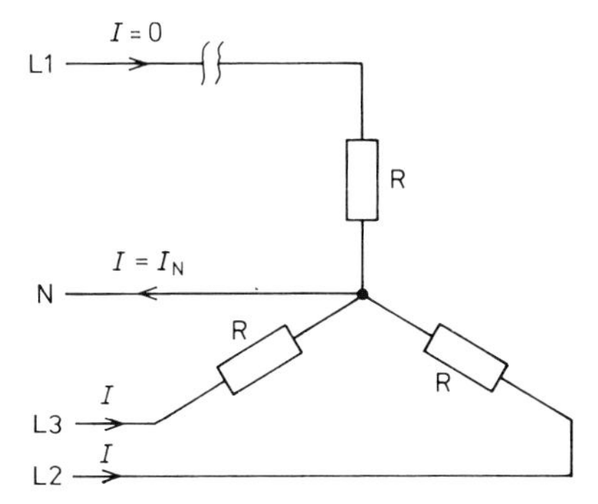

Bild 7.24
Ausfall einer Phase (z. B. $L1$) mit N-Leiter

2. Ausfall eines Außenleiters (Stranges) ohne *N*-Leiter
Wir wählen wieder den Ausfall der Phase $L1$.

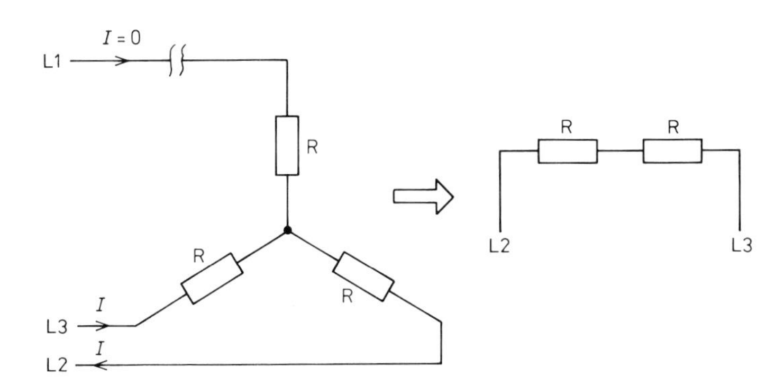

Bild 7.25
Ausfall einer Phase
(z. B. $L1$) ohne N-Leiter

Wie Bild 7.25 zeigt, liegen nun zwei Widerstände in Reihe an einer Spannung von 400 V. Die verbleibende Leistung berechnet sich:

$$P' = \frac{(400\ \mathrm{V})^2}{2 \cdot R} \quad \text{mit} \quad P_{\mathrm{Ges}} = 3 \cdot \frac{(230\ \mathrm{V})^2}{R} \quad \text{folgt:} \quad \frac{P'}{P_{\mathrm{Ges}}} = \frac{\frac{(400\ \mathrm{V})^2}{2 \cdot R}}{\frac{(230\ \mathrm{V})^2}{R}}$$

$$\frac{P'}{P_{\mathrm{Ges}}} = \frac{(400\ \mathrm{V})^2}{3 \cdot (230\ \mathrm{V})^2 \cdot 2} = \frac{(230\ \mathrm{V} \cdot \sqrt{3})^2}{6 \cdot (230\ \mathrm{V})^2} = \frac{(230\ \mathrm{V})^2 \cdot 3}{6 \cdot (230\ \mathrm{V})^2} = \frac{1}{2}$$

$$P' = \frac{1}{2} \cdot P_{\mathrm{Ges}}$$

Dieser Sachverhalt wird an einem Beispiel nochmals verdeutlicht.

Beispiel 1:
Die Gesamtleistung einer Drehstrom-Abtauheizung in Sternschaltung beträgt 1200 W. Sie ist am Drehstromnetz 400 V/230 V angeschlossen. Welche Gesamtleistung bleibt beim Durchbrennen eines Heizwiderstandes übrig, wenn:

a) der N-Leiter angeschlossen ist.
b) der N-Leiter nicht angeschlossen ist.

Lösung:

zu a)

$$P_{Str} = \frac{P_{Ges}}{3} = \frac{1200\ \text{W}}{3} = 400\ \text{W}$$

$$P' = 2 \cdot P_{Str} = 2 \cdot 400\ \text{W} = \mathbf{800\ W}$$

zu b)

$$P_{Str} = 400\ \text{W}, \qquad P_{Str} = \frac{U_{Str}^2}{R} \Rightarrow R = \frac{U_{Str}^2}{P_{Str}} = \frac{(230\ \text{V})^2}{400\ \text{W}} = \mathbf{132{,}25\ \Omega}$$

$$R_{Ges} = 2 \cdot R = 2 \cdot 132{,}25\ \Omega = \mathbf{264{,}5\ \Omega}, \qquad P' = \frac{U^2}{R_{Ges}} = \frac{(400\ \text{V})^2}{264{,}5\ \Omega} = \mathbf{605\ W}$$

$$P' \approx 600\ \text{W} \quad \text{und somit} \quad P' = \frac{1}{2} P_{Ges}$$

Der Anschluß des N-Leiters an eine Drehstrom-Abtauheizung ist also nur für einen Störfall von Bedeutung. Wie das Beispiel nochmals gezeigt hat, sollte der N-Leiter mit angeschlossen werden, da beim Ausfall einer Phase oder eines Heizwiderstandes nur 1/3 an Heizverlust entsteht.

Zwei Störfälle – zwei Außenleiter fallen aus – werden nachfolgend ebenfalls noch behandelt.

3. Ausfall von zwei Außenleitern (Strängen) mit *N*-Leiter

Die beiden Phasen $L1$ und $L2$ sind ausgefallen.

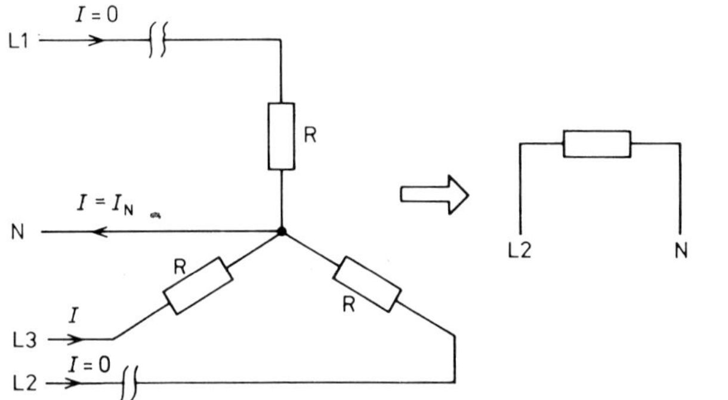

Bild 7.26
Ausfall zweier Phasen
(z. B. $L1$ und $L2$) mit N-Leiter

Da in diesem Fall lediglich noch ein Widerstand an 220 V anliegt, ist die verbleibende Leistung:

$$P' = \frac{1}{3} P_{Ges}$$

4. Ausfall von zwei Außenleitern (Strängen) ohne *N*-Leiter

In keinem der Stränge kann ein Strom fließen, da kein geschlossener Stromkreis mehr vorhanden ist. Die verbleibende Leistung ist demnach:

$$P' = 0\ \text{Watt}$$

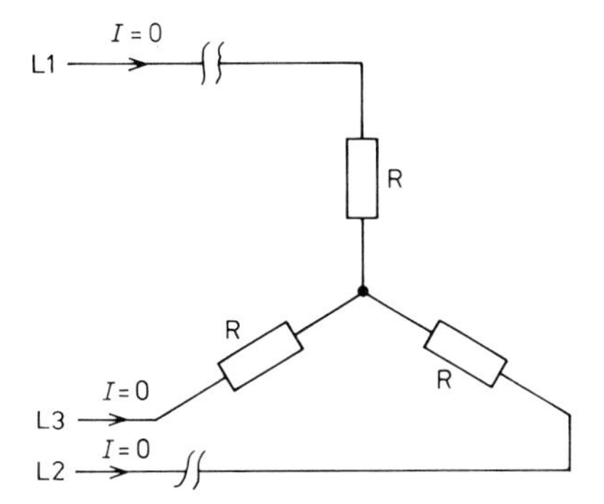

Bild 7.27
Ausfall zweier Phasen (z. B. *L*1 und *L*2) ohne *N*-Leiter

7.2.2 Dreieckschaltung

Der Anschluß eines Verbrauchers in Dreieckschaltung erfolgt nach Bild 7.28. Der *N*-Leiter wird dabei nicht angeschlossen.

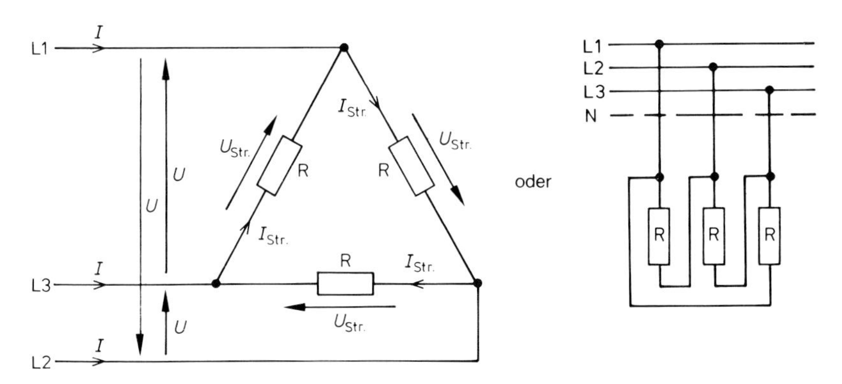

Bild 7.28 Verbraucher in Dreieckschaltung

Die Bezeichnungen der Ströme und Spannungen sind entsprechend der Sternschaltung nach Bild 7.21 benannt. Aus der obenstehenden Darstellung ist ersichtlich, daß an einem Widerstand die Außenleiterspannung anliegt und somit gleich der Strangspannung ist.

$$U_{Str} = U \qquad (7.5)$$

Nach den Überlegungen aus Kapitel 7.1 sind die Strangströme ebenfalls gleich groß und um 120° phasenverschoben, da bei jedem Ohmschen Widerstand Strom und Spannung phasengleich sind. Die Außenleiterströme teilen sich in der Dreieckschaltung in zwei Strangströme auf.

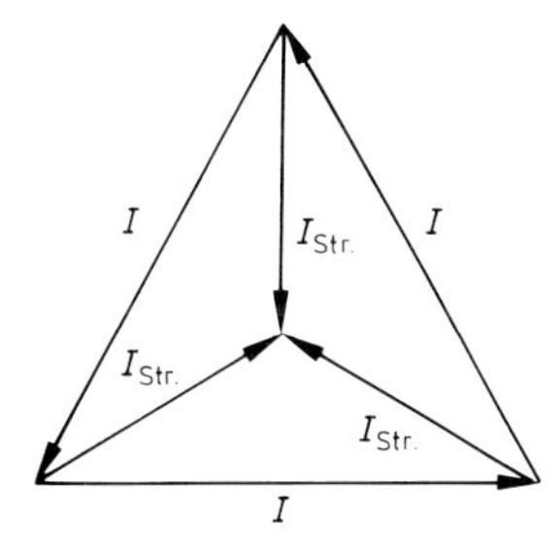

Bild 7.29
Zeigerdiagramm der Strangströme und Außenleiterströme in Dreieckschaltung

Da das Zeigerdiagramm der Ströme ein **ähnliches Diagramm** darstellt wie das der Spannungen für die Sternschaltung (vgl. Bild 7.15), ist auch die Herleitung für den Zusammenhang zwischen Strangstrom und Außenleiterstrom gleich. Es gilt:

$$I = I_{Str} \cdot \sqrt{3} \qquad (7.6)$$

Die Gesamtleistung wird genau wie bei der Sternschaltung berechnet:

Mit $P = 3 \cdot P_{Str}$ folgt $P = 3 \cdot U_{Str} \cdot I_{Str}$

Ersetzt man für die Strangwerte die Außenwerte, so erhält man:

$$P = 3 \cdot U \cdot \frac{I}{\sqrt{3}} = \frac{3}{\sqrt{3}} \cdot U \cdot I \quad \text{und} \quad \left(\frac{3}{\sqrt{3}} = \sqrt{3}\right)$$

$$P = U \cdot I \cdot \sqrt{3} \qquad (7.7)$$

Vergleicht man die Berechnungsformel der Gesamtleistung mit der Formel der Sternschaltung, so stellt man Übereinstimmung fest.

Beispiel 1:
Eine Abtauheizung mit 6 kW Gesamtleistung wird an das Drehstromnetz 400/230 V angeschlossen.

Gesucht:

a) Stromaufnahme
b) Größe eines Heizwiderstandes

Lösung:
zu a)

$$P = U \cdot I \cdot \sqrt{3} \Rightarrow I = \frac{P}{U \cdot \sqrt{3}} = \frac{6000\ \text{W}}{400\ \text{V} \cdot \sqrt{3}} = \mathbf{8{,}66\ A}$$

zu b)

$$P_{Str} = \frac{P}{3} = 2000\ \text{W}, \qquad P_{Str} = \frac{U_{Str}^2}{R} \Rightarrow R = \frac{U_{Str}^2}{P_{Str}} = \frac{(400\ \text{V})^2}{2000\ \text{W}} = \mathbf{80\ \Omega}$$

7.2.2.1 Störungen an Drehstromverbrauchern in Dreieckschaltung

Bei auftretenden Störungen der Dreieckschaltung braucht der **N-Leiter nicht berücksichtigt** zu werden, da dieser nicht angeschlossen ist. Bei der Dreieckschaltung muß aber – im Gegensatz zur Sternschaltung – zwischen Ausfall eines Stranges und dem Ausfall eines Außenleiters unterschieden werden.

Die Gesamtleistung berechnet sich im Drehstromnetz 400/230 V nach Formel (7.3):

$$P_{Ges} = 3 \cdot P_{Str} = 3 \cdot \frac{(380\ \text{V})^2}{R}$$

Die möglichen Störfälle werden nachfolgend beschrieben:

1. Ausfall eines Stranges
Nehmen wir an, daß der Strang zwischen $L1$ und $L3$ unterbrochen ist.

Zur Ermittlung der verbleibenden Gesamtleistung ist ersichtlich, daß noch zwei Strangwiderstände die volle Leistung erbringen, da diese mit der Außenleiterspannung versorgt werden.

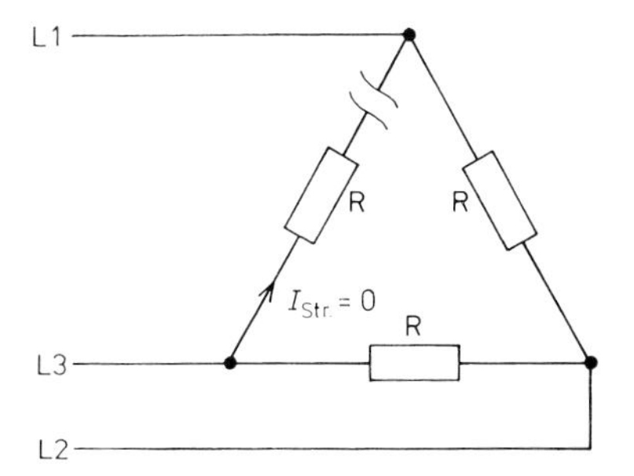

Bild 7.210
Ausfall eines Strangwiderstandes zwischen $L1$ und $L3$

$$P' = \frac{2}{3} P_{Ges}$$

2. Ausfall zweier Stränge
Neben dem Strang zwischen $L1$ und $L3$ ist außerdem der Strang zwischen $L1$ und $L2$ unterbrochen.

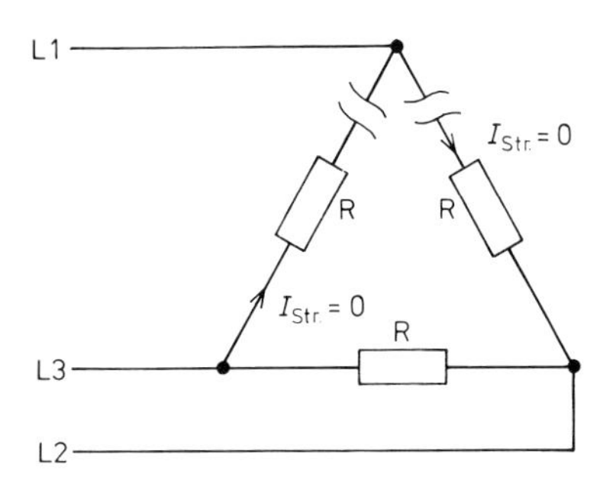

Bild 7.211
Ausfall der Strangwiderstände zwischen $L1$ und $L3$ sowie zwischen $L1$ und $L2$

Hierbei kann als Gesamtleistung nur noch eine Strangleistung herangezogen werden.

$$P' = \frac{1}{3} P_{Ges}$$

3. Ausfall eines Außenleiters
Die Phase $L1$ ist z. B. wegen einer durchgebrannten Sicherung ausgefallen.

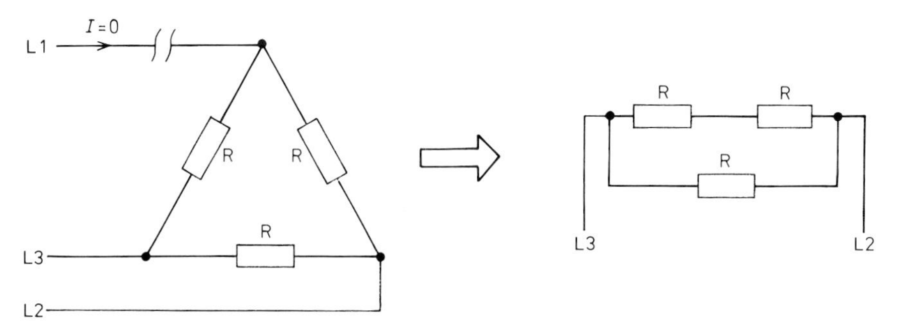

Bild 7.212 Ausfall des Außenleiters $L1$

Nach dem Ersatzschaltbild aus Bild 7.212 kann die verbleibende Leistung berechnet werden:

$$R_{Ges} = \frac{2R \cdot R}{2R + R} = \frac{2R^2}{3R} = \frac{2}{3} R, \qquad P' = \frac{(400\ V)^2}{\frac{2}{3} R}$$

$$P' = \frac{3}{2} \cdot \frac{(400\ V)^2}{R} = \frac{1}{2} \cdot 3 \cdot \frac{(400\ V)^2}{R}$$

Mit $P_{Ges} = 3 \cdot \frac{(400\ V)^2}{R}$ folgt:

$$P' = \frac{1}{2} P_{Ges}$$

4. Ausfall eines Stranges und eines Außenleiters

Hierbei muß zusätzlich unterschieden werden welcher Strangwiderstand bei einem Ausfall eines Außenleiters unterbrochen ist. Es können zwei Möglichkeiten auftreten.

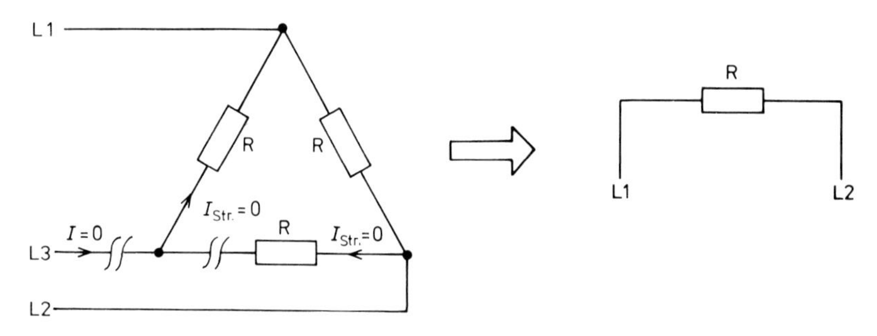

Bild 7.213 Ausfall einer Phase und eines Widerstandes der an der ausgefallenen Phase angeschlossen ist

In diesem Fall kann noch ein Strangwiderstand die volle Leistung erbringen.

$$P' = \frac{1}{3} P_{Ges}$$

Den zweiten Fall beschreibt Bild 7.214

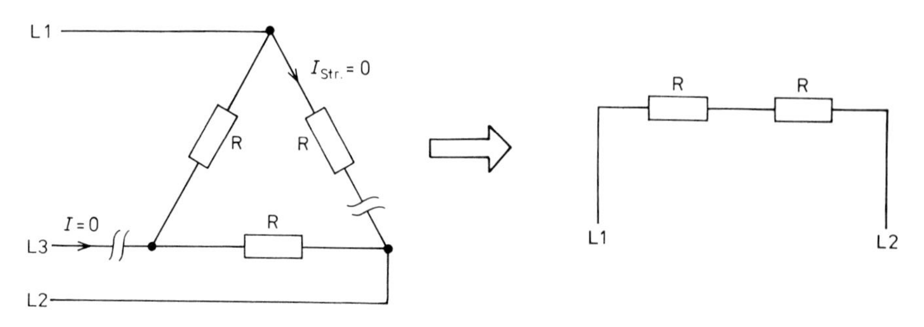

Bild 7.214 Ausfall einer Phase und eines Widerstandes der an der ausgefallenen Phase nicht angeschlossen ist

Es handelt sich jetzt um eine Reihenschaltung zweier Strangwiderstände an 400 V. Die verbleibende Leistung berechnet sich wie folgt:

$$P' = \frac{(400\ \text{V})^2}{2R} = \frac{1}{2} \cdot \frac{(400\ \text{V})^2}{R} = \frac{3}{6} \cdot \frac{(400\ \text{V})^2}{R} = \frac{1}{6} \cdot 3 \cdot \frac{(400\ \text{V})^2}{R}$$

Mit $P_{\text{Ges}} = 3 \cdot \frac{(400\ \text{V})^2}{R}$ folgt:

$$P' = \frac{1}{6} P_{\text{Ges}}$$

Abschließend sei erwähnt, daß beim Ausfall zweier Außenleiter keine Leistung mehr vorhanden ist, da für keinen Strangwiderstand ein geschlossener Stromkreis besteht.

7.2.3 Änderung der Abtauleistung durch Stern-Dreieck-Umschaltung

Sollte bei einer elektrischen Drehstrom-Abtauheizung eines Verdampfers die Möglichkeit gegeben werden die Heizleistung zu verändern, so kann dies durch einen einfachen Stern-Dreieck-Schalter realisiert werden. Wie sich die Leistung bei einer Umschaltung ändert, muß nachfolgend untersucht werden.

Ausgehend von der Gleichung $P = U \cdot I$ und $P = \frac{U^2}{R}$ kann die umgesetzte Gesamtleistung von Stern- und Dreieckschaltung verglichen werden:

Sternschaltung	Dreieckschaltung
$P_{\text{Str}} = U_{\text{Str}} \cdot I_{\text{Str}}$ und $P_{\text{Str}} = \frac{U_{\text{Str}}^2}{R}$	$P_{\text{Str}} = U_{\text{Str}} \cdot I_{\text{Str}}$ und $P_{\text{Str}} = \frac{U_{\text{Str}}^2}{R}$
$P_{\perp} = 3 \cdot \frac{U_{\text{Str}}^2}{R}$ und $U_{\text{Str}} = \frac{U}{\sqrt{3}}$	$P_{\triangle} = 3 \cdot \frac{U_{\text{Str}}^2}{R}$ und $U_{\text{Str}} = U$
$P_{\perp} = 3 \cdot \frac{\left(\frac{U}{\sqrt{3}}\right)^2}{R} = 3 \cdot \frac{\frac{U^2}{3}}{R}$	
$P_{\perp} = \frac{U^2}{R}$	$P_{\triangle} = 3 \cdot \frac{U^2}{R}$

Somit gilt: $P_{\triangle} = 3 \cdot P_{\perp}$ (7.8)

Interpretiert man das Ergebnis aus Formel (7.8), so bedeutet dies, daß man die Heizleistung einer Drehstrom-Abtauheizung um den 3-fachen Wert vergrößern oder verkleinern kann bei einer Umschaltung von Stern auf Dreieck und umgekehrt. Die Heizwiderstände müssen dabei immer für die größte Leistung ausgelegt sein; also für Dreieckbetrieb. Einen Schalter, der von Stern auf Dreieck umschaltet zeigt Bild 7.215.

Für die im Bild 7.215 dargestellten Wicklungen muß man sich lediglich drei Heizwiderstände vorstellen. Beim Anschluß der drei Phasen und der Widerstandsanschlüsse ist

☐ Kontakt geöffnet

☒ Kontakt geschlossen

☒☒ Kontakt geschlossen Unterbrechung bei Umschaltung

☒+☒ Kontakt geschlossen keine Unterbrechung bei Umschaltung

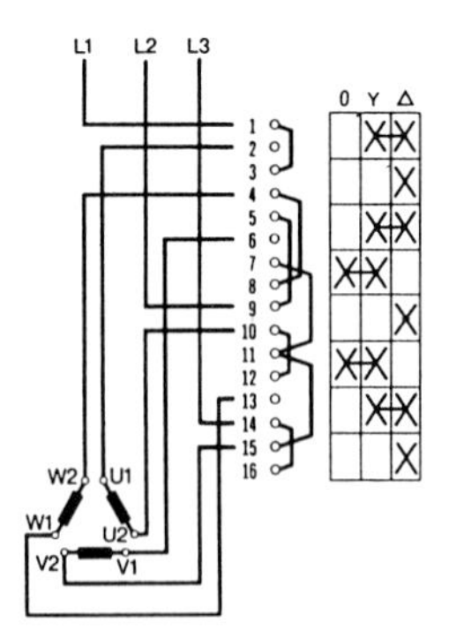

Bild 7.215 Stern-Dreieck-Schalter (Klöckner Moeller)

der Schalter intern so verdrahtet, daß er eine Umschaltung von Stern auf Dreieck – entsprechend der Schalterstellung – vornimmt.

Anzuschließen ist:
- *L*1 an Klemme 1
- *L*2 an Klemme 9
- *L*3 an Klemme 14
- Die drei Heizwiderstände an die Klemmen 2 und 10, 6 und 15, 4 und 13.

Das Ergebnis aus Formel (7.8) soll an einem Beispiel nochmals verdeutlicht werden.

Beispiel 1:
Eine Drehstrom-Abtauheizung hat im Dreieckbetrieb eine Gesamtleistung von 12 kW beim Anschluß an 400/230 V. Mittels eines Stern-Dreieck-Schalters soll diese auch in Sternschaltung betrieben werden können.

Gesucht:

a) Stromaufnahme in Dreieckschaltung
b) Größe eines Heizwiderstandes
c) Leistung in Sternschaltung
d) Stromaufnahme in Sternschaltung

Lösung:

zu a) $P_{\triangle} = U \cdot I_{\triangle} \cdot \sqrt{3} \Rightarrow I_{\triangle} = \frac{P}{U \cdot \sqrt{3}} = \frac{12\,000 \text{ W}}{400 \text{ V} \cdot \sqrt{3}} = \mathbf{17{,}3\ A}$

zu b) $P_{\text{Str}} = \frac{P}{3} = \frac{12\,000 \text{ W}}{3} = \mathbf{4000\ W}$

$$P_{\text{Str}} = \frac{U_{\text{Str}}^2}{R} \Rightarrow R = \frac{U_{\text{Str}}^2}{P_{\text{Str}}} = \frac{(400 \text{ V})^2}{4000 \text{ W}} = \mathbf{40\ \Omega}$$

zu c) $P_{\text{Str}} = \frac{U_{\text{Str}}^2}{R} = \frac{(230 \text{ V})^2}{40\ \Omega} = \mathbf{1322{,}5\ W}$

$$P_{\perp} = 3 \cdot P_{\text{Str}} = 3 \cdot 1322{,}5 \text{ W} = \mathbf{3967{,}5\ W}, \qquad \frac{P_{\triangle}}{P_{\perp}} = \frac{12\,000 \text{ W}}{3967{,}5 \text{ W}} \approx 3^*$$

(* Abweichung wegen $230 \text{ V} \cdot \sqrt{3} \approx 400 \text{ V}$)

zu d) $P_{\curlywedge} = U \cdot I \cdot \sqrt{3} \Rightarrow I = \frac{P}{U \cdot \sqrt{3}} = \frac{3967{,}5\ \text{W}}{400\ \text{V} \cdot \sqrt{3}} = \mathbf{5{,}73\ A}$

$\Rightarrow I_{\curlywedge} = \frac{1}{3} I_{\triangle}$

Das Ergebnis aus c) zeigt, daß sich die Ströme ebenso im Verhältnis 1:3 – wie die Leistungen – verhalten. Dies nutzt man bei dem Verfahren der **Anlaufstrombegrenzung von Motoren** aus.

$$I_{\curlywedge} = \frac{1}{3} \cdot I_{\triangle} \qquad (7.9)$$

Dabei sind:

– $I_{\curlywedge}$ = Stromaufnahme in Sternschaltung
– $I_{\triangle}$ = Stromaufnahme in Dreieckschaltung

7.3 Verdichter (Motor) an Dreiphasenwechselstrom

Die Wicklungen eines Drehstromverdichtermotors wurden nach den Überlegungen aus Kapitel 5 als Reihenschaltung (bzw. Parallelschaltung) von Ohmschem Widerstand und Induktivität dargestellt. Da ein Drehstrommotor drei Wicklungen hat, können diese am Dreiphasen-Wechselstromnetz in Stern- oder in Dreickschaltung angeschlossen werden.

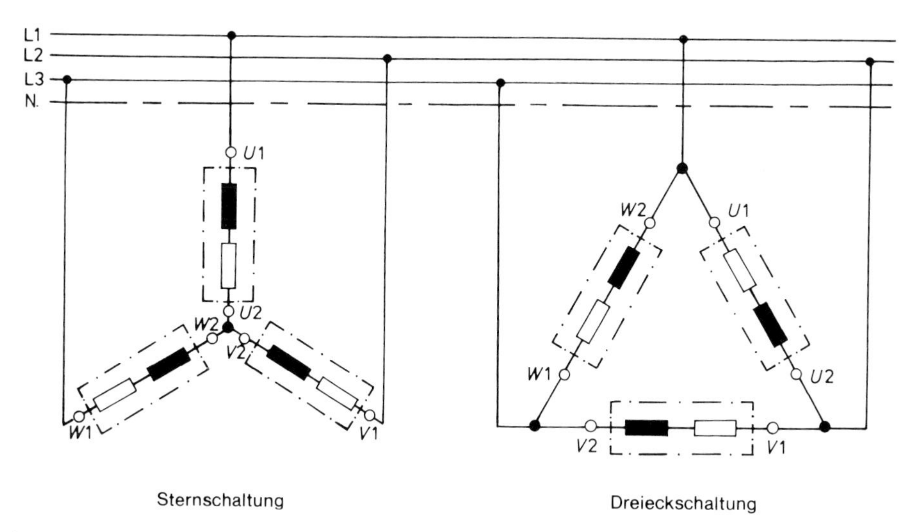

Bild 7.31 Drehstromverdichtermotor an Dreiphasenwechselstrom

Für die Berechnung der Gesamtleistung muß beachtet werden, daß es sich bei einer Motorwicklung – im Gegensatz zur Abtauheizung – nicht um einen reinen Ohmschen Widerstand handelt. Der Leistungsfaktor cos φ ist zu berücksichtigen. Ausgehend von der Formel (7.4) bzw. (7.7) gilt daher:

Wirkleistung eines Drehstrommotors $\quad P = U \cdot I \cdot \cos\varphi \cdot \sqrt{3} \quad$ (7.10)

Analog gilt für die Blind- und Scheinleistung:

Blindleistung eines Drehstrommotors $Q = U \cdot I \cdot \sin\varphi \cdot \sqrt{3}$ (7.11)

Scheinleistung eines Drehstrommotors $S = U \cdot I \sqrt{3}$ (7.12)

Alle anderen Gesetzmäßigkeiten gelten entsprechend den Überlegungen aus den Kapiteln 7.1 und 7.2.

Beispiel 1:
Für dem Drehstrom-Motorverdichter MT 125 HU der Firma Maneurop soll mit Hilfe des Datenblattes der Leistungsfaktor $\cos\varphi$ und die Blindleistung bei 0 °C Verdampfungstemperatur und +40 °C Verflüssigungstemperatur bestimmt werden.

Lösung:
Aus dem Datenblatt bestimmt man zunächst die Punkte für die vorgegebenen Temperaturen und ermittelt dann die Strom- und Leistungsaufnahme.

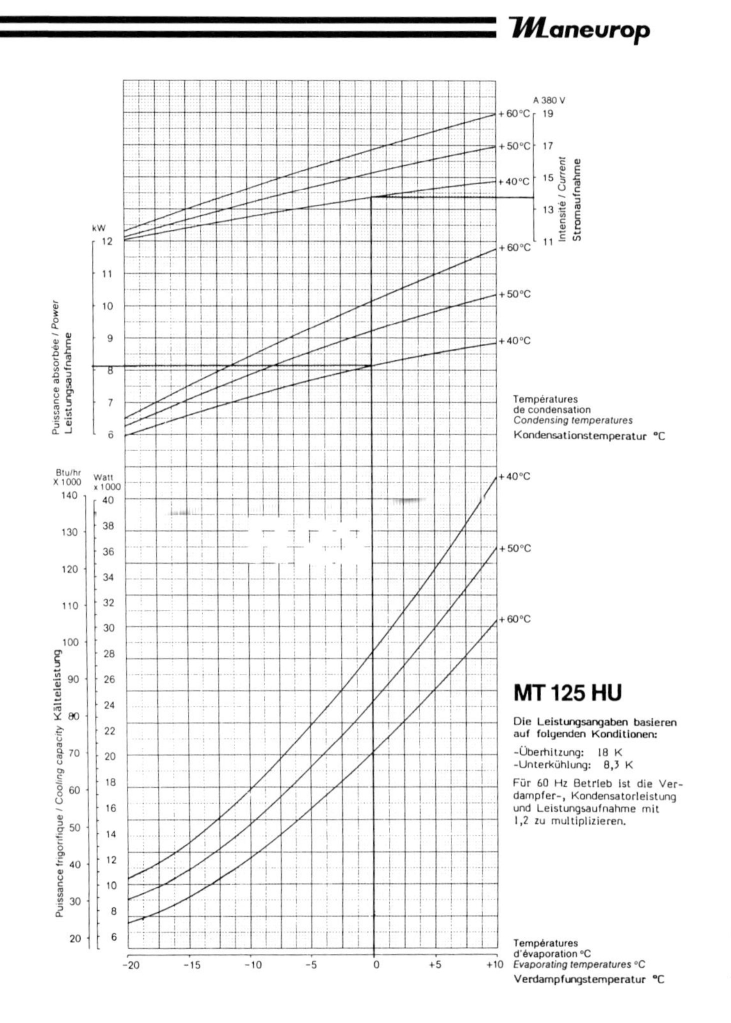

Bild 7.32
Datenblatt MT 125 HU von Maneurop

Es ergeben sich:
- Stromaufnahme 13,8 A
- Leistungsaufnahme 8,2 kW

$$P = U \cdot I \cdot \cos\varphi \cdot \sqrt{3} \Rightarrow \cos\varphi = \frac{P}{U \cdot I \cdot \sqrt{3}} = \frac{8200\ \text{W}}{(400\ \text{V}) \cdot 13{,}8\ \text{A} \cdot \sqrt{3}} = \mathbf{0{,}858}$$

$$\cos\varphi = 0{,}858 \Rightarrow \varphi = 30{,}9° \Rightarrow \sin\varphi = 0{,}514$$

$$Q = U \cdot I \cdot \sin\varphi \cdot \sqrt{3} = 400\ \text{V} \cdot 13{,}8\ \text{A} \cdot 0{,}514 \cdot \sqrt{3} = \mathbf{4{,}9\ kvar}$$

Entscheident, ob ein Drehstrom-Motorverdichter im Stern oder im Dreieck angeschlossen werden darf, ist die **Größe der zulässigen Strangspannung**. Diese ist entweder aus dem Verdichterkennblatt oder dem **Leistungsschild des Motors** zu entnehmen. Bei der Angabe zweier Spannungen ist die kleinere Spannung die zulässige Strangspannung.

Beispiel 2:
Auf dem Leistungsschild eines Drehstrom-Motorverdichters steht die Spannungsangabe

400/230 V

Gesucht:

Wie muß der Motor an ein 400/230 V Drehstromnetz angeschlossen werden?

Lösung:
Aus der Angabe des Leistungsschildes ist zu entnehmen, daß man die zulässige Strangspannung 230 V nicht überschreiten darf. Demnach muß der Motor in Sternschaltung angeschlossen werden. Würde man den Motor in Dreieckschaltung an das vorgegebene Drehstromnetz anschließen, so würden die Wicklungen an 400 V Spannung liegen. Der Motor kann dadurch zerstört werden.

Verdichter, die in Dreieckschaltung an das Drehstromnetz 400/230 V angeschlossen werden sollen haben auf dem Leistungsschild entweder die Angabe nur 400 V oder 400/690 V.

Bei einem Drehstrom-Motorverdichter der wahlweise in Stern oder Dreieck betrieben werden kann, müssen die Anschlüsse der drei Wicklungen getrennt im Klemmkasten des Motors herausgeführt sein. Im Klemmbrett müssen also 6 Klemmen vorhanden sein. Die genormten Bezeichnungen der Wicklungen lauten:

$U1 - U2$, $V1 - V2$ und $W1 - W2$ (vgl. Bild 2.412)

Je nach Betriebsart (Stern oder Dreieck) sind die Motoranschlußklemmen entsprechend zu brücken:

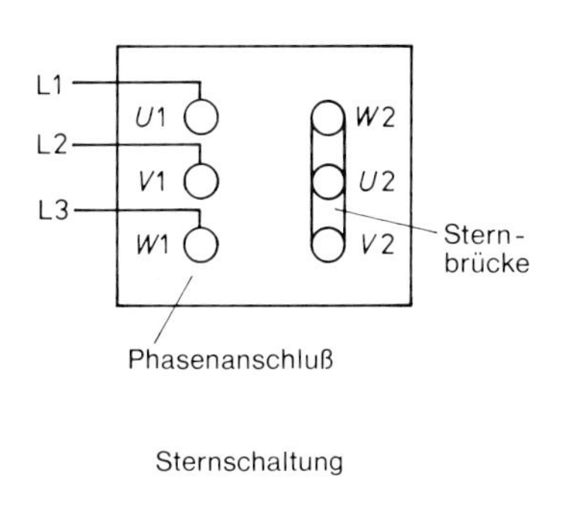

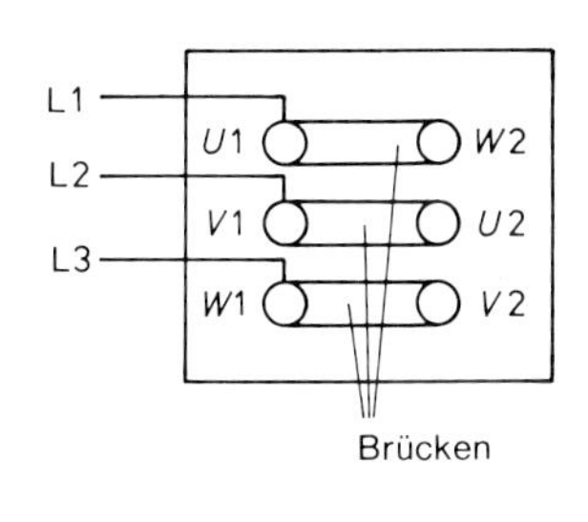

Dreieckschaltung

Bild 7.33
Klemmanschluß für Drehstrom-Motorverdichter in Stern- und Dreieckschaltung

7.4 Spannungsfall und Leistungsverlust im Drehstromnetz

Ausgehend von den Überlegungen in Kapitel 7.1 läßt sich ein Drehstromnetz prinzipiell darstellen wie drei Wechselstromnetze deren Spannungen nur phasenverschoben sind. Diese haben eine gemeinsame Rückleitung die im Regelfall (symmetrische Belastung) stromlos ist. Für die Berechnung des Spannungsfalles und der Leistungsverluste gelten daher die Formeln (6.26) und (6.27) für Wechselstrom. Da aber nur auf der Zuleitung Strom fließt, ist als Länge nur die Entfernung von der Stromversorgung zum Verbraucher anzusetzen.

Bei Drehstromnetzen ist es allgemein üblich, von der Außenleiterspannung auszugehen. Daher muß der Faktor $\sqrt{3}$ noch berücksichtigt werden.

Es gilt:

Spannungsfall bei Drehstrom:

$$U_V = \frac{\sqrt{3} \cdot I \cdot \cos\varphi \cdot \ell}{\varkappa \cdot A} \tag{7.13}$$

Leistungsverlust bei Drehstrom:

$$P_V = \frac{\ell \cdot P^2}{\varkappa \cdot A \cdot U^2 \cdot (\cos\varphi)^2} \tag{7.14}$$

Der Spannungsfall bezieht sich dabei immer auf die Strangspannung. Bei den Leistungsverlusten ist immer die Außenleiterspannung anzusetzen.

Beispiel 1:
Der Verdichter von Maneurop MT 160 HW arbeitet bei einer Verdampfungstemperatur von −5 °C und verflüssigt bei +50 °C. Er wird in Sternschaltung an das Drehstromnetz 230/400 V mit einer Kupferzuleitung von 2,5 mm², 50 m von der Stromversorgung entfernt, angeschlossen.

Gesucht:
a) Spannungsfall auf der Zuleitung
b) Leistungsverlust des Verdichters

Lösung:
Aus dem Datenblatt des Verdichters werden Strom- und Leistungsaufnahme ermittelt und daraus der Leistungsfaktor berechnet.

$I = 18{,}6\ \text{A}$

$P = 10{,}8\ \text{kW}$

zu a)

$$P = U \cdot I \cdot \cos\varphi \cdot \sqrt{3} \Rightarrow \cos\varphi = \frac{P}{U \cdot I \cdot \sqrt{3}} = \frac{10\,800\ \text{W}}{400\ \text{V} \cdot 18{,}6\ \text{A} \cdot \sqrt{3}} = 0{,}838$$

$$U_V = \frac{\sqrt{3} \cdot \ell \cdot I \cdot \cos\varphi}{\varkappa \cdot A} = \frac{\sqrt{3} \cdot 50\ \text{m} \cdot 18{,}6\ \text{A} \cdot 0{,}838}{56\ \dfrac{\text{m}}{\Omega \cdot \text{mm}^2} \cdot 2{,}5\ \text{mm}^2} = \mathbf{9{,}64\ V}$$

zu b)

$$P_V = \frac{\ell \cdot P^2}{\varkappa \cdot A \cdot U^2 \cdot (\cos\varphi)^2} = \frac{50\ \text{m} \cdot (10\,800\ \text{W})^2}{56\ \dfrac{\text{m}}{\Omega \cdot \text{mm}^2} \cdot 2{,}5\ \text{mm}^2 \cdot (400\ \text{V})^2 \cdot (0{,}838)^2}$$

$\boldsymbol{P_V = 371\ \text{W}}$

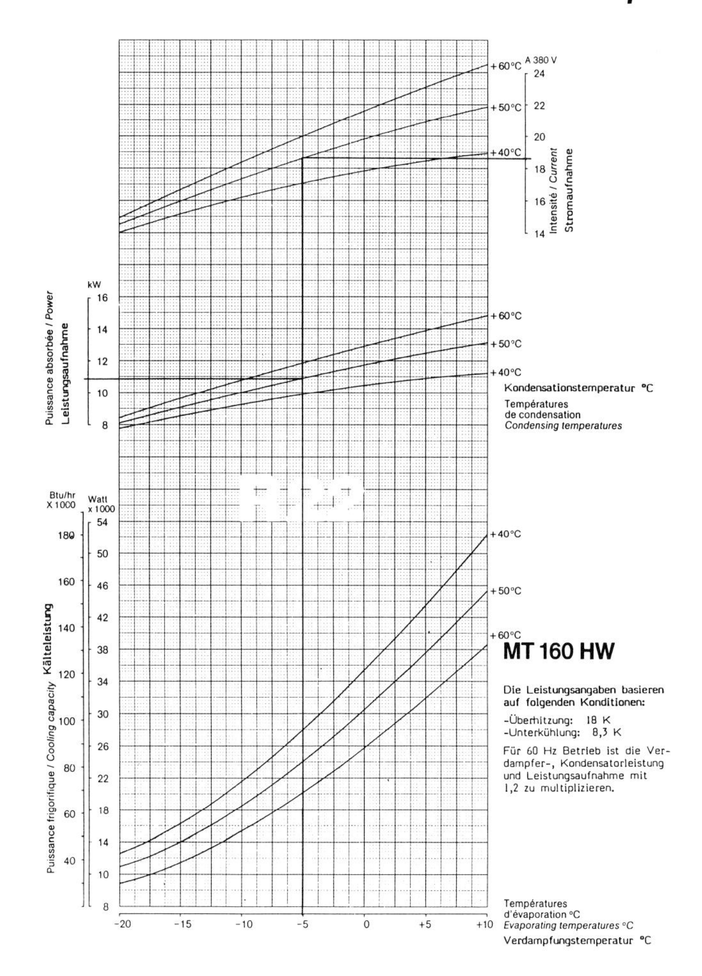

Bild 7.34 Datenblatt MT 160 HW von Maneurop

8 Elektrische Antriebe in der Kältetechnik

In diesem Kapitel sollen die **elektromotorischen Antriebe,** die im Kälteanlagenbau eine wichtige Stellung einnehmen, näher betrachtet werden. Einen wesentlichen Teil stellen darin die Verdichterantriebe dar. Daneben sind aber elektromotorische Antriebe für den Verdampferventilator und Verflüssigerventilator von Bedeutung. Zu unterscheiden sind prinzipiell Wechselstrom- und Drehstromantriebe. Bei Drehstrommotoren, die im Kälteanlagenbau Anwendung finden, handelt es sich um einen Drehstrom-**Asynchronmotor**, auf dessen Betriebsverhalten im Kapitel 8.4 näher eingegangen wird.

8.1 Erzeugung eines Drehfeldes

Am Beispiel einer Dreiphasenwechselspannung in Verbindung mit den Grundlagen aus Kapitel 5 wird die Entstehung eines Drehfeldes beschrieben. Das Drehfeld ist notwendig, um eine Motorwelle in eine Rotation zu bringen. Betrachten wir uns hierzu drei Spulen eines Motors die an einer Dreiphasenwechselspannung nach Bild 8.11 angeschlossen sind.

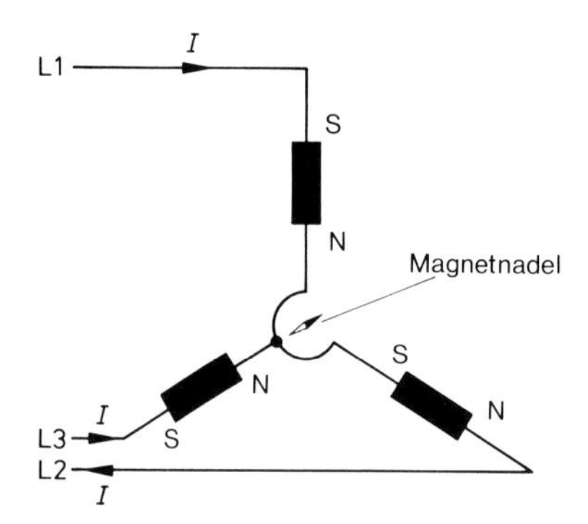

Bild 8.11
Spulen an Dreiphasenwechselspannung

Die Spulen sind im Winkel von 120° angeordnet und im Stern zusammengeschaltet. In der Mitte der drei Spulen befindet sich eine Magnetnadel. Wird nun eine Dreiphasenwechselspannung nach Bild 7.11 angeschlossen, so werden die Spulen von einem Strom durchflossen der seine Richtung ständig ändert. Dadurch entsteht an den Spulenenden ein **Magnetfeld mit wechselnden Polen**. Je nach momentaner Stromrichtung der drei Phasen, ist an den Spulenenden ein resultierender Nordpol und Südpol festzustellen. Die Pole ändern ihre Lage mit der Änderung der Stromrichtung. Dadurch wird die Magnetnadel in Bewegung gesetzt. Nach einer abgelaufenen Periode hat sich die Magnetnadel um 360° gedreht.

In einem Motor ist an Stelle einer Magnetnadel ein sog. **„Läufer"** oder **„Rotor"**. Befindet sich dieser Rotor nun im rotierenden Magnetfeld, so wird in diesem ein Strom und damit auch ein Magnetfeld erzeugt. Die dadurch entstehende Kraftwirkung (vgl. Kapitel 5.2) wird in eine rotierende Bewegung des Läufers umgesetzt.

Die oben kurz dargestellten Erklärungen sind physikalisch weitaus komplizierter zu betrachten. Hierauf soll an dieser Stelle aber nicht weiter eingegangen werden. Wichtig ist aber die Erkenntnis, daß zur Entstehung eines Drehfeldes eine Phasenverschiebung von Spannungen zur Erzeugung von rotierenden Magnetfeldern notwendig ist.

8.2 Drehzahl, Drehmoment und Leistung

Die an dem Läufer befindliche **Welle** dient der **Kraftübertragung zur Arbeitsmaschine**. Dabei dreht sich der Läufer mit der Drehzahl $n \left(\text{z. B. } n = 1400 \frac{1}{\text{min}} \right)$. Die entstehende Kraft kann man sich an einem Punkt am Umfang der Welle vorstellen.

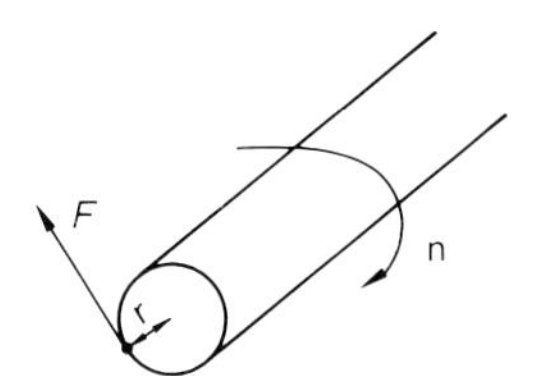

Bild 8.21
Kraftübertragung an einer Welle

Für die mechanische Leistung gilt allgemein:

$$P = \frac{W}{t} \quad \text{mit} \quad W = F \cdot s \quad \text{wird} \quad P = F \cdot \frac{s}{t} = F \cdot v$$

Die Geschwindigkeit v des Punktes, an dem die Kraft wirksam wird, hängt von der Drehzahl n und dem zurückgelegten Weg s ab. Für eine Umdrehung ist der zurückgelegte Weg, der Umfang der Welle:

$$s = 2 \cdot \pi \cdot r$$

Die dabei zurückgelegte Zeit ist:

$$t = \frac{1}{n}$$

Setzt man diese Werte in die Gleichung der Leistung ein, so erhält man:

$$P = F \cdot \frac{2 \cdot \pi \cdot r}{\frac{1}{n}} = F \cdot 2 \cdot \pi \cdot r \cdot n \quad \text{oder} \quad P = (F \cdot r) \cdot 2 \cdot \pi \cdot n$$

Das Produkt aus Kraft mal Weg ist das Drehmoment M.

$$P = M \cdot 2 \cdot \pi \cdot n \qquad (8.1)$$

Da $P = \frac{U^2}{R}$ und $P = I^2 \cdot R$ gilt:

$$M \sim U^2 \quad \text{und} \quad M \sim I^2 \qquad (8.2)$$

Das Drehmoment eines Motors ist dem Quadrat der Spannung und dem Quadrat des Stromes proportional.

Für den einwandfreien **Anlauf eines Verdichters** ist die Aussage später von wesentlicher Bedeutung.

Der oben hergeleitete Zusammenhang soll in einem Beispiel verdeutlicht werden.

Beispiel 1:
Der elektrische Antrieb eines Verdichters hat bei einer Drehzahl $n = 1440 \frac{1}{\text{min}}$ ein Drehmoment $M = 10$ Nm (Nm = Newtonmeter).

Welche mechanische Leistung wird an der Welle abgegeben?

Lösung:

$$P = M \cdot 2 \cdot \pi \cdot n = 10\,\text{Nm} \cdot 2 \cdot \pi \cdot 1440 \frac{1}{\text{min}} = 10\,\text{Nm} \cdot 2 \cdot \pi \cdot 1400 \frac{1}{60\,\text{s}}$$

$\boldsymbol{P = 1508\,\text{W} \approx 1{,}5\,\text{kW}}$ (1 Nm = 1 Ws)

Beispiel 2:

Für die Daten eines Motors wird die Drehzahl in der Einheit $\frac{1}{\text{min}}$ und das Drehmoment meistens in Nm angegeben. Die mechanische Leistung soll in der Einheit kW angegeben werden.

Gesucht: Eine Gleichung, die für diese Einheit gültig ist.

Lösung:

$$P = M \cdot n \cdot 2 \cdot \pi \quad \text{in der Einheit} \quad \frac{\text{Nm}}{\text{min}} = \frac{\text{Ws}}{\text{min}} = \frac{\text{Ws}}{60\,\text{s}} = \frac{\text{kWs}}{1000 \cdot 60\,\text{s}}$$

P in $\text{kW} \cdot \frac{1}{1000 \cdot 60}$. Daraus folgt:

$$P = M \cdot n \cdot \frac{2 \cdot \pi}{1000 \cdot 60} \quad \text{und} \quad \frac{2 \cdot \pi}{1000 \cdot 60} = \frac{1}{9549}$$

Allgemein gilt:

$$P = \frac{M \cdot n}{9549} \qquad (8.3)$$

Wobei immer

- Drehzahl in $\frac{1}{\text{min}}$
- Drehmoment in Nm
- Leistung in kW

angegeben werden muß!

Beispiel 3:
Es ist die Aufgabe aus Beispiel 1 mit der Formel (8.3) zu berechnen.

Lösung:

$$P = \frac{10\,\text{Nm} \cdot 1440 \frac{1}{\text{min}}}{9549} = \mathbf{1{,}508\,kW}$$

8.3 Der Wechselstrommotor im Kälteanlagenbau

Haupteinsatzgebiet des Wechselstrommotors in Kälteanlagen, sind die Antriebe in **hermetischen Verdichtern**. Aber auch **Verdampfer- und Verflüssigerventilatormotoren** können als Wechselstrommotoren ausgeführt sein.

8.3.1 Aufbau und Betriebsverhalten

Da beim einphasigen Betrieb (Wechselstrom) einer Motorwicklung kein Drehfeld – wie in 8.1 beschrieben – auftreten kann, muß dieses mit einer **Hilfsphase** erzeugt werden. In dieser Hilfsphase muß eine zur **Hauptphase** phasenverschobene Wechselspannung entstehen. Diese beiden Phasen können dann in den Motorwicklungen ein Drehfeld entstehen lassen. Diese Hilfsphase entsteht durch eine zweite Motorwicklung der sog. **„Hilfswicklung"**. Ein mit der Hilfswicklung in Reihe geschalteter Kondensator sorgt für die notwendige Phasenverschiebung (vgl. Kapitel 6.5). Nach DIN 40715 ist das Schaltzeichen eines solchen Motors genormt.

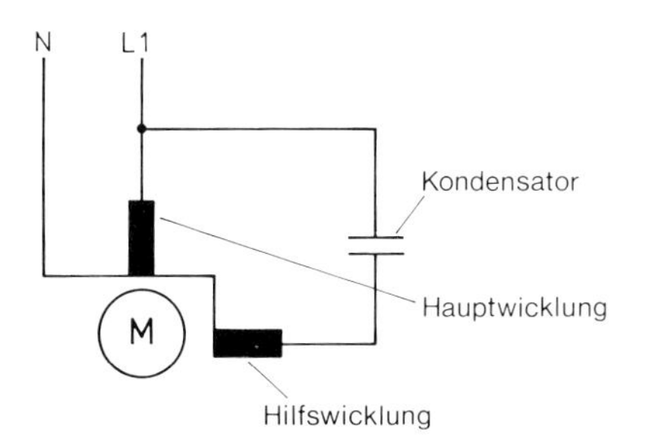

Bild 8.31
Schaltzeichen eines Wechselstrommotors mit Hilfswicklung und Kondensator

Die sog. **„Hauptwicklung"** hat die Aufgabe die Kraftwirkung des magnetischen Feldes auf die Motorwelle zu übertragen. Die Wicklungen werden wie folgt gekennzeichnet:

Hauptwicklung: $U1 - U2$
Hilfswicklung: $Z1 - Z2$

Soll die **Drehrichtung** eines Wechselstrommotors, der nach diesem Prinzip arbeitet, geändert werden, so ist der Kondensator entsprechend Bild 8.32 anzuschließen. Dies ist eventuell notwendig, wenn ein Ventilatormotor die falsche Drehrichtung hat.

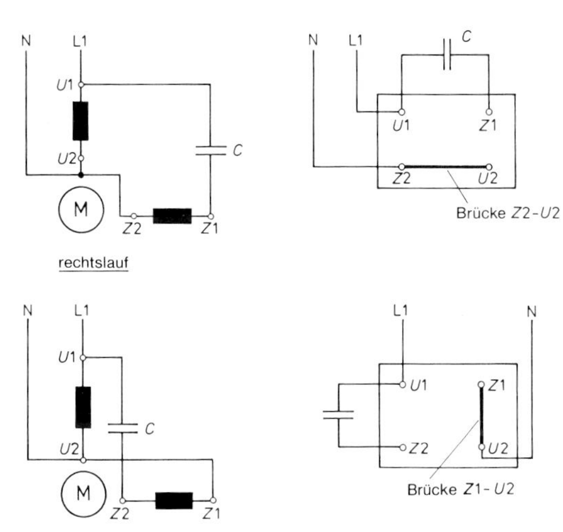

Bild 8.32
Wechselstrommotor mit Bezeichnung der Wicklungen in Rechtslauf und Linkslauf

Der mit der Hilfswicklung in Reihe geschaltete Kondensator hat neben der Aufgabe eine Phasenverschiebung zu erzeugen, auch die Möglichkeit das **Anlaufdrehmoment** zu erhöhen. Man unterscheidet daher zwischen **Betriebskondensator** C_B und **Anlaufkondensator** C_A. Es besteht daher die Möglichkeit, daß ein Wechselstrommotor sowohl einen Betriebskondensator, als auch einen Anlaufkondensator oder beide Kondensatoren hat. Da der Anlaufkondensator nur das Anlaufdrehmoment des Motors erhöht, ansonsten die Stromaufnahme in der Hilfswicklung miterhöht und somit diese unzulässig hoch erwärmt, ist dieser nach erfolgtem Anlauf abzuschalten.

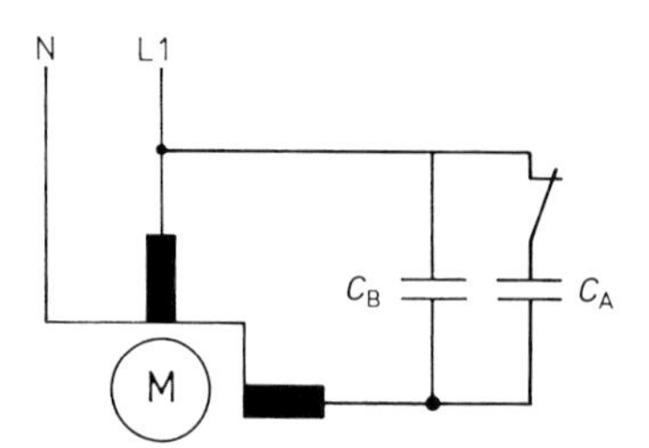

Bild 8.33
Anlauf- und Betriebskondensator

Bei Motoren mit nur einem Anlaufkondensator ist dieser ebenfalls nach erfolgtem Anlauf wegzuschalten. Das Wegschalten kann auf zwei Arten erfolgen:

- mit einem **stromabhängigen Relais**
- mit einem **spannungsabhängigen Relais**

Diese zwei Arten sollen anhand von Schaltbildern näher untersucht werden.

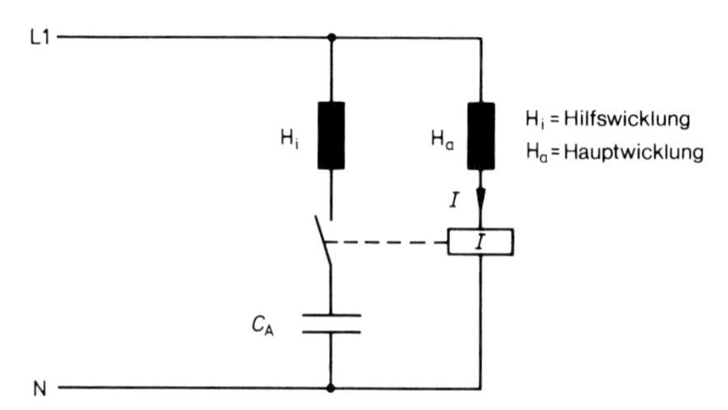

Bild 8.34 Stromabhängiges Relais

In Reihe zur Hauptwicklung liegt das **stromabhängige Relais**, dessen Schließerkontakt sich im Stromkreis der Hilfswicklung mit dem Anlaufkondensator befindet. Im Anlaufmoment fließt in der Hauptwicklung ein hoher Strom, der das Relais anziehen läßt und somit den Stromkreis der Hilfswicklung schließt. Nach erfolgtem Anlauf sinkt die Stromstärke in der Hauptwicklung und das Relais fällt ab, da die Stromstärke unterhalb der Haltestromstärke des Relais abgefallen ist. Der Kontakt im Stromkreis zur Hilfswicklung öffnet und schaltet die Hilfswicklung mit Anlaufkondensator ab.

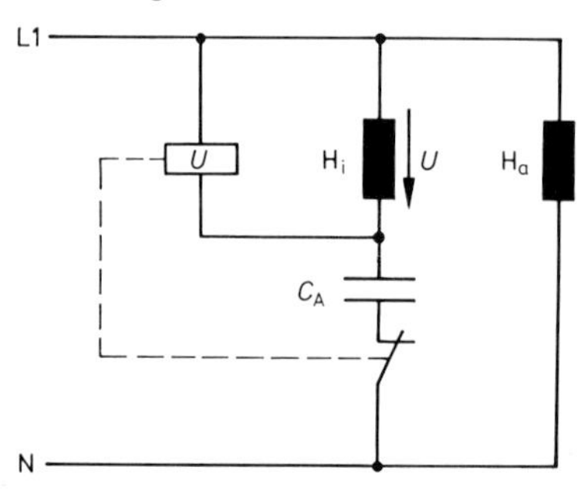

Bild 8.35 Spannungsabhängiges Relais

Das **spannungsabhängige Relais** liegt parallel zur Hilfswicklung. Der zugehörige Öffnerkontakt befindet sich im Stromkreis der Hilfswicklung. Im Einschaltmoment ist die Spannung an der Hilfswicklung noch nicht hoch genug, um das Relais anziehen zu lassen. Der Kontakt des Relais ist demnach noch geschlossen und die Hilfswicklung ist mit dem Anlaufkondensator aktiv. Nach erfolgtem Anlauf ist auch die Spannung an der Hilfswicklung angestiegen und das Relais zieht an und öffnet den Stromkreis der Hilfswicklung. Hilfswicklung und Anlaufkondensator sind abgeschaltet. In der Hilfswicklung wird aber weiterhin eine Spannung induziert, die ausreicht, um das Relais angezogen zu lassen und damit den Kontakt offen zu halten.

Das Einschalten der Hilfswicklung erfolgt nur in Bruchteilen von Sekunden (0.1 bis 0.3 Sekunden), da sonst die rasche Erwärmung diese zerstören könnte. Es ist daher auf eine einwandfreie Funktion des Anlaufrelais zu achten.

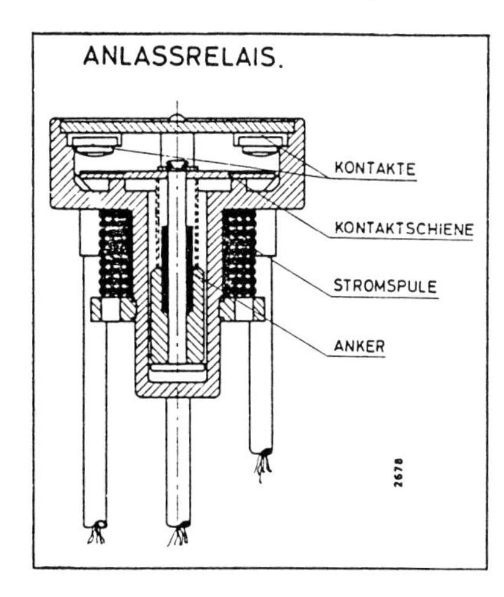

Bild 8.36
Anlaufrelais (Danfoss Unterlagen)

Neben dem Kondensator kann ebenso ein in Reihe geschalteter Widerstand zur Hilfswicklung eine **Phasenverschiebung** erzeugen **(Motor mit Widerstandsanlauf)**. Verwendet man für diesen Anlaufwiderstand einen PTC-Widerstand (vgl. Bild 2.34 aus Kapitel 2), so hat man gleichzeitig eine Anlaßvorrichtung – d. h. ein Wegschalten der Hilfswicklung – erreicht.

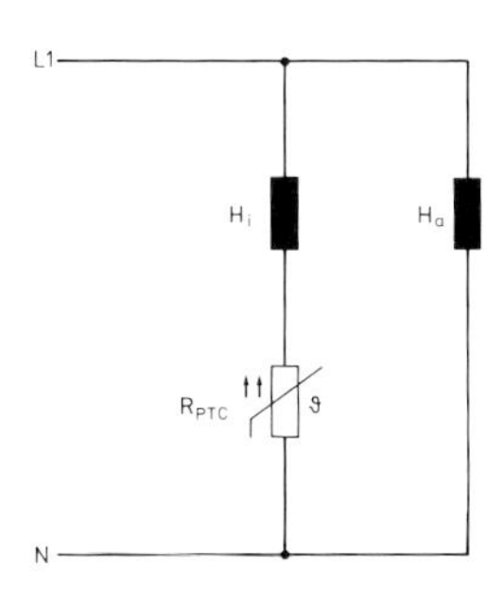

Bild 8.37 PTC-Anlaßvorrichtung

Der **PTC-Widerstand** liegt in Reihe zur Hilfswicklung. Im kalten Zustand ist sein Widerstand gering und läßt somit einen Stromfluß zu. Im Anlaufmoment ist also die Hilfswicklung eingeschaltet. Erwärmt sich die Hilfswicklung, so steigt der Widerstand schnell stark an. Die Hilfswicklung ist weggeschaltet. Es fließt nur noch so viel Strom, um den PTC-Widerstand im erwärmten Zustand zu halten. Man könnte hierbei von einem **„elektronischen Schalter“** sprechen.

Bei einem erneuten Start des Verdichters muß aber beachtet werden, daß sich der PTC-Widerstand erst abgekühlt haben muß. Es sind daher gewisse Standzeiten zu berücksichtigen. Ein sicherer Schutz der Hilfswicklung ist aber immer gewährleistet, da der erwärmte und damit hochohmige PTC-Widerstand die Hilfswicklung abgeschaltet läßt. Der Vorteil gegenüber einem strom- oder spannungsabhängigen Relais besteht darin, daß ein **Kontaktprellen** (kurzzeitiges Öffnen und Schließen eines Kontaktes) nicht auftreten kann. Ein Kontaktprellen kann während des Anlaufens zu einer kritischen Belastung der Hilfswicklung und des Kontaktes selber führen.

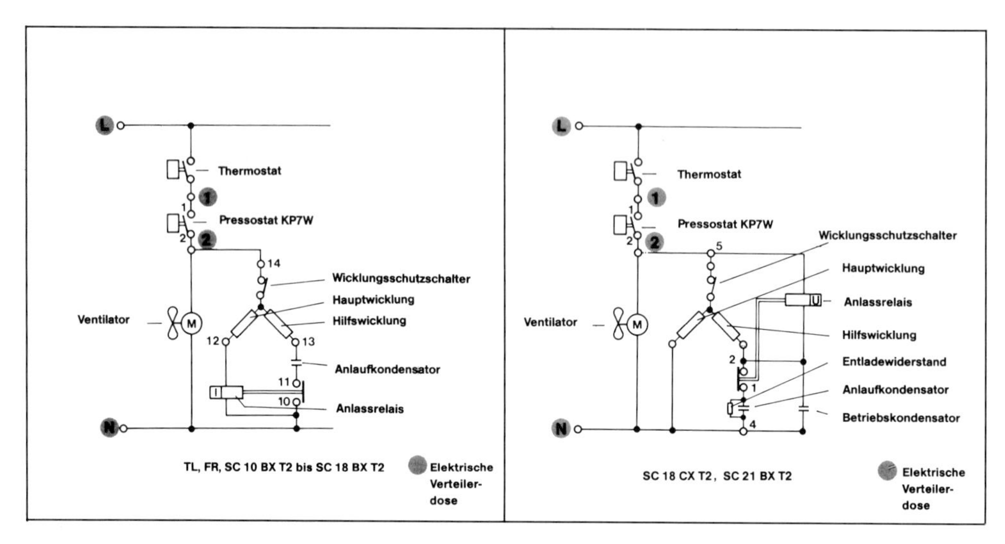

Bild 8.38 Beispiel von Stromlaufplänen von Verflüssigungssätzen der Firma Danfoss

8.3.2 Der Motorschutzschalter

Die Motorwicklungen sind vor **unzulässiger Überlastung** zu schützen. Dies gilt für die Anlaufphase ebenso wie während des Betriebes. Ein interner thermischer Motorschutzschalter soll diese Überwachungsfunktion erfüllen. Dieser Schutzschalter besteht aus einem Heizkörper, einer Bimetallscheibe und einem Kontaktsystem.

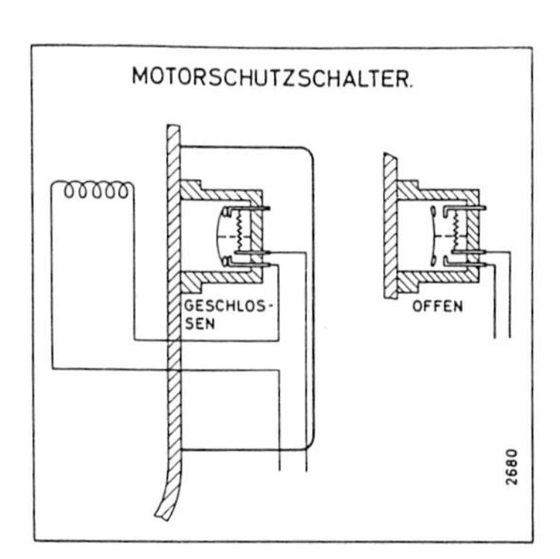

Bild 8.39 Motorschutzschalter (Danfoss)

Der Motorschutzschalter ist auf das Gehäuse des Verdichters montiert und wird so einerseits von der **Oberflächenwärme** des Verdichtergehäuses beeinflußt. Andererseits wird er vom Gesamtstrom des Motors durchflossen und somit durch die Stromaufnahme beeinflußt. Verantwortlich für das Auslösen des Motorschutzschalters sind demnach zwei Faktoren:

- **Stromaufnahme**
- **Gehäusetemperatur**.

Je nach Güte der Drahtisolation der Wicklungen sollte der Motorschutzschalter bei einer Temperatur zwischen +120° und +150° C den Motor über sein Kontaktsystem abschalten. Diese hohen Temperaturen können schnell erreicht werden, wenn der Rotor blockiert. Dieser Stillstand des Rotors ist im Einschaltmoment gegeben. Aus diesem Grund wird der Anlaufstrom oder Einschaltstrom auch **„blockierter Rotorstrom"** genannt. Die Geschwindigkeit der Erwärmung kann dabei bis zu 10 °K pro Sekunde betragen. Dieser Strom ist daher auch ein wichtiges Kriterium für die Auswahl des geeigneten Motorschutzschalters. Vedichterhersteller empfehlen aus diesem Grund – bei Austausch des Motorschutzschalters – immer den **gleichen Typ Motorschutzschalter** wieder einzusetzen.

8.4 Der Drehstrommotor im Kälteanlagenbau

Für den Betrieb mit höheren elektrischen Leistungen wird der Drehstrommotor zum Einsatz kommen. Über den prinzipiellen Aufbau der Wicklungen und des zustandekommenden Drehfeldes ist bereits in den vorhergehenden Kapiteln (vgl. Kapitel 7.3 und 8.1) wesentliches ausgesagt worden. Zu den Ansteuerungen von **Verdichtermotor** und **Ventilatoren** wird sich der zweite Teil (Steuerungstechnik) beschäftigen.

8.4.1 Betriebsverhalten

Neben den bereits besprochenen Kenndaten eines Drehstrommotors – dem Leistungsfaktor, dem Wicklungsaufbau und dem Wirkungsgrad – stellt die Kennlinie des Drehmomentes in Abhängigkeit von der Drehzahl eine wichtige Kenngröße dar. Einen typischen Verlauf solch einer Kennlinie zeigt Bild 8.41.

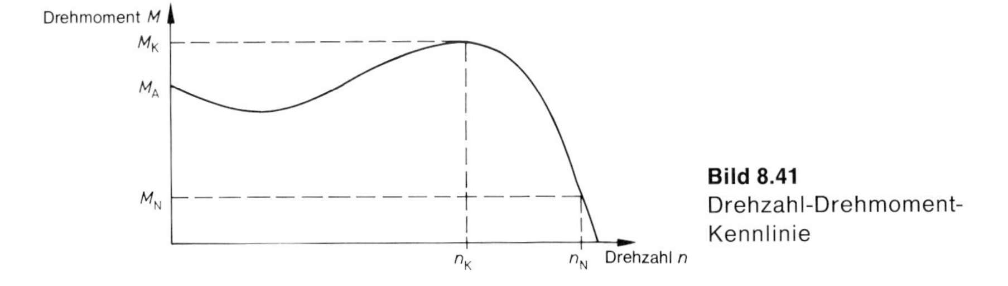

Bild 8.41
Drehzahl-Drehmoment-Kennlinie

Dabei bedeuten:

- M_A = **Anlaufdrehmoment**: Ist das Lastmoment größer als dieses Anlaufdrehmoment, so kann der Motor nicht anlaufen. Man unterscheidet dabei:
  - **Lastanlauf**: Während des Anlaufs ist nur ein geringes Drehmoment erforderlich (z. B. Ventilator)
  - **Vollastanlauf**: Während des Anlaufs ist das volle Drehmoment erforderlich (z. B. Verdichter)

    In der Regel müssen Antriebsmotore in Kälteanlagen gegen Vollast anlaufen können. Das Anlaufdrehmoment muß demnach stark ausgeprägt sein.

- M_K = **Kippdrehmoment:** Ein Motor, der während des Betriebes einer Belastung größer als das Kippdrehmoment ausgesetzt wird, kommt zum Stillstand. Das Kippmoment ist ein Ausdruck für die höchste Belastung, die der Motor bewältigen kann.
- M_N = **Nenndrehmoment:** Wird ein Motor mit seiner Nenndrehzahl betrieben, so entsteht an der Motorwelle das Nenndrehmoment. Dabei fließt der auf dem Leistungsschild angegebene Nennstrom.
- n_K, n_N = Drehzahlen bei den entsprechenden Momenten

Für drei Wicklungen eines Drehstrommotors nach Bild 8.11 würde die Magnetnadel für eine **volle Umdrehung** die Zeit **einer Periode** brauchen. Dies wäre ein **zweipoliger Motor** mit der **Polpaarzahl** $\boldsymbol{p = 1}$, da immer nur ein resultierender Nordpol und Südpol vorhanden sein kann. Bei einer Frequenz von 50 Hz (50 Umdrehungen pro Sekunde) entspricht dies einer Drehzahl von $3000 \frac{1}{\text{min}}$. Würde man die Magnetnadel einem **vierpoligen** Wicklungsaufbau mit der **Polpaarzahl** $\boldsymbol{p = 2}$ aussetzen, deren Wicklungen dann in der Anordnung um 60° verschoben sind, so würde die Magnetnadel die doppelte Zeit für eine Umdrehung benötigen. Demnach wäre die Drehzahl $n = 1500 \frac{1}{\text{min}}$. Ein **sechspoliger** Motor – **Polpaarzahl** $\boldsymbol{p = 3}$ – hat dementsprechend eine Drehzahl von $1000 \frac{1}{\text{min}}$. Durch eine unterschiedliche Anzahl von Polen (Polpaaren) läßt sich eine andere Drehzahl des rotierenden Magnetfeldes erzeugen. Stellen wir diesen Zusammenhang einmal in einer Tabelle dar:

Tabelle 8.1 Zusammenhang zwischen Polpaarzahl und Drehzahl

Anzahl der Pole	Polpaarzahl	Zeit für eine Umdrehung der Magnetnadel	Drehzahl
2	1	20 ms $\triangleq T$	$3000 \frac{1}{\text{min}}$
4	2	40 ms $\triangleq 2 \cdot T$	$1500 \frac{1}{\text{min}}$
6	3	60 ms $\triangleq 3 \cdot T$	$1000 \frac{1}{\text{min}}$
8	4	80 ms $\triangleq 4 \cdot T$	$750 \frac{1}{\text{min}}$
usw.	usw.	usw.	usw.
$2 \cdot p$	p	$p \cdot T$	$n = \frac{1}{p \cdot T}$

Aus $n = \frac{1}{p \cdot T}$ und $T = \frac{1}{f}$ wird $n = \frac{1}{p \cdot \frac{1}{f}} = \frac{f}{p}$

$$n_f = \frac{f}{p} \quad (n_f = \text{Drehfelddrehzahl}) \qquad (8.4)$$

Diese nach (8.4) berechnete Drehzahl erzeugt im inneren des Motors ein magnetisches Drehfeld, das mit dieser Drehzahl rotiert. Aus diesem Grund wird diese auch **Drehfelddrehzahl oder Synchrondrehzahl** genannt. Das Betriebsverhalten des Asynchronmotors beruht auf dem Zurückbleiben der Läuferdrehzahl gegenüber der Drehfelddrehzahl. Dies hat seine Ursache im mechanischen Aufbau des Motors. In dem Rotor (Läufer) des Motors wird durch das magnetische Feld eine Spannung induziert, die einen Strom hervorruft. Nach dem **Motorprinzip** wird hierdurch eine Kraft ausgeübt, die den Rotor in eine Drehbewegung versetzt. Mit steigender Drehzahl nimmt diese im Läufer induzierte Spannung ab und wäre bei der Drehfelddrehzahl gleich Null. Der Läufer hat dann keine Kraftwirkung mehr und wird somit langsamer. Dieser Zustand pendelt sich bei der Nenndrehzahl ein.

Das Zurückbleiben der Nenndrehzahl gegenüber der Drehfelddrehzahl wird als **Schlupfdrehzahl** n_s bezeichnet. Aus diesem Grund hat z. B. ein vierpoliger Verdichtermotor anstelle seiner Drehfelddrehzahl $n_f = 1500 \frac{1}{\text{min}}$ auf seinem Leistungsschild z. B. $n = 1480 \frac{1}{\text{min}}$ stehen.

Schlupfdrehzahl $$n_s = n_f - n \qquad (8.5)$$

Beispiel 1:
Ein vierpoliger Verdichtermotor hat auf seinem Leistungsschild die Angabe $n = 1470 \frac{1}{\text{min}}$ stehen.

Wie groß ist die Schlupfdrehzahl des Motors?

Lösung:

vierpoliger Motor $\hat{=}$ Polpaarzahl $p = 2 \hat{=} n_f = 1500 \frac{1}{\text{min}}$

$$n_s = n_f - n = 1500 \frac{1}{\text{min}} - 1470 \frac{1}{\text{min}} = \mathbf{30 \frac{1}{min}}$$

Unter dem Schlupf eines Asynchronmotors versteht man das Verhältnis von Schlupfdrehzahl zur Drehfelddrehzahl.

Schlupf $$s = \frac{n_s}{n_f} = \frac{n_f - n}{n_f} = 1 - \frac{n}{n_f} \qquad (8.6)$$

Beispiel 2:
Aus den Angaben von Beispiel 1 soll der Schlupf berechnet werden.

Lösung:

$$s = \frac{n_s}{n_f} = \frac{30 \frac{1}{\text{min}}}{1500 \frac{1}{\text{min}}} = \mathbf{0{,}02} \quad \textbf{oder} \quad s \text{ in\%} = 0{,}02 \cdot 100 = \mathbf{2\%}$$

Bei einem 50 Hz Drehstromnetz ist also eine größere Drehfelddrehzahl also 3000 $\frac{1}{\min}$ nicht möglich, da man durch den konstruktiven Aufbau der Wicklung eine Polpaarzahl kleiner als 1 nicht erzeugen kann. Nur mit einer Änderung der Frequenz kann eine höhere Drehzahl erzeugt werden. Soll ein Motor in seiner Drehzahl veränderbar sein, so ist nach Formel (8.4) nur eine Änderung der Frequenz oder eine Änderung der Polpaarzahl dazu möglich. Dieses Thema wird genauer in dem Kapitel über **drehzahlgeregelte Motore** (Kapitel 8.4.2.5) in der Kältetechnik behandelt.
Das elektrische Betriebsverhalten eines Drehstrommotors wird durch die Größen des Leistungsfaktors cos φ und dem Wirkungsgrad η bestimmt (siehe Bild 8.42).

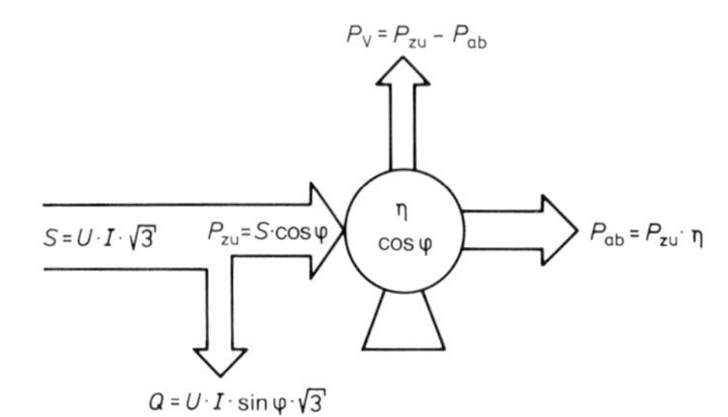

Bild 8.42
Elektrisches Betriebsverhalten eines Motors

WICHTIG! – UNBEDINGT BEACHTEN BEIM MOTORENEINBAU!

- Motorgehäuse muß einwandfrei sauber sein.
- Nicht mit Werkzeugen den Stator 1 verletzen.
- Stator 1 bis zum Anschlag in das Motorgehäuse einschieben.
- Anschlußkabel dürfen nicht eingeklemmt werden.
- Schraube 3 am Motorgehäuse etwas festziehen.
- Wellenkonus und Rotor 2 reinigen und leicht einölen.
- Rotor 2 auf den Konus setzen. **Vorsicht!** Scheibenfeder muß in der Nut liegen.
- Rotor 2 mit Schraube 4, Unterlegscheibe 6 und Federring 5 befestigen.
- Mit Fühlerlehre richtigen Sitz von Stator 1 und Rotor 2 prüfen.
- Der Luftspalt muß auf dem ganzen Umfang folgende Maße haben:
  AM 1/2 = 0,25 mm, AM 3/4 = 0,3 mm, AM 5 = 0,4 mm
  Wenn der Luftspalt ungleichmäßig ist, kann dies durch Nachlassen, bzw. Anziehen der Schraube 3 ausgeglichen werden.
- Stator anschließen. Wicklungsschutz nicht vergessen!
- Stromaufnahme kontrollieren.
- Nennstrom (siehe Typenschild) an dem Überstromrelais einstellen.

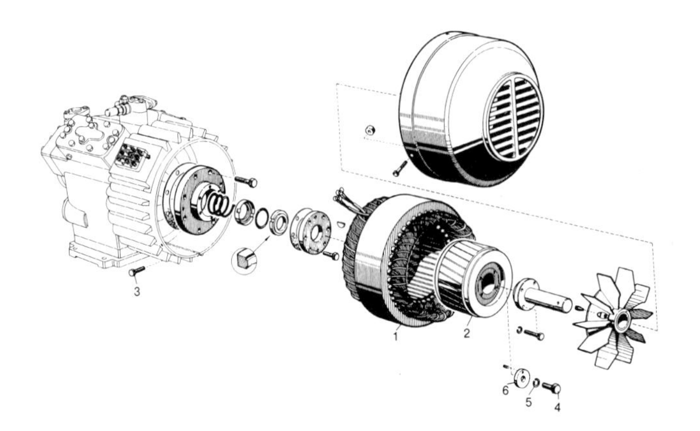

Bild 8.43
Motormontageanweisung der Firma BOCK

Dabei kennzeichnet sich ein guter Motor durch einen hohen Leistungsfaktor und hohen Wirkungsgrad aus. Man kann das Produkt dieser Werte als eine Art **Betriebsgüte** eines Motors auffassen.

Natürlich müssen auch Drehstrommotoren und ihre Wicklungen gegen Zerstörung und Überlastung geschützt werden. Die dazu erforderlichen Schutzeinrichtungen werden im Kapitel 10 genauer beschrieben.

Beim Einbau eines Motors für einen Verdichter müssen wichtige Maßnahmen unbedingt beachtet werden. Am Beispiel einer Motormontageanweisung des Verdichterherstellers BOCK wird dies in Bild 8.43 dargestellt.

8.4.2 Verfahren zur Anlaufstrombegrenzung

Während des Einschaltmomentes eines Motors treten **sehr hohe Anlaufströme** auf, da die Wicklungen in diesem Moment wie ein Kurzschluß wirken. Erst wenn der Motor seine Nenndrehzahl erreicht hat, fließt der auf dem Leistungsschild angegebene Nennstrom. Diese starken Anlaufströme bewirken im öffentlichen Netz unerwünschte Spannungsabsenkungen.

Allgemeine Bedingungen für den Anschluß von Motoren hat die **Vereinigung Deutscher Elektrizitätswerke e. V.** herausgegeben. Danach heißt es:

> Durch den Anlauf von Motoren dürfen keine störenden Spannungsabsenkungen im Netz verursacht werden. Diese Bedingung ist im allgemeinen erfüllt, wenn bei Wechselstrommotoren die Nennleistung 1,4 kW oder bei Drehstrommotoren der Anzugsstrom 60 A nicht überschritten wird. Ist der Anzugsstrom nicht bekannt, so ist dafür das 8-fache des Nennstromes anzusetzen.

Von diesen allgemeinen Bedingungen können jedoch die örtlichen EVU's in ihren **Technischen Anschlußbedingungen (TAB)** abweichen. Es ist daher notwendig – beim Anschluß von Motoren – sich bei dem örtlichen EVU sachkundig zu machen.

Im Kälteanlagenbau kommen hauptsächlich folgende **Verfahren zur Anlaufstrombegrenzung** zum tragen:

- Stern-Dreieck-Anlauf
- Teilwicklungsanlauf
- Widerstandsanlauf
- Drehzahländerung

Die einzelnen Verfahren werden nachfolgend beschrieben. Die steuerungstechnische Umsetzung wird im Kapitel 12 ausführlich behandelt.

8.4.2.1 Anlaufentlastung von Verdichtern

Bei der Untersuchung der Verfahren zur Anlaufstromreduzierung sind vorher Überlegungen zur Anlaufentlastung notwendig. Bei einem Absenken des Motorstromes ist immer zu beachten, daß sich das Drehmoment quadratisch mitverändert (vgl. Formel (8.2)). Beim direkten Anfahren eines Verdichters muß der Motor ein sehr hohes Drehmoment überwinden. Die Anlaufentlastung hat daher die Aufgabe, dieses Anlaufmoment zu verringern.

Die Anlaufentlastung darf auch nur während der Startphase wirksam sein. In Bild 8.44 ist das Prinzip der Anlaufentlastung dargestellt.

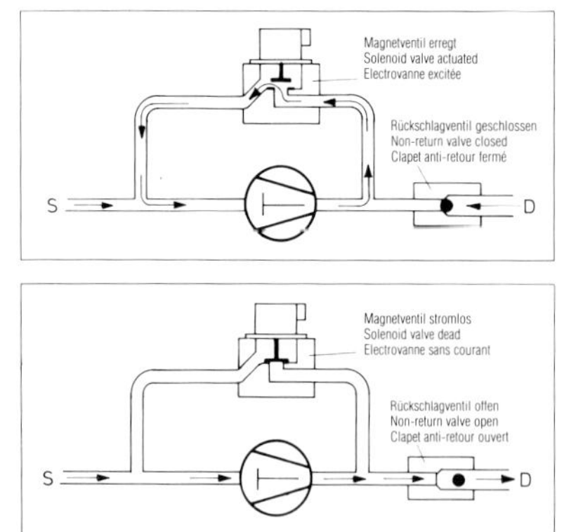

Bild 8.44
Prinzip einer Anlaufentlastung

Während der Startphase des Verdichters enthält ein Magnetventil über ein Zeitrelais Spannung und öffnet somit einen **Bypass** zwischen **Druck- und Saugseite**. Gleichzeitig schließt ein Rückschlagventil in der Druckleitung und verhindert ein Rückströmen von Kältemittel aus dem Verflüssiger. Der Verdichter fördert jetzt vom Auslaß direkt in den Einlaß, wobei die **Druckdifferenz** wesentlich gesunken ist (annähernd Saugdruck). Das Drehmoment an der Antriebswelle hat sich dadurch erheblich verkleinert. Der Anlauf erfolgt mit einem kleinen Anlaufdrehmoment. Sobald der Motor auf Nenndrehzahl angestiegen ist, schließt das Magnetventil und das Rückschlagventil öffnet. Der Verdichter arbeitet jetzt unter Normalbedingungen.

Die steuerungstechnische Umsetzung der Anlaufentlastung wird in den nachfolgenden Kapiteln beschrieben.

8.4.2.2 Stern-Dreieck-Anlauf

Dieses Anlaufverfahren ist das meist angewendete Verfahren zur Anlaufstrombegrenzung. Es ist aber nicht unbedingt das wirkungsvollste Verfahren. Grundüberlegung ist die Stromaufnahme der Motorwicklungen in Stern- und Dreieckschaltung. In Kapitel 7.2 ist der Vergleich der Stromaufnahme hergeleitet worden. Dabei hat sich herausgestellt, daß die Stromaufnahme in Sternschaltung um den Faktor 3 kleiner ist als in Dreieckschaltung. Da in der Sternschaltung die Spannung an den Wicklungen um den Faktor $\sqrt{3}$ kleiner ist, und sich nach Formel (8.2) das Drehmoment quadratisch ändert, wird dieses ebenfalls um ein Drittel kleiner. Damit der Motor wegen des geringeren Drehmomentes in Stern-Schaltung anläuft, ist notwendig, daß das Lastmoment nicht größer als das etwa 0,3-fache des Drehmomentes bei Direktanlauf ist.

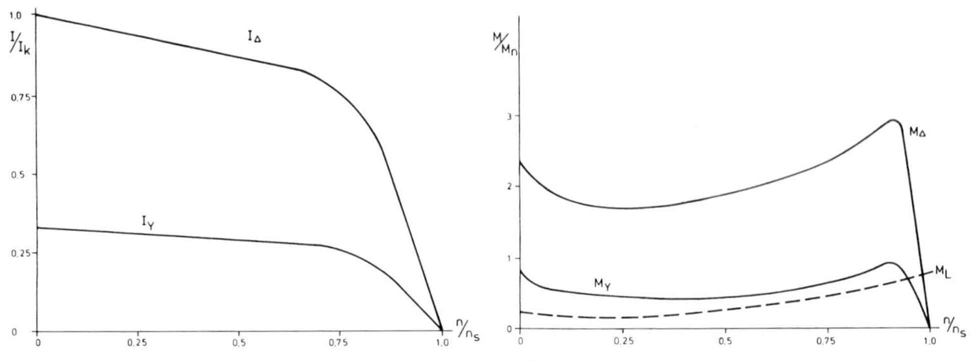

Bild 8.45 Strom- und Drehmomentverlauf bei Stern-Dreieck-Anlauf

Ist der Motor auf etwa seiner Nenndrehzahl, so muß in Dreieckbetrieb umgeschaltet werden. Das Hochlaufen auf diesen Wert erfolgt nach ca. 1 bis 3 Sekunden. Um den Anlaufstrom während der Hochlaufphase wirksam zu begrenzen, ist unbedingt eine Anlaufentlastung in dieser Zeit notwendig. Zum Zeitpunkt der Umschaltung von Stern- auf Dreieckbetrieb ist der Motor stromlos und die Drehzahl fällt wegen der geringen Schwungmasse sofort ab. Aus diesem Grund taucht in dieser Umschaltphase eine erneute **Spannungsspitze** auf, deren Wert etwa 80 bis 100% des Anlaufstromes bei Direktanlauf beträgt. Diese kann reduziert werden, wenn man die Anlaufentlastung erst nach der Umschaltung auf Dreieckbetrieb wegschaltet. Dazu ist steuerungstechnisch ein zweites Zeitrelais notwendig.

In einer Untersuchung von DWM *Copeland* ist das Verhalten des Stern-Dreieck-Anlaufes von Verdichtern in einem Strom-Zeit-Diagramm oszillographiert worden.

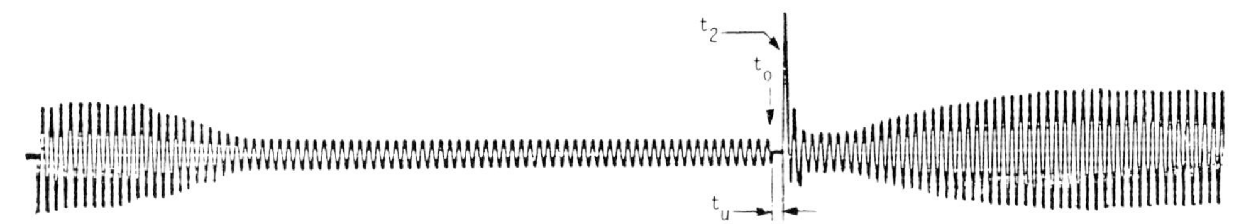

Bild 8.46 Strom-Zeit-Diagramm eines Stern-Dreieck-Anlaufes (DWM Technische Mitteilung)

Diese zweite relativ hohe Stromspitze kann vermieden werden, wenn man einen **unterbrechungsfreien Stern-Dreieck-Anlauf** durchführt. Dabei wird die spannungsfreie Zeit während der Umschaltung von Stern- auf Dreieckbetrieb durch Zuschalten von Widerständen überbrückt. Somit wird der Stromfluß während der Umschaltung nicht unterbrochen und die auftretende Stromspitze kleiner. Für diese Schaltung sind aber genau definierte Widerstände und ein weiteres Schütz notwendig, was den Steuerungsaufwand verteuert. Während z. B. in der Schweiz dieser unterbrechungsfreie Stern-Dreieck-Anlauf in der Kältetechnik oft praktiziert wird, ist dieser in Deutschland im Kälteanlagenbau nicht üblich.

8.4.2.3 Der Teilwicklungsanlauf

Diese in den U.S.A. unter dem Namen **„Part Winding"** schon lange praktizierte Methode der Anlaufstrombegrenzung, hat sich bei den Herstellern von Kältemittelverdichtern bereits stark durchgesetzt. Der Motor ist dabei so konstruiert, daß man die **Statorwicklung in zwei Hälften** aufteilt. Dabei liegen die beiden Wicklungspakete parallel in den Statornuten und sind im Wickelkopf gegeneinander isoliert. Die beiden Wicklungen werden in zwei Stufen zeitlich verzögert zugeschaltet. Während des Anlaufens wird nur die erste Teilwicklung eingeschaltet. Je nach Wicklungsaufteilung (2/3 zu 1/3 oder 1/2 zu 1/2) beträgt der Anlaufstrom nur noch 75% (Aufteilung 2/3 zu 1/3) bzw. 65% (Aufteilung 1/2 zu 1/2) des Anlaufstromes bei Direktanlauf. Nach ca. 1 Sekunde wird dann die zweite Teilwicklung zugeschaltet und der Motor läuft unter normalen Betriebsbedingungen. Von großem Vorteil ist bei diesem Anlaufverfahren, daß der Motor nicht – wie beim Stern-Dreieck-Anlauf – stromlos geschaltet ist, und somit eine weitere hohe Stromspitze zur Folge hat. Während der Zuschaltung der zweiten Teilwicklung erfolgt lediglich eine kleine Stromspitze.

In einer Technischen Information des Verdichterherstellers BITZER wird in Bild 8.48 der Vergleich zwischen Stern-Dreieck-Anlauf und Teilwicklungsanlauf nochmals verdeutlicht.

Dieses Verfahren hat neben den günstigen Anlaufeigenschaften noch den schaltungstechnischen Vorteil, daß ein Schütz gegenüber der Stern-Dreieck-Schaltung eingespart werden kann, wodurch sich Aufwand und Platzbedarf der Steuerung reduzieren.

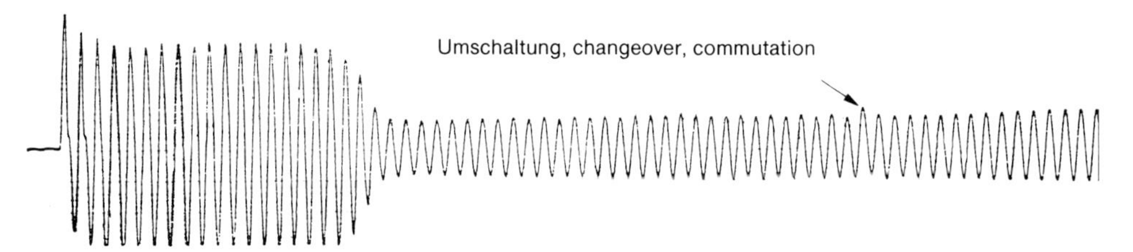

Bild 8.47 Strom-Zeit-Diagramm beim Teilwicklungsstart (DWM Technische Mitteilung)

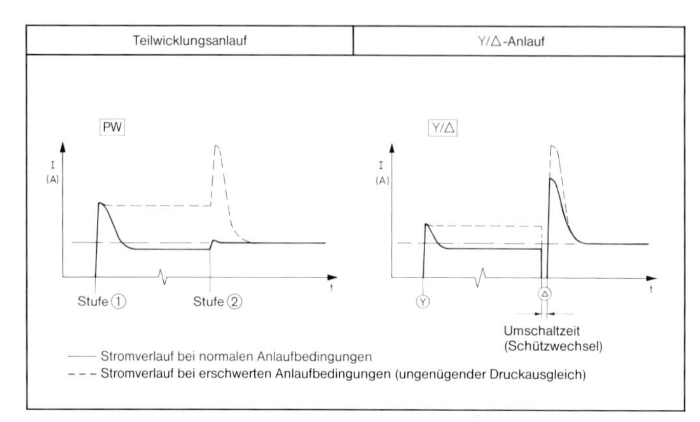

Bild 8.48
Vergleich Teilwicklungsanlauf mit Stern-Dreick-Anlauf (BITZER Information)

8.4.2.4 Der Widerstandsanlauf

Während beim Stern-Dreieck-Anlauf und beim Teilwicklungsanlauf besonders Motoren erforderlich sind, kann beim Widerstandsanlauf mit einem zusätzlichen Betriebsmittel (Anlaufwiderstände) ein Motor mit Direktanlauf im Anlaufstrom reduziert werden. Bei den **Anlaufwiderständen** handelt es sich um Ohmsche Widerstände, die in die Motorzuleitung zwischen Verdichter und Motorschütz geschaltet werden und somit die Spannung am Motor – und damit die Stromaufnahme – verringern. Nach ca. 0,5 Sekunden müssen diese Widerstände mit einem Schütz überbrückt werden. Die Stromreduzierung wird dabei begrenzt durch das vorgegebene minimale notwendige Drehmoment, damit der Motor noch einwandfrei anläuft. Mit einer Anlaufentlastung ist eine Strombegrenzung auf ca. 55% des Anlaufstromes gegenüber Direktstart möglich. Die beim Kurzschließen der Widerstände auftretende Stromspitze ist vernachlässigbar klein, wenn die Drehzahl auf etwa Nenndrehzahl angestiegen ist.

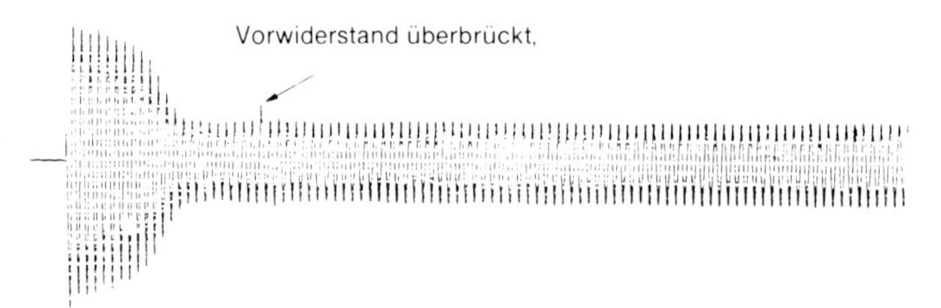

Bild 8.49 Strom-Zeit-Diagramm beim Widerstandsanlauf (DWM Technische Mitteilung)

Ein Nachteil dieses Anlaufverfahrens stellt die Vernichtung von Leistung durch die Anlaufwiderstände dar. Diese Leistung wird an den Anlaufwiderständen in Wärme umgesetzt. Damit die Widerstände relativ klein dimensioniert werden können ist die **Einschaltdauer** auf 0,5 Sekunden begrenzt. Auch muß ein sofortiges Wiedereinschalten verhindert werden. Die **Schalthäufigkeit** ist auf maximal 6 Schaltungen pro Stunde begrenzt.

Die notwendigen Zeitrelais für die oben beschriebenen Anforderungen müssen sehr genau arbeiten. Es ist daher sinnvoll, die Steuerung nicht mit externen Betriebsmitteln aufzubauen, sondern ein elektronisches **Steuergerät zur Anlaufstrombegrenzung** zu wählen, in dem die Widerstände bereits vorhanden und durch entsprechende Steckkontakte verändert werden können. Ein solches Gerät wird in Kapitel 11 näher beschrieben.

Die Größe der Vorwiderstände werden entweder vom Hersteller des Verdichters angegeben oder können mit den Herstellerangaben berechnet werden. Damit während der Startphase der Verdichter anläuft und die Größe des reduzierten Anlaufstromes bestimmt werden kann, ist das Verhältnis der Drehmomente bei reduziertem Anlaufstrom und bei Direktstart wichtig. Nach einer Untersuchung von DWM kann bei Druckausgleich zwischen Saug- und Druckseite mit einem **Drehmomentverhältnis** bis zu 0,3 gerechnet werden.

$$\frac{M'}{M} = 0{,}3$$

Dabei sind:

- M' = Drehmoment reduziert
- M = Drehmoment Direktanlauf

Nach Formel (8.2) sind die Ströme quadratisch mit dem Drehmoment proportional. Daraus folgt:

$$\frac{M'}{M} = \left(\frac{I'}{I}\right)^2 \qquad (8.7)$$

- I' = reduzierter Anlaufstrom
- I = Anlaufstrom Direktanlauf

Für die Berechnung der Anlaufwiderstände sind folgende Angaben des Verdichterherstellers notwendig:

- Strangspannung der Motorwicklung: U_{Str}
- Anlaufstrom (blockierter Rotorstrom): I
- Verhältnis der Drehmomente bei Druckausgleich: $\frac{M'}{M}$
- Leistungsfaktor während des Anlaufs: $\cos \varphi_A$

Berechnung der Vorwiderstände:
Scheinwiderstand Z der Motorwicklung beim Anlauf:

$$Z = \frac{U_{Str}}{I} = \frac{U}{\sqrt{3} \cdot I}$$

Wirkwiderstand R der Motorwicklung beim Anlauf:

$$R = Z \cdot \cos \varphi_A$$

Blindwiderstand X_L der Motorwicklung beim Anlauf:

$X_L = Z \cdot \sin \varphi_A$; mit $\sin^2 \alpha + \cos^2 \alpha = 1$ kann man schreiben:

$\sin \varphi_A = \sqrt{1 - \cos^2 \varphi_A}$. Und somit:

$$X_L = Z \cdot \sqrt{1 - \cos^2 \varphi_A}$$

Durch Vorschalten eines Ohmschen Widerstandes R_V zur Motorwicklung ergibt sich der reduzierte Anlaufstrom I'.

Scheinwiderstand Z' und Wirkwiderstand R' nach Vorschalten von R_V:

$$Z' = \frac{U_{Str}}{I'} = \frac{U}{\sqrt{3} \cdot I'}, \qquad R' = \sqrt{Z'^2 - X_L^2} \quad \text{und} \quad R + R_V = R'$$

$$R_V = R' - R = \sqrt{Z'^2 - X_L^2} - R = \sqrt{\left(\frac{U_{Str}}{I'}\right)^2 - (Z \cdot \sqrt{1 - \cos^2 \varphi_A})^2} - Z \cdot \cos \varphi_A$$

$$R_V = \sqrt{\left(\frac{U_{Str}}{I'}\right)^2 - \left(\frac{U_{Str}}{I} \cdot \sqrt{1 - \cos^2 \varphi_A}\right)^2} - \frac{U_{Str}}{I} \cdot \cos \varphi_A$$

oder nach Ausklammern von U_{Str}:

$$R_V = U_{Str} \cdot \left(\sqrt{\frac{1}{(I')^2} - \frac{1 - \cos^2 \varphi_A}{(I)^2}} - \frac{\cos \varphi_A}{I} \right) \qquad (8.8)$$

Beispiel 1:

Von einem Verdichterhersteller sind folgende Angaben bekannt:

Motorspannung: 400 V in Dreieckschaltung
Anlaufstrom: 71 A
Leistungsfaktor beim Anlauf: 0,62
Verhältnis der Drehmomente: 0,3

Der Motor soll mit Widerstandsanlauf betrieben werden.

Gesucht:

a) Größe der Vorwiderstände
b) Leistung der Vorwiderstände

Lösung:

zu a) nach (8.7) ist $\left(\frac{I'}{I}\right)^2 = 0{,}3 \Rightarrow \frac{I'}{I} = \sqrt{0{,}3} \Rightarrow I' = I \cdot \sqrt{0{,}3} = 71\ \text{A} \cdot \sqrt{0{,}3} = \mathbf{38{,}9\ A}$

nach (8.8) ist

$$R_V = \sqrt{\left(\frac{400\ \text{V}}{38{,}9\ \text{A}}\right)^2 - \left(\frac{400\ \text{V}}{71\ \text{A}} \cdot \sqrt{1 - 0{,}62^2}\right)^2} - \frac{400\ \text{V}}{71\ \text{A}} \cdot 0{,}62$$

$$R_V = \sqrt{105{,}74\ \Omega^2 - 19{,}54\ \Omega^2} - 3{,}49\ \Omega = \mathbf{5{,}8\ \Omega}$$

oder

$$R_V = 400\ \text{V} \left(\sqrt{\frac{1}{(38{,}9\ \text{A})^2} - \frac{1 - 0{,}62^2}{(71\ \text{A})^2}} - \frac{0{,}62}{71\ \text{A}} \right) = \mathbf{5{,}8\ \Omega}$$

zu b) $P_{R_V} = (I')^2 \cdot R_V = (38{,}9\ \text{A})^2 \cdot 5{,}8\ \Omega = \mathbf{8776{,}6\ W}$

Aus der Größe der Leistung, die die Vorwiderstände haben sollen, wird ersichtlich warum **Einschaltdauer** und **Schalthäufigkeit** begrenzt werden müssen.

8.4.2.5 Die Drehzahländerung

Grundlage für dieses Anlaufverfahren ist die Tatsache, daß nach Formel (8.1) die Leistung und damit die Stromaufnahme bei kleinerer Drehzahl sich ebenfalls verringert. Die Möglichkeiten der Drehzahländerung werden im nachfolgenden Kapitel beschrieben. Bei dieser Anlaufstrombegrenzung ist steuerungstechnisch darauf zu achten, daß während des Anlaufes immer zuerst die niedrige Drehzahl eingeschaltet werden muß und dann auf die hohe Drehzahl umgeschaltet werden darf.

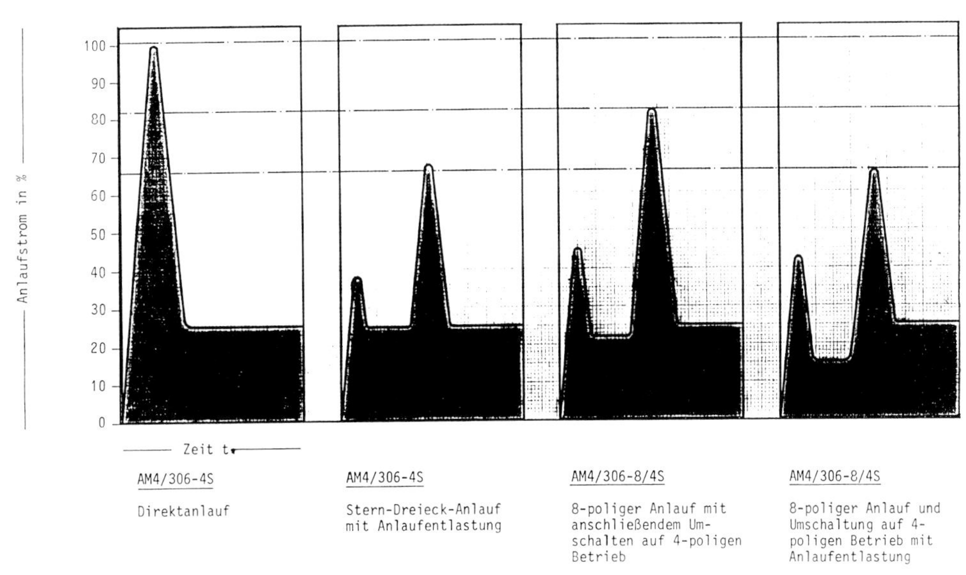

Bild 8.410 Vergleich Stern-Dreieck-Anlauf zur Drehzahländerung (Technische Mitteilung Fa. *BOCK*)

Eine Untersuchung des Verdichterherstellers BOCK zeigt den zeitlichen Verlauf des Anlaufstromes im Vergleich zum Stern-Dreieck-Anlauf.

8.4.3 Drehzahlveränderbare Motoren

Mit drehzahlveränderbaren Verdichtermotoren kann der Anlaufstrom verringert werden, wenn man diesen immer erst über die niedrige Drehzahl anlaufen läßt, wie im vorangegangenen Kapitel beschrieben wurde. Mit der Drehzahl ändert sich aber auch die **Kälteleistung** linear. Dies bedeutet, daß ein Verdichter mit halber Drehzahl auch nur die halbe Kälteleistung erbringt. Mann kann also mit drehzahlveränderbaren Verdichtermotoren die Kälteleistung ändern. Eine weitere Anwendung von drehzahlveränderbaren Motoren in der Kältetechnik finden wir beim Verflüssigerventilator. Hierbei wird in Abhängigkeit eines Druckgebers oder eines Regelthermostaten die **Verflüssigerleistung** geändert. Bild 8.411 zeigt Drehzahl und Kälteleistung eines drehzahlveränderbaren Verdichters.

Bei konstanter Frequenz ist eine Drehzahländerung nach Formel (8.4) $n = \frac{f}{p}$ nur durch die Änderung der Polpaarzahl möglich (vgl. Tabelle 8.1). Ein Motor mit mehreren **getrennten Wicklungen**, die eine unterschiedliche Polpaarzahl besitzen, kann dann mit unterschiedlichen Drehzahlen arbeiten. Da diese getrennten Wicklungen den Motor wesentlich vergrößern und damit auch verteuern, ist einer **wirtschafltichen Herstellung** gewisse Grenzen gesetzt. Auch die Größe des Motors nimmt stark zu.

Normgerecht dargestellt werden Motore mit getrennten Wicklungen durch eine den Buchstaben vorgestellte Zahl. Dabei gibt die kleinere Zahl die kleinere Drehzahl an.

Der in Bild 8.412 dargestellte Motor hat unter Berücksichtigung des Schlupfes eine Drehzahl von z. B. $n = 725 \frac{1}{\text{min}}$ beim Anschluß an die Klemmen 1U – 1V – 1W und z. B. $n = 1450 \frac{1}{\text{min}}$ beim Anschluß an die Klemmen 2U – 2V – 2W.

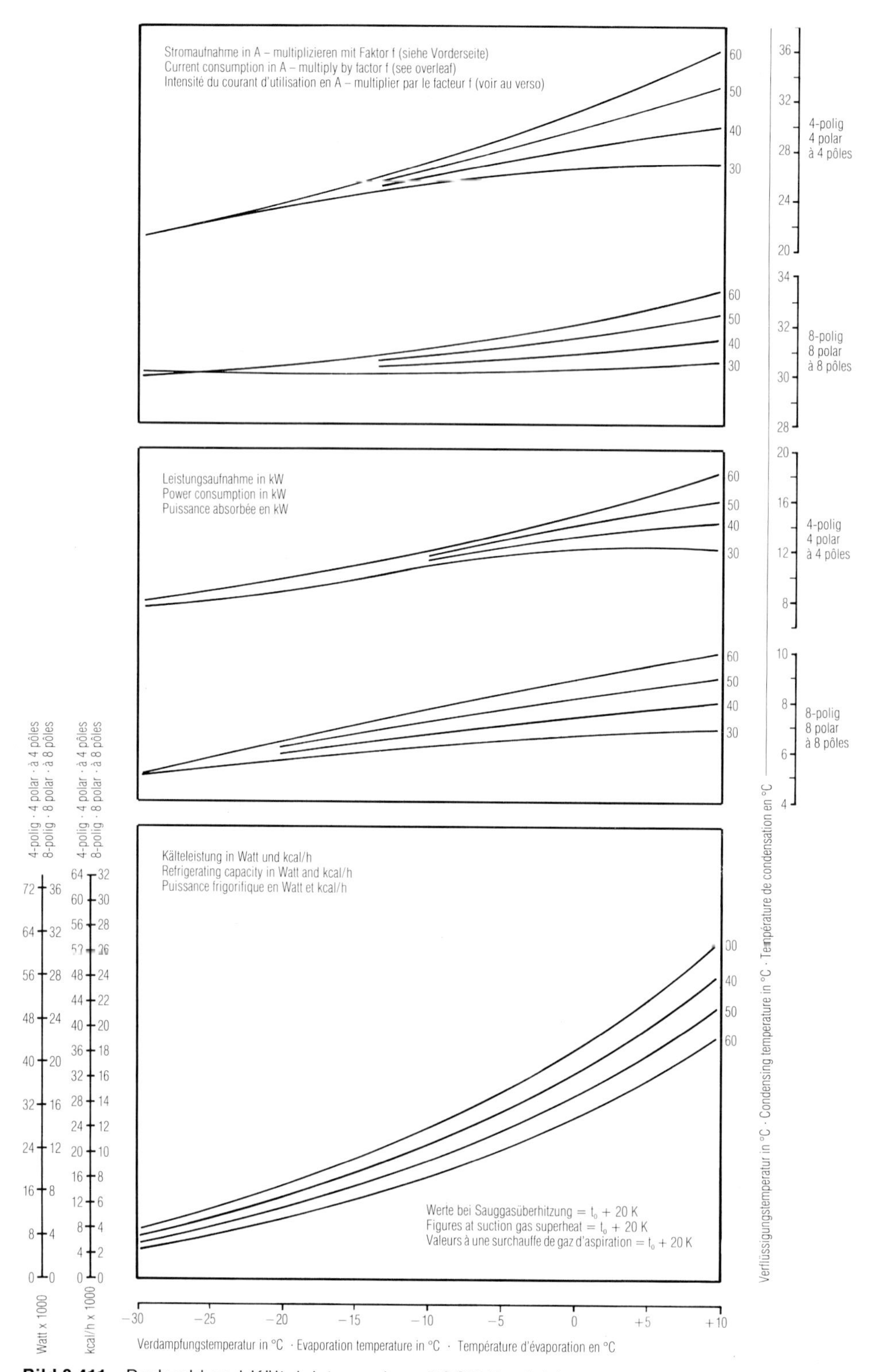

Bild 8.411 Drehzahl und Kälteleistung eines BOCK Verdichters

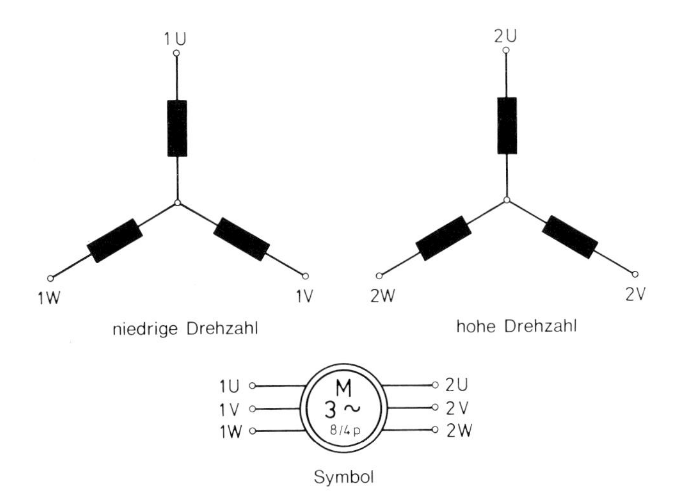

Bild 8.412
Motor mit getrennter Wicklung und Symbol

Ein weiteres Verfahren der Drehzahländerung über die Polpaarzahl stellt die sog. **„angezapfte Ständerwicklung"** oder **„Dahlanderschaltung"** dar, daß bei der Umschaltung in den sog. „**Doppelstern** YY" die Drehzahl doppelt so groß wird wie vorher. Somit ist immer nur eine Verdoppelung oder Halbierung der Drehzahl möglich. Der wesentliche Vorteil liegt aber in der Tatsache, daß für diese Art der Drehzahländerung keine zweite Wicklung notwendig ist.

Ein Motor mit Dahlanderschaltung hat immer eine Drehzahländerung im Verhältnis 2 : 1 zur Folge.

In Bild 8.413 wird das Zusammenschalten der Wicklungen dargestellt.

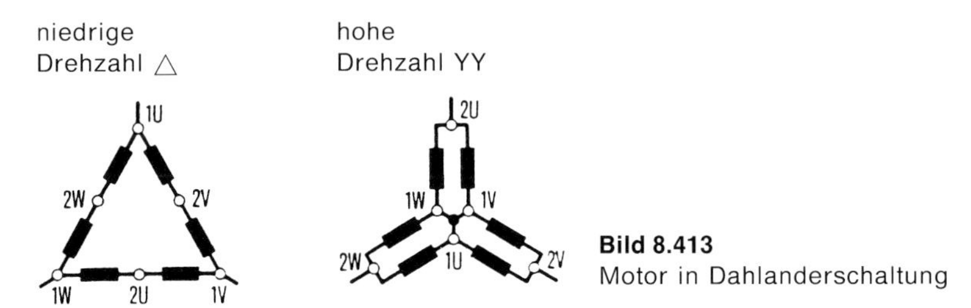

Bild 8.413
Motor in Dahlanderschaltung

Natürlich kann man mit einem solchen Motor auch einen Stern-Dreieck-Anlauf fahren. Dazu müssen die Motorwicklungen offen mit neun Anschlüssen ausgeführt sein.

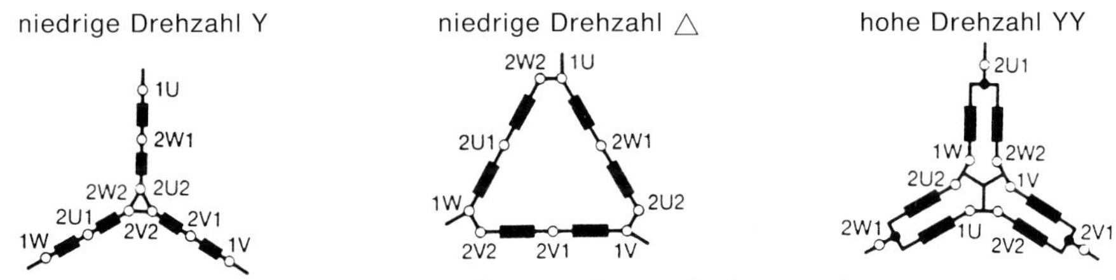

Bild 8.414 Dahlanderschaltung mit Stern-Dreieck-Anlauf

Mit einer Kombination aus zwei getrennten Motorwicklungen unterschiedlicher Polpaarzahl von denen eine in Dahlanderschaltung ausgeführt ist, lassen sich drei unterschiedliche Drehzahlen erzeugen.

Beispiel 2:
Ein Verdichtermotor hat zwei getrennte Wicklungen mit der Polpaarzahl 1 und 2. Die Wicklungen mit der Polpaarzahl 2 ist in Dahlanderschaltung ausgeführt. Der Schlupf beträgt bei jeder Drehzahl 6%.

Mit welchen Drehzahlen kann der Motor betrieben werden?

Lösung:

$$p = 1: \quad n_{f_1} = \frac{f}{p} = \frac{50\,\frac{1}{s}}{1} = 50\,\frac{1}{\frac{1}{60}\,\text{min}} = 3000\,\frac{1}{\text{min}}$$

$$p = 2: \quad n_{f_2} = \frac{f}{p} = \frac{50\,\frac{1}{s}}{2} = 25\,\frac{1}{\frac{1}{60}\,\text{min}} = 1500\,\frac{1}{\text{min}}$$

$$n_{f_3} = 750\,\frac{1}{\text{min}} \quad \text{(wegen Dahlanderschaltung)}$$

$$s = 0{,}06\,, \qquad s = \frac{n_s}{n_f}, \qquad n_s = s \cdot n_f$$

$$n_{s_1} = 0{,}06 \cdot 3000\,\frac{1}{\text{min}} = 180\,\frac{1}{\text{min}} \Rightarrow n_1 = 3000\,\frac{1}{\text{min}} - 180\,\frac{1}{\text{min}} = \mathbf{2820\,\frac{1}{min}}$$

$$n_{s_2} = 0{,}06 \cdot 1500\,\frac{1}{\text{min}} = 90\,\frac{1}{\text{min}} \Rightarrow n_2 = 1500\,\frac{1}{\text{min}} - 90\,\frac{1}{\text{min}} = \mathbf{1410\,\frac{1}{min}}$$

$$n_{s_3} = 0{,}06 \cdot 750\,\frac{1}{\text{min}} = 45\,\frac{1}{\text{min}} \Rightarrow n_3 = 750\,\frac{1}{\text{min}} - 45\,\frac{1}{\text{min}} = \mathbf{705\,\frac{1}{min}}$$

8.5 Angaben des Leistungsschildes eines Motors

Die Leistungsschilder für elektrische Maschinen sind nach DIN 42961 genormt. Auf dem Leistungsschild befinden sich eine Vielzahl von Angaben, die die Maschine beschreiben. Die wesentlichen Angaben dabei sind:

- Herstellername und Typenkennzeichnung
- Stromart
- Fertigungsnummer
- Die elektrischen Daten: Nennspannung, Nennstrom, Nennleistung, Leistungsfaktor, Drehzahl

Neben diesen Angaben werden außerdem noch die Schutzart des Motors und die **Isolierstoffklasse** angegeben. Die beiden Motorkenndaten sollen noch näher beschrieben werden.

Schutzarten nach DIN 40050:
In dieser Norm wird der Schutz von elektrischen Betriebsmitteln – also auch Motoren – durch Gehäuse und Abdeckungen behandelt. Der Schutz des Motors gegen Eindringen von festen Fremdkörpern und Wasser wird durch ein Kurzzeichen angegeben, das sich aus den beiden Buchstaben **IP (international protection)** und zwei Kennziffern zusammensetzt.

Erste Kennziffer = Fremdkörperschutz / Zweite Kennziffer = Wasserschutz

In den beiden nachfolgenden Tabellen werden die genormten **Schutzgrade** beschrieben.

Tabelle 8.2 Schutzgrade für Berührungsschutz

Erste Kennziffer	Beschreibung des Schutzgrades für Fremdkörperschutz.
0	Kein besonderer Schutz.
1	Schutz gegen Eindringen von festen Fremdkörpern mit einem Durchmesser größer als 50 mm.
2	Schutz gegen Eindringen von festen Fremdkörpern mit einem Durchmesser größer als 12 mm.
3	Schutz gegen Eindringen von festen Fremdkörpern mit einem Durchmesser größer als 2,5 mm.
4	Schutz gegen Eindringen von festen Fremdkörpern mit einem Durchmesser größer als 1 mm.
5	Schutz gegen schädliche Staubablagerungen. Das Eindringen von Staub ist nicht vollkommen verhindert.
6	Schutz gegen Staub (staubdicht).

Tabelle 8.3: Schutzgrade für Wasserschutz

Zweite Kennziffer	Beschreibung des Schutzgrades für Wasserschutz
0	Kein besonderer Schutz.
1	Schutz gegen tropfendes Wasser, das senkrecht fällt (Tropfwasser).
2	Schutz gegen tropfendes Wasser, das senkrecht fällt. Es darf bei einem bis zu 15° gegenüber seiner normalen Lage gekippten Betriebsmittel keine schädliche Wirkung haben (schrägfallendes Tropfwasser).
3	Schutz gegen Wasser, das in einem beliebigen Winkel bis zu 60° zur Senkrechten fällt. Es darf keine schädliche Wirkung haben (Sprühwasser).
4	Schutz gegen Wasser, das aus allen Richtungen gegen das Betriebsmittel (Gehäuse) spritzt. Es darf keine schädliche Wirkung haben (Spritzwasser).
5	Schutz gegen einen Wasserstrahl aus einer Düse, der aus allen Richtungen gegen das Betriebsmittel (Gehäuse) gerichtet wird. Es darf keine schädliche Wirkung haben (Strahlwasser).
6	Schutz gegen schwere See oder starken Wasserstrahl. Wasser darf nicht in schädlichen Mengen in das Betriebsmittel (Gehäuse) eindringen (Überfluten).
7	Schutz gegen Wasser, wenn das Betriebsmittel (Gehäuse) unter festen Druck- und Zeitbedingungen in Wasser getaucht wird. Wasser darf nicht in schädlichen Mengen eindringen (Eintauchen).
8	Das Betriebsmittel (Gehäuse) ist geeignet zum dauernden Untertauchen in Wasser bei Bedingungen, die durch den Hersteller zu beschreiben sind (Untertauchen).

Die in den Tabellen angegebenen Schutzgrade gelten für alle elektrischen Betriebsmittel, die mit Abdeckungen versehen sind. Ein Motor, der auf dem Leistungsschild die Angabe IP 21 hat, ist demnach gegen das Eindringen von festen Fremdkörpern mit einem Durchmesser größer als 12 mm und gegen Tropfwasser geschützt.

Isolierstoffklassen:
Die entstehende Verlustleistung wird im Motor in Wärme umgesetzt. Dieser Temperatur sind die Wicklungen und deren Isolation ausgesetzt. Die Wicklungsisolation von Motoren dürfen eine bestimmte höchstzulässige Temperatur nicht überschreiten. Diese höchstzulässigen Temperaturen sind in den Isolierstoffklassen nach VDE festgelegt. Für die Wicklungen von elektrischen Maschinen werden je nach Grenztemperatur unterschiedliche Isolierstoffe gefordert.

Beispiel:
Isolierstoffklasse: B
Höchstzulässige Temperatur für Maschinen: +130 °C
Isolierstoffe: Ungetränkte Glasfaserprodukte und Asbestprodukte

An die Isolierstoffe von Motoren, die in der Kältetechnik eingesetzt werden, müssen bezüglich der **Kältemittelbeständigkeit** und der Restfeuchte besondere Anforderungen gestellt werden.

II Steuerungstechnik

9 Grundlagen der Steuerungstechnik für die Kältetechnik

Das zweite Kapitel behandelt im wesentlichen die schaltungstechnische Umsetzung von kältetechnischen Steuerungsproblemen. Die normgerechte Darstellung der Betriebsmittel, ihrer Kennzeichnung sowie die Einbindung in den Schaltungsunterlagen sind daher zentraler Inhalt dieses Kapitels. Ebenso wie in der Elektrotechnik müssen aber auch in der Steuerungstechnik wichtige Grundlagen vorab erarbeitet werden.
Dabei wird sich an den gültigen DIN-Normen orientiert, die natürlich auch für die Steuerungen im Kälteanlagenbau Gültigkeit haben. Daneben werden praktische Firmenunterlagen besprochen, die sich nicht immer in ihrer Darstellung nach den Normen richten. Es erscheint aber notwendig diese Unterlagen dennoch vorzustellen, da der Praktiker lernen muß damit umzugehen.

9.1 Kenngrößen einer Steuerung

Im Gegensatz zum **Regelkreis** spricht man bei einer Steuerung von einer **Steuerstrecke.** Während bei einer Regelung eine fortlaufende Erfassung der zu regelnden Größe stattfindet, wird bei einer Steuerung eine Ausgangsgröße durch eine Eingangsgröße beeinflußt. Eine Rückmeldung der Ausgangsgröße an die Eingangsgröße findet nicht statt. Man spricht daher bei einer Steuerung von einem sog. **„offenen Wirkungsablauf“**. Dieser offene Wirkungsablauf – **Steuerkette** – ist nach DIN 19226 beschrieben.

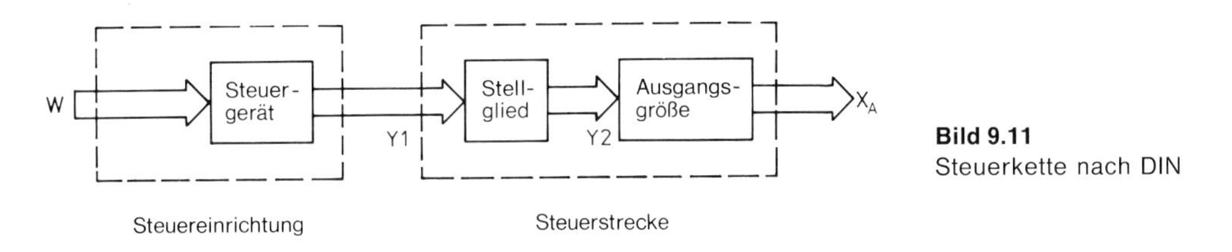

Bild 9.11
Steuerkette nach DIN

Dabei sind:

- w = **Führungsgröße**, die der Steuerkette von außen zugeführt wird.
- $Y1$ = **Stellgröße**, die die Wirkung der Steuereinrichtung auf die Steuerstrecke überträgt.
- $Y2$ = **Stellgröße**, die auf die Ausgangsgröße einwirkt.
- X_A = **Ausgangsgröße**, die beeinflußt werden soll.

- Das Steuergerät bewirkt durch ein Signal der Führungsgröße eine Stellgröße *Y*1.
- Das Stellglied bewirkt in Abhängigkeit von *Y*1 eine weitere Stellgröße *Y*2 als Energiezufuhr für die Ausgangsgröße.

Diese in Bild 9.11 beschriebene allgemeine Darstellung soll an einem Beispiel verdeutlicht werden. In dem Beispiel schaltet ein Thermostat *B*1 – nach erreichter Temperatur – einen Schütz *K*1 und dieser über seinen Schließerkontakt *K*1 einen Verdichtermotor *M*1.

Überträgt man die in Bild 9.11 nach DIN genannten Kenngrößen auf das Beispiel nach Bild 9.12, so erhält man konkret:

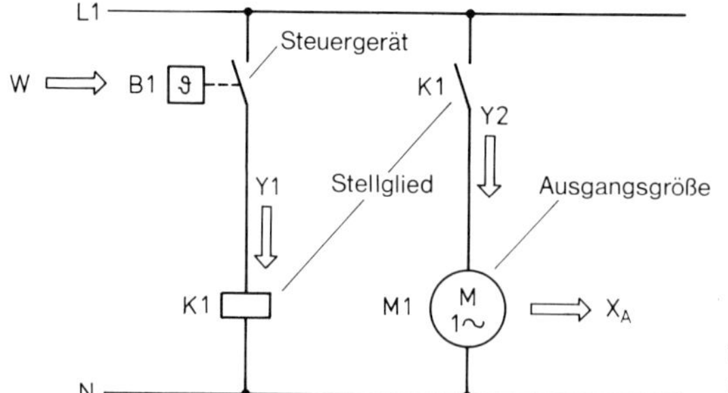

Bild 9.12
Beispiel einer Steuerkette

- *w* = Fühlertemperatur
- *Y*1 = Spannung am Schütz
- *Y*2 = Spannung am Motor
- X_A = Kühlbetrieb

- Steuergerät = Kontakt des Thermostaten
- Stellglied = Schütz mit Kontakt
- Ausgangsgröße = Verdichtermotor

Man unterscheidet nach DIN 19226 drei **Steuerungsarten**:

- Führungssteuerung
- Haltegliedsteuerung
- Programmsteuerung

Bei einer **Führungssteuerung** ist einer Eingangsgröße die Ausgangsgröße fest zugeordnet. Als Beispiel wäre hier die Helligkeitssteuerung durch einen Dimmer zu nennen.

Die **Haltegliedsteuerung** läßt ein Ausgangssignal anstehen, bis eine andere entgegengesetzte Eingangsgröße auftritt. Im Beispiel (Bild 9.12) ist dies der Fall. Die Raumtemperatur und der dadurch geschaltete Kontakt des Thermostaten läßt den Verdichter in Betrieb bis die Raumtemperatur erreicht ist und dadurch ein entgegengesetztes Eingangssignal den Verdichter abschaltet.

Wird eine Ausgangsgröße durch ein fest eingestelltes Programm beeinflußt, so handelt es sich hierbei um eine **Programmsteuerung**. Im Kälteanlagenbau finden Programmsteuerungen ihre Anwendung z. B. bei Verdampferabtauungen. Mittels einer programmierbaren Abtauuhr werden der Abtauzeitpunkt und Abtaulänge bestimmt.

In kältetechnischen Steuerungen finden hauptsächlich Haltegliedsteuerungen und Programmsteuerungen Anwendung. Dabei handelt es sich in der Regel um elektrische Steuerungen. Diese elektrischen Kontaktsteuerungen beeinflussen die Größen durch öffnen oder schließen eines Stromkreises. In der elektrischen Steuerungstechnik spricht man dann von Strompfaden.

9.2 Normgerechte Darstellung von ausgewählten Betriebsmitteln

Bei dieser Darstellung der Betriebsmittel werden lediglich die für kältetechnische Steuerungen wesentlichen Betriebsmittel aufgeführt. Unter dem Begriff **Betriebsmittel** versteht man das Schaltzeichen – also ein Symbol – für eine bestimmte steuerungstechnische Einrichtung, z. B. einem Zeitrelais. In der DIN 40900 sind diese Betriebsmittel und ihre normgerechte Darstellung aufgeführt. Eine mögliche **Einteilung** dieser Betriebsmittel könnte wie folgt aussehen:

- Leitungen und Verbindungen
- Antriebe
- Schaltglieder und Schaltgeräte
- Meldegeräte und Anzeigegeräte
- Motoren
- Sicherungen

Nach dieser Einteilung wird eine Auswahl der normgerechten Darstellungen für Betriebsmittel kältetechnischer Steuerungen in den nachfolgenden Tabellen getroffen.

Tabelle 9.1 Leitungen und Verbindungen

Leitung allgemein		Buchse, Steckdose	
Leitungsverbindung allgemein		Stecker	
Verbindungsstelle nicht lösbar		Steckverbindung	
Verbindungsstelle lösbar		Erde allgemein	
Schutzleiter PE		Anschlußstelle für Schutzleiter	
Anschlußleiste	1 2 3 4 5 6 7 8	Zusammengefaßte Leitung	

Tabelle 9.2 Antriebe

Handantrieb allgemein		Kraftantrieb durch Temperatur	ϑ
Betätigung durch drücken		Kraftantrieb durch Druck	P
Betätigung durch ziehen		Kraftantrieb durch Feuchte	φ
Betätigung durch drehen		Kraftantrieb durch Durchfluß	
Betätigung durch kippen		Kraftantrieb durch Drehzahl	n
Betätigung durch Steckschlüssel		Schaltschloß mit mechanischer Freigabe	
Betätigung durch Fühler (Rolle) Endschalterfunktion		Elektromagnetischer Antrieb (Schütz)	
Kraftantrieb allgemein		Antrieb mit Anzugsverzögerung	

Fortsetzung Tab. 9.2 Antriebe

Benennung	Symbol	Benennung	Symbol
Antrieb mit Rückfallverzögerung		Elektromagnetischer Überstromauslöser Kurzschlußauslöser)	I>
Antrieb mit Anzugs- und Rückfallverzögerung		Elektrothermischer Überstromauslöser	
Elektromagnetisch angetriebenes Absperrorgan (Magnetventil)		Schaltuhr	

Tabelle 9.3 Schaltglieder und Schaltgeräte

Benennung	Symbol	Benennung	Symbol
Schließer		Schließer handbetätigt, selbsttätiger Rückgang (Taster)	
Öffner		Schließer handbetätigt mit Raste (Schalter)	
Wechsler		Sperre allgemein, von Hand lösbar	
Schließer mit verzögertem Kontakt (schließt verzögert)		Öffner durch thermischen Überstromauslöser betätigt	
Schließer mit verzögertem Kontakt (öffnet verzögert bei Rückfall)		Handbetätigter Schalter mit vier Stellungen	1 2 3 4
Öffner mit verzögertem Kontakt (öffnet verzögert)		Leitungsschutzschalter	
Öffner mit verzögertem Kontakt (schließt verzögert bei Rückfall)		Motorschutzschalter mit thermischer und magnetischer Auslösung	

Tabelle 9.4 Meldegeräte und Anzeigegeräte

Benennung	Symbol	Benennung	Symbol
Leuchtmelder allgemein		Blindleistungsmeßgerät	var
Hupe, Horn		Wattstundenzähler (Elektrizitätszähler)	Wh
Spannungsmeßgerät	V	Betriebsstundenzähler	h
Strommeßgerät	A	Blindleistungszähler	var

Tabelle 9.5 Motoren

Asynchronmotor, einphasig	M 1~	Drehstrommotor mit getrennten Wicklungen	M 3~ /·P
Drehstromasynchronmotor	M 3~	Drehstrommotor mit Dahlanderwicklung	M 3~ ·/·P

Tabelle 9.6 Sicherungen

Sicherung allgemein		Sicherungstrennschalter	
Sicherungsschalter		Sicherungslasttrennschalter	

Tabelle 9.7 Symbole nach IEC 617-11

	Neutralleiter (N)
	Schutzleiter (PE)
	PEN-Leiter: Kombination von Schutz- und Neutralleiter (PEN)

Diese dargestellten Betriebsmittel sowie Kombinationen daraus werden in einem Schaltplan zusammengeführt.

9.3 Kennzeichnungsblöcke von Betriebsmitteln

Nicht nur die Darstellung der Betriebsmittel ist genormt, sondern auch ihre Kennzeichnung. Diese Kennzeichnung ist in der DIN 40719 Teil 2 geregelt und soll hier auszugsweise für den Gebrauch kältetechnischer Steuerungen dargestellt werden.

Den Begriff der **Kennzeichnung** definiert die DIN 40719 Teil 2 wie folgt:

Ein Code (Folge von Buchstaben, Ziffern und Vorzeichen), der dazu dient, ein Betriebsmittel in einer Schaltungsunterlage (Schaltplan) und in der Anlage zu identifizieren.

Eine vollständige Kennzeichnung eines Betriebsmittels ist durch vier Kennzeichnungsblöcke gegeben. Jeder **Kennzeichnungsblock** wird durch ein Vorzeichen kenntlich gemacht.

Kennzeichnungsblock 1: = Übergeordnete Zuordnung/Anlage
Kennzeichnungsblock 2: + Ort
Kennzeichnungsblock 3: – Art, Zählnummer, Funktion
Kennzeichnungsblock 4: : Anschluß

In **Kennzeichnungsblock 1** Anlage (Vorzeichen =) kann eine zusätzliche Kennzeichnung für ein Betriebsmittel zugeordnet werden, wenn dieses zu einer größeren Einheit eines Systems, von dem es einen Teil bildet, dazugehört.

Beispiel:
In einem Hochhaus befinden sich in drei Etagen Klimazentralen mit den dazugehörigen Schaltschränken. Diese Anlagen sind mit Klima 1, Klima 2 und Klima 3 gekennzeichnet.

Sucht man nun ein bestimmtes Betriebsmittel in der Klima 2-Anlage, so kann man dies durch die Kennzeichnung

= Klima 2

übergeordnet zuordnen.

Eine weitere Differenzierung kann im **Kennzeichnungsblock 2** Ort (Vorzeichen +) erfolgen. Dieser beschreibt die Stelle, an der ein Betriebsmittel in einer Untergruppe, Einheit, Anlage usw. eingebaut ist. Die Ortskennzeichnung kann zur Identifizierung des Betriebsmittels, z. B. für die Wartung, wesentlich sein.

Beispiel:
In einer Klimazentrale befinden sich 8 Schaltschränke, die mit KS1 bis KS8 benannt sind. Will man ein Betriebsmittel aus dem Schaltschrank KS4 benennen, so wählt man:

\+ KS4

Beide Beispiele zusammengefaßt ergeben die Kennzeichnung:
= Klima 2 + KS4

Das bedeutet, daß ein Betriebsmittel in der Klimazentrale 2 im dortigen Schaltschrank mit der Nummer 4 gekennzeichnet ist.

Während die beiden ersten Kennzeichnungsblöcke nur bei größeren Anlagen, und einem damit verbundenen größeren steuerungstechnischen Aufwand, Anwendung finden, ist der **Kennzeichnungsblock 3** Art, Zählnummer und Funktion (Vorzeichen −) in jedem Schaltplan anzuwenden.

Die Art eines Betriebsmittels wird durch einen Buchstaben gekennzeichnet. Für die Anwendung in kältetechnischen Steuerungen sind diese in Tabelle 9.7 auszugsweise mit einem Beispiel angegeben.

Tabelle 9.7 Kennbuchstaben für die Art eines Betriebsmittels

Kennbuchstabe	Art des Betriebsmittels	Beispiel
A	Baugruppe Teilbaugruppe	Elektronischer Motorvollschutz als „Black box“
B	Umsetzer von nicht-elektrischen Größen auf elektrische Größen	Thermostat Temperaturschalter Pressostat Druckschalter
C	Kondensator	Anlaufkondensator
E	Verschiedenes	Abtauheizung Beleuchtung
F	Schutzeinrichtungen	Sicherungen Druckwächter
H	Meldeeinrichtungen	Meldeleuchte für Hochdruckstörung
K	Schütz, Relais	Verdichterschütz Zeitrelais
M	Motoren	Ventilatormotor

Fortsetzung Tabelle 9.7

P	Meß- und Prüfeinrichtungen	Betriebsstundenzähler
Q	Starkstrom-Schaltgeräte	Hauptschalter
R	Widerstände	Anlaufwiderstände
S	Schalter	Steuerschalter
X	Klemme, Stecker	Klemmleiste
Y	elektrisch betätigte mechanische Einrichtung	Magnetventil

Bei der Zählnummer ist zu beachten, daß diese in eindeutiger Weise zugeordnet ist. Die Zählnummern müssen dabei keine lückenlose Reihenfolge bilden. Betriebsmittel mit dem gleichen Kennbuchstaben – also gleicher Art – müssen mit unterschiedlichen Zählnummern versehen werden; z. B. K1, K2.

Die Funktion soll die charakteristische Wirkung oder den Zweck eines Betriebsmittels mit anderen Betriebsmitteln hervorheben. Dies kann z. B. bei der Unterscheidung von Lastschützen und Hilfsschützen oder Zeitrelais in einem Schaltplan sehr hilfreich sein.

In Tabelle 9.8 werden nur einige Kennbuchstaben, deren Einsatz auch in kältetechnischen Steuerungen sinnvoll sein kann, wiedergegeben.

Tabelle 9.8 Kennbuchstaben für die Funktion eines Betriebsmittels

Kennbuchstabe	Allgemeine Funktion
A	Hilfsfunktion, Funktion Aus
E	Funktion Ein
F	Schutz
H	Meldung
M	Hauptfunktion
T	Zeitfunktion

Beispiel:
Ein Zeitrelais in einer Steuerung kann nach dem Kennzeichnungsblock 3 nach Art, Zählnummer und Funktion folgende Darstellung haben:

– K3T

Das Vorzeichen kann weggelassen werden, wenn es keine Zweideutigkeit im Schaltplan verursacht.

Der **Kennzeichnungsblock 4** Anschluß (Vorzeichen :) beschreibt die Anschlußbezeichnungen, die dem Betriebsmittel entsprechen oder die Anschlußklemmen in der Schaltungsunterlage.

Beispiel:
Ein Betriebsmittel ist im Schaltschrank auf der Klemmleiste X1 Nummer 14 aufgelegt. Die Kennzeichnung lautet dann:

: X1 14

Faßt man die Beispiele aus allen Kennzeichnungsblöcken zusammen, so kann man aus der Kennzeichnung

= Klima2 + KS4 − K3T : X1 14

folgendes entnehmen:

In der Klimazentrale 2 befindet sich im Schaltschrank mit der Nummer 4 auf der Klemme 14 der Klemmleiste X1 das Zeitrelais K3T.

9.4 Aufbau und Wirkungsweise wichtiger Betriebsmittel für kältetechnische Steuerungen

Zum Verständnis einer **Steuerung** bzw. eines **Schaltplanes** ist es unbedingt notwendig, daß die darin enthaltenen Betriebsmittel von ihrer Funktion und ihrem Aufbau her bekannt sind. Einige erste wichtige Betriebsmittel kältetechnischer Steuerungen werden in diesem Kapitel beschrieben. Dabei sind bereits Strompfade dargestellt, die später in vollständigen Schaltplänen integriert werden können. Ebenso sind die Kenntnisse aus den Kapiteln 9.2 und 9.3 anwendbar.

9.4.1 Schütz, Relais

Der prinzipielle Aufbau und die Funktionsweise eines Schützes bzw. Relais ist bereits in Kapitel 5 (vgl. Bild 5.24) beschrieben worden. Wird eine Schützspule z. B. an die Spannung 230 V angeschlossen, so wird ein Kontaktsystem betätigt, das entweder Kontakte schließt **(Schließer)** oder Kontakte öffnet **(Öffner)**. Dabei ist die Anzahl von Kontakten − je nach Schütztype − unterschiedlich.
Prinzipiell unterscheidet man:

- **Hauptschütz oder Leistungsschütz**
- **Hilfschütz oder Steuerschütz**

Ein Hauptschütz wird zum schalten von elektrischen Verbrauchern in Hauptstromkreisen (z. B. Verdichtermotor) eingesetzt. Das wesentliche Merkmal eines Hauptschützes sind seine drei Hauptstrombahnen (Hauptkontakte), über welche die drei Phasen ($L1$, $L2$ und $L3$) an einen Motor angelegt werden können. Daneben können auch Hauptschütze mit sog. **Hilfskontakten** ausgerüstet sein. Diese Hilfskontakte können zusätzlich steuerungstechnische Funktionen übernehmen.

Bild 9.41
Hauptschütz Fa. SCHIELE (Typ DL 4K-10)

Die **Anschlußbezeichnungen** von Schützen sind genormt und müssen wie folgt bezeichnet werden:

- Spulenanschluß: A1 – A2
- Hauptkontakte: 1 – 2, 3 – 4 und 5 – 6

Das in Bild 9.41 dargestellte Schütz hat neben den drei Hauptkontakten einen Hilfskontakt mit der Bezeichnung 13 – 14. (Die Nummerierungen der Hilfskontakte werden bei der Darstellung des Hilfsschützes erklärt.)

In Bild 9.42 ist das Hauptschütz in einem normgerechten Schaltbild dargestellt.

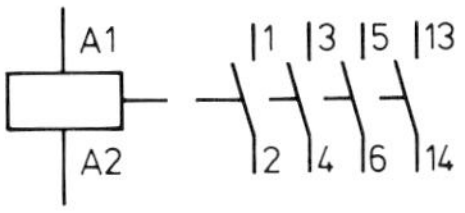

A1 1 3 5 13
A2 2 4 6 14

Bild 9.42
Schaltbild eines Hauptschützes

Für die Auswahl eines Hauptschützes sind die wesentlichen Kriterien:

- Schaltspiele
- benötigte Anzahl von Hilfskontakten

Die Hersteller machen in ihren Auswahlkatalogen die entsprechenden Angaben dazu.

Zulässige Nennleistung von Drehstrommotoren in kW (AC 3)				Nennbetriebsstrom I_e AC 1/AC 3	**Schütztype**	Schaltbild	**Schütztype**	Schaltbild	Geeignete therm. Überstromrelais
230 V	400 V	500 V	690 V	A					
2,2	4	5,5	4	20/9	**DL 4 K-10**	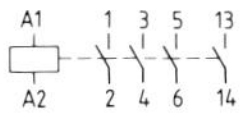 A1 1 3 5 13 A2 2 4 6 14	**DL 4 K-01**	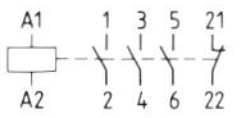 A1 1 3 5 21 A2 2 4 6 22	**M 22 K**
3	5,5	7,5	5,5	25/12	**DL 5 K-10**	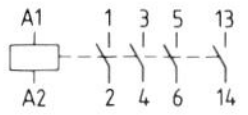 A1 1 3 5 13 A2 2 4 6 14	**DL 5 K-01**	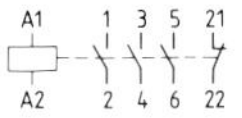 A1 1 3 5 21 A2 2 4 6 22	**M 22 K**
4	7,5	11	7,5	32/16	**DL 7 K-10**	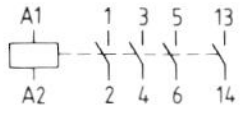 A1 1 3 5 13 A2 2 4 6 14	**DL 7 K-01**	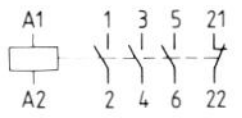 A1 1 3 5 21 A2 2 4 6 22	**M 22 K**
5,5	11	15	11	40/23	**DL 11 K-10**	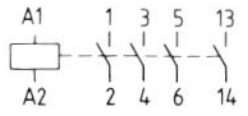 A1 1 3 5 13 A2 2 4 6 14	**DL 11 K-01**	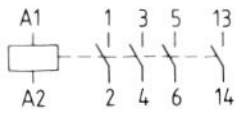 A1 1 3 5 13 A2 2 4 6 14	**M 22 K**
9	**15**	**18,5**	**15**	**54/30**	**DL 15 K-00**	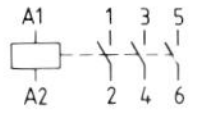 A1 1 3 5 A2 2 4 6			**M 36 K**
11	**18,5**	**20**	**18,5**	**54/37**	**DL 18-00**	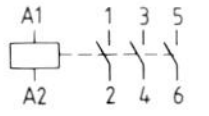 A1 1 3 5 A2 2 4 6			**M 36 K**

Bild 9.43 Auszug aus dem Katalog Hauptschütze (Fa. *Schiele*)

Beispiel 1:
Ein Drehstromverdichter hat eine Nennleistung von 6 kW und soll über einen Hauptschütz an 400 V angeschlossen werden. Der Verdichter wird direkt über einen Schalter angesteuert. Über einen zusätzlichen Schließerkontakt des Hauptschützes ist eine Meldeleuchte anzuschließen, die den Betriebszustand „Verdichter EIN" anzeigt. Der Verdichter ist gegen Kurzschluß abzusichern.

Gesucht:

a) Auswahl des Schützes nach Bild 9.43
b) Schaltbild

Lösung:

zu a)

Ausgewählt wird das Hauptschütz DL7 K-10. Es kann bei 400 V bis 7,5 kW Nennleistung schalten und hat einen zusätzlichen Schließerkontakt zum Anschluß der Meldeleuchte.

zu b)

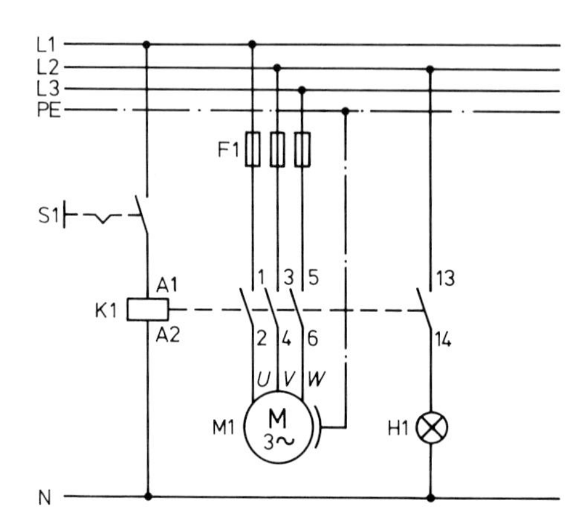

Bild 9.44
Schaltbild zum Beispiel 1

Funktionsbeschreibung:
Wird der Schalter S1 geschlossen, so entsteht zwischen den Leitern L1 und N ein geschlossener Stromkreis und die Schützspule liegt an 230 V Spannung. Dann schalten die drei Hauptkontakte und schalten den Verdichter M1 an 400 V. Gleichzeitig schließt der Hilfskontakt 13 – 14 und schaltet die Meldeleuchte H1 an. Wird der Schalter S1 wieder geöffnet, so wird das Hauptschütz spannungslos und öffnet alle Kontakte. Der Verdichter und die Meldeleuchte sind ausgeschaltet.

Der prinzipielle Aufbau eines Hilfsschützes entspricht vollständig dem eines Hauptschützes. Der wesentliche Unterschied liegt lediglich in der Anwendung. Hilfsschütze schalten keine Last (Motor usw.) sondern erfüllen Schaltfunktionen im Steuerstromkreis. Hilfsschütze sind demnach auch nur mit einer Anzahl von Hilfskontakten ausgeführt. Die Hilfskontakte sind entweder Öffner oder Schließer. Diese Kontakte haben immer eine zweistellige Kennziffer. Dabei unterscheidet man zwischen der **„Ordnungsziffer“** und der **„Funktionsziffer“**.

- Ordnungsziffer: Ziffer der Zehnerstelle; Zählt alle Kontakte des Schützes von 1 beginnend durch
- Funktionsziffer: Ziffer einer Einerstelle; Bestimmt Öffner oder Schließer; Öffnerkontakt 1 – 2; Schließerkontakt 3 – 4

So hat z. B. eine Kontaktbezeichnung von 33 – 34 folgende Bedeutung:

1. Ordnungsziffer = 3; d. h. der Anschluß des Kontaktes ist bei Draufsicht auf das Schütz von links zählend der Dritte.
2. Funktionsziffer = 3 – 4; d. h. es ist ein Schließerkontakt.

Der Spulenanschluß eines Hilfschützes wird ebenso mit A1 — A2 gekennzeichnet. In Bild 9.45 sind einige Beispiele von Hilfsschützen und deren Kontaktbelegung dargestellt.

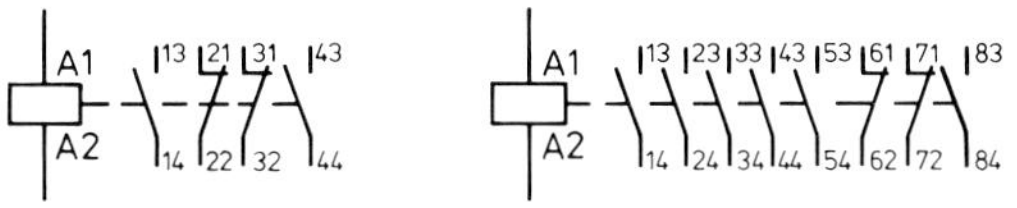

Bild 9.45
Schaltbilder von Hilfsschützen

Der Einsatz von Hilfsschützen und die Anzahl der notwendigen Kontakte wird durch das steuerungstechnische Problem, das zu lösen ist, bestimmt.

9.4.2 Schalter, Taster

Die Hersteller bieten eine große Palette unterschiedlicher Schalter und Taster für alle möglichen Steuerungen an. Der wesentliche Unterschied zwischen Schalter und Taster besteht darin, daß der Schalter rastend ist (bleibt in seiner Stellung auch nach dem Loslassen) und der Taster nach dem Loslassen selbsttätig in seine Ausgangsstellung zurückgeht.

Schalter und Taster haben — wie die Schütze — Öffner und Schließer, die genau wie die Kontakte der Hilfsschütze gekennzeichnet werden. Hat ein Schalter oder Taster jeweils nur einen Öffner oder Schließer, kann auf die Ordnungsziffer verzichtet werden.

Bild 9.46
Schalter und Taster

Bei Tastern können die **Druckknöpfe** mit unterschiedlichen Farben ausgestattet werden. Die Bedeutung der Farben ist nach VDE 0199 festgelegt.

Tabelle 9.9 Farben für Druckknöpfe und ihre Bedeutung

Farbe	Bedeutung	Anwendung
ROT	STOP, HALT AUS	– alles ausschalten – Stoppen eines oder mehrerer Motoren
GELB	Eingriff	– Eingriff, um abnormale Bedingungen zu unterdrücken oder unerwünschte Änderungen zu vermeiden
GRÜN	START, EIN	– alles einschalten – Starten eines oder mehrerer Motoren
BLAU	Jede beliebige Bedeutung, die nicht durch ROT, GELB und GRÜN abgedeckt ist	
SCHWARZ GRAU WEISS	Keiner besonderen Bedeutung zugeordnet	

Bild 9.47
Beispiele von Tastern
(Klöckner Moeller)

9.4.3 Zeitrelais

Unter einem Zeitrelais versteht man ein Schaltgerät, das nach Ablauf einer eingestellten Zeit Kontakte öffnet oder schließt. Dabei unterscheidet man zunächst zwei **Arten von Zeitrelais** nach ihrer Funktion:

- anzugsverzögertes Zeitrelais
- rückfallverzögertes Zeitrelais

Für das bessere Verständnis der Zeitrelais müssen zunächst die beiden Begriffe **„Anzugsverzögerung"** und **„Rückfallverzögerung"** erklärt werden.

Definition Anzugsverzögerung:

Wird die Spule eines anzugsverzögerten Zeitrelais an Spannung gelegt, so dauert es die am Zeitrelais eingestellte Zeit bis die Kontakte in Arbeitsstellung gehen. Wird das Zeitrelais spannungslos, so schalten die Kontakte sofort in ihre Ausgangslage zurück.

Dieses Verhalten wird in Bild 9.48 anhand einer einfachen Schaltung und einem dazugehörigen **Zeitdiagramm** nochmals verdeutlicht.

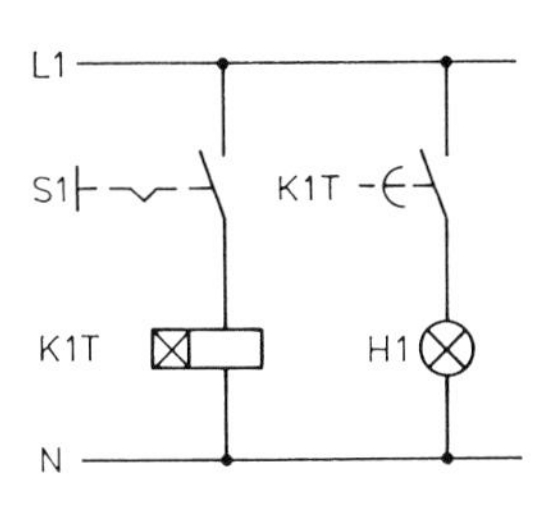

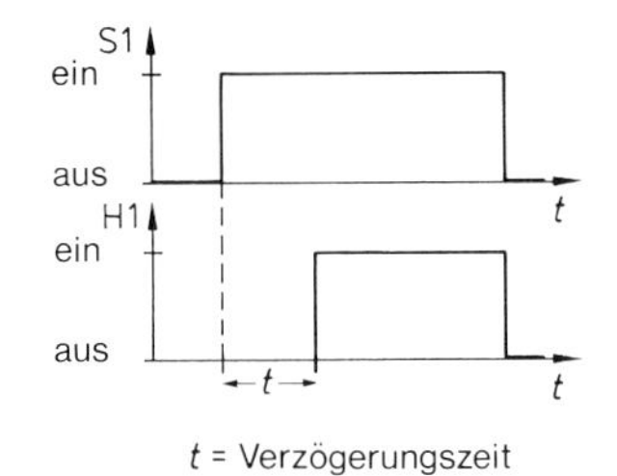

t = Verzögerungszeit

Bild 9.48
Anzugsverzögertes Zeitverhalten

Funktionsbeschreibung:
Sobald der Schalter S1 geschlossen wird, bekommt das anzugsverzögerte Zeitrelais K1T Spannung. Der Schließerkontakt, der den Stromkreis für die Meldeleuchte H1 schließt, schaltet aber erst nach Ablauf der Zeit *t*. Danach kann H1 aufleuchten. Wird S1 wieder betätigt, so ist das Zeitrelais K1T spannungslos; der Kontakt geht sofort in die Ausgangsstellung zurück und die Leuchte H1 wird ausgeschaltet.

Definition Rückfallverzögerung:
Wird an die Spule eines rückfallverzögerten Zeitrelais Spannung gelegt, so schalten die Kontakte sofort in Arbeitsstellung um. Wird das Zeitrelais danach stromlos geschaltet, so dauert es die am Zeitrelais eingestellte Zeit bis die Kontakte in die Ausgangsstellung zurückgehen.

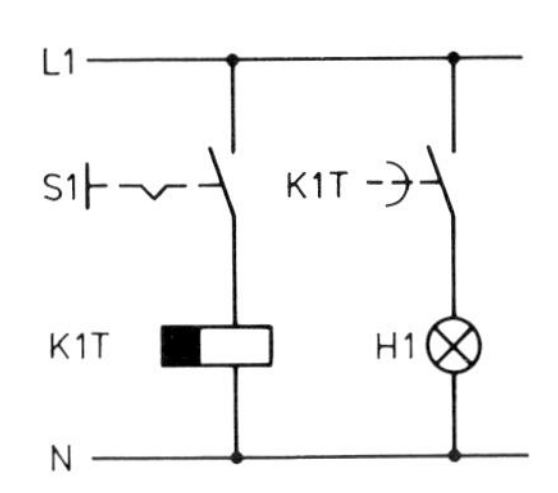

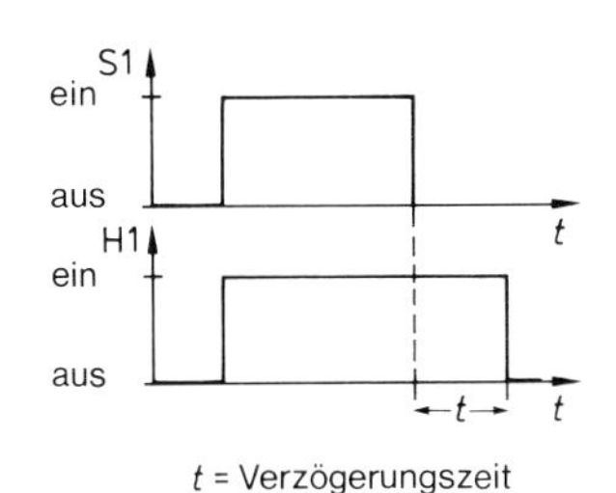

t = Verzögerungszeit

Bild 9.49
Rückfallverzögertes Zeitverhalten

Funktionsbeschreibung:
Wird der Schalter S1 geschlossen, so bekommt das rückfallverzögerte Zeitrelais K1T Spannung. Der Schließerkontakt im Stromkreis zur Meldeleuchte schließt sofort. Die Meldeleuchte H1 leuchtet auf. Wird der Schalter S1 wieder betätigt, so wird das Zeitrelais K1T spannungslos. Der Kontakt zur Meldeleuchte bleibt aber noch die eingestellte Zeit *t* geschlossen und geht danach in seine Ausgangsstellung zurück.

Die Kontaktbezeichnungen von Zeitrelais sind nach DIN 46199 genormt und im Bild 9.410 dargestellt. Dabei wird nicht nach Zeitfunktion unterschieden.

Elektronische Zeitrelais, Blink- und Multifunktionsrelais TE

- Weltmarktgeräte, gebaut nach nationalen und internationalen Vorschriften
- Schnappbefestigung auf Hutschiene DIN EN 50022 oder Schraubbefestigung über Adapter
- Anschlußbezeichnungen nach DIN EN 50042
- Wechsler als Ausgangskontakt
- LED-Anzeige
- besonders hohe Störspannungsunempfindlichkeit
- ein Schraubendreher der Größe Pozidrive 2 für alle Anschlußschrauben, Einstellknöpfe und Entriegelung der Schnappbefestigung
- Anschluß und Einstellung auf der Frontseite
- versenkte Funktions- und Zeiteinstellskala gegen unbeabsichtigte Verstellung geschützt

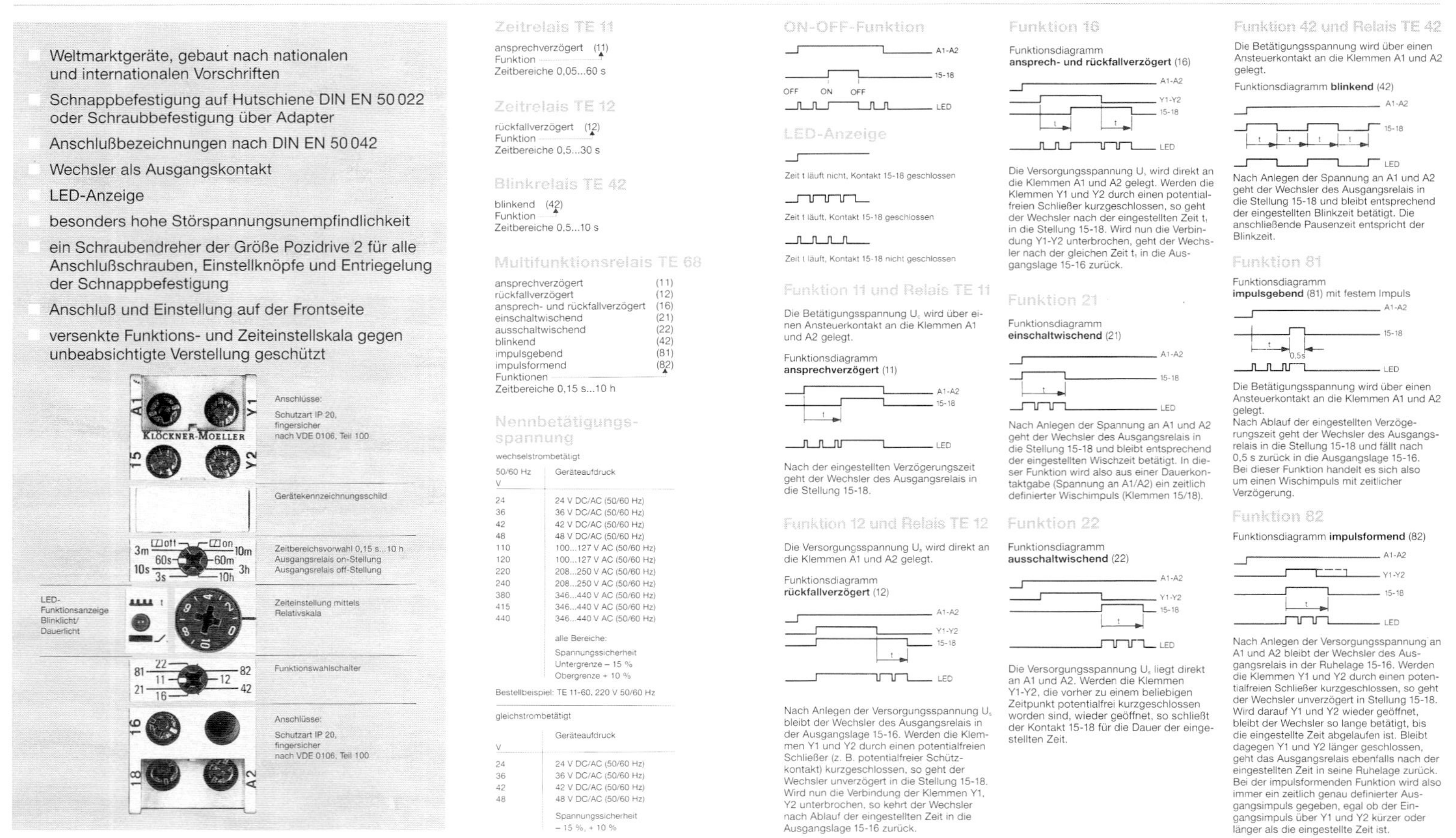

Bild 9.411 Elektronisches Zeitrelais (Klöckner Moeller)

Zeitrelais TE 11

ansprechverzögert (11)
Funktion
Zeitbereiche 0,05...60 s

Zeitrelais TE 12

rückfallverzögert (12)
Funktion
Zeitbereiche 0,5...30 s

Blinkrelais TE 42

blinkend (42)
Funktion
Zeitbereiche 0,5...10 s

Multifunktionsrelais TE 68

ansprechverzögert	(11)
rückfallverzögert	(12)
ansprech- und rückfallverzögert	(16)
einschaltwischend	(21)
ausschaltwischend	(22)
blinkend	(42)
impulsgebend	(81)
impulsformend	(82)

Funktionen
Zeitbereiche 0,15 s...10 h

Nennbetätigungsspannung

wechselstrombetätigt

50/60 Hz V	Geräteaufdruck
24	24 V DC/AC (50/60 Hz)
36	36 V DC/AC (50/60 Hz)
42	42 V DC/AC (50/60 Hz)
48	48 V DC/AC (50/60 Hz)
110	100...127 V AC (50/60 Hz)
120	100...127 V AC (50/60 Hz)
220	208...250 V AC (50/60 Hz)
240	208...250 V AC (50/60 Hz)
380	346...440 V AC (50/60 Hz)
415	346...440 V AC (50/60 Hz)
440	346...440 V AC (50/60 Hz)

alle Bereiche:
Spannungssicherheit
Untergrenze – 15 %
Obergrenze + 10 %

Bestellbeispiel: TE 11-60, 220 V 50/60 Hz

gleichstrombetätigt

V	Geräteaufdruck
24	24 V DC/AC (50/60 Hz)
36	36 V DC/AC (50/60 Hz)
42	42 V DC/AC (50/60 Hz)
48	48 V DC/AC (50/60 Hz)

Spannungssicherheit
– 15 %, + 10 %

ON-OFF-Funktion

A1-A2
15-18
OFF ON OFF
LED

LED-Anzeige

Zeit t läuft nicht, Kontakt 15-18 geschlossen

Zeit t läuft, Kontakt 15-18 geschlossen

Zeit t läuft, Kontakt 15-18 nicht geschlossen

Funktion 11 und Relais TE 11

Die Betätigungsspannung U_s wird über einen Ansteuerkontakt an die Klemmen A1 und A2 gelegt.

Funktionsdiagramm **ansprechverzögert** (11)

Nach der eingestellten Verzögerungszeit geht der Wechsler des Ausgangsrelais in die Stellung 15-18.

Funktion 12 und Relais TE 12

Die Versorgungsspannung U_s wird direkt an die Klemmen A1 und A2 gelegt.

Funktionsdiagramm **rückfallverzögert** (12)

Nach Anlegen der Versorgungsspannung U_s bleibt der Wechsler des Ausgangsrelais in der Ausgangslage 15-16. Werden die Klemmen Y1 und Y2 durch einen potentialfreien Schließer (z. B. potentialfreier Schützkontakt) kurzgeschlossen, so geht der Wechsler unverzögert in die Stellung 15-18. Wird nun die Verbindung der Klemmen Y1, Y2 unterbrochen, so kehrt der Wechsler nach Ablauf der eingestellten Zeit in die Ausgangslage 15-16 zurück.

Funktion 16

Funktionsdiagramm **ansprech- und rückfallverzögert** (16)

Die Versorgungsspannung U_s wird direkt an die Klemmen A1 und A2 gelegt. Werden die Klemmen Y1 und Y2 durch einen potentialfreien Schließer kurzgeschlossen, so geht der Wechsler nach der eingestellten Zeit t_1 in die Stellung 15-18. Wird nun die Verbindung Y1-Y2 unterbrochen, geht der Wechsler nach der gleichen Zeit t_1 in die Ausgangslage 15-16 zurück.

Funktion 21

Funktionsdiagramm **einschaltwischend** (21)

Nach Anlegen der Spannung an A1 und A2 geht der Wechsler des Ausgangsrelais in die Stellung 15-18 und bleibt entsprechend der eingestellten Wischzeit betätigt. In dieser Funktion wird also aus einer Dauerkontaktgabe (Spannung an A1/A2) ein zeitlich definierter Wischimpuls (Klemmen 15/18).

Funktion 22

Funktionsdiagramm **ausschaltwischend** (22)

Die Versorgungsspannung U_s liegt direkt an A1 und A2. Werden die Klemmen Y1-Y2, die vorher zu einem beliebigen Zeitpunkt potentialfrei kurzgeschlossen worden sind, wieder geöffnet, so schließt der Kontakt 15-18 für die Dauer der eingestellten Zeit.

Funktion 42 und Relais TE 42

Die Betätigungsspannung wird über einen Ansteuerkontakt an die Klemmen A1 und A2 gelegt.

Funktionsdiagramm **blinkend** (42)

Nach Anlegen der Spannung an A1 und A2 geht der Wechsler des Ausgangsrelais in die Stellung 15-18 und bleibt entsprechend der eingestellten Blinkzeit betätigt. Die anschließende Pausenzeit entspricht der Blinkzeit.

Funktion 81

Funktionsdiagramm **impulsgebend** (81) mit festem Impuls

Die Betätigungsspannung wird über einen Ansteuerkontakt an die Klemmen A1 und A2 gelegt.
Nach Ablauf der eingestellten Verzögerungszeit geht der Wechsler des Ausgangsrelais in die Stellung 15-18 und fällt nach 0,5 s zurück in die Ausgangslage 15-16.
Bei dieser Funktion handelt es sich also um einen Wischimpuls mit zeitlicher Verzögerung.

Funktion 82

Funktionsdiagramm **impulsformend** (82)

Nach Anlegen der Versorgungsspannung an A1 und A2 bleibt der Wechsler des Ausgangsrelais in der Ruhelage 15-16. Werden die Klemmen Y1 und Y2 durch einen potentialfreien Schließer kurzgeschlossen, so geht der Wechsler unverzögert in Stellung 15-18. Wird darauf Y1 und Y2 wieder geöffnet, bleibt der Wechsler so lange betätigt, bis die eingestellte Zeit abgelaufen ist. Bleibt dagegen Y1 und Y2 länger geschlossen, geht das Ausgangsrelais ebenfalls nach der eingestellten Zeit in seine Ruhelage zurück. Bei der impulsformenden Funktion wird also immer ein zeitlich genau definierter Ausgangsimpuls gegeben, egal ob der Eingangsimpuls über Y1 und Y2 kürzer oder länger als die eingestellte Zeit ist.

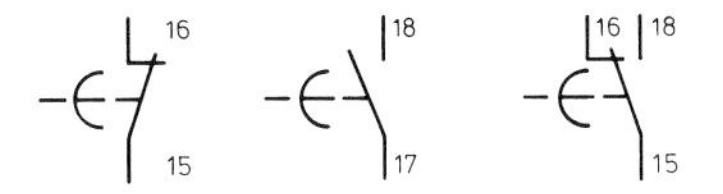

Bild 9.410
Kontaktbezeichnungen von Zeitrelais

Neben den beiden oben beschriebenen Zeitfunktionen bieten sog. **„Multifunktionsrelais"** eine Vielzahl weiterer Zeitfunktionen. Die Beschreibung eines solchen elektronischen Zeitrelais (Klöckner Moeller) und dessen Zeitfunktionen sind im Bild 9.411 dargestellt.

9.4.4 Abtauuhr

Verdampferabtauungen werden – wenn keine Bedarfsabtauung gegeben ist – durch eine Abtauuhr eingeleitet. Bei elektrischer Abtauung müssen die Kontakte der Abtauuhr die Abtauheizung einschalten. Diese wird in der Regel nicht direkt, sondern über einen Schütz eingeschaltet. Da es eine Vielzahl unterschiedlicher Abtauuhren gibt, sollen hier – am Beispiel der Abtauuhren PolarRex der Firma Legrand – drei exemplarische Beispiele der Steuerung gegeben werden.

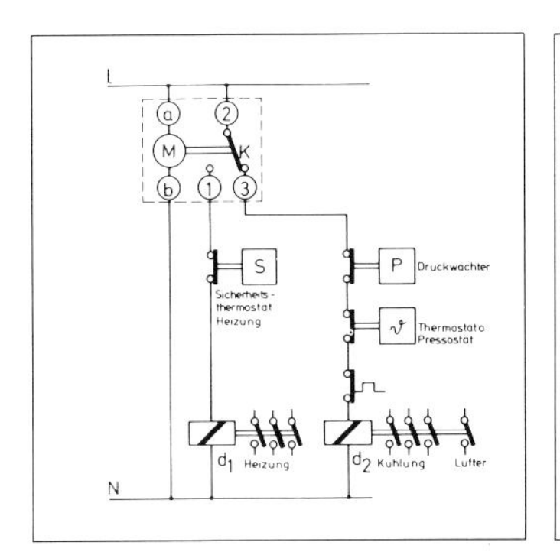

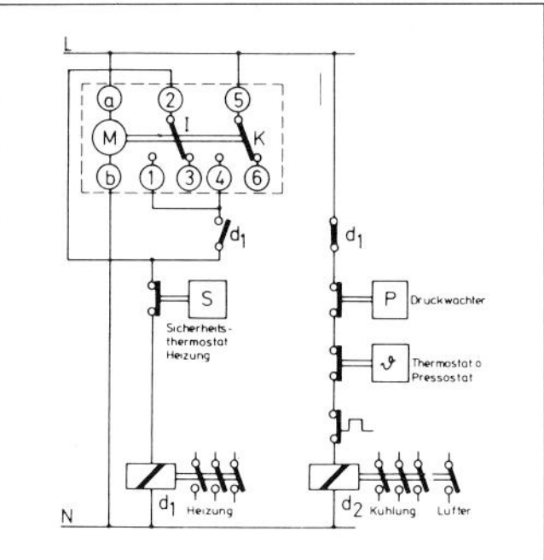

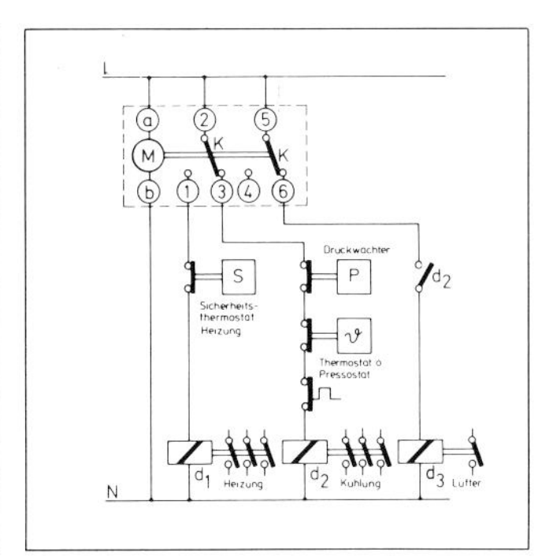

Bild 9.412 Schaltungen für die Abtauuhr PolarRex KT, KIT und KKT

Um die unterschiedlichen **Schaltfunktionen** besser erklären zu können, werden die in Bild 9.412 dargestellten Anschlußbeispiele in eine normgerechte Darstellung umgezeichnet. Dabei wird für die Schaltuhr das Symbol nach Tabelle 9.2 verwendet und die Kontakte der Schaltuhr getrennt gezeichnet. Dabei sind:

- Schaltuhr mit Kontakten : K1T
- Heizungsschütz : K1
- Verdichterschütz : K2
- Ventilatorschütz : K3
- Raumthermostat : B1
- Abtausicherheitsthermostat : F2
- Druckwächter : F1

Bild 9.413 zeigt den normgerechten Schaltplan.

Funktionsbeschreibung:
Ist die an der Schaltuhr K1T eingestellte Tageszeit erreicht, so schaltet der Kontakt K1T von 2–3 nach 2–1 um. Dadurch wird der Stromkreis zum Verdichterschütz K2 unterbrochen und der zum Heizungsschütz K1 geschlossen. Während der eingestellten Abtauzeit (z. B. 30 Minuten) bleibt der Kontakt in dieser Stellung. Sollte der Abtauvor-

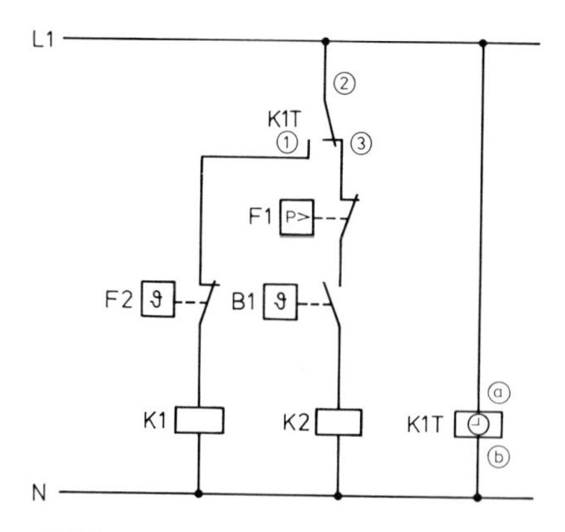

Bild 9.413
Schaltplan für PolarRex KT

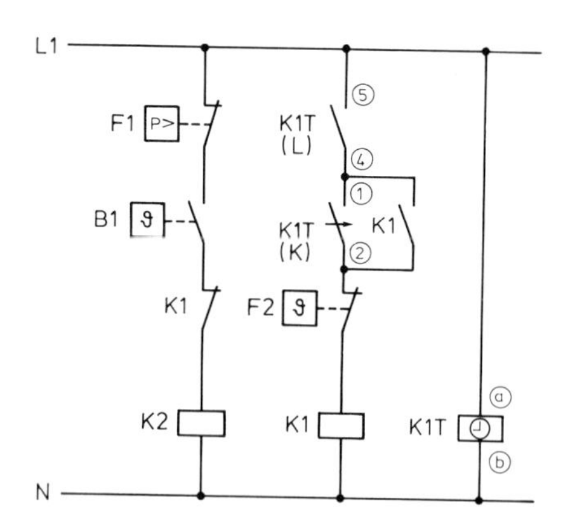

Bild 9.414
Schaltbild für PolarRex KIT

gang durch den Abtausicherheitsthermostaten F2 innerhalb dieser Zeit beendet werden, so wird die Heizung zwar weggeschaltet, der Verdichter aber nicht in Betrieb genommen. Die Heizung kann auch innerhalb der Abtauzeit über F2 wieder in Betrieb gehen.

Funktionsbeschreibung:

Diese Schaltuhr besitzt zwei Schaltkontakte, von denen der in Bild 9.414 mit K bezeichnete Kontakt – Kurzzeitkontakt – eine fest eingestellte Schaltdauer von ca. 7 Minuten hat. Diesem Kontakt ist ein Schließer des Heizungsschützes K1 parallelgeschaltet. Der zweite mit L bezeichnete Kontakt – Langzeitkontakt – bestimmt die maximale Abtauzeit, die zwischen 10 und 60 Minuten betragen kann. Ist der Abtauzeitpunkt erreicht, so schalten die beiden Kontakte K1T gleichzeitig das Heizungsschütz K1 ein. Ein Öffnerkontakt K2 im Strompfad des Verdichterschützes schaltet diesen sofort ab. Innerhalb der ersten 7 Minuten (Schaltdauer des Kurzzeitkontaktes) kann der Abtauvorgang durch den Abtausicherheitsthermostat F2 beendet werden, aber auch nach Zurückschalten von F2 die Heizung wieder eingeschaltet werden. Ein mögliches „Takten" der Anlage ist aber auf die Kurzzeit von 7 Minuten begrenzt. Sobald der Kurzzeitkontakt geöffnet hat und die Heizung über F2 weggeschaltet wird, kann der Stromkreis über F2 nicht mehr geschlossen werden. Der Abtauvorgang ist absolut beendet.

Das Schaltbild für die Abtauuhr KKT zeigt Bild 9.415

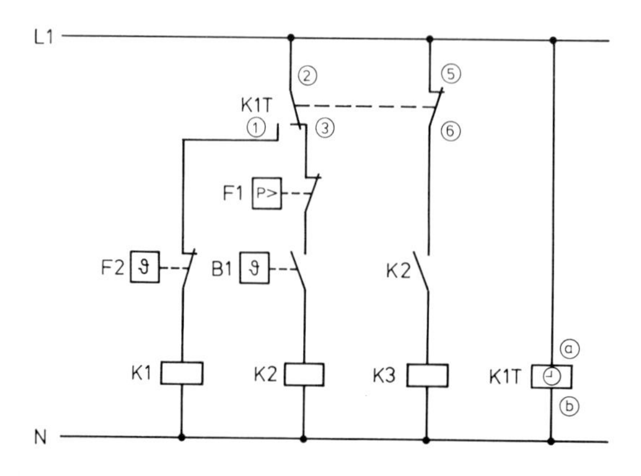

Bild 9.415
Schaltbild für PolarRex KKT

Funktionsbeschreibung:
Diese Abtauuhr besitzt ebenfalls zwei Kontakte von denen der Öffnerkontakt 5 – 6 zum sogenannten **„Verdampfer-Ventilator-Nachlauf"** oder kurz **„Verdampfernachlauf"** benutzt wird. Der Wechselkontakt der Abtauuhr schaltet nach Erreichen der Abtauzeit von 2 – 3 nach 2 – 1 und somit die Heizung ein und den Verdichter aus. Der Kontakt 5 – 6 öffnet ebenfalls den Stromkreis zum Verdampferventilator. Nach Beendigung der Abtauzeit über die Schaltuhr geht der Wechslerkontakt in die Stellung 2 – 3 zurück und schaltet den Verdichter ein und die Heizung aus. Der Kontakt 5 – 6 bleibt noch geöffnet und verhindert somit einen, nach Beendigung der Abtauung, sofortigen Start des Ventilators. Dieser Verdampfernachlauf sorgt dafür, daß nach Beendigung der Abtauphase keine warme Luft und kein sich gebildetes Tauwasser in den Kühlraum gelangt. Nach diesen Bedingungen ist die eingestellte Zeit des Kontaktes 5 – 6 zu bemessen.

Eine andere Möglichkeit des Verdampfernachlaufes besteht in der Anwendung eines zusätzlichen Thermostaten **(Verdampfernachlaufthermostat)**, der erst unter 0 °C den Ventillator zuschaltet. Diese Bedarfszuschaltung hat den Vorteil, daß der Unsicherheitsfaktor der zeitlichen Komponente ausgeschlossen wird. Bei wechselnden Bedingungen im Kühlraum kann die eingestellte Nachlaufzeit zu gering oder aber auch zu groß bemessen sein.

Bild 9.416
Schaltuhr PolarRex KKT (Legrand)

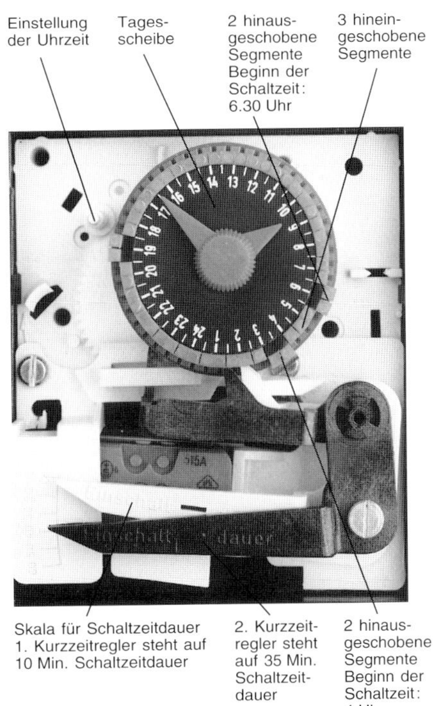

9.4.5 Abtauheizung und Kurbelwannenheizung

Das Verfahren der Verdampferabtauung mittels einer elektrischen Widerstandsheizung ist ein sehr sicheres und einfaches Abtauverfahren. Die Verdampferhersteller bieten diese Heizelemente in einer Vielzahl unterschiedlicher Leistungen und Formen an. Bei Einsatz von Verdampfern im Tiefkühlbereich ist außerdem zu beachten, daß **Tropfschale** und **Abflußrohr** mit abgetaut werden. Dies kann mittels einer zusätzlichen **Ablaufheizung** geschehen oder generell in die elektrische Abtauvorrichtung mit integriert werden.

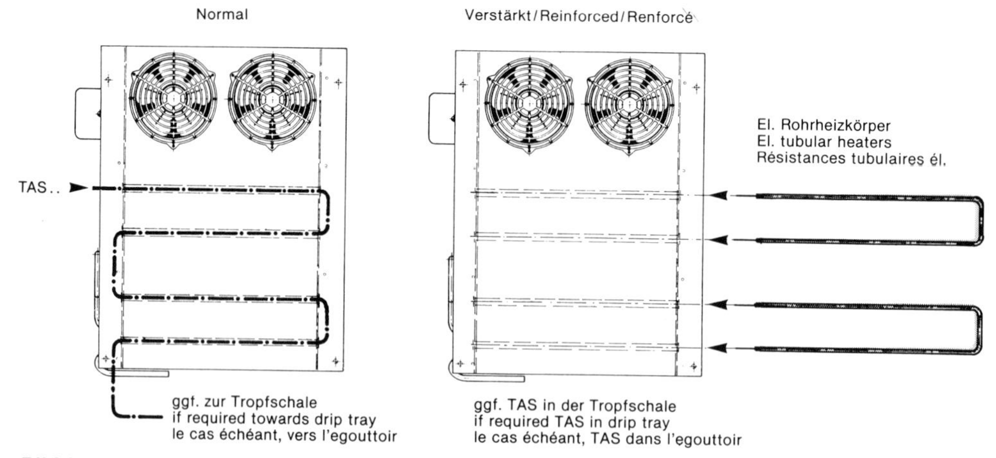

Bild 9.417 Elektrische Abtauvorrichtung (Fa. *Küba*)

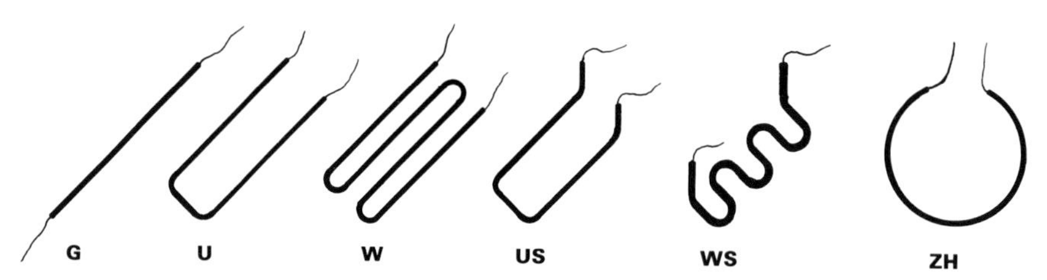

Bild 9.418 Unterschiedliche Heizstäbe für Serien-Verdampfer (Fa. *Roller*)

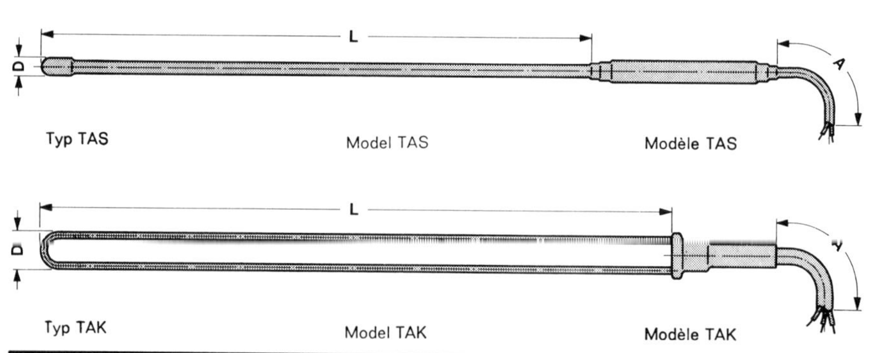

Typ Model Modèle	Heiz-leistung Wattage Puissance	beheizte Länge heated length longueur chauffée	Maße in mm Dimensions in mm Dimensions en mm				Gewicht Weight Poids
	W	mm	D	L	A		kg
TAS 13	72	1 300	8	1 300	2 000		0,17
TAS 20	110	2 000	8	2 000	2 000		0,21
TAS 30	165	3 000	8	3 000	2 000		0,26
TAS 40	220	4 000	8	4 000	2 000		0,32
TAS 50	275	5 000	8	5 000	2 000		0,37
TAK 130	130	1 300	19	1 300	2 000		0,50

Bild 9.419 Elektrische Ablaufheizung (Fa. *Küba*)

Das steuerungstechnische Symbol einer elektrischen Heizung ist ein mit Strichen versehenes Widerstandssymbol. Die Heizungen werden in der Regel mit den Kontakten eines Schützes angesteuert. Je nach Leistung und Spannung werden diese an 220 V bzw. 380 V und in Stern- oder Dreieckschaltung angeschlossen.

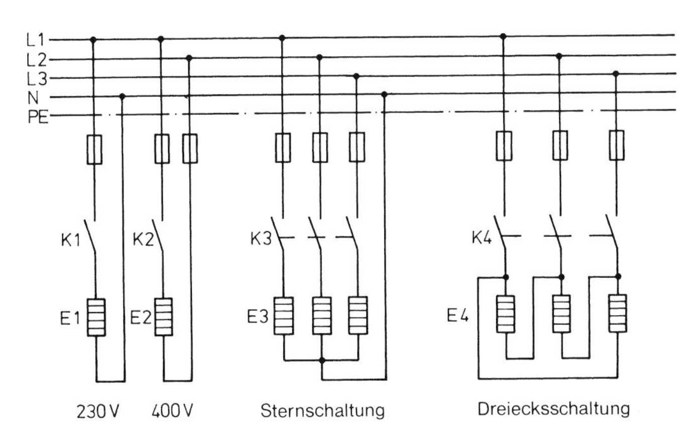

Bild 9.420 Schaltbilder elektrischer Heizungen

Kurbelwannenheizungen **(Ölsumpfheizungen)** sollen beim Anlaufen eines Verdichters verhindern, daß sich infolge Ölaufschäumens mit verstärkter Ölabwanderung **Flüssigkeitsschläge** bilden. Während des Verdichterstillstandes können in Abhängigkeit von Druck und Umgebungstemperatur mehr oder weniger große Kältemittelmassen in das Schmieröl im Kurbelgehäuse diffundieren. Durch die Druckabsenkung beim Anfahren dampft das im Öl enthaltene Kältemittel schlagartig aus und es kommt je nach Kältemittel-Konzentration zu einem mehr oder weniger starkem Ölaufschäumen. Dieses Ölaufschäumen führt zur Ölabwanderung und unter Umständen zu Flüssigkeitsschlägen und setzt außerdem die Schmierfähigkeit des Kältemaschinenöls herab.

Die Erkenntnis, daß der mögliche Kältemittelgehalt im Öl um so geringer ist, je höher die Temperatur und je niedriger der Druck ist, führte zur Entwicklung von Heizeinrichtungen zur Aufheizung des Kurbelgehäuseöls. Eine solche Heizeinrichtung (Kurbelwannenheizung) sorgt dafür, daß die Öltemperatur im Gehäuse während der Stillstandszeit des Verdichters auf einer Temperatur gehalten wird, die höher liegt als der kälteste Punkt des Kältemittelkreislaufsystems.

Die Heizwiderstände bestehen aus hochwertigem Widerstandsdraht, der in einem geschlossenen korrosionsgeschützten Metallgehäuse eingebaut ist. Diese Heizwiderstände werden sowohl extern als auch intern am Kurbelgehäuse des Verdichters angeordnet.

Bild 9.421
Kurbelwannenheizung am Verdichtergehäuse (DWM *Copeland*)

Während bei extern montierten Heizungen der Betrieb auch bei laufendem Verdichter möglich ist, dürfen dagegen bei internen **Tauchheizungen** diese nur bei Verdichterstillstand eingeschaltet sein, da sonst eine Überhitzung des Öls erfolgen kann. Diese Heizungen müssen dann über einen Öffnerkontakt des Verdichterschützes geschaltet werden. Bei den meisten Verdichterherstellern sind Kurbelwannenheizungen bereits serienmäßig installiert. Die Heizleistungen bewegen sich je nach Aufstellungsbedingungen in der Größenordnung zwischen 40 W und 200 W und sind in der Regel für eine Spannung von 240 V ausgelegt; Sonderspannungen sind auch lieferbar.

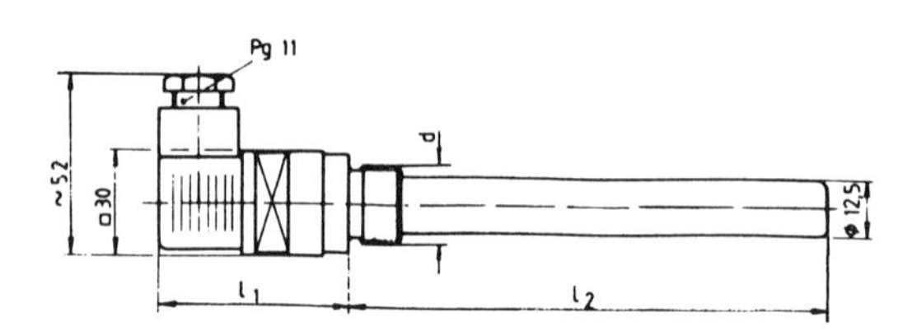

Verdichter-Typ Compressor model Compresseur modèle	Heizleistung Heating capacity Puissance de chauffage (W)	Spannung Voltage Tension (V)	Anschluß Connection Branchement d	Länge Length Longueur L_1 (mm)	L_2 (mm)
AM 1 - 2 F 1 - 2 FK 1 - 2	40	220 - 240	R 3/8"	60	100
AM 3 F 3 FK 3	60	220 - 240	M 22 x 1,5	65	155
AM 4 - 5 - F 4 - 5 - FK 4 - 5 -	80	220 - 240	M 22 x 1,5	65	155
F 6 - 14 - 16	140	220 - 240	M 22 x 1,5	65	240

Bild 9.422 Kurbelwannenheizung als Tauchfühler (Fa. *Bock*)

Die steuerungstechnische Umsetzung eines **Tauchfühlers**, der nur bei Verdichterstillstand wirksam sein soll ist in Bild 9.423 prinzipiell dargestellt.

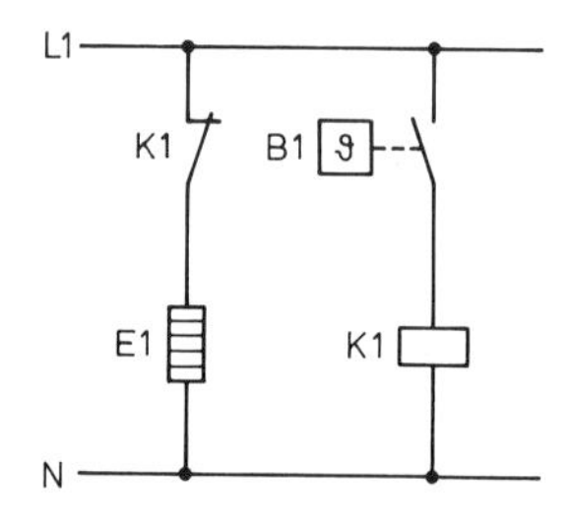

Bild 9.423
Steuerung einer Kurbelwannenheizung (Tauchfühler)

Funktionsbeschreibung:
Hat der Raumthermostat B1 das Verdichterschütz K1 nicht geschaltet (Verdichterstillstand), so hat der Öffner von K1 den Stromkreis zur Kurbelwannenheizung geschlossen und diese somit eingeschaltet. Schaltet B1 den Verdichter ein, so schaltet K1 und öffnet den Stromkreis zur Kurbelwannenheizung.

Kälteanlagen, die längere Zeit außer Betrieb sind und deren Verdichter mit einer Kurbelwannenheizung ausgerüstet sind, sollen mehrere Stunden (Auskunft über die mindeste Vorheizzeit geben die Verdichterhersteller an) vor **Wiederinbetriebnahme** vorgeheizt werden. Die Vorheizzeit ist naturgemäß von der Umgebungstemperatur und der Heizleistung abhängig.

9.4.6 Thermostat und Pressostat

Nach **CECOMAF** wird der **Thermostat** als **„Temperaturschalter"** und der **Pressostat** als **„Druckschalter"** bezeichnet.

Thermostate und Pressostate sind von ihrer Einordnung und Funktion her Regeleinrichtungen. Es handelt sich dabei um unstetige **Zweipunktregler**. Das Kontaktsystem dieser Regler, besteht meistens aus einem Wechsler, und wird in die Steuerung einer Kälteanlage eingebunden. Dabei gelten folgende Definitionen:

– **Thermostat:** Ein Thermostat ist ein von der Temperatur gesteuerter elektrischer Schalter, der einen Stromkreis in Abhängigkeit der Temperatur seines Fühlers öffnet oder schließt.

– **Pressostat:** Ein Pressostat ist ein vom Druck gesteuerter elektrischer Schalter, der einen Stromkreis in Abhängigkeit des Fühlerdruckes öffnet oder schließt.

Thermostate und Pressostate übernehmen in kältetechnischen Steuerungen eine Vielzahl unterschiedlicher Regel- und Schaltfunktionen. Der Einsatz in Sicherheitseinrichtungen wird in Kapitel 10 beschrieben.

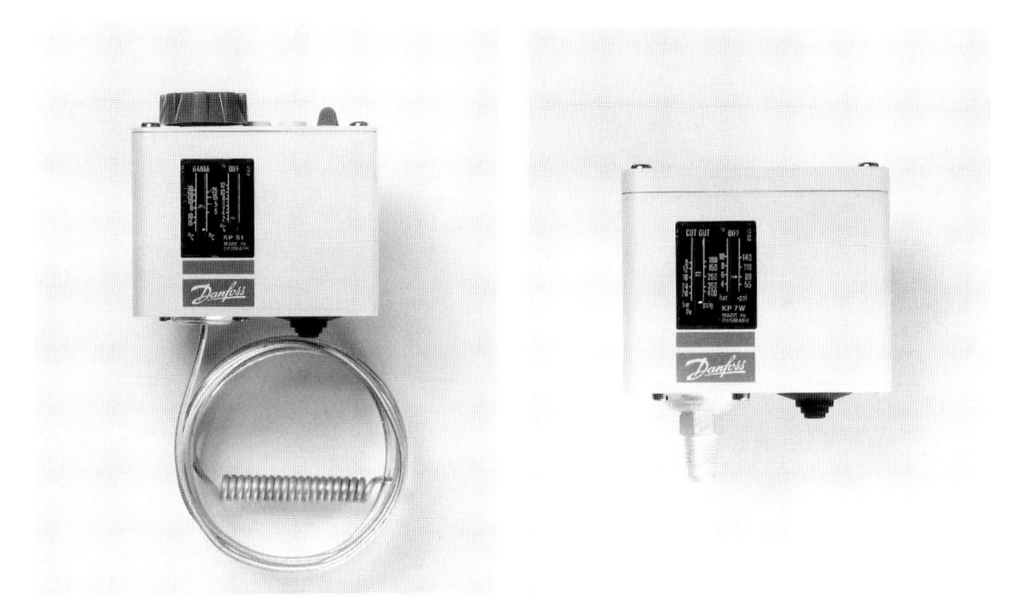

Bild 9.424 Thermostat und Pressostat (Fa. *Danfoss*)

Die Darstellung des Kontaktsystems in einer Steuerung erfolgt normgerecht nach Tabelle 9.2 Kraftantrieb durch Temperatur bzw. Druck.

Nach DIN 40719 sind Thermostate und Pressostate Umsetzer von nichtelektrischen Größen in elektrische Größen und müssen nach Tabelle 9.7 mit dem Kennbuchstaben B gekennzeichnet werden. Werden diese aber von ihrer Funktion nach als Sicherheitseinrichtungen in einer Kälteanlage betrieben, so ist nach DIN bei der Kennzeichnung der Funktion den Vorrang zu geben. Aus diesem Grund werden z. B. Hochdrucksicherheitspressostate in der Steuerung mit dem Kennbuchstaben F gekennzeichnet.

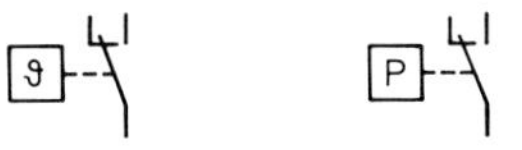

Bild 9.425
Kontaktsystem (Wechsler) eines Thermostaten/Pressostaten

9.5 Schaltungsunterlagen

Nach DIN 40719 ist der Begriff **„Schaltplan"** wie folgt definiert:

Ein Schaltplan ist eine zeichnerische Darstellung elektrischer Betriebsmittel durch Schaltzeichen. Er zeigt die Art, in der die verschiedenen elektrischen Betriebsmittel zueinander in Beziehung stehen und miteinander verbunden sind.

Um eine möglichst übersichtliche Darstellung einer kältetechnischen Steuerung zu erhalten, werden die **Stromlaufpläne in aufgelöster Darstellung** gezeichnet. Dabei sind folgende Regeln einzuhalten:

- Haupt- und Steuerstromkreis werden getrennt dargestellt.
- Schaltzeichen für elektrische Betriebsmittel oder Teile davon werden getrennt gezeichnet und so angeordnet, daß jeder Stromweg möglichst geradlinig verläuft und leicht zu verfolgen ist.
- Auf die räumliche Zusammengehörigkeit einzelner Teile eines Betriebsmittels wird keine Rücksicht genommen.
- Eine möglichst klare, geradlinig und kreuzungsfreie Anordnung der einzelnen Stromwege hat Vorrang.
- Alle Betriebsmittel werden im spannungs- bzw. stromlosen Zustand und ohne Einwirkung einer Betätigungskraft dargestellt. Steuerschalter werden in Nullstellung bzw. in einer Vorzugsstellung gezeichnet.
- Die Strompfade werden möglichst parallel zueinander gezeichnet und durchnummeriert.
- Einzelteile von Betriebsmitteln (z. B. Öffner eines Schützes), die sich in anderen Strompfaden befinden, werden mit dem gleichen Kennbuchstaben gekennzeichnet.
- Zum Auffinden von Schaltgliedern von Schützen werden unter die Schützspulen Tabellen gezeichnet, die Auskunft über den Ort der Kontakte geben.

An einem einfachen Beispiel sollen diese Regeln verdeutlicht werden.

Beispiel 1:
Eine Kälteanlage soll nach folgenden Vorgaben angesteuert werden:

1) Drehstromverdichter
2) Drehstromverdampferventilator
3) Wechselstromabtauheizung
4) Raumthermostat schaltet den Verdichter
5) Abtauansteuerung mit Verdampfernachlauf mit PolarRex KKT (nach Bild 9.415)
6) Optische Meldeleuchten für Kühlbetrieb, Abtauung und Verdampferventilator EIN

Gesucht ist die normgerechte Darstellung im Stromlaufplan in aufgelöster Darstellung.

Lösung:

Anmerkungen zum Stromlaufplan:
- Im Hauptstromkreis wurden die Drehstromanschlüsse für die Motoren als ein Stromkreis (Drehstromkreis) gekennzeichnet.
- Die Tabellen unter den Schützspulen sagen aus, in welchen Stromkreisen sich Kontakte befinden und um welche Kontakte es sich dabei handelt.
- Die Tabelle unter der Abtauuhr K1T sagt aus, daß sich ein Wechslerkontakt der

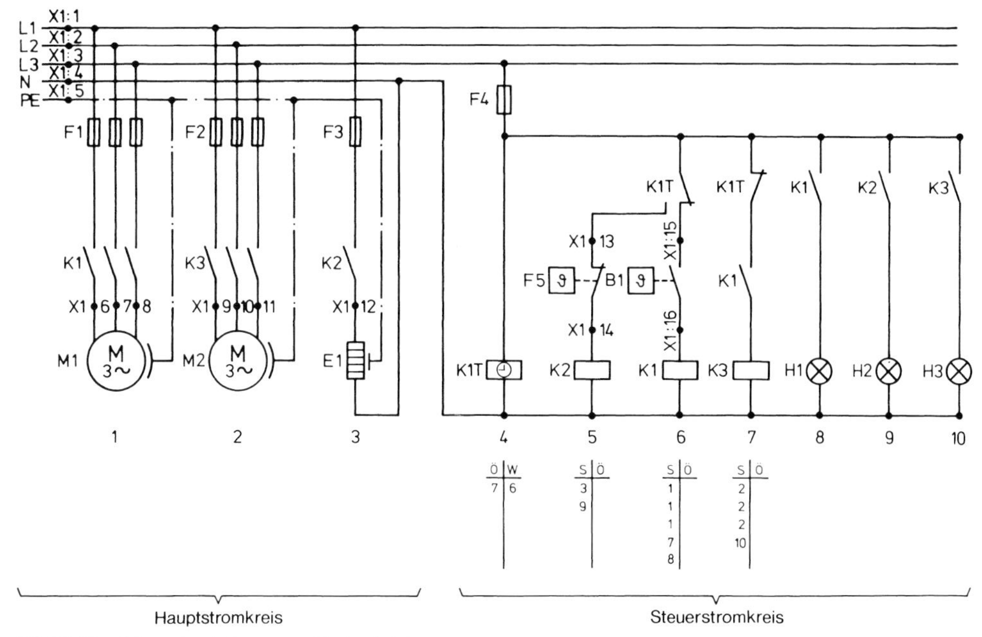

Bild 9.51 Stromlaufplan zum Beispiel 1

Abtauuhr im Strompfad 6 und ein Öffnerkontakt im Strompfad 7 befinden. Entsprechend kann man der Tabelle unter dem Schütz K2 entnehmen, daß dieser zwei Schließer in den Strompfaden 3 und 9 hat.

- Die Nummerierung der Strompfade sollte bei umfangreichen Steuerungen, die über mehrere Seiten lang sein können, nicht durch eine einfache Durchzählung geschehen. Man kann dann auf die Blattnummerierung zurückgreifen (z. B.: 4/9 bedeutet, daß sich ein Kontakt auf Blatt 4 im Strompfad 9 befindet).
- Bei größeren Steuerungen werden Haupt- und Steuerstromkreis auf getrennten Blättern dargestellt. Im Steuerstromkreis wird der *N*-Leiter – wegen der Übersichtlichkeit – nach unten gezeichnet.

Zu jeder Steuerung gehört eine sog. Legende, in der die Betriebsmittel des Schaltplanes nach ihrer Funktion benannt werden.

Legende zum Beispiel 1:

- M1 : Verdichtermotor
- M2 : Verdampferventilator
- E1 : Abtauheizung
- F1 : Sicherung Verdichter
- F2 : Sicherung Verdampferventilator
- F3 : Sicherung Abtauheizung
- F4 : Sicherung Steuerstromkreis
- F5 : Abtaubegrenzungsthermostat
- K1T: Abtauuhr KKT PolarRex
- K1 : Verdichterschütz
- K2 : Heizungsschütz
- K3 : Verdampferventilatorschütz
- B1 : Raumthermostat
- F2 : Abtausicherheitsthermostat
- H1 : Meldeleuchte Kühlbetrieb
- H2 : Meldeleuchte Abtauung
- H3 : Meldeleuchte Verdampferlüfter EIN

Eine weitere wichtige Schaltungsunterlage ist der **Anschlußplan**. In DIN 40719 Teil 9 sind die Richtlinien für die Ausarbeitung von Anschlußplänen, in denen die Anschlußstellen einer elektrischen Einrichtung dargestellt sind, aufgeführt. Danach vermitteln Anschlußpläne Informationen über den Anschluß elektrischer Verbindungen. Sie sind Unterlagen für die Fertigung, Montage und Wartung von Steuerungen.

Alle elektrischen Betriebsmittel, die in eine Steuerung eingehen, sich aber räumlich nicht im Schaltschrank befinden, werden auf eine Reihenklemme aufgelegt und im Anschlußplan **(Klemmenplan)** gekennzeichnet. Solche Betriebsmittel sind in kältetechnischen Steuerungen z. B. Magnetventile, Thermostate, Pressestate, Abtauheizungen usw.

Die **Anschlußklemmen** werden im Schaltplan gekennzeichnet und finden sich im Anschlußplan für das entsprechende Betriebsmittel wieder. In dem Stromlaufplan nach Bild 9.51 sind die Anschlußklemmen für die Betriebsmittel, die sich nicht im Schaltschrank befinden und demnach auf die Reihenklemme gelegt werden, bereits gekennzeichnet worden. Die Zuleitung (Stromversorgung) wird ebenfalls auf die Reihenklemme gelegt.

- Zuleitung : X1 : 1 bis X1 : 3, X1 : N und X1 : PE
- Verdichtermotor M1 : X1 : 6 bis X1 : 8
- Verdampferventilator M2 : X1 : 9 bis X1 : 11
- Abtauheizung E1 : X1 : 12
- Abtausicherheitsthermostat F2 : X1 : 13 und X1 : 14
- Raumthermostat B1 : X1 : 15 und X1 : 16

Die Darstellung im Anschlußplan zeigt Bild 9.52. Hier wird eine Reihenklemme mit den Anschlußbezeichnungen dargestellt.

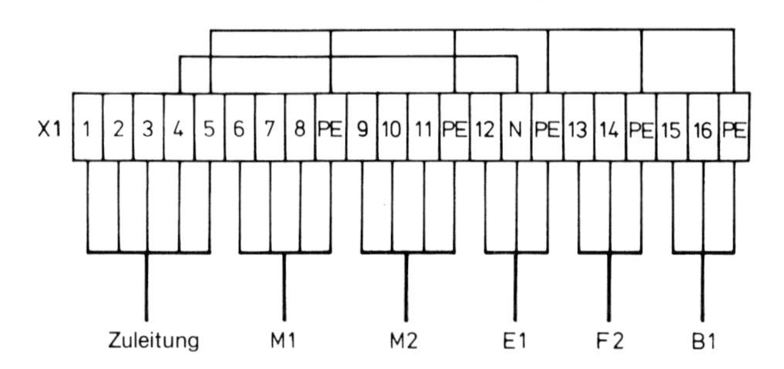

Bild 9.52
Anschlußplan

Anmerkungen zum Anschlußplan:

- Für die Zuleitung und den Anschluß der Betriebsmittel wird das Symbol nach Tabelle 9.1 „Zusammengefaßte Leitung" gewählt.
- Im Stromlaufplan nach Bild 9.51 sind bei den Thermostaten keine PE-Anschlüsse dargestellt. Wird aber ein PE-Leiter angeschlossen, so muß dieser auch im Anschlußplan mitgezeichnet werden. Dieser bekommt dann keine Klemmennummer, sondern eine innere Verbindung mit der PE-Klemme. Ebenso ist der N-Leiter auf der Reihenklemme verbunden und mit N gekennzeichnet. Eine andere Möglichkeit besteht darin, extra PE- oder N-Klemmen auszuweisen.
- Die Anschlüße der Betriebsmittel können noch mit zusätzlichen Informationen versehen werden (z. B. Querschnitt der Zuleitung).

Im Stromlaufplan nach Bild 9.51 sind mehrere Möglichkeiten der Darstellung einer Anschlußklemme eingezeichnet. Diese sind im Bild 9.53 nochmals zusammengestellt.

Hersteller von **Serienschaltschränken** für Kühlraumsteuerungen fertigen oft eine Kombination von **Stromlaufplan mit Klemmenplan** an (siehe Bild 9.54).

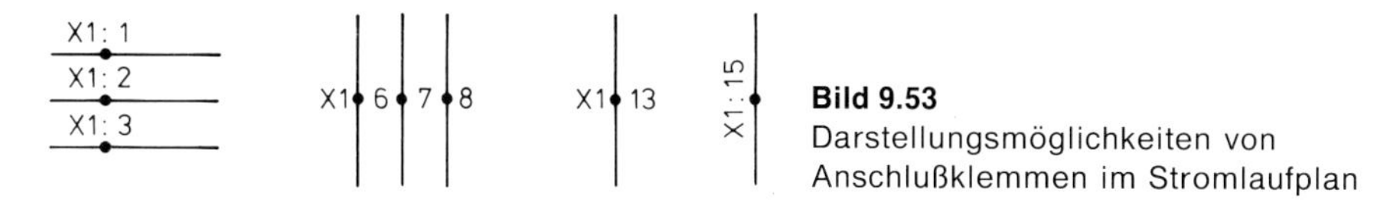

Bild 9.53
Darstellungsmöglichkeiten von Anschlußklemmen im Stromlaufplan

Bei komplexen kältetechnischen Steuerungen hat diese Art der Darstellung den großen Nachteil, daß die Übersichtlichkeit verloren geht und damit der Funktionszusammenhang der gesamten Steuerung nur erschwert deutlich wird. Auf diese Problematik wird bei den projektbezogenen Steuerungen nochmals eingegangen.

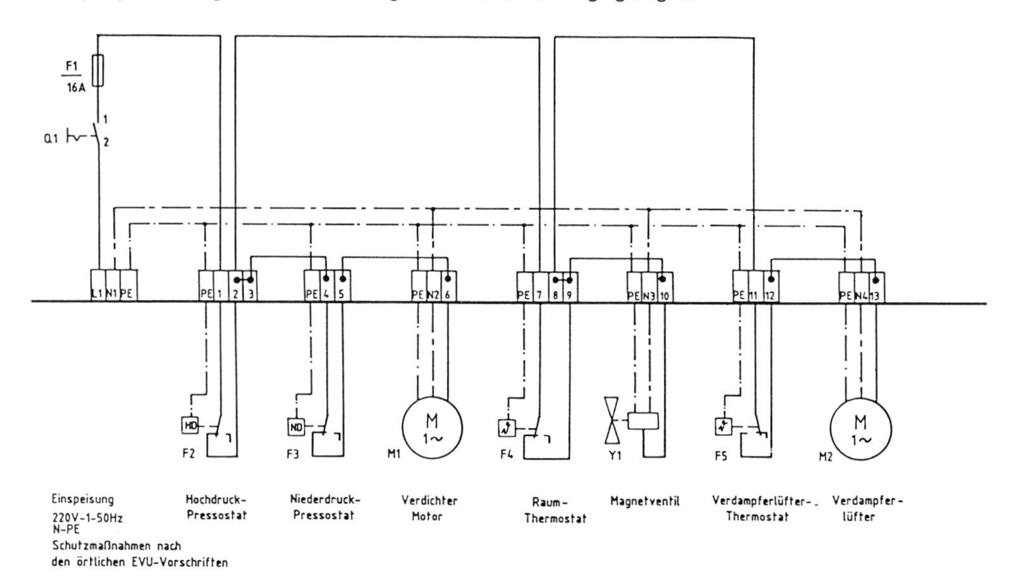

Bild 9.54 Schaltbild einer Kühlraumsteuerung (aus Katalog *Fischer* Kälte-Klima)

9.6 Einfache Kontaktsteuerungen

Die Entwicklung eines Schaltplanes aufgrund einer projektbezogenen Aufgabenstellung ist nur lösbar, wenn das prinzipielle Zusammenwirken der unterschiedlichen Betriebsmittel in den einzelnen Strompfaden deutlich geworden ist. Aus diesem Grund werden in diesem Kapitel einfache Kontaktsteuerungen an Beispielen genau beschrieben. Diese Funktionsbeschreibungen ermöglichen das Verständnis für die Funktionsweise komplexerer kältetechnischer Schaltpläne.

Beispiel 1:
Ein Kühlraum wird mit zwei Verdichtern betrieben. Unter normalen Bedingungen ist zur Kühlung immer nur ein Verdichter eingeschaltet. Nach jeder erneuten Anforderung durch den Raumthermostaten wird jener Verdichter eingeschaltet, der in der vorhergehenden Kühlphase ausgeschaltet war. Es soll also immer ein Verdichterwechsel erfolgen. Die Verdichter werden jeweils über einen getrennten Schütz geschaltet.
Gesucht:

a) Prinzipieller Steuerstromkreis
b) Legende zum Steuerstromkreis
c) Funktionsbeschreibung

Lösung:

zu a)

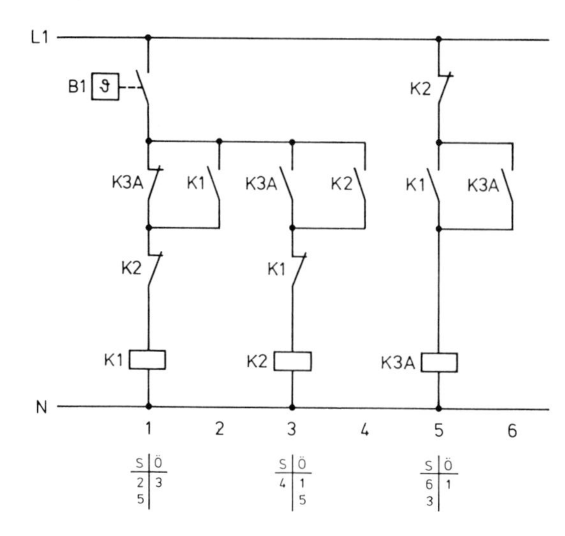

Bild 9.61
Wechselnder Verdichterbetrieb

zu b)

B1 : Raumthermostat
K1 : Schütz Verdichter 1
K2 : Schütz Verdichter 2
K3A: Hilfsschütz Wechselbetrieb

zu c)

Die Ausgangsstellung zur Beschreibung ist, daß kein Schütz angezogen hat.

1. Raumthermostat B1 schaltet

- Schütz K1 zieht an
- Schließer von K1 im Strompfad 2 und im Strompfad 5 schließen
- Schütz K3A zieht an
- Öffnerkontakt von K3A im Strompfad 1 öffnet
  K1 bleibt aber angezogen, da der Kontakt K1 im Strompfad 2 geschlossen ist (Selbsthaltung)
- Die Schließerkontakte von K3A in den Strompfaden 3 und 6 werden ebenfalls geschlossen
- K2 im Strompfad 3 kann aber nicht anziehen, da der Öffner von K1 betätigt ist
- K1 und K3A sind angezogen
- Verdichter 1 ist in Betrieb

2. Raumthermostat B1 schaltet ab

- Schütz K1 fällt ab
- Die Kontakte von K1 gehen in die Ausgangsstellung zurück
- Schütz K3A bleibt angezogen durch den Schließer von K3A im Strompfad 6 (Selbsthaltung)
- Verdichter 1 ist aus

3. Raumthermostat B1 schaltet erneut

- Da K3A angezogen ist, ist der Stromkreis 1 geöffnet und der Strompfad 3 geschlossen
- Schütz K2 zieht an

- Schließer von K2 im Strompfad 4 schließt
- Die Öffner im Strompfad 1 und 5 öffnen
- Der Öffner von K2 im Strompfad 5 bewirkt, daß K3A abfällt
- Die Kontakte von K3A gehen in die Ausgangsstellung zurück
- K3A öffnet im Strompfad 3
- K2 bleibt aber angezogen, da der Kontakt von K2 im Strompfad 4 (Selbsthaltung) geschlossen ist
- K1 kann wegen des Öffners von K2 im Strompfad 1 nicht anziehen
- Verdichter 2 ist in Betrieb

4. Raumthermostat B1 schaltet ab

- Schütz K2 fällt ab
- Die Kontakte von K2 gehen in die Ausgangsstellung zurück
- Verdichter 2 ist aus

Da alle drei Schütze ausgeschaltet sind, ist die Ausgangsstellung wieder hergestellt. Bei einem erneuten Schalten des Raumthermostaten zieht Schütz K1 an und der Verdichter 1 geht damit in Betrieb. Die Steuerung läuft ab, wie unter 1. bis 4. beschrieben.

Beispiel 2:
Die Aufgabenstellung aus Beispiel 1 soll erweitert werden. Ein zweiter Thermostat schaltet bei erhöhter Temperatur (z. B. wegen größer werdender innerer Kühllast) beide Verdichter gleichzeitig.

Gesucht:

a) Steuerstromkreis
b) Legende
c) Funktionsbeschreibung

Lösung:

zu a)

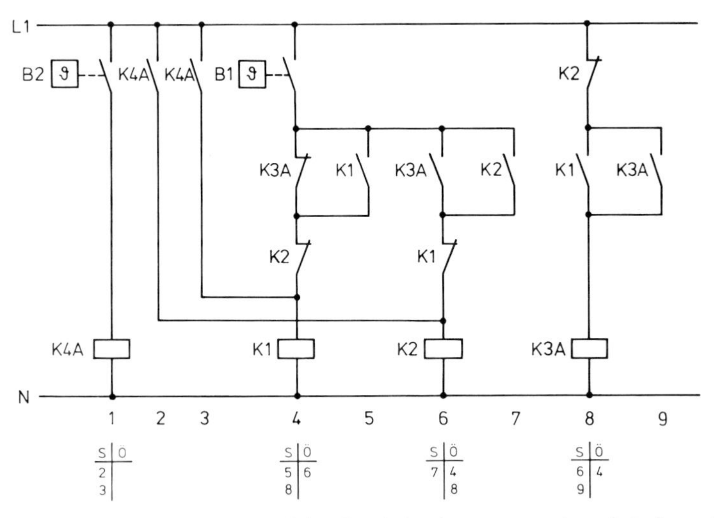

Bild 9.62 Wechselnder Verdichterbetrieb mit zwangsweiser Schaltung beider Verdichter

zu b)

B1 : Raumthermostat wechselnder Betrieb
B2 : Raumthermostat beide Verdichter in Betrieb
K1 : Schütz Verdichter 1
K2 : Schütz Verdichter 2
K3A: Hilfsschütz wechselnder Betrieb
K4A: Hilfsschütz beide Verdichter in Betrieb

zu c)

Die Schaltung in den Strompfaden 4 bis 8 entspricht vollständig dem Bild 9.61. Im normalen Betrieb ist demnach über B1 entweder K1 (Verdichter 1) oder K2 (Verdichter 2) eingeschaltet. Schaltet nun zusätzlich noch wegen erhöhter Temperatur B2 im Strompfad 1, so zieht das Hilfsschütz K4A an. Die beiden Schließer von K4A in den Strompfaden 2 und 3 legen die Schütze K1 und K2 an Spannung. Somit sind immer beide Verdichter eingeschaltet, unabhängig davon welcher der beiden Verdichter gerade in Betrieb war.

Der Hilfsschütz K4A kann entfallen, wenn man für B2 einen Thermostaten verwendet, der mit zwei getrennten Kontakten ausgestattet ist. Diese beiden Kontakte des Thermostaten übernehmen dann die Funktion der beiden Schließer von K4A.

Beispiel 3:
Zur Temperaturüberwachung in einer Kälteanlage wird ein Thermostat, der nur einen Öffnerkontakt hat, eingesetzt. Dieser öffnet bei unzulässig hoher Temperatur seinen Kontakt. Die Temperaturüberhöhung soll optisch durch eine Meldeleuchte angezeigt werden. Hat der Thermostat länger als 10 min ausgelöst, so soll zusätzlich ein akustisches Signal ertönen. Das akustische Signal kann mit einem Taster gelöscht werden, auch wenn die Störung noch ansteht. Eine Löschung des akustischen Signals vor Ablauf der 10 min soll ebenfalls möglich sein.

Gesucht:

a) Steuerstromkreis
b) Legende
c) Funktionsbeschreibung

Lösung:

zu a)

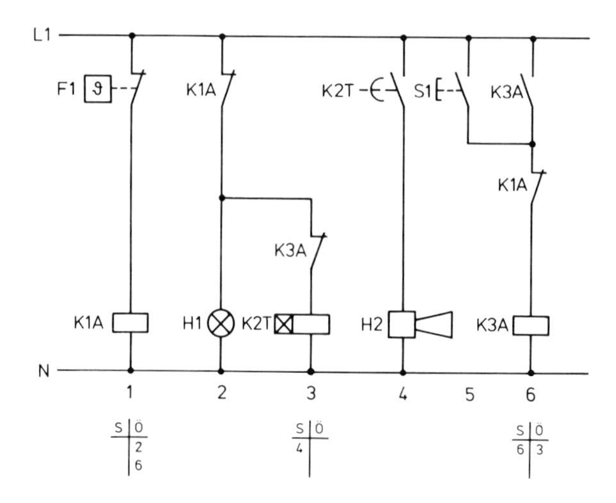

Bild 9.63
Meldesteuerung

zu b)

F1 : Alarmthermostat
S1 : Taster „Hupe AUS“
H1 : Meldeleuchte „Erhöhte Temperatur“
H2 : Hupsignal „Erhöhte Temperatur“
K1A: Hilfsschütz (nur Öffnerkontakt)
K2T: Zeitrelais (Hupe verzögert)
K3A: Hilfsschütz (Hupe AUS)

zu c)

Da der Alarmthermostat F1 nur einen Öffnerkontakt hat, muß der Hilfsschütz K1A die Auslösefunktion bei erhöhter Temperatur übernehmen. Hat F1 nicht ausgelöst, so ist der Kontakt geschlossen und K1A hat angezogen. Der Öffner von K1A im Strompfad 2 ist geöffnet. Die Meldeleuchte H1 ist aus. Ebenso hat das Zeitrelais K2T, daß mit seinem Schließer zeitverzögert im Strompfad 4 die Hupe H2 ansteuert, keine Spannung. Sobald F1 wegen überhöhter Temperatur öffnet, fällt K1A ab und schaltet durch den Kontakt im Strompfad 2 die Meldeleuchte H1 und K2T. Nach 10 min schließt der Kontakt K2T im Strompfad 4 und schaltet die Hupe H2. Mit dem Taster S1 im Strompfad 5 kann das Hilfsschütz K3A geschaltet werden, daß durch den Selbsthaltekontakt K3A im Strompfad 6 geschaltet bleibt, auch wenn S1 nicht betätigt bleibt. Der Öffner von K3A im Strompfad 3 schaltet das Zeitrelais – und damit die Hupe H2 – ab. Die Abschaltung der Hupe über K3A ist auch innerhalb der 10 min möglich. Nach beseitigter Störung schließt der Kontakt von F1 wieder und schaltet K1A. Die Meldeleuchte H1 erlischt und K3A fällt wieder ab. Der Ausgangszustand ist hergestellt.

Beispiel 4:

Mit einem dreistufigen drehbetätigten Steuerschalter soll ein Verdichterschütz angesteuert werden. Dabei bedeuten:

– „O“: AUS; Verdichter ist abgeschaltet
– „H“: HAND; der Verdichter wird direkt geschaltet
– „A“: AUTO; der Verdichter wird über einen Raumthermostaten geschaltet

Bei ausgeschaltetem Verdichter – Schalterstellung „O“ – soll eine Meldeleuchte H1 aufleuchten.

Gesucht:

a) Steuerstromkreis
b) Legende
c) Funktionsbeschreibung

Lösung:

zu a)

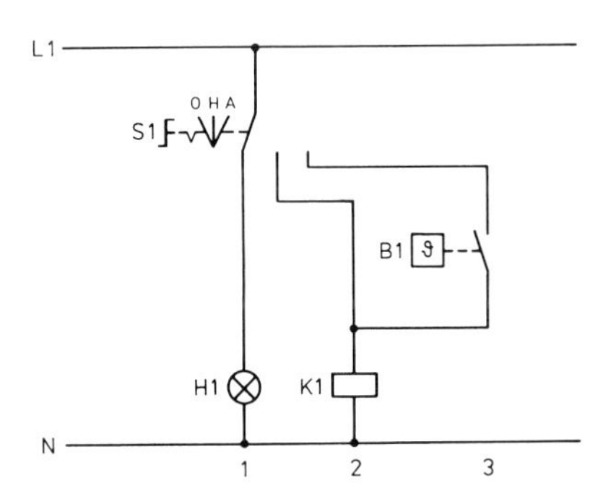

Bild 9.64
Steuerung mit AUS, HAND und AUTO

zu b)

- S1: Dreistufiger Steuerschalter
- H1: Meldeleuchte AUS
- B1: Raumthermostat
- K1: Verdichterschütz

zu c)

In der Stellung „O“ des Schalters S1 wird die Meldeleuchte H1 geschaltet. In der Stellung „H“ wird der Verdichterschütz K1 direkt angesteuert. Auch wenn der Raumthermostat B1 schaltet, so hat dies keine Auswirkung auf K1. In der Stellung „A“ wird das Verdichterschütz nur über den Kontakt des Raumthermostaten B1 geschaltet.

Um Kreuzungen zu vermeiden, ist es notwendig den Kontakt des Schalters S1 spiegelbildlich zu zeichnen.

Beispiel 5:
Wird ein Schalter S1 betätigt, so soll eine Meldeleuchte H1 mit der Blinkfrequenz 0,5 Hz blinken.

(Anm.: Dieses Beispiel soll nochmals das Verhalten von Zeitrelais verdeutlichen. In der Praxis verwendet man hierzu Blinkrelais.)

Gesucht:

a) Steuerung
b) Funktionsbeschreibung
c) Zeitdiagramm

Lösung:
zu a)

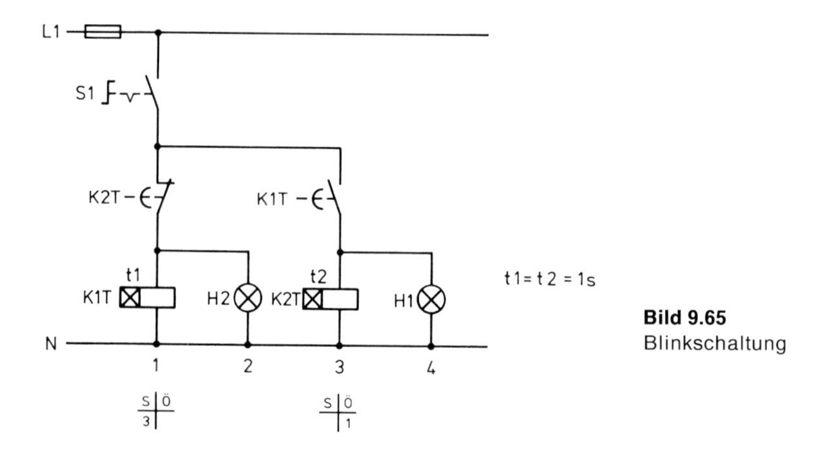

Bild 9.65
Blinkschaltung

zu b)

Eine Blinkfrequenz von 0,5 Hz bedeutet, das die Periodendauer nach Formel (6.2) $T = \frac{1}{f} = 2$ Sekunden betragen muß. D. h. die Meldeleuchte muß eine Sekunde ein- und eine Sekunde ausgeschaltet sein.

Wird in der Steuerung nach Bild 9.65 der Schalter S1 geschlossen, so bekommt das Zeitrelais K1T Spannung und H2 leuchtet auf. Nach Ablauf der am Zeitrelais K1T eingestellten Zeit von 1 Sekunde schaltet der Kontakt von K1T im Strompfad 3 das Zeitrelais K2T und die Meldeleuchte H1. Nach der am Zeitrelais K2T eingestellten Zeit von 1 Sekunde schaltet der Öffnerkontakt im Strompfad 1 das Zeitrelais K1T weg. Damit öffnet auch sofort der Kontakt von K1T im Strompfad 3 und schaltet K2T weg. H1 ist wieder ausgeschaltet. Dies hat zur Folge, daß der Kontakt von K2T im Strompfad 1 wieder schließt und das Zeitrelais K1T an Spannung liegt. Der Vorgang beginnt erneut. Die Meldeleuchte H2 ist immer nur für einen kurzen Impuls ausgeschaltet. Schaltet man S1 zu einem beliebigen Zeitpunkt, so wird alles stromlos. Im Zeitdiagramm wird dieser Vorgang nochmals deutlich.

zu c)

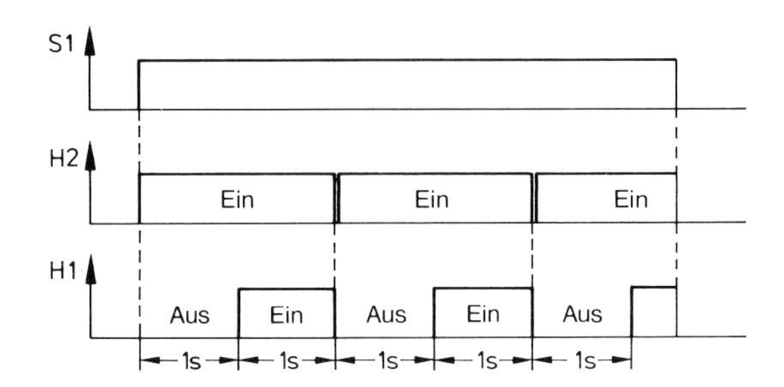

Bild 9.66
Zeitdiagramm der Blinkschaltung aus Bild 9.65

10 Sicherheitseinrichtungen in kältetechnischen Steuerungen

Sicherheitseinrichtungen nehmen in kältetechnischen Steuerungen einen großen Stellenwert ein. Dabei handelt es sich im wesentlichen um **Motorschutzeinrichtungen** (z. B. Verdichterschutz), die in einer sog. **„Sicherheitskette“** eingebunden sind. Je nach Anlagenbedingung und Ausmaß einer Störung kann die gesamte Anlage abgeschaltet werden. Ein Wiedereinschalten ist nach dem Wegfall der Störung von selbst oder erst nach Betätigen eines sog. „Resettasters“ möglich. Die dazu notwendigen unterschiedlichen Steuerungen werden in den nachfolgenden Kapiteln beschrieben.

10.1 Leitungsschutz und Motorschutzeinrichtungen

Elektrisch sind Motoren, um eine Zerstörung der Wicklungen zu vermeiden, vor zu hoher Stromaufnahme und einer damit verbundenen überhöhten Temperatur der Motorwicklungen zu schützen. Kältetechnische Störungen am Verdichter, wie z. B. mangelnder Öldifferenzdruck bei einem druckgeschmierten Kältemittelverdichter, werden ebenfalls in die elektrische Sicherheitskette eingebunden.

10.1.1 Kurzschlußschutz

Unter einem Kurzschluß versteht man eine leitende Verbindung ohne Verbraucher zwischen betriebsmäßig gegeneinander unter Spannung stehenden Leitern infolge eines Isolationsfehlers. Dieser Kurzschluß hat einen sehr hohen Kurzschlußstrom zur Folge, der ohne eine Schutzmaßnahme Leitungen und Schaltgeräte zerstören kann.

Schmelzsicherungen sind die älteste Schutzeinrichtung in der Elektrotechnik zum Kurzschlußschutz, obwohl der schmelzsicherungslose Anlagenbau immer mehr an Bedeutung gewinnt. Der Schutz durch Sicherung beruht auf dem Prinzip, ein Stück Draht durchschmelzen zu lassen (Sollbruchstelle in einem Stromkreis).

Die **Funktionsklassen** einer Schmelzsicherung legen fest, in welchem Strombereich der Sicherungseinsatz ausschalten kann:

- **Funktionsklasse g:** Ganzbereichssicherungen (general purpose fuses). Sicherungssätze, die Ströme bis wenigstens zu ihrem Nennstrom dauernd führen und Ströme vom kleinsten Schmelzstrom bis zum Nennausschaltstrom ausschalten können. (Schutz gegen Überlast und Kurzschluß)
- **Funktionsklasse a:** Teilbereichssicherungen (accompanied fuses). Sicherungssätze, die Ströme bis wenigstens zu ihrem Nennstrom dauernd führen und Ströme oberhalb eines bestimmten Vielfachen ihres Nennstromes bis zum Nennausschaltstrom ausschalten können. (Schutz gegen Kurzschluß)

Die festgelegten Schutzobjekte werden durch einen zweiten Buchstaben festgelegt. Dabei bedeutet der Buchstabe „L“ Kabel und Leitung und der Kennbuchstabe „M“ Schaltgeräte. Für die Absicherung von Verdichtern sind Schmelzsicherungen mit einer **gL-Charakteristik** zu wählen. Diese gewähren einen Schutz sowohl gegen Überlast als auch gegen Kurzschluß. Die Sicherungen sind so zu dimensionieren, daß sie:

- bei Erwärmung der Leitungen durch Überlastströme innerhalb einer bestimmten Zeit ansprechen,
- bei Kurzschluß sehr schnell auslösen,

– einen auch mehrmaligen Anlauf des Verdichters mit seinem hohen Anlaufstrom nicht behindern.

Um eine möglichst gute Schutzfunktion zu erreichen, ist eine **Gruppenabsicherung** mehrerer Verdichter zu vermeiden. Haben im Fehlerfall die Sicherungen angesprochen, so sind die Schützkontakte auf Verschweißen zu kontrollieren.

10.1.2 Thermischer Überstromauslöser

Thermische Überstromauslöser schalten im Gefahrenfall über einen eingebauten Hilfsschalter das zugehörige Motorschütz und damit den angeschlossenen Motor ab. So schützen sie wirkungsvoll Motoren bei Überlast, gegen Zerstörung bei blockiertem Rotor und sie garantieren einen ungestörten Betrieb bei nicht gefährdeten Motoren.

Grundsätzlich setzen sich thermische Überstromauslöser aus dem **Hauptstrom- und dem Hilfsstromteil** zusammen. Der Hauptstromteil enthält drei Bimetallauslöser mit den erforderlichen Anschlußklemmen. **Bimetallauslöser** sind Metallstreifen aus zwei aufeinander gewalzten Metallbändern verschiedener Ausdehnungskoeffizienten. Bei Wärmeeinwirkung auf das Bimetall, z. B. durch elektrischen Strom, kommt es zu einer definierten Ausbiegung. Die Ausbiegung der Bimetalle bei Überlast wird mit einer Hebelübersetzung auf den Hilfsschalter im Hilfsstromteil übertragen. Ein Öffner unterbricht den gefährdeten Motorstromkreis. Mit einem Schließer kann die Abschaltung signalisiert werden.

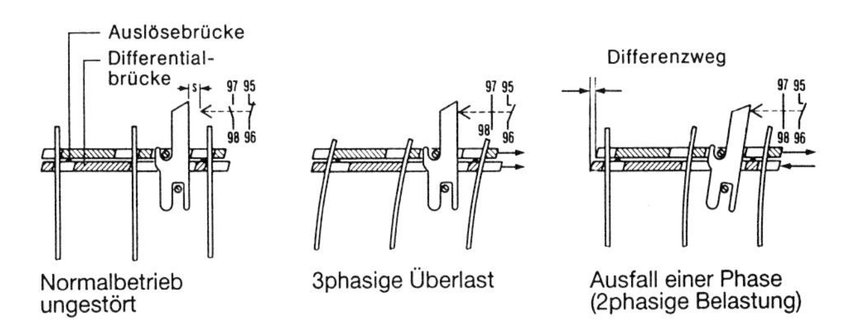

Bild 10.11
Prinzipielle Funktion eines Bimetallauslösers

Wenn sich die Bimetalle im Hauptstromkreis des Relais infolge dreiphasiger Motorüberlastung ausbiegen, wirken alle drei auf eine Auslöse- und Differentialbrücke. Ein gemeinsamer Auslösehebel schaltet bei Erreichen der Grenzwerte den Hilfsschalter um. **Auslöse- und Differentialbrücke** liegen eng und gleichmäßig an den Bimetallen an. Wenn nun z. B. bei Phasenausfall sich ein Bimetall nicht so stark ausbiegt oder zurückläuft wie die beiden anderen, dann legen Auslöse- und Differentialbrücke unterschiedliche Wege zurück. Dieser Differenzweg wird im Gerät durch eine Übersetzung in einem zusätzlichen Auslöseweg umgewandelt und die Auslösung erfolgt schneller.

Die **Auslösekennlinie** eines thermischen Überstromauslösers in Bild 10.12 zeigt die Auslösung für alle Einstellbereiche in Abhängigkeit vom Vielfachen des eingestellten Stromwertes.

In Bild 10.13 ist das Schaltbild eines thermischen Überstromauslösers dargestellt. Dabei werden die Anschlüsse der Bimetallauslöser – genau wie die Kontake des Hauptschützes – mit 1–2, 3–4 und 5–6 gekennzeichnet. Die Schaltkontakte werden mit 97–98 (Schließer) und 95–96 (Öffner) bezeichnet.

Da thermische Überstromauslöser immer in Abhängigkeit des Stromes auslösen, schützen sie den Motor nicht bei behinderter Motorkühler und zu hoher Umgebungstemperatur. Bei den Motoren, die im Kälteanlagenbau eingesetzt werden, muß mit dieser Möglichkeit gerechnet werden. Als Ersatz zum thermischen Überstromauslöser empfiehlt sich die Verwendung eines **Thermistor-Motorschutzes** (vgl. Kapitel 10.1.4).

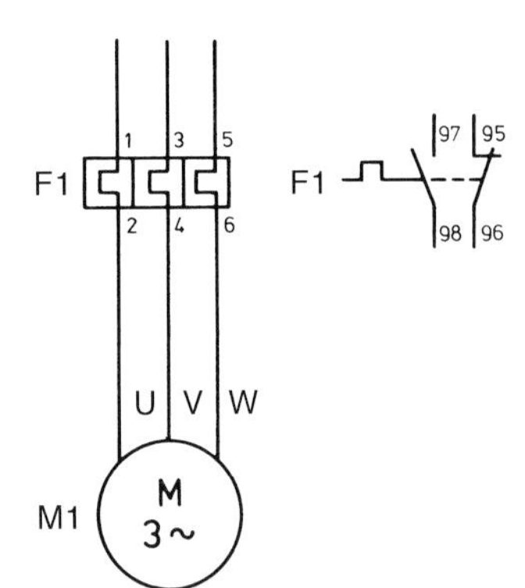

Bild 10.13
Schaltbild eines thermischen Überstromauslösers F1

10.1.3 Motorschutzschalter

Motorschutzschalter sind handbetätigte Schalter, die durch selbsttätiges Öffnen im Hauptstromkreis den Motor gemeinsam vor Überlastung und Kurzschluß schützt. Dazu haben Motorschutzschalter in jeder Strombahn einen Bimetallauslöser für den Überlastschutz und einen magnetischen Schnellauslöser für den Kurzschlußschutz. Neben dem Öffnen im Hauptstromkreis kann der Motorschutzschalter noch mit Hilfskontakten versehen werden, die den Schaltzustand signalisieren oder für eine Verriegelung zu anderen Betriebsmitteln sorgen.

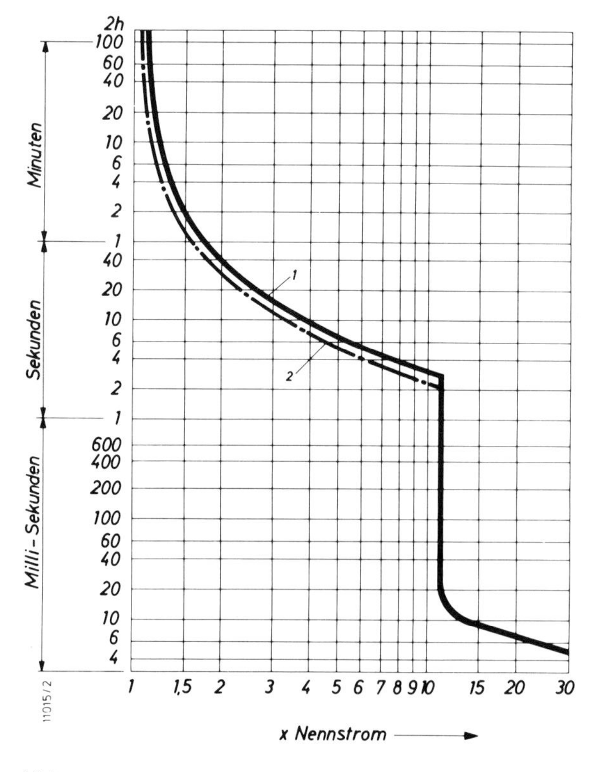

1: Dreipolige Auslösung

2: Zweipolige Auslösung

Bild 10.12
Auslösekennlinie eines Motorschutzschalters

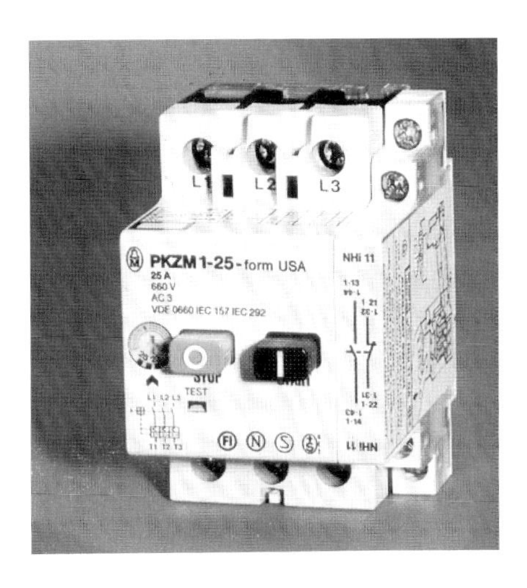

Bild 10.14
Motorschutzschalter PKZM *(Klöckner Moeller)*

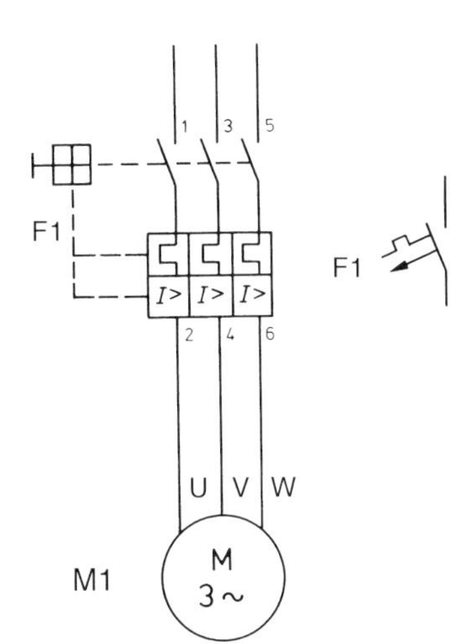

Bild 10.15
Schaltbild Motorschutzschalter F1

Motorschutzschalter werden als eigenfest bezeichnet. Solche eigenfeste Schalter lassen sich ohne Vorsicherung an jeder beliebigen Stelle im Netz einbauen.

10.1.4 Thermistor-Motorschutz

Der Thermistor-Motorschutz ist nach dem Stand der Technik der wirksamste und zuverlässigste Schutz für elektrische Motoren gegen thermische Überlastung. Die Verdichterhersteller haben diesen Motorschutz in die elektrische Grundausstattung mit eingebunden. Das genaue Funktionsprinzip wurde im Kapitel 2.4.1.1 ausführlich beschrieben.

Diese Schutzeinrichtung setzt sich zusammen aus dem Steuergerät und den **Thermistoren** (Kaltleiter-Temperaturfühler), die von den Motorherstellern im Wickelkopf der elektrischen Maschine so eingebettet sind, daß ein sehr guter Wärmekontakt zwischen Wicklung und Fühler vorhanden ist. Die Thermistoren sind dabei **in Reihe geschaltet**

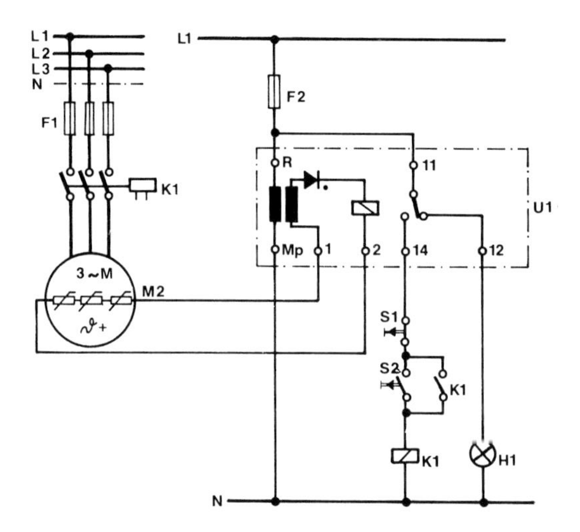

Bild 10.16
Thermistor-Motorschutz mit Anschlußschaltbild (Fa. *Kriwan Int* 69)

(jede Wicklung hat einen Fühler) und ihre Anschlußdrähte sind an zwei Klemmen im Klemmkasten herausgeführt. Die Thermistoren sind allgemein zum Schutz gegen thermische Überlastungen einsetzbar. Sind diese bei einem Drehstromverdichter in die drei Wicklungen des Motors eingebettet, so übernehmen diese die Schutzfunktion des Thermischen Überstromauslösers (Bimetall). Ein überhöhter Wicklungsstrom hat eine überhöhte Stromdichte zur Folge und erwärmt somit die Wicklung des Motors unzulässig hoch, so daß der Motor über die Schutzeinrichtung abgeschaltet wird. Wesentlich ist hierbei die **Anstiegsgeschwindigkeit** der Wicklungstemperatur, die wieder im wesentlichen von der Stromdichte und der Ausgangstemperatur der Wicklung abhängig ist. Ausgehend vom kalten Zustand einer Motorwicklung, kann bei blockiertem Rotor die **Erwärmungsgeschwindigkeit** der Temperaturfühler nicht ausreichend sein, um den Motor rechtzeitig abzuschalten. In diesem Fall wäre zusätzlich zum Thermistor-Motorschutz ein thermischer Überstromauslöser vorzusehen. Prinzipiell ist zu unterscheiden, daß der thermische Überstromauslöser direkt auf den Strom und der Thermistor-Motorschutz indirekt auf den Strom – über die Temperatur – reagiert. Immer dann, wenn die Anstiegsgeschwindigkeit der Wicklungstemperatur – z. B. wegen der Bauart des Verdichters, der Kühlung oder der Einbaugüte des Thermistors in der Wicklung – zu gering werden kann und der Motorhersteller einen 100%-tigen Schutz bei blockiertem Rotor nicht garantieren kann, sollte zusätzlich zum Thermistor-Motorschutz noch ein thermischer Überstromauslöser eingesetzt werden. Somit ist ein optimaler Schutz eines Verdichters gegen Überlastung gewährleistet.

Die Temperaturfühler können nach DIN 44081 mit unterschiedlichen **Nennabschalttemperaturen** in Reihe geschaltet werden. Damit ist es möglich, Maschinen- und Wicklungsteile mit unterschiedlichen Grenztemperaturen zu schützen. Den Fühlern wird nach DIN 44081 zu den unterschiedlichen Nennabschalttemperaturen ein entsprechender unterschiedlicher **Farbcode** zugeordnet. Lieferbar sind Thermistoren in der Abstufung von +60 °C bis +220 °C.

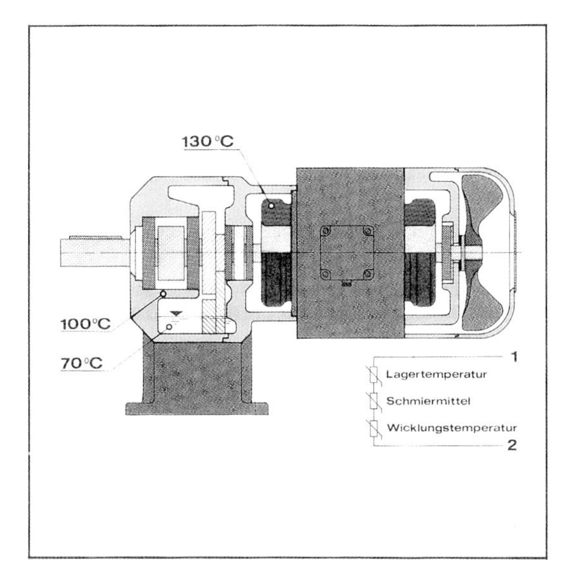

Bild 10.17
Temperaturüberwachung an kritischen Maschinenteilen (*Kriwan* Abbildung)

Der Thermistor-Motorschutz kann durch eine Vielzahl unterschiedlicher Steuergeräte noch mit zusätzlichen Funktionen ausgestattet sein. So bietet z. B. BITZER für die Verdichter auch den Thermistor-Motorschutz INT 389 von KRIWAN an, der folgende Funktionen hat:

- Thermische Überwachung der Wicklungstemperatur (im Bedarfsfall auch Druckgas- und Öltemperatur) mit Wiedereinschaltsperre im Störungsfall (für besondere Anwendungsfälle ist diese umschaltbar auf automatische Rückstellung).
- Direkte Überwachung hinsichtlich Phasenausfall und Phasenasymmetrie mit automatischer Rückstellung nach Fehlerbehebung.
- Wiedereinschaltverzögerung um 5 Minuten nach jeder Abschaltung des Verdichters (auch Regelabschaltung) zur Vermeidung hoher Schalthäufigkeit.

Ebenso ist eine Kombination zu Öldruckdifferenzüberwachung an Verdichtern mit einem Drucksensor möglich.

10.1.5 Öldruckdifferenzschalter

Der Öldruckdifferenzschalter bietet einen Schutz gegen Schäden, die aufgrund eines niedrigen Öldruckes bei **Verdichtern mit Druckölschmierung** entstehen können.

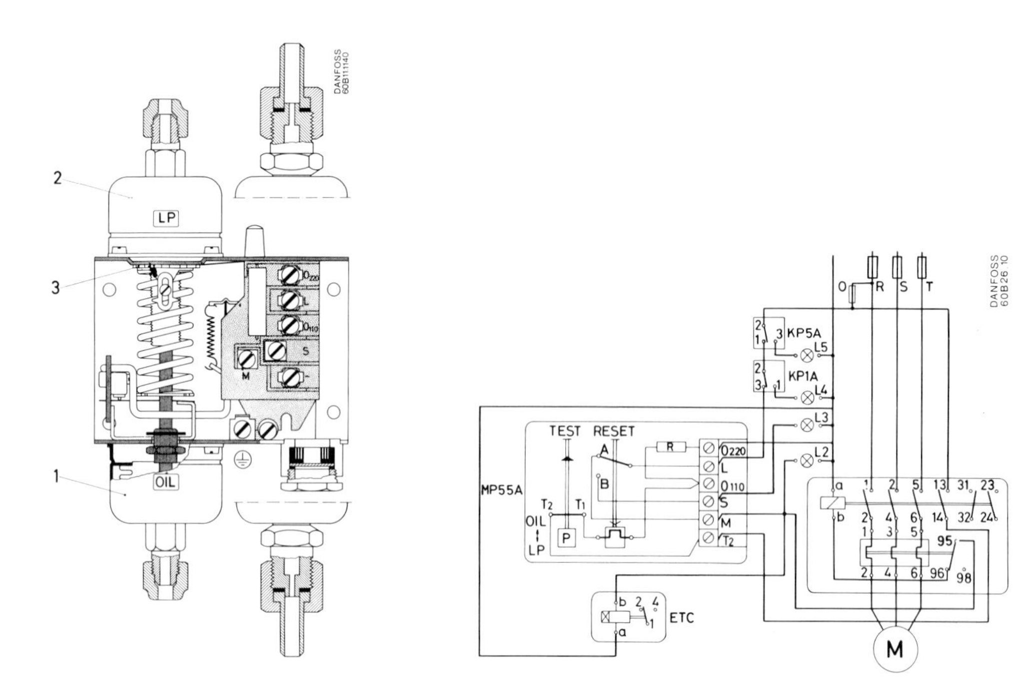

Bild 10.18 Öldruckdifferenzschalter mit Prinzipschaltbild (Danfos Unterlagen)

Für die Erklärung der Funktionsweise, sind im wesentlichen drei Hauptteile des Öldruckdifferenzschalters zu beachten:

1. Differenzdruckschalter (OIL – LP)

Die Ölpumpe muß das Öl gegen den Druck im Kurbelgehäuse fördern. Daher muß der Öldruck grundsätzlich höher sein als der Druck im Kurbelgehäuse. Nicht der absolute Druck ist maßgebend, sondern die Größe des Differenzdruckes zwischen Öldruck und Kurbelgehäuse. Anzuschließen ist nach Bild 10.18 „OIL“ an den Austritt der Ölpumpe und „LP“ an das Kurbelgehäuse. Der eingestellte Differenzdruck wirkt dann auf einen Stromkreis, der die Unterbrechung des Verdichterstromkreises veranlaßt.

2. Zeitverzögerungseinrichtung (T1 – T2)

Beim Anlauf des Verdichters muß sich zunächst ein Öldruck aufbauen. Aus diesem Grund darf der Öldruckdifferenzschalter den Verdichter erst nach einer Zeit von ca. 120 Sekunden abschalten. Diese Zeitverzögerungseinrichtung kann mit einem Bimetall realisiert werden. Wird ein geschlossener Stromkreis zum Bimetall nicht durch den Öldruckschalter nach 120 Sekunden abgeschaltet, so löst der Bimetallkontakt aus und schaltet den Stromkreis zum Verdichter ab.

Bei zu hoher Schalthäufigkeit des Verdichters kann bei eingetretenem Ölmangel die Ansprechdauer von 120 Sekunden einen absoluten Schutz des Verdichters nicht ermöglichen, da bei Laufzeiten unter 120 Sekunden ohne genügend Öldruck der Verdichter vom Öldruckdifferenzschalter nicht abgeschaltet wird.

3. Wiedereinschaltsperre (RESET)

Das Ansprechen des Öldruckdifferenzschalters bedeutet immer ein zu niedriger Öldruck im System. Der Verdichter sollte aus diesem Grund nicht wiederholt anlaufen können, da sonst eine Beschädigung des Verdichters nicht ausgeschlossen ist. Es ist daher stets nach der Ursache für das Ansprechen des Öldruckdifferenzschalters zu suchen und erst der Fehler zu beseitigen.

Der Öldruckdifferenzschalter besteht aus zwei unabhängigen Stromkreisen, dem Meßstromkreis und dem Auslösestromkreis. Zur besseren Erklärung sind aus dem Schaltbild aus Bild 10.18 diese im Bild 10.19 herausgezeichnet.

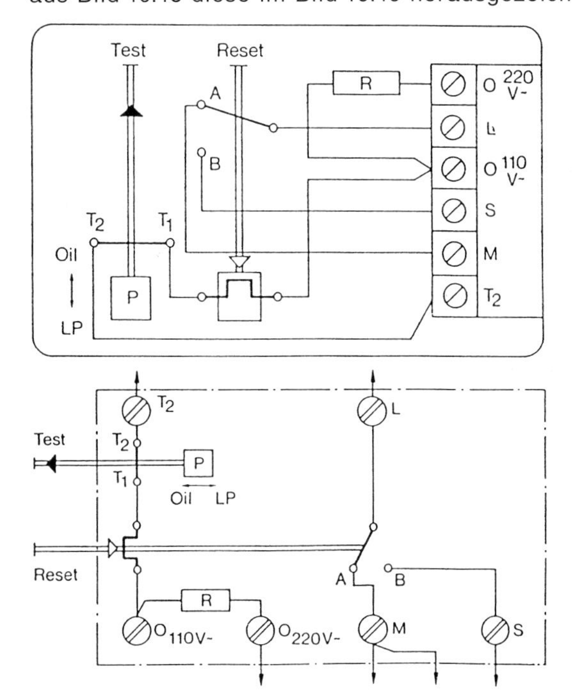

Bild 10.19
Meß- und Auslösestromkreis des Öldruckdifferenzschalters

Beim Anlauf des Verdichters wird über einen Schließerkontakt des Verdichterschützers (13 – 14) Spannung an die Klemme T2 gelegt. Der Schließer des Verdichterschützes ist notwendig, um die Zeitverzögerungseinrichtung erst bei Verdichterbetrieb zu aktivieren. Am Differenzdruckschalter P (OIL-LP) hat sich noch nicht genügend Druck aufgebaut. Somit ist T2 – T1 geschlossen und der Stromkreis für das Bimetall der Zeitverzögerungseinrichtung ist über die Klemme 220 V geschlossen (Zwischen der Klemme 220 V und 110 V befindet sich lediglich ein Widerstand, so daß der Öldruckdifferenzschalter auch mit 110 V betrieben werden kann). Im Auslösestromkreis sind die Klemmen L und M (Schalterstellung A) verbunden und somit der Stromkreis zum Verdichterschütz geschlossen.

Hat sich nach 120 Sekunden ein genügend großer Differenzdruck aufgebaut, so öffnet der Differenzdruckschalter P den Kontakt T2 – T1 und somit den Stromkreis zum Bimetall der Zeitverzögerungseinrichtung. Im Auslösestromkreis bleibt die Verbindung zwischen L und M bestehen (Schalterstellung A) und der Verdichter bleibt eingeschaltet. Sollte nun bei Ölmangel der Differenzdruckschalter P den Stromkreis zur Zeitverzögerungseinrichtung wieder schließen, und diesen länger als 120 Sekunden geschlossen halten, so schaltet im Auslösestromkreis nach ca. 120 Sekunden der Schalter in Stellung B. Verbunden sind dann die Klemmen L und S und der Stromkreis zum Verdichterschütz ist offen. Der Verdichter wird dann abgeschaltet und über die Klemme S kann die Signallampe, die die Störung anzeigt, angeschlossen werden. Erst nach Beseitigung der Störung kann der Schalter von Hand wieder in die Stellung A gebracht werden (Wiedereinschaltsperre).

Die gemeinsame, zusammenhängende Darstellung der beiden Stromkreise in einem Schaltplan ist schwierig. Aus diesem Grund ist es für die Darstellung im Schaltplan von

Vorteil, den Auslösekontakt A–B mit den Klemmen L, M und S getrennt vom Meßstromkreis mit den Klemmen T2 und 220 V darzustellen.

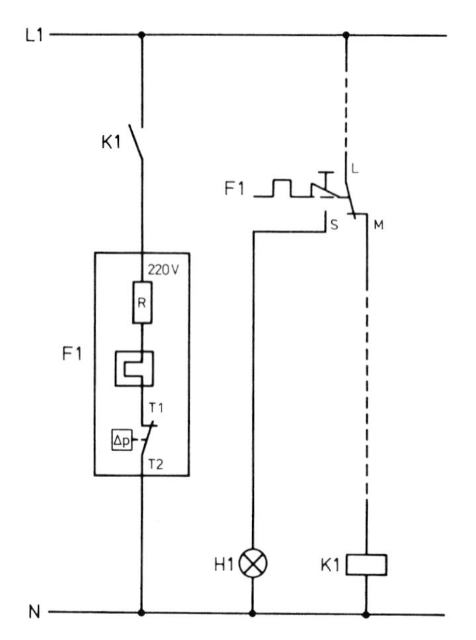

Bild 10.110
Darstellung des Öldruckdifferenzschalters im Schaltplan

10.1.6 Druckgasüberhitzungsschutz, Wärmeschutzthermostat

Neben den bereits angesprochenen Verdichterschutzeinrichtungen, wie Thermistor-Motorschutz und Öldruckdifferenzschalter hat sich herausgestellt, daß auch zu hohe Druckgastemperaturen eine erhebliche Anzahl von Störungen und Ausfällen verursachen können. Zu diesen unzulässigen Druckgastemperaturen kann es beim Betrieb von Kälteanlagen mit nicht voraussehbaren Einsatzbedingungen oder fehlerhaften Ausführungen kommen. Die Verdichterhersteller möchten, durch entsprechende Einrichtungen einen Dauerbetrieb bei Bedingungen, die zum Ausfall des Verdichters führen, verhindern. Dies hat zum Einsatz des Druckgasüberhitzungsschutzes geführt.

Ein sinnvoller Druckgasüberhitzungsschutz muß die **Druckgastemperatur** unmittelbar am Druckventil des Verdichters überwachen. Dazu ist es notwendig, daß die Druckgastemperaturfühler an geeigneten Stellen im Zylinderkopf eingebaut werden können. Dabei wird die Druckgastemperatur mit Hilfe eines Thermistors (wie beim Thermistor-Motorschutz) erfaßt. Der Thermistor ändert in Abhängigkeit der Druckgastemperatur seinen Widerstand. Pro Zylinderkopf ist ein Thermistor notwendig, damit auch bei nur einer Störung in einem Zylinderkopf der Verdichter abgeschaltet wird. Die Widerstandsänderung des Thermistors muß – wie beim Motorschutz – mit einem Auslösegerät überwacht werden, das bei auftretender Störung eine Wiedereinschaltsperre hat. Ohne Wiedereinschaltsperre kann es im Störungsfall zu einer unzulässig hohen Schalthäufigkeit kommen. Eingesetzt werden könnte u. a. das Auslösegerät INT 69 V von *Kriwan* (siehe Bild 10.111).

Durch Einlegen einer Brücke zwischen den Klemmen B1 und B2 erreicht man eine **Verriegelung** nach thermischer Abschaltung durch den Thermistor. Die Verriegelung kann nach Abkühlung des Druckgases durch Netzspannungsunterbrechung beseitigt werden. Hierzu kann bauseits ein Taster mit Öffnerkontakt vor den Anschluß L des Auslösegerätes gebracht werden.

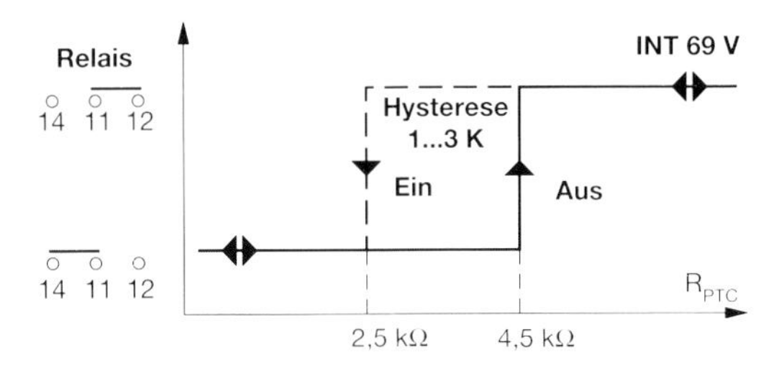

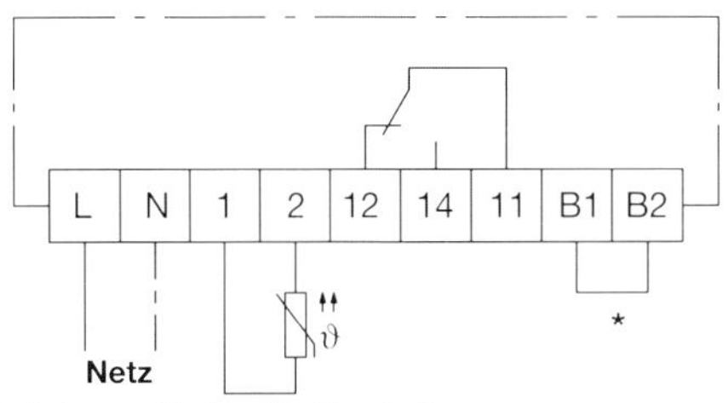

*) Mit Brücke: Verriegelte Abschaltung
Ohne Brücke: Unverriegelte Abschaltung

Bild 10.111
Auslösegerät für Druckgasüberhitzungsschutz INT 69V (Fa. *Kriwan*)

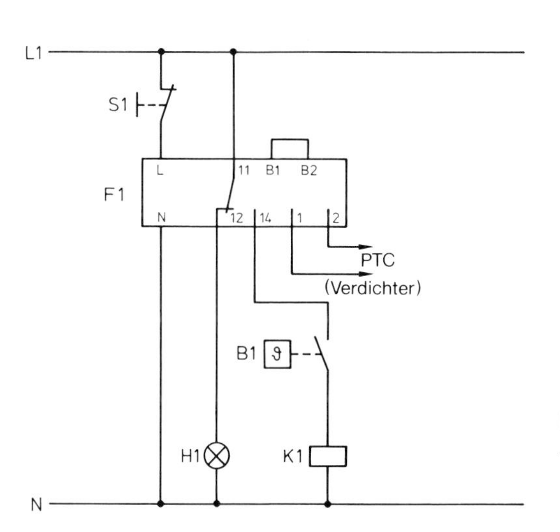

Bild 10.112
Anschlußschaltbild Druckgasüberhitzungsschutz mit Entriegelungstaster (INT 69 V von *Kriwan*)

Eine einfachere Ausführung des Druckgasüberhitzungsschutzes ist ein einfacher **Wärmeschutzthermostat** oder **Druckrohrthermostat**. Hierbei wird auch die Druckgastemperatur direkt überwacht. Dabei handelt es sich lediglich um einen Thermokontaktschalter, der beim Erreichen einer fest eingestellten Temperatur seinen Kontakt öffnet. Dieser Kontakt (nur Öffnerkontakt) muß sich in der Ansteuerung zum Verdichter befinden und im Störfall diesen abschalten. Nach Temperaturrückgang schaltet der Kontakt selbsttätig zurück und den Verdichter wieder ein. Hier kann es zu ungewollten Pendelschaltungen kommen. Um diese zu vermeiden ist steuerungstechnisch eine Wiedereinschaltsperre vorzusehen, die auch nur mit einem Taster (Resettaster) entriegelt werden kann. Die Umsetzung dieser **Wiedereinschaltsperre** bereitet aber bereits einen erheblichen steuerungstechnischen Aufwand und Bedarf in Verbindung mit einer Resetschaltung einige wesentliche Überlegungen (vgl. Kapitel 10.2).

10.1.7 Hoch- und Niederdruckpressostate

Die prinzipielle Funktion eines Pressostaten – also eines vom Druck gesteuerten elektrischen Schalters – ist in Kapitel 9.4.7 behandelt worden. In diesem Kapitel soll nun der Pressostat ausschließlich unter sicherheitstechnischen Aspekten und von der Begriffsbildung her beschrieben werden.

Nach DIN 32733 sind die Begriffe für Sicherheitseinrichtungen zur Druckbegrenzung für Kälteanlagen geregelt. Dabei werden drei Gruppen nach ihrer Funktion unterschieden:

1. **Druckschalter** sind Geräte, die bei Über- oder Unterschreiten eines eingestellten Druckwertes einen Schaltvorgang regeln oder überwachen.
2. **Sicherheitsdruckwächter** (DWK) sind Geräte, die bei Über- oder Unterschreiten eines eingestellten Druckgrenzwertes die mit Kältemittel betriebene Anlage elektrisch abschalten und erst nach Druckänderung um die einstellbare oder werkseitig fest eingestellte Schaltdifferenz selbsttätig wieder einschalten.
3. **Sicherheitsdruckbegrenzung** (DBK) sind Geräte, die bei Über- oder Unterschreiten eines eingestellten Druckgrenzwertes die mit Kältemittel betriebene Anlage elektrisch abschalten und sich gegen selbsttätiges Wiedereinschalten verriegeln. Die Entriegelungseinrichtung ist Bestandteil des Begrenzers und darf mit oder ohne Zuhilfename von Werkzeug betätigt werden.

Haben die oben beschriebenen Pressostate die Aufgabe bei Überschreitung eines eingestellten Wertes abzuschalten, so spricht man von **Hochdrucksicherheitswächtern** oder **Hochdrucksicherheitsbegrenzern**. Entsprechend wird bei Unterschreitung eines eingestellten Wertes von **Niederdrucksicherheitswächtern** oder **Niederdrucksicherheitsbegrenzern** gesprochen.

Bei den oben genannten Gruppen, sind demnach Sicherheitsdruckwächter und Sicherheitsdruckbegrenzer in die elektrische Sicherheitskette einer kältetechnischen Steuerung einzubinden. Dabei ist nach selbsttätigem und nicht selbsttätigem Rückgang als auch nach Hoch- und Niederdruck zu unterscheiden.

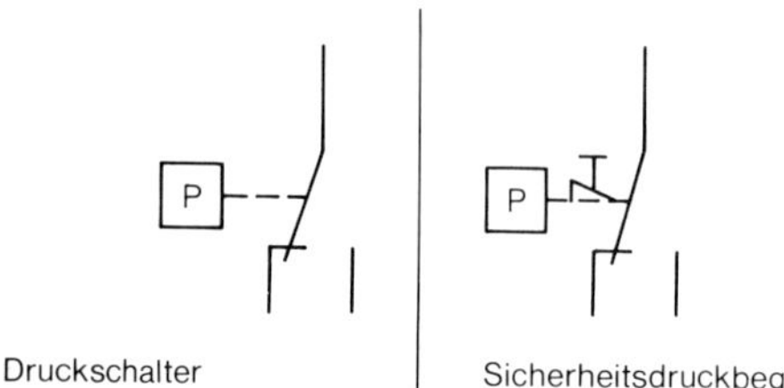

Bild 10.113
Druckschalter, Sicherheitsdruckwächter, Sicherheitsdruckbegrenzer

10.2 Die Sicherheitskette in einer Steuerung

In einer Sicherheitskette befinden sich alle elektrischen Betriebsmittel, die eine **Sicherheitsfunktion** in einer kältetechnischen Steuerung übernehmen. Nach dem Auslösen eines dieser Betriebsmittel soll in der Regel die Anlage abgeschaltet und eine Meldeleuchte eingeschaltet werden. Die Sicherheitskette befindet sich demnach am Anfang einer Steuerung, wobei die sicherheitstechnischen Betriebsmittel mit den entsprechenden Kontakten in Reihe geschaltet werden. Die Sicherheitskette in einer Steuerung übernimmt also die Aufgabe, die Anlage bei einer Störung abzuschalten. Prinzipiell unterscheidet man dabei eine **Sammelstörmeldung** oder **Einzelstörmeldung** in Verbindung mit einer Resetfunktion oder ohne Resetfunktion.

- Sammelstörmeldung: Eine Anzeige für alle Störungen
- Einzelstörmeldung: Jede Störung wird einzeln angezeigt

- Ohne Resetfunktion: Anlage schaltet selbsttätig wieder ein
- Mit Resetfunktion: Anlage schaltet nicht selbsttätig ein

10.2.1 Sammelstörmeldung ohne Resetfunktion

Bei einer Sammelstörmeldung ohne Resetfunktion hat man eine gemeinsame Anzeige (z. B. durch eine Meldeleuchte) für jede Störung. Die Anlage wird abgeschaltet und schaltet sich nach Rückgang der Störung selbsttätig wieder ein. Dies soll im Prinzip an einem Beispiel verdeutlicht werden.

Beispiel 1:
In der Sicherheitskette einer Verdichtersteuerung befinden sich ein Hochdruckwächter, ein Niederdruckwächter und ein thermischer Überstromauslöser. Die Störungen sollen mit einer Sammelstörung ohne Resetfunktion optisch angezeigt werden.

Lösung:

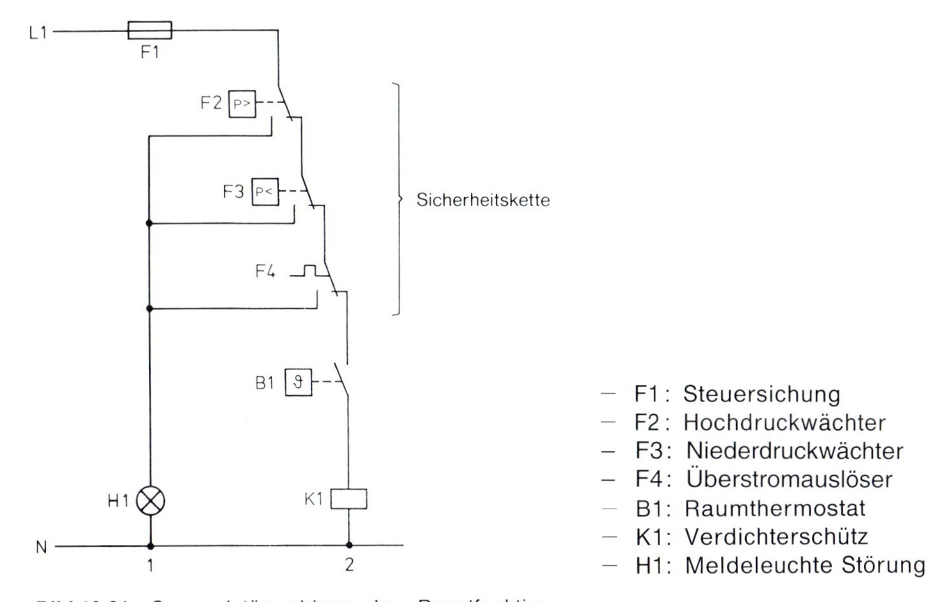

Bild 10.21 Sammelstörmeldung ohne Resetfunktion

Funktionsbeschreibung:
Haben die drei Betriebsmittel in der Sicherheitskette keine Störung, so kann der Raumthermostat B1 den Stromkreis zum Verdichterschütz K1 schließen und öffnen. Beim Auslösen einer Störung wird über den entsprechenden Wechsler der Stromkreis zum Verdichterschütz unterbrochen und gleichzeitig die Meldeleuchte H1 eingeschaltet. Bei Rückgang der Störung schaltet der Wechsler selbsttätig zurück womit die Meldeleuchte abgeschaltet und der Stromkreis zum Verdichterschütz wieder geschlossen werden kann.

Bei der Darstellung der Betriebsmittel in der Sicherheitskette ist darauf zu achten, daß die Wechsler um 180° gedreht dargestellt werden müssen, da die Meldeleuchte sonst keine Spannung bekommt.

10.2.2 Einzelstörmeldung ohne Resetfunktion

Der Unterschied zwischen Einzelstörmeldung und Sammelstörmeldung besteht lediglich in der Anzeige. Während bei der Sammelstörmeldung eine Meldeleuchte gemeinsam alle Störungen der Sicherheitskette anzeigt, wird bei einer Einzelstörmeldung jede Störung in der Sicherheitskette mit einer eigenen Meldeleuchte angezeigt. Dies hat den Vorteil, daß bei einer Störung sofort sichtbar ist, welche Ursache die Störung hat.

Beispiel 1:
Aus dem Beispiel 1 soll eine Einzelstörmeldung ohne Resetfunktion gemacht werden.

Lösung:

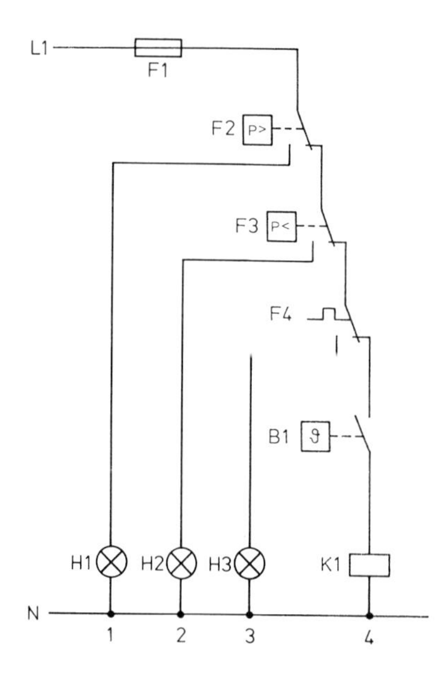

Bild 10.22
Einzelstörmeldung ohne Resetfunktion

Legende:
Zur Legende des Beispiels 1 müssen nur die Bezeichnungen der Meldeleuchten geändert werden.

- H1: Meldeleuchte Hochdruckstörung
- H2: Meldeleuchte Niederdruckstörung
- H3: Meldeleuchte Überstrom

Funktionsbeschreibung:
Der Unterschied zur Steuerung nach Bild 10.21 besteht darin, daß nach Auslösen einer Störung, eine für diese Störung zuständige Meldeleuchte eingeschaltet wird. Demnach werden die Wechsler in der Sicherheitskette auf je eine Meldeleuchte geschaltet.

10.2.3 Sammelstörmeldung mit Resetfunktion

Bei einer Resetfunktion schaltet die Anlage nach einer Störung und deren Beseitigung nicht selbsttätig wieder ein. Für die Wiedereinschaltung der Anlage muß ein Taster (Resettaster) betätigt werden. Um dies steuerungstechnisch umsetzen zu können, ist ein Hilfsschütz **(Resetschütz)** notwendig. Bild 10.23 zeigt eine entsprechende Steuerung.

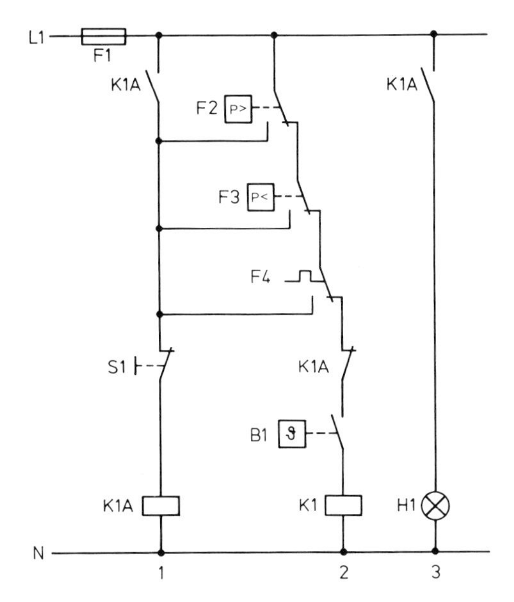

Bild 10.23
Sammelstörmeldung mit Resetfunktion

Zu den Betriebsmitteln der Sammelstörung ohne Resetfunktion nach Bild 10.21 sind bei der Sammelstörung mit Resetfunktion nach Bild 10.23 neu hinzugekommen:

- K1A : Hilfsschütz Reset
- S1 : Resettaster

Funktionsbeschreibung:
Bei einer Störung von F2, F3 oder F4 schaltet der entsprechende Wechsler den Hilfsschütz K1A ein. Dieser hat im Stromkreis 2 einen Öffner und in den Stromkreisen 1 und 3 einen Schließer. Mit dem Schließer im Stromkreis 3 wird die Störmeldeleuchte H1 eingeschaltet. Der Schließer im Strompfad 1 läßt das Hilfsschütz eingeschaltet, auch dann, wenn die Störung behoben ist und der Wechsler wieder in die Ausgangsstellung zurückgeschaltet hat. Der Öffner von K1A im Strompfad 2 verhindert, daß die Anlage über den Raumthermostat wieder eingeschaltet werden kann. Nur wenn der Hilfsschütz K1A abfällt, kann die Anlage wieder einschalten. Dazu muß der Resettaster im Strompfad 1 betätigt werden, der K1A stromlos schaltet. Erneut kann das Hilfsschütz nur anziehen, wenn sich wieder eine Störung einstellt.

Prinzipiell kann S1 auch ein Schalter sein. Dabei besteht aber die Gefahr, daß wenn nicht zurückgeschaltet wird, der Strompfad zum Resetschütz über den Schließer K1A im Strompfad 1 geöffnet bleibt. Die Resetfunktion wäre somit nicht mehr gegeben. Bei einem Taster besteht diese Gefahr nicht, da dieser selbsttätig zurückschaltet.

10.2.4 Einzelstörmeldung mit Resetfunktion

Steuerungstechnisch wird die Einzelstörmeldung mit Resetfunktion bereits sehr aufwendig. Da jede Störung einzeln angezeigt werden soll, sind eine entsprechende Anzahl von Hilfsschützen notwendig.

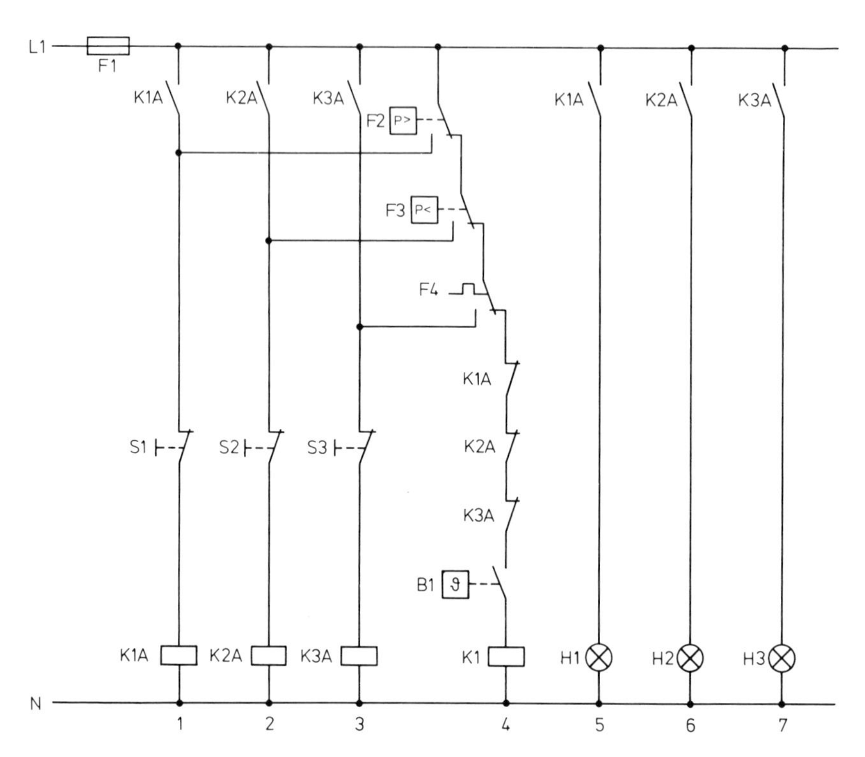

Bild 10.24 Einzelstörmeldung mit Resetfunktion

Die Legende ändert sich dabei bei den Hilfsschützen, Resettastern und Meldeleuchten:

- K1A: Hilfsschütz Reset Hochdruck
- K2A: Hilfsschütz Reset Niederdruck
- K3A: Hilfsschütz Reset Überstrom
- S1 : Resettaster Störung Hochdruck
- S2 : Resettaster Störung Niederdruck
- S3 : Resettaster Störung Überstrom
- H1 : Meldeleuchte Störung Hochdruck
- H2 : Meldeleuchte Störung Niederdruck
- H3 : Meldeleuchte Störung Überstrom

Die Funktion der Schaltung nach Bild 10.24 ist entsprechend der Sammelstörmeldung nach Bild 10.23 jedoch mit dem Unterschied, daß für jede Störung in der Sicherheitskette ein Hilfsschütz geschaltet wird. Jede Störung läßt sich dann auch einzeln über einen Resettaster quittieren. Zu beachten ist, daß von jedem Resetschütz ein Öffnerkontakt im Strompfad zum Verdichterschütz (Strompfad 4) vorhanden sein muß.

10.2.5 Resetfunktion und Ruhestromprinzip

Soll ein elektrisches Betriebsmittel, daß nach dem **Ruhestromprinzip** aufgebaut ist (z. B. Thermistor-Motorschutz INT 69 von Kriwan), in eine Sicherheitskette mit Resetfunktion eingebaut werden, so ist eine einwandfreie Funktion der Steuerung nicht mehr gewährleistet.

Im Bild 10.25 befindet sich ein Hochdruckwächter und ein Thermistor-Motorschutz in einer Sicherheitskette. Die Sicherheitseinrichtungen sollen auf eine Sammelstörmeldung mit Resetfunktion geschaltet werden.

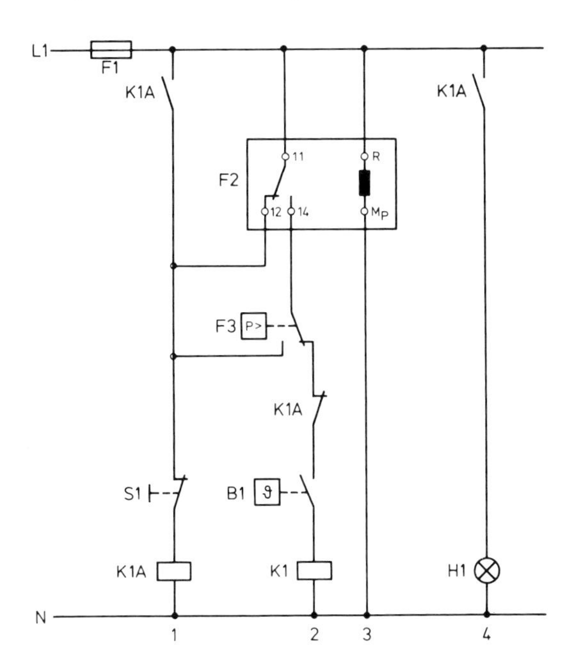

Bild 10.25
Sammelstörmeldung mit Resetfunktion und einem Betriebsmittel nach dem Ruhestromprinzip

Der Wechslerkontakt des Thermistor-Motorschutzes ist stromlos in der Stellung 11 – 12 geschlossen. Sobald Spannung anliegt und der Thermistor-Motorschutz nicht auslöst geht der Wechsler auf 11 – 14 und der Raumthermostat B1 kann den Verdichterschütz K1 schalten. Löst der Motorschutz infolge überhöhter Wicklungstemperatur aus, so schaltet der Kontakt auf 11 – 12 um und das Resetschütz K1A zieht an. Der Verdichter wird abgeschaltet. Schaltet der Motorschutz – nachdem sich die Wicklung wieder abgekühlt hat – in die Stellung 11 – 14 zurück, so bleibt der Verdichter abgeschaltet, da K1A noch angezogen ist, solange S1 nicht betätigt wird. Die Resetsteuerung funktioniert wie im Kapitel 10.2.3 beschrieben. Die einwandfreie Funktion ist aber z. B. bei kurzzeitigem Stromausfall oder Einschaltung der Steuerung durch den Hauptschalter nicht mehr gegeben. Da der Kontakt des Thermistor-Motorschutzes immer im stromlosen Zustand auf 11 – 12 steht, ist im Einschaltmoment der Stromkreis zum Resetschütz geschlossen. Jetzt ist es vom Zufall abhängig ob zuerst der Motorschutz schaltet oder ob zuerst das Resetschütz anzieht, da beide Stromkreise im Einschaltmoment geschlossen sind. Zieht zuerst das Resetschütz an, so geht die Anlage auf Störung obwohl keine Störung ansteht. Beseitigt werden kann diese **vermeindliche Störung** nur durch Betätigung des Resettasters.

Oft wird bei solchen Störungen der Elektronik die Schuld gegeben. Es handelt sich aber eindeutig um einen Schaltungsfehler, der immer dann auftritt, wenn Betriebsmittel, die nach dem Ruhestrom arbeiten, in einer Sammel- oder Einzelstörmedlung mit Reset-

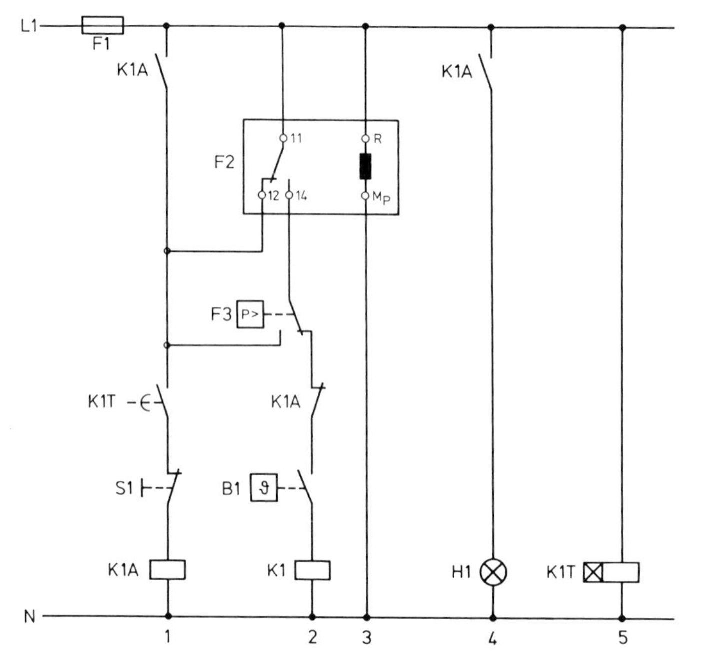

Bild 10.26
Sichere Resetfunktion

funktion eingesetzt sind. Also immer dann, wenn ein Betriebsmittel stromlos auf Störung geschaltet ist. Abhilfe kann man schaffen, indem dafür gesorgt wird, daß das Resetschütz im Einschaltmoment kurzzeitig noch nicht geschaltet werden kann. Dies ist prinzipiell mit einem Zeitrelais nach Bild 10.26 möglich. Die Zeiteinstellung von K1T kann dabei sehr gering gewählt werden, und liegt im Bereich von 0,5 bis 1 Sekunde.
Im Kapitel 10.1.6 ist von einem **Wärmeschutzthermostat** gesprochen worden, der bei überhöhter Temperatur einen Kontakt öffnet. Dieser **Thermokontaktschalter** besitzt also nur einen Öffnerkontakt. Soll dieser Öffnerkontakt zur Vermeidung einer EIN-AUS Pendelschaltung in eine Resetsteuerung eingebunden werden, so stellen sich die gleichen Probleme, wie bei den Betriebsmitteln mit Ruhestromprinzip.

Beispiel 1:
In einer Sicherheitskette eines Verdichters befinden sich ein Hochdruckwächter, Niederdruckwächter und ein Wärmeschutzthermostat mit nur einem Öffnerkontakt. Diese drei möglichen Störungen sollen auf eine Sammelstörmeldung mit Resetfunktion gelegt werden. Dabei soll auch bei kurzzeitigem Stromausfall eine 100%-tige Funktion der Resetfunktion gewährleistet sein.

Gesucht: Der Steuerstromkreis

Lösung:
Da der Wärmeschutzthermostat nur einen Öffnerkontakt hat, für die Sammelstörung mit Resetfunktion aber ein Wechsler benötigt wird, muß der Wärmeschutzthermostat einen Hilfsschütz schalten, dessen Kontakte die Wechslerfunktion übernehmen. Aus dem Zusammenschalten von Öffner und Schließer kann ein Wechsler gemacht werden. Hat der Wärmeschutzthermostat F2 nicht ausgelöst, so ist sein Kontakt geschlossen und das Hilfsschütz K1A hat angezogen. Damit öffnet der Kontakt von K1A im Strompfad 3 und schließt den Kontakt im Strompfad 4 zum Verdichterschütz K1. Bei Auslösen des Wärmeschutzthermostaten öffnet dieser seinen Kontakt im Strompfad 1 und schaltet K1A ab. Somit schließt K1A im Strompfad 3 und öffnet im Strompfad 4. Das Resetschütz zieht an und kann nur mit dem Resettaster S1 weggeschaltet werden.

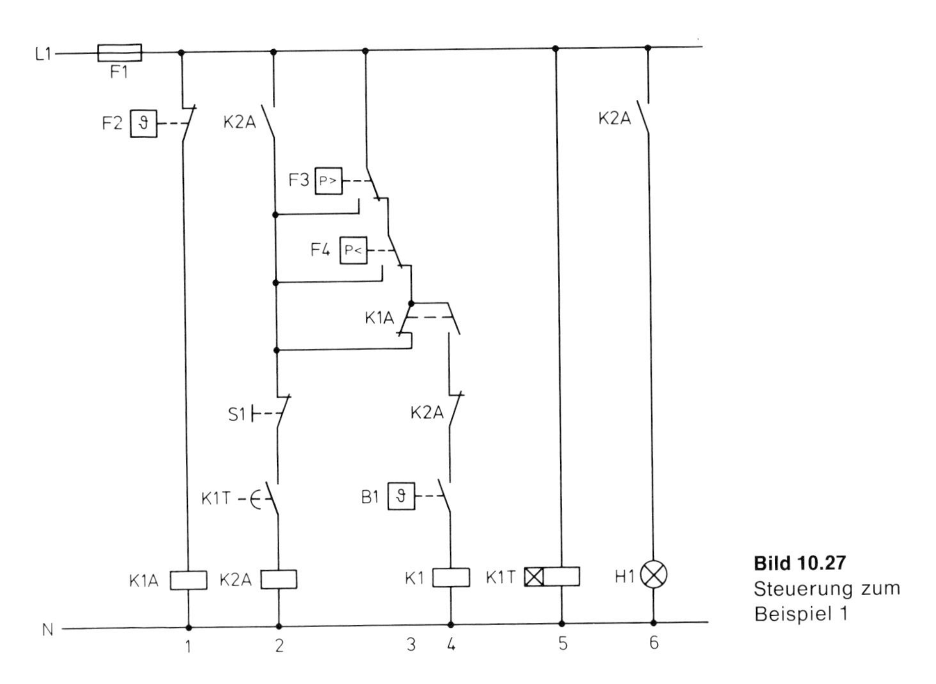

Bild 10.27
Steuerung zum Beispiel 1

Im Einschaltmoment bekommen das Schütz K1A über den Wärmeschutzthermostat und das Resetschütz K2A über den Öffner von K1A im Strompfad 3 gleichzeitig Spannung. Auch hier hängt es von den Einschaltzeiten der Schütze ab, welches Schütz zuerst anzieht. Es muß aber auf jeden Fall verhindert werden, daß das Resetschütz K2A zuerst anzieht, da sonst eine Störung angezeigt wird, obwohl keine Störung vorliegt. Diese 100%-tige Funktion der Resetschaltung wird durch das Zeitrelais K1T gelöst.

11 Anlaufstrombegrenzung von Verdichtern

Die Verfahren der Anlaufstrombegrenzung sind im Kapitel 8.4.2 ausführlich beschrieben worden. Dabei wurde auch über die Vor- und Nachteile sowie über das Prinzip der unterschiedlichen Verfahren zur Anlaufstromentlastung gesprochen. In diesem Kapitel wird jetzt die steuerungstechnische Umsetzung des **Stern-Dreieck-Anlaufs**, des **Teilwicklungsanlaufs** und des **Widerstandsanlaufs** behandelt.

11.1 Stern-Dreieck-Anlauf

Das Prinzip des Stern-Dreieck-Anlaufs beruht auf der Tatsache, daß die Stromaufnahme in Sternschaltung um den Faktor 3 kleiner ist als in Dreieckschaltung (vgl. Kapitel 8.4.2.2 und Kapitel 7.2.3). Steuerungstechnisch müssen die Wicklungen des Verdichters während des Anlaufmoments im Stern geschaltet sein. Ist der Motor nach ca. 2 Sekunden auf annähernd seiner Nenndrehzahl, erfolgt die Umschaltung auf Dreieckbetrieb. Der Motor wird dann mit seinem Nenndrehmoment belastet.

Damit ein Motor überhaupt von Stern auf Dreieck umgeschaltet werden kann, müssen die **Motorwicklungen offen** ausgeführt sein, d. h. für jede der drei Wicklungen müssen die Wicklungsenden zugängig am Motorklemmbrett herausgeführt sein. In Bild 11.11 sind die Wicklungen für Stern und Dreieck nochmals dargestellt.

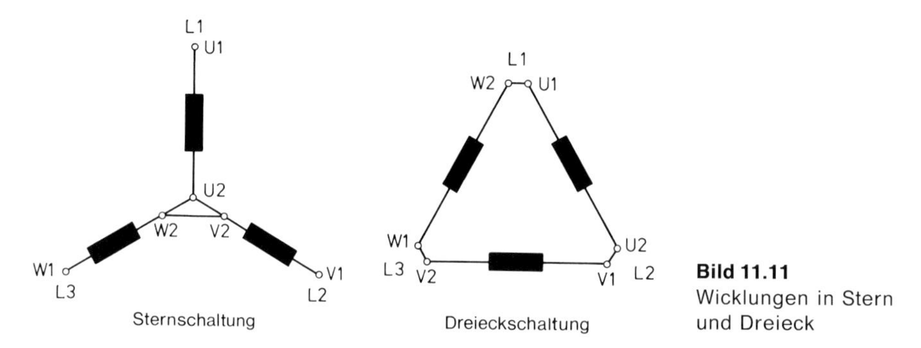

Bild 11.11
Wicklungen in Stern und Dreieck

Aus Bild 11.11 wird ersichtlich, daß im **Einschaltmoment** (Anlaufmoment) die drei Wicklungsenden U2, V2 und W2 zusammengeschaltet und die Phasen L1 an U1, L2 an V1 und L3 an W1 gelegt werden müssen. Bei der Umschaltung auf Dreieck sind die Wicklungen U1 an W2, V1 an U2 und W1 an V2 und die Außenleiter L1 an U1 – W2, L2 an V1 – W2 und L3 an W1 – V2 zu legen. Die **Phasenfolge** (Reihenfolge der Außenleiter) darf während der Umschaltung von Stern auf Dreieck nicht vertauscht werden, da sonst der Motor vom Rechtslauf im Stern bei Phasentausch in den Linkslauf geht und dadurch abbremst. Es sollte immer auf ein **rechtsdrehendes Drehfeld** (L1 an U1, L2 an V1 und L3 an W1) geachtet werden.

Sternschaltung:

- U2, V2 und W2 zusammenfassen (kurzschließen)
- L1 an U1, L2 an V1 und L3 an W1 anschließen

Dreieckschaltung:

- U1 mit W2 verbinden und an L1 anschließen
- V1 mit U2 verbinden und an L2 anschließen
- W1 mit V2 verbinden und an L3 anschließen

Aus diesen Überlegungen kann man auf die notwendige Anzahl von Hauptschützen im Hauptstromkreis des Motors schließen. Für den Sternbetrieb benötigt man einen Schütz der die drei Wicklungen U2, V2 und W2 kurzschließt: Dieser übernimmt die sog. **„Sternbrücke“** und wird daher auch als **Sternschütz** bezeichnet. Ein zweites Schütz muß die drei Außenleiter an die Wicklungen U1, V1 und W1 legen. Dieses Schütz nennt man daher Netzschütz. Im Dreieckbetrieb muß ein weiteres Schütz die Wicklungsanschlüsse U1 – W2, V1 – U2 und W1 – V2 miteinander verbinden. Dieses Schütz stellt die Dreieckschaltung her und wird daher als **Dreieckschütz** bezeichnet. Da die drei Phasen in Dreieckschaltung auch an U1, V1 und W1 – wie in Sternschaltung – geschaltet werden müssen, kann dies auch das Netzschütz übernehmen. Es werden also insgesamt drei Schütze benötigt. Aus diesen Überlegungen kann man den Hauptstromkreis einer Stern-Dreieck-Schaltung darstellen.

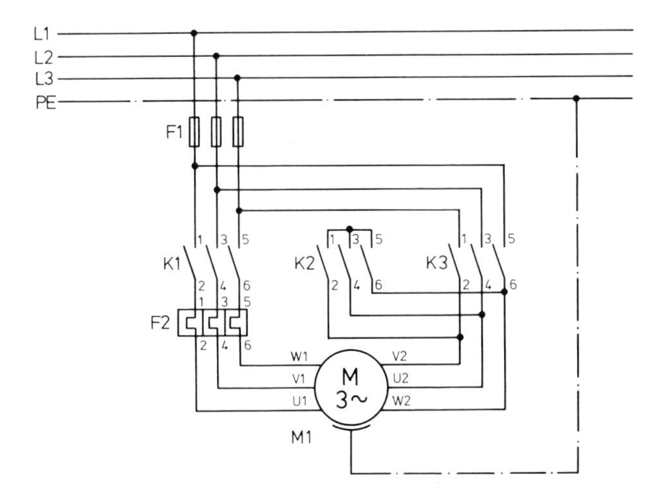

Bild 11.12
Hauptstromkreis Stern-Dreieck-Schaltung

In Sternschaltung müssen die Schütze K1 und K2 angezogen sein. Das Schütz K1 ist dabei das Netzschütz und schließt die drei Außenleiter an U1, V1 und W1. Das Sternschütz K2 schließt über die Sternbrücke die Wicklungen U2, V2 und W2 zusammen. Bei der Umschaltung auf Dreieckbetrieb muß das Schütz K2 abfallen und das Schütz K3 anziehen. Das Dreieckschütz K3 schließt die Wicklungsanschlüsse U1 – W2, V1 – U2 und W1 – V2 zusammen. Das Netzschütz K1 muß angezogen bleiben, da dieser auch im Dreieckbetrieb die drei Phasen anlegt. Es muß bei der Umschaltung von Stern auf Dreieck unbedingt dafür gesorgt werden, daß das Dreieckschütz K3 erst dann anziehen kann, wenn das Sternschütz bereits abgefallen ist. Würde K3 bereits angezogen haben, bevor K2 abgefallen ist, so werden über die Sternbrücke die drei Außenleiter kurzgeschlossen, was einen Kurzschluß auf der Zuleitung zur Folge hätte.

Der in Bild 11.12 dargestellte thermische Überstromauslöser F2 ist in Dreieckschaltung mit seinen Bimetallauslösern in jede Strangwicklung geschaltet und überwacht somit den **Wicklungsstrom** (Strangstrom). Bei der Einstellung des thermischen Überstromauslösers ist darauf zu achten, daß nach Formel (7.6) der Strangstrom um den Faktor $\frac{1}{\sqrt{3}}$ kleiner ist als der Gesamtstrom. Der thermische Überstromauslöser ist demnach auf den 0,58-fachen Wert des Betriebsstromes einzustellen, wenn er sich zwischen dem Netzschütz und den Motorwicklungen U1, V1 und W1 befindet.

Sternschaltung: K1 und K2 sind geschaltet
Dreieckschaltung: K1 und K3 sind geschaltet

Aus den oben beschriebenen Vorgaben muß nun die Steuerung entwickelt werden. Für den Stern-Dreieck-Anlauf eines Verdichtermotors ergeben sich daher folgende Vorgaben:

- Ein Raumthermostat schaltet den Verdichter ein
- Zuerst sind K1 und K2 eingeschaltet
- Nach ca. 2 Sekunden schaltet K2 ab und K3 ein
- K3 darf erst einschalten, wenn K2 abgefallen ist

Diese Vorgaben werden in der Steuerung nach Bild 11.13 erfüllt.

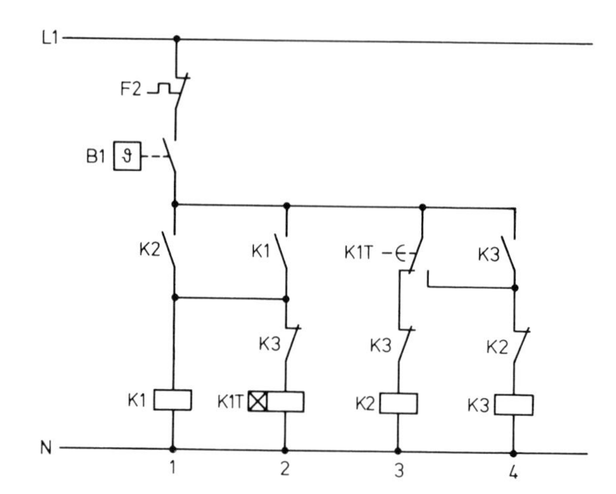

Bild 11.13
Steuerstromkreis einer Stern-Dreieck-Schaltung

Funktionsbeschreibung:
Schaltet der Raumthermostat B1, so ist nur der Stromkreis zum Sternschütz K2 (Strompfad 3) geschlossen. Der Schließer von K2 im Strompfad 1 läßt das Netzschütz K1 anziehen. Gleichzeitig bekommt das Zeitrelais K1T im Strompfad 2 Spannung. Der Verdichter ist also zunächst im Stern geschaltet. Nach Ablauf der am Zeitrelais K1T eingestellten Zeit von ca. 2 s schaltet der Wechsler des Zeitrelais im Strompfad 3 das Sternschütz K2 ab und das Dreieckschütz K3 an. Durch den Öffner von K2 im Strompfad 4 zum Dreieckschütz kann K3 erst dann anziehen, wenn K2 abgefallen ist. Sobald K3 angezogen hat, wird der Schließer im Strompfad 4 betätigt und das Zeitrelais K1T über den Öffner von K3 im Strompfad 2 abgeschaltet. Damit geht der Wechsler des Zeitrelais im Strompfad 3 in seine Ausgangsstellung zurück. Das Dreieckschütz K3 bleibt aber wegen dem Schließer von K3 im Strompfad 4 angezogen. Der Sternschütz K2 kann wegen dem Öffner von K3 im Strompfad 3 ebenfalls nicht anziehen. Der Verdichter ist im Dreieck geschaltet. Das Zeitrelais K1T wird durch diese Steuerung nach erfolgter Umschaltung freigeschaltet (spannungslos geschaltet) und braucht daher nicht auf Dauerbetrieb ausgelegt zu werden.

Der in Bild 10.13 dargestellte Steuerstromkreis einer **automatischen Stern-Dreieck-Schaltung** ist eine Möglichkeit die Forderungen zu erfüllen. Es gibt daneben eine Vielzahl unterschiedlich aufgebauter Steuerungen, die aber alle die Vorgaben erfüllen müssen.

Im Kapitel 8.4.2.1 wurde das Prinzip der Anlaufentlastung beschrieben. Die Diagramme im Kapitel 8.4 haben gezeigt, daß eine sinnvolle Anlaufstrombegrenzung nur dann möglich ist, wenn der Verdichter mit einer Anlaufentlastung arbeitet. Die relativ hohe Stromspitze bei der Umschaltung von Stern auf Dreieck kann noch verringert werden, indem man die Anlaufentlastung erst ca. 2 Sekunden nach der Umschaltung auf Dreieckbetrieb wegschaltet. Dazu ist ein zweites Zeitrelais erforderlich.

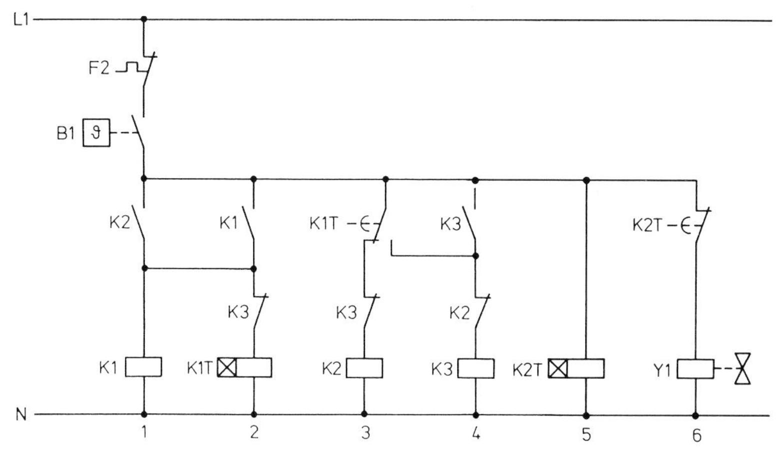

Bild 11.14 Stern-Dreieck-Anlauf mit Anlaufentlastung

Das Zeitrelais K2T im Strompfad 5 ist auf eine Zeit von ca. 4 Sekunden eingestellt. Der Öffner des Zeitrelais schaltet nach der eingestellten Zeit, also 2 Sekunden nach der Umschaltung auf Dreieck, das **Magnetventil zur Anlaufentlastung** Y1 weg. Bei dieser Steuerung schaltet das Magnetventil Anlaufentlastung auf jeden Fall nach 4 Sekunden weg. Eine andere Möglichkeit der Schaltung des Magnetventils ist im Bild 11.15 dargestellt.

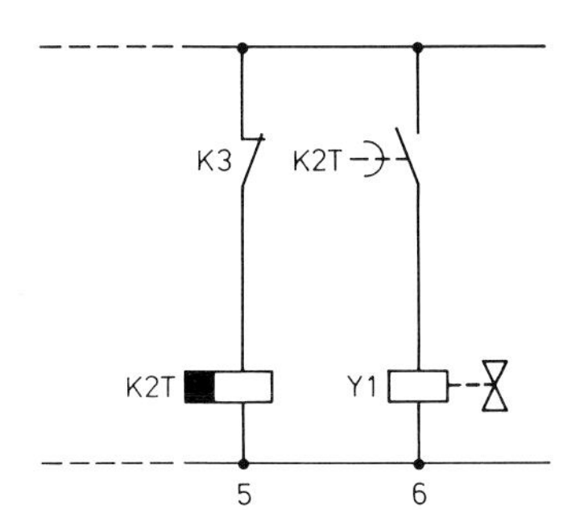

Bild 11.15
Magnetventil Anlaufentlastung mit rückfallverzögertem Zeitrelais

Das rückfallverzögerte Zeitrelais K2T schließt seinen Kontakt im Strompfad 6 zum Magnetventil sofort. Bei der Umschaltung auf Dreieck öffnet der Kontakt des Dreieckschützes K3 im Strompfad 5 und schaltet das Zeitrelais ab. Der Kontakt des Zeitrelais schaltet im Strompfad 6 verzögert weg und öffnet den Stromkreis zum Magnetventil Y1. Prinzipiell ist dies die gleiche Funktion wie in der Schaltung nach Bild 11.14. Schaltet jedoch der Verdichter aus irgend einem Grund nicht in Dreieck um (z. B. Dreieckschütz defekt), so bleibt bei dieser Schaltung die Anlaufentlastung bestehen. Der Verdichter läuft weiter mit geringer Leistung.

11.2 Teilwicklungsanlauf

Beim Teilwicklungsanlauf ist die Motorwicklung in zwei Hälften aufgeteilt. Im Einschaltmoment wird zunächst nur die erste Hälfte der Motorwicklung eingeschaltet und zeitlich verzögert (0,5 bis 1 Sekunde) die zweite Wicklung zugeschaltet (vgl. Kapitel 8.4.2.3). Im Hauptstromkreis des Motors sind demnach zwei Hauptschütze notwendig, die zeitlich verzögert eingeschaltet werden.

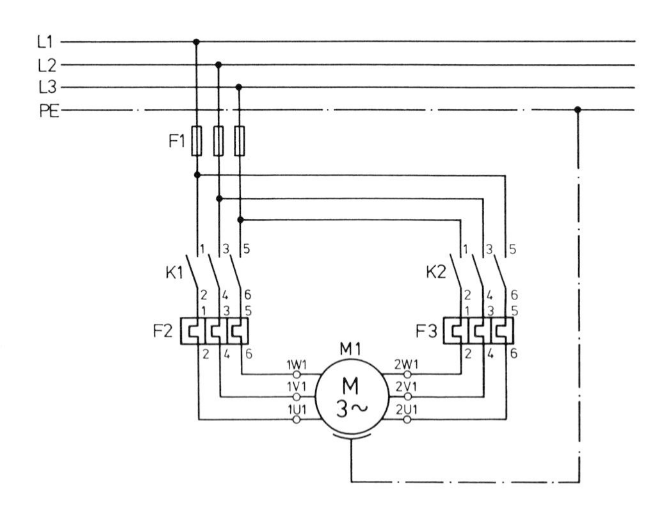

Bild 11.21
Hauptstromkreis
Teilwicklungsanlauf

Das **Hauptschütz K1** schaltet die **erste Teilwicklung**. Nach ca. 0,5 bis 1 Sekunde schaltet das **Hauptschütz K2** die **zweite Teilwicklung** hinzu. Wenn beide Schütze angezogen sind ist der Motor in seinem Nennbetrieb. Wird der Teilwicklungsmotor – wie in Bild 11.21 dargestellt – gegen thermischen Überstrom geschützt, so sind zwei thermische Überstromauslöser notwendig, da jede Teilwicklung geschützt werden muß. Die Einstellung der thermischen Überstromauslöser ist abhängig von der Wicklungsaufteilung. Bei einer Aufteilung von $\frac{1}{2}$ zu $\frac{1}{2}$ sind die beiden thermischen Überstromauslöser jeweils auf den 0,5-fachen Wert des Nennbetriebsstromes einzustellen.

Für die zeitliche Zuschaltung der zweiten Teilwicklung ist im Steuerstromkreis ein Zeitrelais vorzusehen. Die Anlaufentlastung kann weggeschaltet werden, sobald die zweite Teilwicklung zugeschaltet wird.

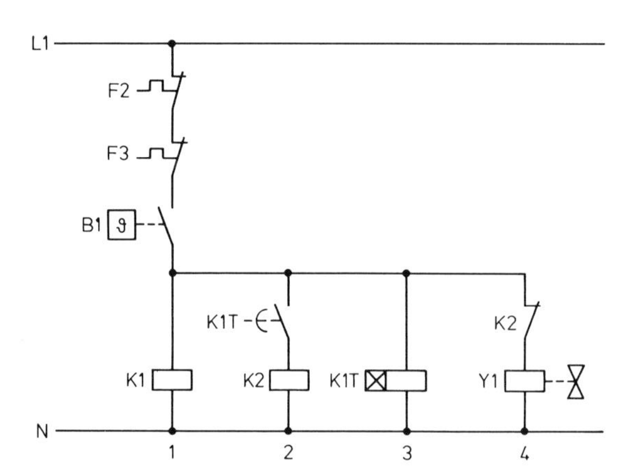

Bild 11.22
Steuerstromkreis Teilwicklungsanlauf mit Anlaufentlastung

Funktionsbeschreibung:
Wenn der Raumthermostat B1 schaltet, zieht das Schütz K1 an und schaltet die erste Teilwicklung ein. Außerdem wird das einschaltverzögerte Zeitrelais K1T aktiviert. Das Magnetventil Anlaufentlastung Y1 ist ebenfalls eingeschaltet. Nach der am Zeitrelais K1T eingestellten Zeit von ca. 1 Sekunde schaltet der Schließer von K1T im Strompfad 2 das Schütz K2 und somit die zweite Teilwicklung dazu. Der Öffner von K2 im Strompfad 4 schaltet das Magnetventil Anlaufentlastung weg.

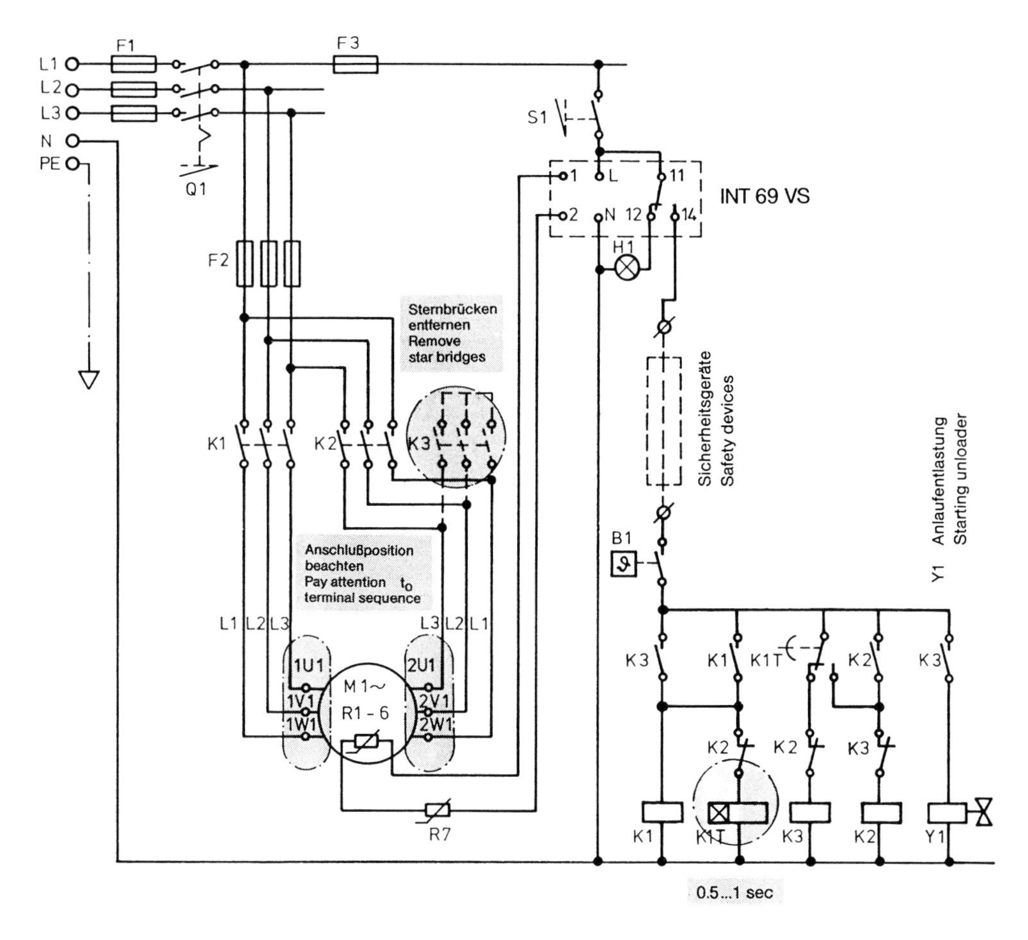

Bild 11.23 Umrüstung von Stern-Dreieck-Anlauf auf Teilwicklungsanlauf (*Bitzer* Information)

Wird ein Verdichter der mit Stern-Dreieck-Anlauf ausgerüstet ist, gegen einen Verdichter mit Teilwicklungsanlauf ausgetauscht, so kann man den Austausch ohne wesentlichen steuerungstechnischen Umbauaufwand vornehmen.

Unter der Voraussetzung, das die Stern-Dreieck-Steuerung belassen werden soll, sind bei der Umrüstung folgende Maßnahmen zu treffen:

- Sternbrücke am Sternschütz K3 entfernen
- Zeit am Zeitrelais K1T auf ca. 1 Sekunde einstellen
- Anschlußklemmen am Motor bzw. Schütz überprüfen

Das Sternschütz K3 ist im Hauptstromkreis überflüssig geworden. Ein Ausbau des Sternschützes erfordert aber auch eine Umrüstung der Steuerung, da die Hilfskontakte im Steuerstromkreis auch wegfallen würden. Die Steuerung wäre dann nach Bild 11.22 neu zu verdrahten.

11.3 Widerstandsanlauf

Beim Widerstandsanlauf werden Widerstände in die Motorzuleitung zwischen den Motoranschlußklemmen und dem **Netzschütz** gelegt. Nach einer Zeit von ca. 0,5

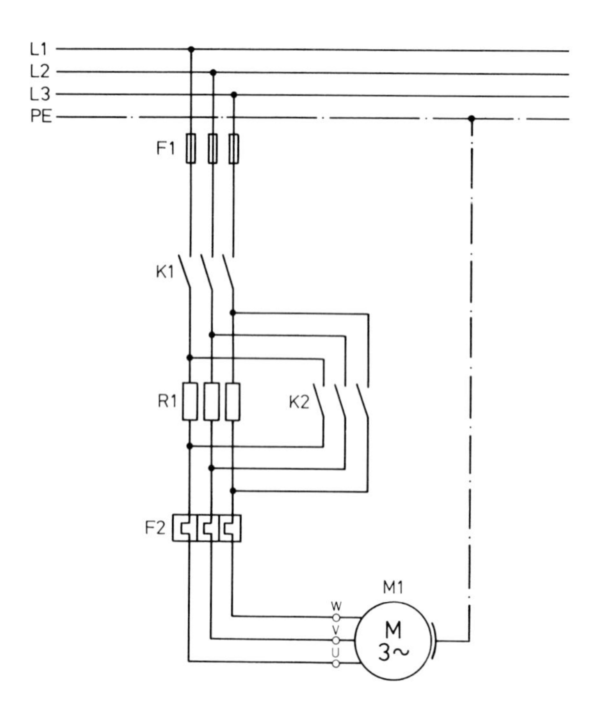

Bild 11.31
Hauptstromkreis Widerstandsanlauf

Sekunden müssen die Widerstände mit einem weiteren Schütz **(Überbrückungsschütz)** überbrückt werden (vgl. Kapitel 8.4.2.4).

Zuerst schaltet das Netzschütz K1 und der Motor wird über die Anlaufwiderstände eingeschaltet. Nach ca. 0,5 Sekunden schaltet das Schütz K2 und überbrückt die Anlaufwiderstände. Die prinzipielle Steuerung für einen Widerstandsanlauf ist in Bild 11.32 dargestellt.

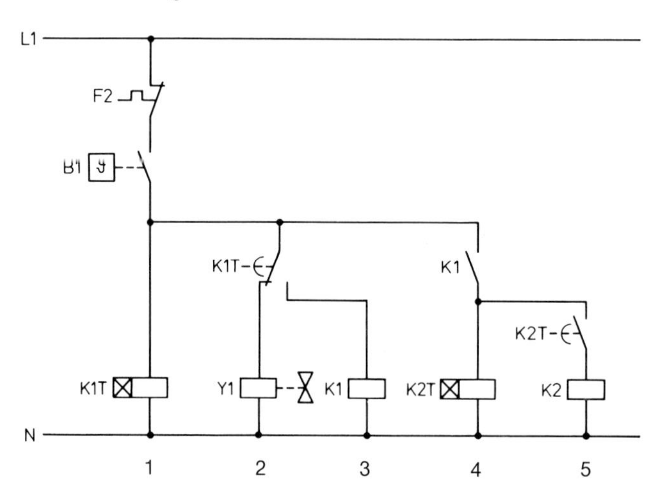

Bild 11.32
Steuerung Widerstandsanlauf mit Vorentlastung

Funktionsbeschreibung:
Schaltet der Raumthermostat B1, so wird zunächst ein Zeitrelais K1T aktiviert, dessen Wechsler im Stromkreis 2 das Magnetventil Y1 schaltet. Das Magnetventil sorgt für einen Druckausgleich zwischen Hoch- und Niederdruckseite des Verdichters vor der Startphase (Vorentlastung). Nach ca. 15 bis 30 Sekunden schaltet der Wechsler des

Zeitrelais K1T um und das Netzschütz K1 zieht an. Das Magnetventil zur Vorentlastung wird dadurch weggeschaltet. Gleichzeitig wird das Zeitrelais K2T über den Schließer von K1 im Strompfad 4 aktiviert. Nach ca. 0,5 Sekunden schließt der Kontakt des Zeitrelais im Strompfad 5 und das Überbrückungsschütz K2 zieht an.

Während der Betriebszeit des Verdichters sind die Widerstände kurzgeschlossen und können sich abkühlen. Schaltet aber der Verdichter innerhalb von relativ kurzen Abständen, so wird die **Lebensdauer der Widerstände** erheblich gefährdet. Für die Lebensdauer der Anlaufwiderstände sollte der Verdichter nicht mehr als 6 gleichmäßig verteilte Schaltungen pro Stunde haben. Um diese Forderung zu erfüllen, ist ein erheblicher schaltungstechnischer Aufwand mit zusätzlichen Zeitrelais erforderlich, die für einen Mindestlauf und Standzeiten sorgen müssen. Das elektronische Steuergerät der Fa. *Kriwan* vereint diese Forderungen in einem Gerät.

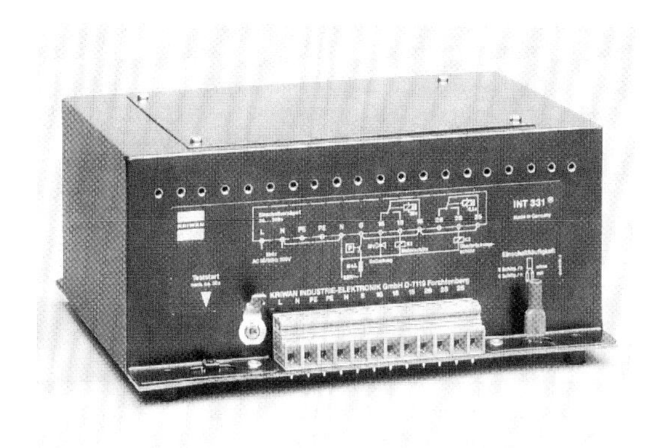

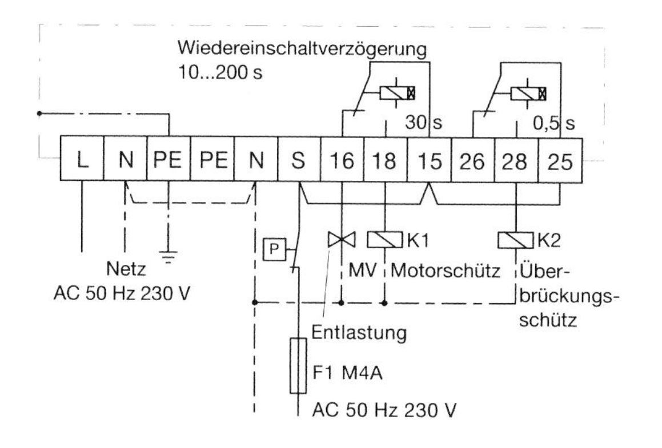

Bild 11.33
Elektronisches Steuergerät zur Anlaufstrombegrenzung mit Vorwiderständen INT 331 *(Kriwan)*

In diesem Gerät sind die Anlaufwiderstände als auch die Steuerung integriert. Die Größe der Anlaufwiderstände kann mit Steckkontakten im Bereich von 2,2 Ω bis 7,0 Ω eingestellt werden. Daneben besitzt das Steuergerät folgende Funktionen:

Automatische Anlaufentlastung:
Einschaltverzögerung des Netzschützes um ca. 30 Sekunden nach Anforderung. Dadurch wird über das Magnetventil der Druckausgleich hergestellt. Das Magnetventil ist nach dem Anschlußschaltbild an die Klemme 16 des Steuergerätes anzuschließen.

Einschalthäufigkeit:
Die maximale Einschalthäufigkeit ist auf 6 Schaltungen pro Stunde begrenzt. Eine Begrenzung auf 3 Schaltungen pro Stunde ist durch Herausziehen eines Steckers am

Steuergerät möglich. Ein neuer Start des Verdichters ist frühestens nach 10 Minuten bzw. 20 Minuten nach dem letzten Anlauf möglich und zwar unabhängig von der Standzeit des Verdichters.

Netzausfall:
Nach einem Netzausfall wird die Wiedereinschaltung um 10 ... 200 Sekunden verzögert.

Schnellauslösung:
Bei zu hoher Spannung, zu hoher Last an den Widerständen oder nicht genügend schnell abklingendem Anlaufstrom erfolgt eine Schnellabschaltung in einer Zeit von 0,1 bis 0,5 Sekunden. Die Auslösegeschwindigkeit hängt vom Grad der Überlastung ab.

Überbrückungszeit:
Die Widerstände werden durch ein Überbrückungsschütz (Klemme 28) automatisch nach 0,5 Sekunden überbrückt. Werden die Widerstände nach dem Anlaufen des Verdichters nicht überbrückt, so erfolgt eine Zwangsabschaltung nach 0,6 Sekunden unabhängig von der Funktion der Schnellauslösung.

Überhitzungsschutz:
Bei einer Temperatur über +70 °C im Innenraum des Gerätes wird eine Wiedereinschaltung verhindert, bis die Temperatur unter diesen Wert gesunken ist.

Bild 11.34 zeigt die Einbindung des Steuergerätes INT 331 in den Steuerstromkreis für einen Widerstandsanlauf.

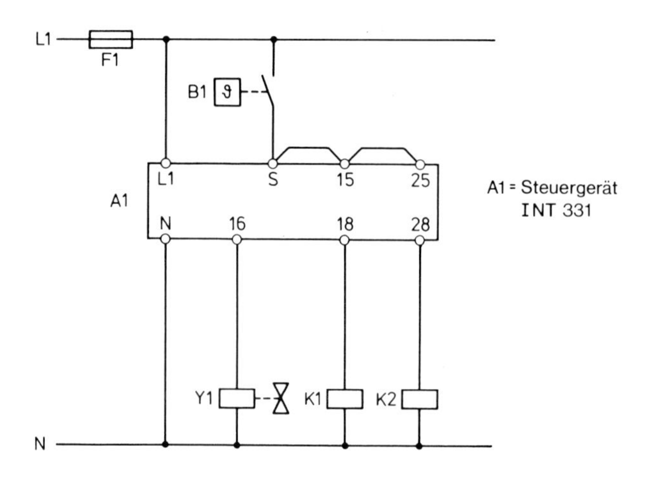

Bild 11.34
Steuergerät INT 331 im Steuerstromkreis

Die **Größe der Vorwiderstände** für einen Verdichtertyp läßt sich nach Formel (8.8) aus Kapitel 8.4.2.4 berechnen. Dazu sind einige Angaben des Verdichterherstellers notwendig. Sind die notwendigen Angaben über das elektrische Verhalten des Verdichters nicht zu erfahren, so kann man mit einer Optimierung den Widerstandswert selber bestimmen. Dazu erhöht man den Widerstandswert Stufe für Stufe und mißt bei jedem erneuten Einschalten den Anlaufstrom. Man benötigt zu dieser Messung ein Amperemeter, das in der Lage ist, den Spitzenwert festzuhalten. Neben der richtigen Auswahl der Vorwiderstände ist ein einwandfreier Anlauf des Verdichters auch vom Druckausgleich und den Spannungsverhältnissen abhängig.

12 Verdichtersteuerungen

Bei der elektrischen Ansteuerung einer kompletten Kälteanlage nimmt allein die Verdichtersteuerung einen großen Umfang ein. Dabei können alle Varianten der Sicherheitseinrichtungen mit den Anlaufverfahren kombiniert werden. Eine andere Art der Ein- und Ausschaltung des Verdichters, ist die **Absaugschaltung**. Neben der Beschreibung der Absaugschaltung wird in diesem Kapitel auch auf die steuerungstechnischen Besonderheiten beim **leistungsgeregelten Verdichter** und **Schraubenverdichter** eingegangen.

12.1 Absaugschaltungen

Bei den bisherigen Ansteuerungen eines Verdichters wurde der Ein- bzw. Ausschaltvorgang immer von einem Thermostaten gesteuert, der direkt den Verdichterschütz schaltet. Bei den Absaugschaltungen steuert der Raumthermostat ein Magnetventil in der Flüssigkeitsleitung an. Das Schalten des Verdichterschützes übernimmt dann ein Niederdruckschalter. Durch die Absaugschaltungen wird erreicht, daß vor jedem Verdichterstillstand zuvor der größte Teil des auf der Verdampferseite befindlichen Kältemittels abgesaugt wurde. Je nach Anlagenvoraussetzungen kann dieses sog. „Abpumpverfahren" zweckmäßig sein oder zwingend erforderlich werden, um z. B. mögliche **Kältemittelverlagerungen** während der Standzeit des Verdichters und damit Flüssigkeitsschläge beim Anlauf des Verdichters zu vermeiden. Prinzipiell unterscheidet man die sog. **„Pump down"**- oder **„Pump out"** Schaltung.

12.1.1 Pump down Schaltung

Bei der pump down Schaltung schaltet nach erreichter Kühlraumtemperatur der Raumthermostat das Magnetventil in der Flüssigkeitsleitung ab. Dadurch wird der Kältemittelstrom zum Verdampfer unterbrochen. Der Verdichter arbeitet so lange weiter, bis der größte Teil des Kältemittels aus dem Verdampfer abgesaugt ist. Der Niederdruckpressostat schaltet dann bei diesem eingestellten Wert den Verdichter ab. In Bild 12.11 ist die Steuerung der pump down Schaltung im Prinzip dargestellt.

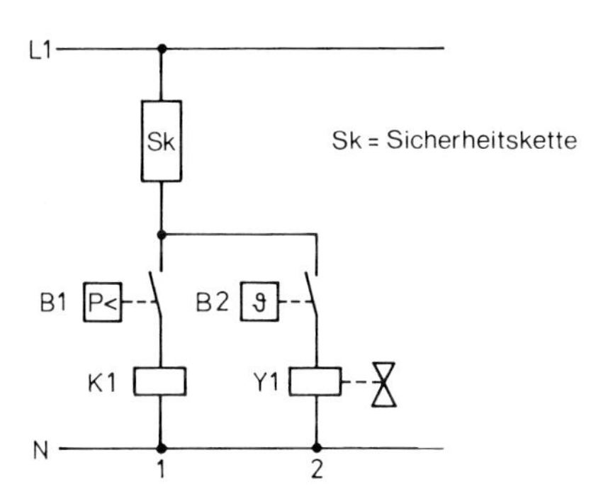

Bild 12.11
Pump down Schaltung

B1: Niederdruckpressostat
B2: Raumthermostat
K1: Verdichterschütz
Y1: Magnetventil Flüssigkeitsleitung

Funktionsbeschreibung:
Bei erreichter Kühlraumtemperatur öffnet der Raumthermostat B2 im Strompfad 2 den Stromkreis zum Magnetventil in der Flüssigkeitsleitung. Der Niederdruckpressostat im Strompfad 1 ist aber noch geschlossen, so daß das Verdichterschütz K1 noch angezogen ist und das auf der Verdampferseite befindliche Kältemittel absaugen kann. Ist dies geschehen, so öffnet der Niederdruckpressostat und das Verdichterschütz wird abgeschaltet. Schaltet der Raumthermostat wieder, so öffnet das Magnetventil in der Flüssigkeitsleitung. Durch den Druckanstieg schaltet der Niederdruckpressostat den Verdichter wieder ein.

Bei der pump down Schaltung ist es möglich, daß unabhängig vom Raumthermostat der Verdichter über den Niederdruckpressostat eingeschaltet werden kann, falls sich der Saugdruck auf den am Pressostaten eingestellten Wiedereinschaltwert – z. B. bei Undichtigkeit des Magnetventils – erhöht. Außerdem sind weitere Abpumpzyklen während einer Abschaltperiode möglich.

12.1.2 Pump out Schaltung

Soll aufgrund der Anlagenbedingung nur ein **einmaliges Absaugen** möglich sein, so ist die pump out Schaltung anzuwenden. Das Prinzip des Absaugens von Kältemittel auf der Verdampferseite und dem Abschalten des Verdichters über den Niederdruckpressostaten ist gleich wie bei der pump down Schaltung. Durch ein zusätzliches Hilfschütz wird jedoch erreicht, daß nach einem einmaligen Abpumpen und Abschalten des Verdichters keine weiteren Abpumpzyklen mehr möglich sind. Ein Wiedereinschalten ist nur nach Anforderung durch den Raumthermostaten oder nach Beendigung eines evtl. Abtauvorgangs möglich.

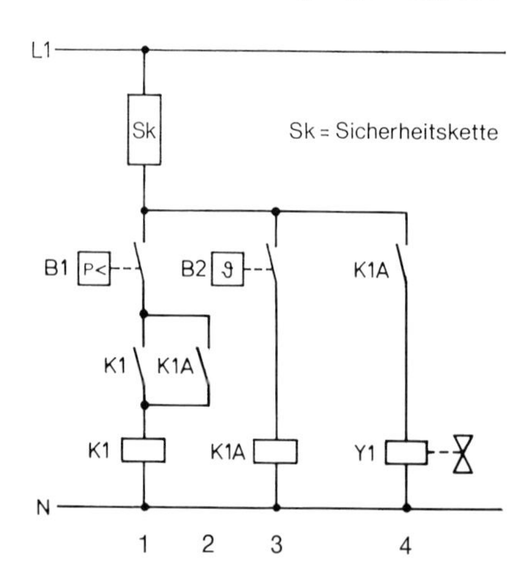

B1 : Niederdruckpressostat
B2 : Raumthermostat
K1 : Verdichterschütz
K1A : Hilfsschütz Pump out
Y1 : Magnetventil Flüssigkeitsleitung

Bild 12.12
Pump out Schaltung

Funktionsbeschreibung:
Der steuerungstechnische Unterschied zur pump down Schaltung besteht lediglich in der Funktion des Hilfsschützes K1A. Bei Anforderung durch den Raumthermostat B2 wird das Hilfsschütz K1A im Strompfad 3 geschaltet und betätigt die beiden Schließer im Strompfad 2 und 4. Durch den Schließer im Strompfad 4 wird das Magnetventil Y1 in der Flüssigkeitsleitung geöffnet und der Niederdruckpressostat B1 schaltet das Verdichterschütz K1. Bei erreichter Kühlraumtemperatur öffnet B2 und das Hilfsschütz K1A fällt ab. Das Magnetventil schließt und der Niederdruckpressostat schaltet nach dem Absaugen des Kältemittels den Verdichter ab. Erhöht sich der Saugdruck bei Verdichterstillstand so, daß der Niederdruckpressostat schaltet, so ist ein Einschalten des Verdichters nicht möglich. Das Verdichterschütz K1 kann nur geschaltet werden,

wenn zuvor das Hilfsschütz K1A über den Raumthermostat geschaltet wurde und dadurch der Schließerkontakt von K1A im Strompfad 2 geschlossen ist. Ein Wiedereinschalten ist also – nach einmaligem Absaugen – nur über den Raumthermostat möglich.

12.1.3 Steuerungsbeispiele

Die prinzipiellen Schaltungen nach Bild 12.11 und Bild 12.12 werden an einigen Beispielen in Verdichtersteuerungen eingebunden und in Stromlaufplänen dargestellt.

Beispiel 1:
Ein Verdichtermotor wird zur Anlaufstrombegrenzung in **Stern-Dreieck** geschaltet. Er ist mit einer **Anlaufentlastung** ausgestattet, die 2 Sekunden nach der Umschaltung auf Dreieckbetrieb wegschalten soll. Der Verdichter soll in pump down Schaltung arbeiten. In der Sicherheitskette befinden sich ein thermischer Überstromauslöser und ein Hochdrucksicherheitswächter.

Gesucht: Der Steuerstromkreis

Lösung:

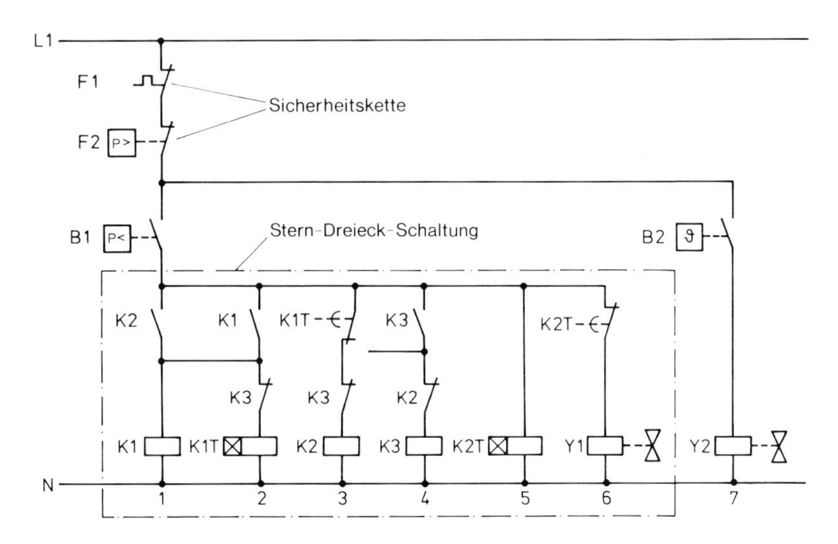

Bild 12.13 Verdichter mit Stern-Dreieck-Anlauf in pump down Schaltung

Der eingerahmte Teil der Steuerung bildet den Stern-Dreieck-Anlauf mit Anlaufentlastung nach Bild 11.14 aus Kapitel 11. Dieser Teil wird an die Stelle des Verdichterschützes K1 nach Bild 12.11 gesetzt, da das Verdichterschütz hier aus einem Stern-Dreieck-Anlauf mit Anlaufentlastung besteht. B1 ist hierbei der Niederdruckpressostat und B2 der Raumthermostat, der das Magnetventil Y2 in der Flüssigkeitsleitung schaltet.

Beispiel 2:
Ein Verdichter mit Teilwicklungsanlauf wird in pump out Schaltung betrieben. In der Sicherheitskette befinden sich die notwendigen thermischen Überstromauslöser für jede Teilwicklung und ein Hochdrucksicherheitswächter.

Gesucht: Der Steuerstromkreis

Lösung:

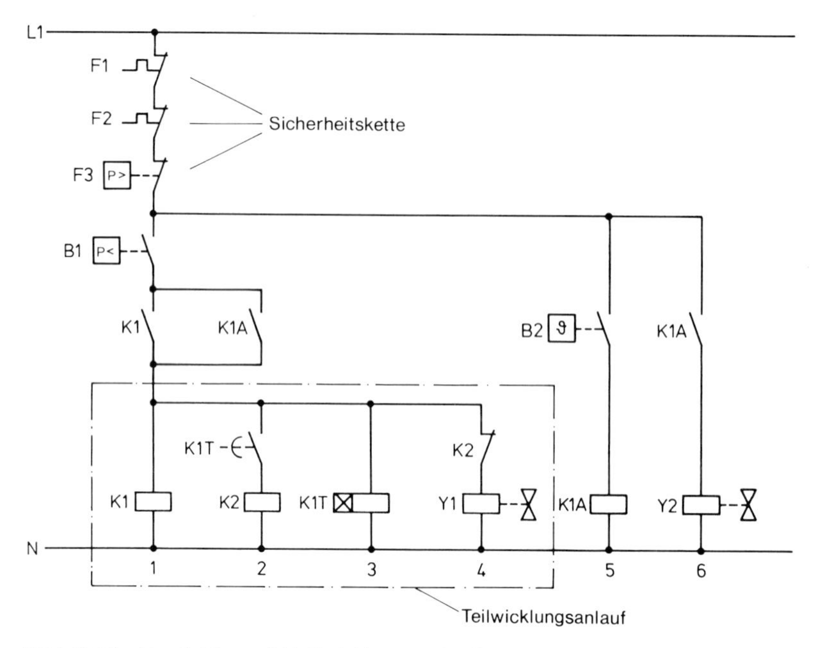

Bild 12.14 Verdichter mit Teilwicklungsanlauf in pump out Schaltung

Der Steuerstromkreis stellt eine Kombination aus der Steuerung des Teilwicklungsanlaufs nach Bild 11.22 und der pump out Schaltung nach Bild 12.12 dar. Wie im vorangegangenen Beispiel wird anstelle des Verdichterschützes K1 der pump out Schaltung, die Steuerung für den Teilwicklungsanlauf gesetzt.

Beispiel 3:

Ein Verdichter wird nach folgenden Vorgaben angesteuert:

- Stern-Dreieck-Anlauf mit Anlaufentlastung
- Anlaufentlastung schaltet 2 s nach Umschaltung auf Dreieck weg
- pump out Schaltung
- Sicherheitseinrichtungen:
  - Öldruckdifferenzschalter
  - Thermistor-Motorschutz mit Wiedereinschaltsperre
  - Hochdrucksicherheitsbegrenzer
- Jede Störung wird optisch einzeln angezeigt
- Kurbelwannenheizung (Tauchfühler)
- Dreipoliger Hauptschalter

Gesucht: Der Haupt- und Steuerstromkreis für den Verdichter und die zugehörige Legende.

Lösung: siehe Bild 12.15

In den Stromkreisen 1 bis 5 erkennt man die Sicherheitskette mit den Störmeldelampen. Im Stromkreis 6 bis 13 ist die Steuerung für den Stern-Dreieck-Anlauf mit Anlaufentlastung und pump out Schaltung dargestellt. Im Hauptstromkreis befindet sich der Verdichtermotor und die Kurbelwannenheizung sowie der Hauptschalter. Der Schalter S1 übernimmt die Funktion eines Steuerschalters als auch die Resetfunktion für den Thermistor-Motorschutz INT 69 VS.

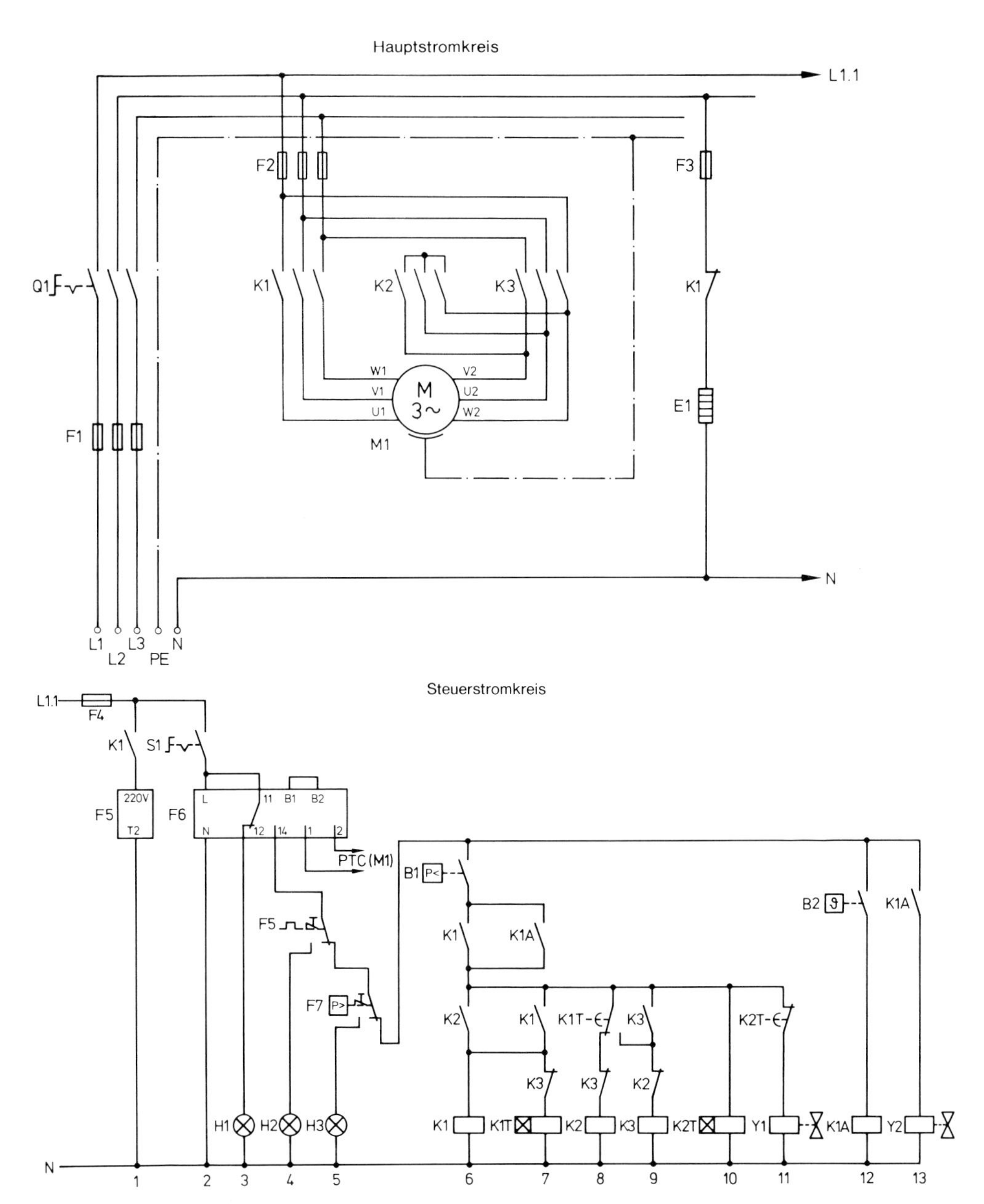

Bild 12.15 Haupt- und Steuerstromkreis zu Beispiel 3

Legende:

- F1 : Hauptsicherungen
- F2 : Verdichtersicherungen
- F3 : Sicherung Kurbelwannenheizung
- F4 : Steuersicherung
- F5 : Öldruckdifferenzschalter
- F6 : Thermistor-Motorschutz (INT 69 VS)
- F7 : Hochdrucksicherheitsbegrenzer

- K1 : Netzschütz
- K2 : Sternschütz
- K3 : Dreieckschütz
- K1A: Hilfsschütz pump out
- K1T: Zeitrelais Stern-Dreieck
- K2T: Zeitrelais Anlaufentlastung
- Y1 : Magnetventil Anlaufentlastung
- Y2 : Magnetventil Flüssigkeitsleitung
- H1 : Störmeldeleuchte Thermistor-Motorschutz
- H2 : Störmeldeleuchte Öldruckdifferenzschalter
- H3 : Störmeldeleuchte Hochdrucksicherheitsbegrenzer
- Q1 : Hauptschalter
- S1 : Steuerschalter und Resetschalter Motorschutz
- M1 : Verdichtermotor
- E1 : Kurbelwannenheizung

12.2 Leistungsgeregelter Verdichter

Die Leistungsregelung dient der Anpassung einer Kälteanlage an den **tatsächlichen Leistungsbedarf**. Sie verhindert eine hohe **Schalthäufigkeit** des Verdichters und senkt dadurch den Verschleiß des Antriebsmotors. **Leistungsregler** sind Magnetventile, mit denen einzelne Zylinder eines Verdichters abgeschaltet werden. Im Normalbetrieb (100% Leistung) ist das Magnetventil zur Leistungsregelung stromlos. Bei erregter Magnetspule des Ventils wird der Saugkanal im betreffenden Zylinderkopf abgesperrt wodurch die Kolben dieser Zylinderreihe ohne Verdichtung des Kältemittels leer mitlaufen. Bei mehreren Leistungsreglern an einem Verdichter ist eine **abgestufte Leistungsregelung** möglich. Die Ansteuerung der Leistungsregler (Magnetventile) erfolgt in der Regel über Thermostate (Temperatur), Pressostate (Druck) oder Hygrostate (Feuchte). Bei der Einstellung dieser Impulsgeber für den Leistungsregler ist zu beachten, daß keine Überschneidungen auftreten, die einen **Pendelbetrieb** verursachen.

Bei allen Verdichtersteuerungen, die mit einer Absaugschaltung (pump down oder pump out) arbeiten, darf der Leistungsregler während des Absaugens nicht eingeschaltet sein. Auch beim Stillstand des Verdichters darf die Leistungsregelung nicht eingeschaltet sein, da es sonst zu Kältemittelverlagerungen kommen kann.

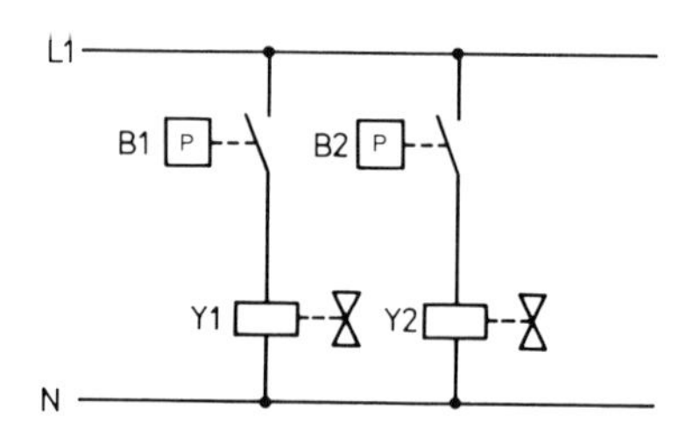

Bild 12.21
Prinzip einer 2-stufigen Leistungsregelung mit Pressostaten als Impulsgeber

Bei sinkendem Druck in der Saugleitung schaltet der Impulsgeber B1 das Magnetventil für die Leistungsregelung Y1 und der Verdichter arbeitet mit verminderter Leistung. Sinkt der Saugdruck unter einen weiteren Wert, so schaltet auch der zweite Impulsgeber B2 das Magnetventil für die zweite Leistungsstufe Y2. Steigt der Druck wieder an, schaltet zuerst B2 das Magnetventil Y2 spannungslos und danach B1 das Magnetventil Y1 über den Impulsgeber B1. Wenn beide Leistungsregler in Betrieb sind, ist die geringste Leistung eingeschaltet. Fällt der Saugdruck bei dieser geringsten Leistung noch weiter ab, wird der Verdichter über den Niederdruckpressostat abgeschaltet.

Weitere Verdichtersteuerungen mit Leistungsregelung werden in den nachfolgenden Bildern dargestellt.

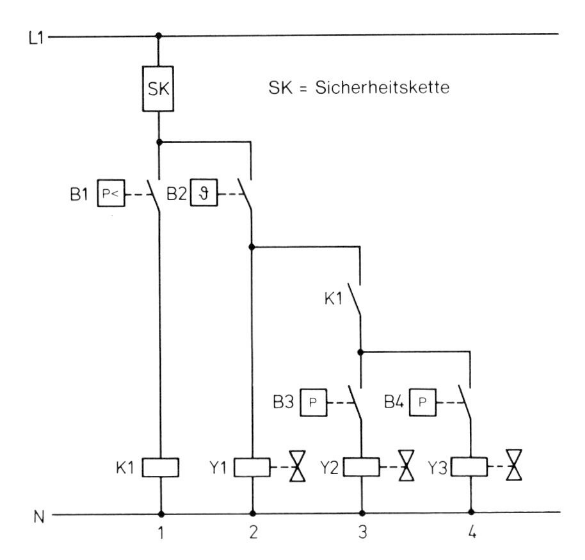

Bild 12.22
Verdichter mit 2-stufiger Leistungsregelung, Direktanlauf und pump down Schaltung

Der Raumthermostat B2 schaltet das Magnetventil in der Flüssigkeitsleitung Y1 und der Niederdruckpressostat B1 das Verdichterschütz K1. Durch den Schließer von K1 im Strompfad 3 können danach die Leistungsregler Y2 (1. Stufe) und Y3 (2. Stufe) über ihre Impulsgeber B3 und B4 geschaltet werden. Bei erreichter Kühlraumtemperatur öffnet der Thermostat im Strompfad 2 und schaltet dadurch noch eingeschaltete Leistungsregler sofort ab. Nach dem Absaugen schaltet der Niederdruckpressostat den Verdichter ab.

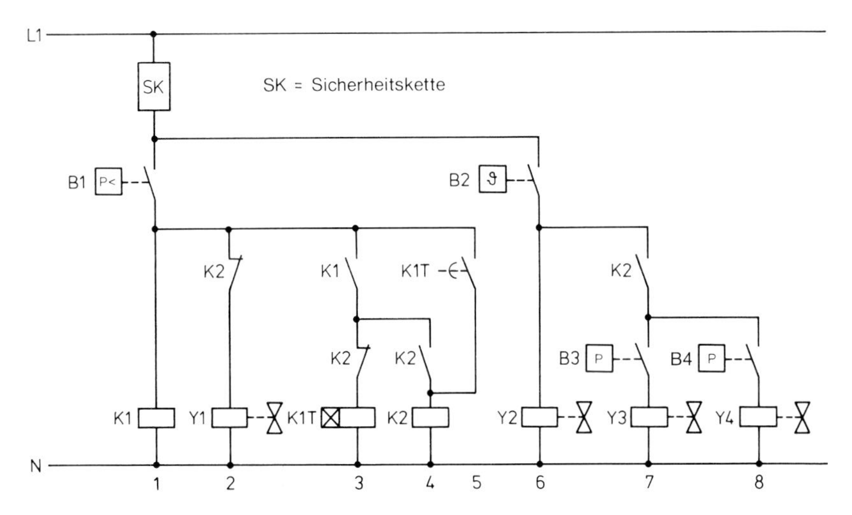

Bild 12.23 Verdichter mit 2-stufiger Leistungsregelung, Teilwicklungsanlauf und pump down Schaltung

Legende zu Bild 12.23:

- B1 : Niederdruckpressostat
- B2 : Raumthermostat
- B3 : Impulsgeber für Leistungsregler 1. Stufe
- B4 : Impulsgeber für Leistungsregler 2. Stufe
- Y1 : Magnetventil Anlaufentlastung
- Y2 : Magnetventil Flüssigkeitsleitung
- Y3 : Leistungsregler 1. Stufe
- Y4 : Leistungsregler 2. Stufe
- K1 : Schütz 1. Teilwicklung
- K2 : Schütz 2. Teilwicklung
- K1T: Zeitrelais 2. Teilwicklung

In den Strompfaden 1 bis 5 ist die Steuerung für den Teilwicklungsanlauf dargestellt. Bei dieser Steuerung wird das Zeitrelais K1T nach Zuschaltung der zweiten Teilwicklung über den Öffner von K2 im Strompfad 3 freigeschaltet und muß somit nicht für 100% Einschaltdauer ausgelegt werden. Das Schütz K2 für die zweite Teilwicklung hält sich über seinen Schließerkontakt im Strompfad 4 und über den Schließer von K1 im Strompfad 3. Nachdem die zweite Teilwicklung zugeschaltet ist, kann die Leistungsregelung in den Strompfaden 7 und 8 aktiviert werden. Der Raumthermostat B2 schaltet das Magnetventil in der Flüssigkeitsleitung Y2 und der Niederdruckpressostat B1 den Verdichter.

12.3 Schraubenverdichter

Bei der Ansteuerung eines Schraubenverdichters müssen – im Gegensatz zum Kolbenverdichter – einige Besonderheiten beachtet werden. Die Betriebsmittel der Sicherheitseinrichtungen nehmen beim Schraubenverdichter einen wesentlichen Stellenwert ein. Neben den üblichen Nieder- und Hochdruckpressostaten sind folgende zusätzliche Schutzmaßnahmen vorzusehen:

- Überwachung der Phasenfolge
- Überwachung der Phasensymmetrie
- Druckgasüberhitzungsschutz
- Wicklungstemperatur
- Ölniveauwächter
- Strömungswächter für die Öleinspritzung

Zusätzlich müssen unterschiedliche Verzögerungszeiten einzelner Schutzmaßnahmen vorgesehen werden.

Der **Schmierölkreislauf** ist hinsichtlich der Einbindung von elektrischen Betriebsmitteln in die Steuerung des Schraubenverdichters ein zentraler Punkt.

Die elektrischen Betriebsmittel, welche sich in der Steuerung des Schraubenverdichters wiederfinden sind nach Bild 12.31 die Positionen 2, 4, 9, 10 und 11:

- **Magnetventil Öleinspritzung:** Das Magnetventil muß eingeschaltet werden, sobald der Verdichter mit Nenndrehzahl arbeitet. D. h. bei Teilwicklungsanlauf mit Zuschaltung der zweiten Teilwicklung oder bei Stern-Dreieck-Anlauf im Dreieckbetrieb. Bei Verdichterstillstand muß der Ölfluß unterbrochen werden.
- **Strömungswächter:** Der Strömungswächter überwacht die zirkulierende Ölmenge und unterbricht den Steuerstrom zum Verdichterschütz bei ungenügender Ölversorgung. Während der Startphase muß der Durchflußwächter für ca. 15 – 20 Sekunden überbrückt werden, da sich der Ölfluß zunächst einstellen muß. Bei einer Störung im Betrieb erfolgt die Abschaltung nach 2 – 3 Sekunden. Damit soll verhindert werden,

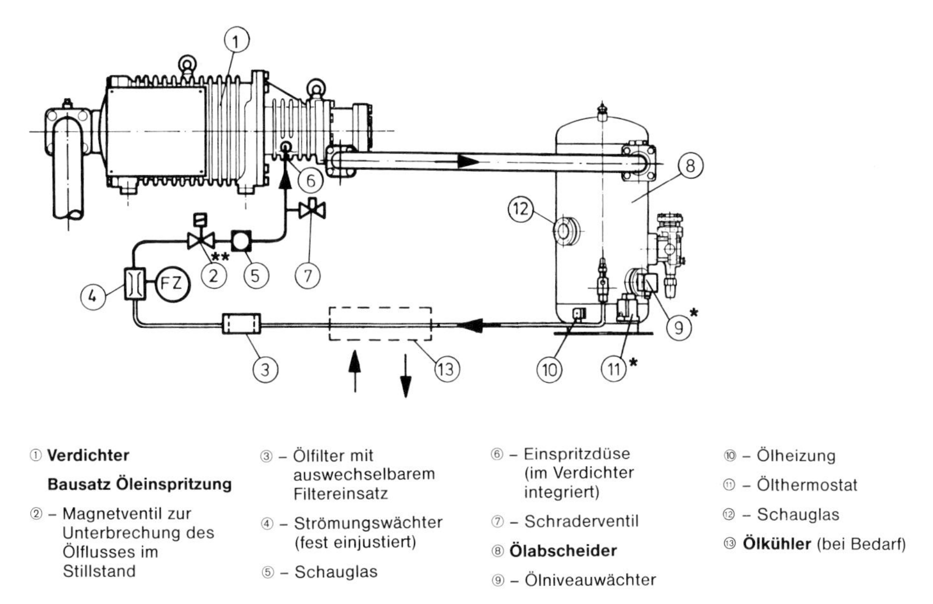

Bild 12.31 Schmierölkreislauf eines Schraubenverdichters (*Bitzer* Information)

daß der Verdichter bei kurzzeitiger Unterbrechung des Ölflusses sofort abschaltet. Die Zeitverzögerung von 2–3 Sekunden wird mit einem Kondensator realisiert, der parallel zum Strömungswächter am Auslösegerät angebracht wird.

– **Ölniveauwächter:** Der Ölniveauwächter dient zur Überwachung des Ölstandes. Bei ungenügendem Ölvorrat oder starker Ölschaumbildung wird der Steuerstrom zum Verdichter unterbrochen. Der Wächter ist so in den Steuerstromkreis einzubinden, daß der Start nur bei genügendem Ölstand erfolgen kann. Nach dem Start muß die Überwachung für ca. 120 Sekunden überbrückt werden, da sich der Ölstand während der Startphase zunächst absenkt. Während dieser Zeit kontrolliert nur der Strömungswächter die Ölversorgung. Bei zu niedrigem Ölstand muß, um eine Ölverkokung zu vermeiden, die Spannung zur Ölheizung ebenfalls unterbrochen werden.
– **Ölheizung:** Die Ölheizung verhindert während der Stillstandszeiten eine zu hohe Kältemittelanreicherung im Ölvorrat des Ölabscheiders. Die Ölheizung ist also nur während des Verdichterstillstandes – und wenn der Ölniveauwächter nicht ausgelöst hat – in Betrieb.
– **Ölthermostat:** Der Ölthermostat kann entweder zur Regelung der Heizung selbst verwendet oder so in den Steuerstromkreis eingebunden werden, daß ein Start des Verdichters erst bei einer bestimmten Öltemperatur möglich ist.

Eine Bypass-Anlaufentlastung – wie bisher bei den Kolbenverdichtern beschrieben – ist beim Schraubenverdichter wegen der Gefahr von Lagerschäden nicht zulässig. Eine derartige Anlaufentlastung würde beim Schraubenverdichter auch nur einen untergeordneten Entlastungseffekt bewirken, da der Schraubenverdichter beim Anlauf ein in sich selbst – u. a. von der Verdichterausführung abhängiges – Druckverhältnis erzeugt. Um einen Entlastungseffekt sowie eine Reduzierung der Kältemittelkonzentration im Ölvorrat des Ölabscheiders während der Stillstandsperioden des Verdichters zu erreichen, wird mit einem Magnetventil ein sog. **„Stillstands-Bypass“** geschaltet. Dieses Magnetventil wird zwischen Ölabscheider und Saugleitung eingebaut und ist nur bei Verdichterstillstand geöffnet.

Die oben beschriebenen steuerungstechnischen Bedingungen sind im Bild 12.32 schaltungstechnisch umgesetzt worden. Es handelt sich hierbei um die Steuerung eines Schraubenverdichters mit Teilwicklungsanlauf.

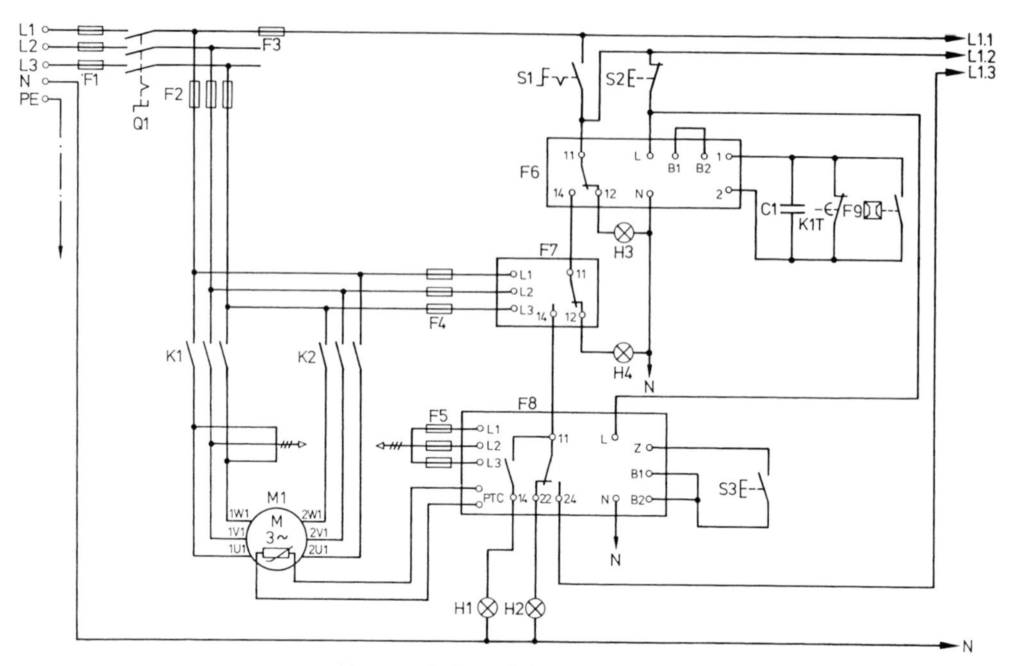

Hauptstromkreis mit Sicherheitseinrichtungen

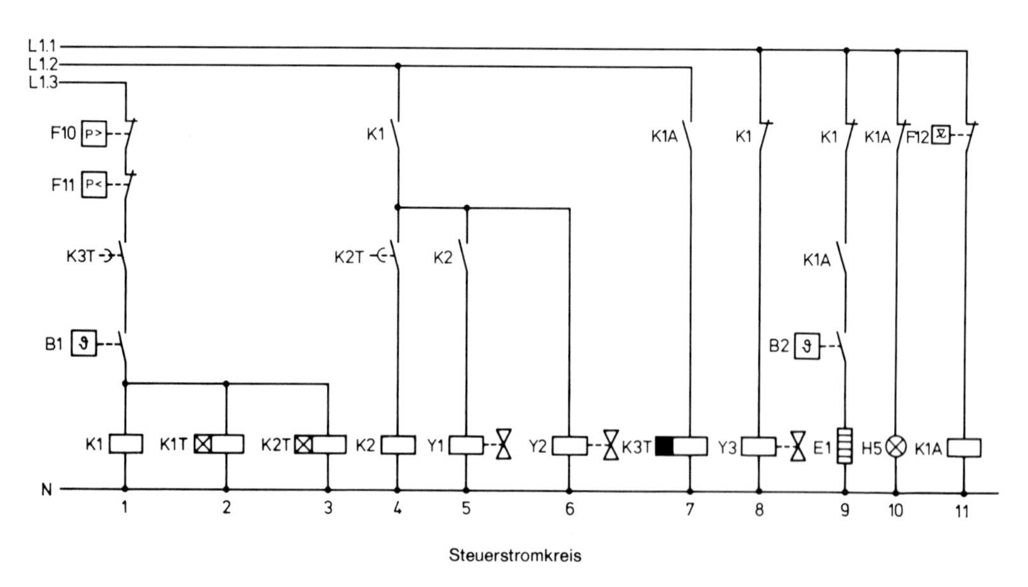

Steuerstromkreis

Bild 12.32 Haupt- und Steuerstromkreis eines Schraubenverdichters mit Teilwicklungsanlauf (nach *Bitzer* Information)

Legende zu Bild 12.32:
- F1 : Hauptsicherung
- F2 : Verdichtersicherungen
- F3 : Steuersicherung
- F4 : Kurzschlußschutz Phasenfolgerelais
- F5 : Kurzschlußsicherung Auslösegerät INT 390
- F6 : Auslösegerät INT 69 VS
- F7 : Phasenfolgerelais
- F8 : Auslösegerät INT 390
- F9 : Strömungswächter für Öleinspritzung
- F10 : Hochdrucksicherheitswächter
- F11 : Niederdrucksicherheitswächter
- F12 : Ölniveauwächter
- Q1 : Hauptschalter
- S1 : Steuerschalter
- S2 : Resettaster Öl- und Motorstörung
- S3 : Rückstelltaster Zeitfunktion
- K1 : Schütz 1. Teilwicklung
- K2 : Schütz 2. Teilwicklung
- K1A: Hilfsschütz Ölniveauwächter
- K1T: Zeitrelais Strömungswächter (15 – 20 Sekunden)
- K2T: Zeitrelais 2. Teilwicklung (1 Sekunde)
- K3T: Zeitrelais Ölniveauwächter (120 Sekunden)
- Y1 : Magnetventil Öleinspritzung
- Y2 : Magnetventil Flüssigkeitsleitung
- Y3 : Magnetventil Stillstands-Bypass
- H1 : Meldeleuchte Übertemperatur oder Phasenausfall
- H2 : Meldeleuchte Pausenzeit
- H3 : Meldeleuchte Öldurchflußstörung
- H4 : Meldeleuchte Phasenfolge
- H5 : Meldeleuchte Ölniveaustörung
- B1 : Raumthermostat
- B2 : Ölthermostat
- E1 : Ölheizung
- C1 : Kondensator für Zeitverzögerung Öldurchflußwächter
- M1 : Verdichter

Funktionsbeschreibung:
Bevor der Steuerstromkreis untersucht wird, werden zunächst die drei Auslösegeräte F6 (INT 69 VS), F7 (Phasenfolgerelais) und F9 (INT 390) von ihrer Funktion her beschrieben.

Auslösegerät INT 69 VS (F6):
Das Auslösegerät INT 69 VS hat die gleiche Funktion wie das im Kapitel 10 beschriebene Auslösegerät INT 69 V (vgl. Bild 10.111), besitzt aber eine größere Schalthysterese von ca. 10 Kelvin gegenüber dem INT 69 V, das eine Schalthysterese von 1 – 3 Kelvin hat. Eine Auslösung wird durch den Strömungswächter F9, der an den Klemmen 1 und 2 angeschlossen ist, bewirkt. Sind die Klemmen B1 und B2 miteinander verbunden, so ist bei einer Störung ein Wiedereinschalten nur durch Unterbrechung der Spannung mit dem Taster S2 (Resettaster) möglich. An den Auslöseklemmen 1-2 liegen der Schließerkontakt des Strömungswächters F9, der Öffner des anzugsverzögerten Zeitrelais K1T und der Kondensator C1 parallel. Nach dem Schalten des Raumthermostaten B1 im Stromkreis 1 wird u. a. das Zeitrelais K1T aktiviert. Nach 15 bis 20 Sekunden öffnet der Kontakt am Auslösegerät. Innerhalb dieser Zeit muß bei genügendem Ölfluß

der Strömungswächter geschlossen haben. Während der Startphase des Verdichters überbrückt also das Zeitrelais K1T den Strömungswächter.

Löst jetzt wegen zu geringen Ölflusses der Strömungswächter F9 aus – d. h. öffnet er seinen Kontakt am Auslösegerät –, so schaltet der Kontakt nach ca. 2 Sekunden von der Stellung 11-14 in die Stellung 11-12. Der Stromkreis zum Verdichterschütz wird abgeschaltet und die Störmeldeleuchte H3 wird eingeschaltet. Die Zeitverzögerung von ca. 2 Sekunden bewirkt der parallelgeschaltete Kondensator C1. Nach dem Öffnen des Strömungswächters liegt der Kondensator in Reihe mit der Relaiswicklung für den Wechslerkontakt 11-14-12. Nach den Überlegungen aus Kapitel 4.3 steigt die Spannung am Kondensator nicht sprunghaft an, sondern nach dem Verlauf einer Exponentialfunktion (vgl. Bild 4.32 Zeitlicher Verlauf der Spannung am Kondensator). Wie schnell die Spannung am Kondensator ansteigt, wird durch die Zeitkonstante – in diesem Fall durch den Widerstand des Relais und durch den Kondensator C1 – bestimmt. Im gleichen Verhältnis in der die Kondensatorspannung ansteigt, fällt die Spannung am Relais ab. Nach ca. 2 Sekunden wird die Haltespannung des Relais unterschritten und das Relais fällt ab, wodurch der Kontakt auf die Stellung 11-14 (Störung) schaltet. Diese einfache Zeitverzögerung durch einen Kondensator ist nur möglich, da an den Klemmen 1-2 eine gleichgerichtete Spannung anliegt, die im Auslösegerät elektronisch (Gleichrichter) erzeugt wird.

Phasenfolgerelais (F7):
Bei Schraubenverdichtern ist unbedingt auf die richtige Phasenfolge zu achten. Das Phasenfolgerelais übernimmt diese Überwachungsfunktion. Bei falscher Phasenfolge schaltet der Kontakt sofort auf die Stellung 11-12 und zeigt durch die Meldeleuchte H4 diese Störung an. Das Phasenfolgerelais arbeitet auch nach dem Ruhestromprinzip und überwacht damit auch eine Phasenunterbrechung.

Auslösegerät INT 390 (F8):
Das Auslösegerät INT 390 *(Kriwan)* überwacht die Motorwicklungstemperaturen, die Druckgastemperatur und die Phasenasymmetrie bei laufendem Verdichter. Es hat zwei interne Relais, die mit unterschiedlicher Zeitfunktion arbeiten (siehe Bild 12.33).

An das Auslösegerät werden die PTC-Thermistoren der Motorwicklungen und der Thermistor für den Druckgasschutz als auch die drei Außenleiter angeschlossen. Befindet sich eine Brücke zwischen den Klemmen B1 und B2, so bleibt nach einer Störung das Gerät verriegelt. Diese Verriegelung kann nur durch Öffnen der Brücke oder Unterbrechung der Versorgungsspannung aufgehoben werden. Bei Überschreiten einer Grenztemperatur an den Thermistoren fällt das Relais 2 ab und das Relais 1 zieht an. Die Spannung zum Verdichter wird unterbrochen und die beiden Meldeleuchten H1 und H2 sind eingeschaltet. Bei einer Verriegelung über B1-B2 bleiben diese beiden Relais in diesem Zustand.

Bei einer auftretenden Phasenasymmetrie größer als 15% fällt das Relais 2 ab und das Relais 1 (Störrelais) zieht an. Nach ca. 5 Minuten schalten beide Relais um und das Gerät prüft erneut, ob Störungen vorhanden sind.

Bei Netzausfall oder periodischem Netzausfall – z. B. durch Schützflattern – fällt das Relais 2 ab und verriegelt für ca. 5 Minuten.

Durch Betätigen des Rückstelltasters S3 kann die Zeitverzögerung auf ca. 1 Sekunde reduziert werden. Der Rückstelltaster wird an die Klemme Z des Auslösegerätes angeschlossen.

Steuerstromkreis:
Im Strompfad 11 befindet sich der Kontakt des Ölniveauwächters. Bei genügend Ölniveau ist der Kontakt geschlossen und der Hilfsschütz K1A ist angezogen. Die Meldeleuchte H5 im Stromkreis 10 ist demnach ausgeschaltet. Durch den Schließer von K1A im Strompfad 9 kann bei Verdichterstillstand und geschaltetem Ölthermostat B2 die

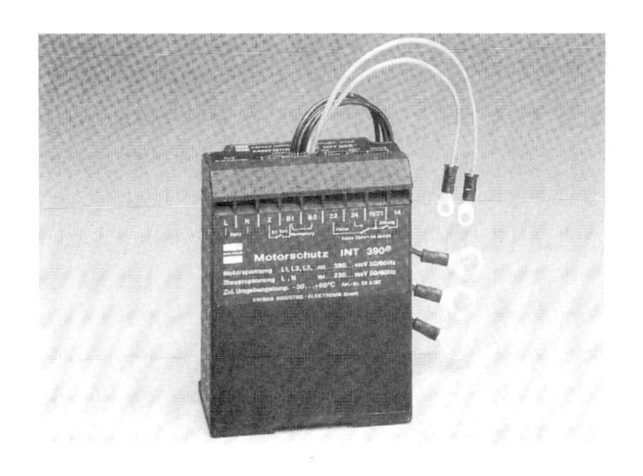

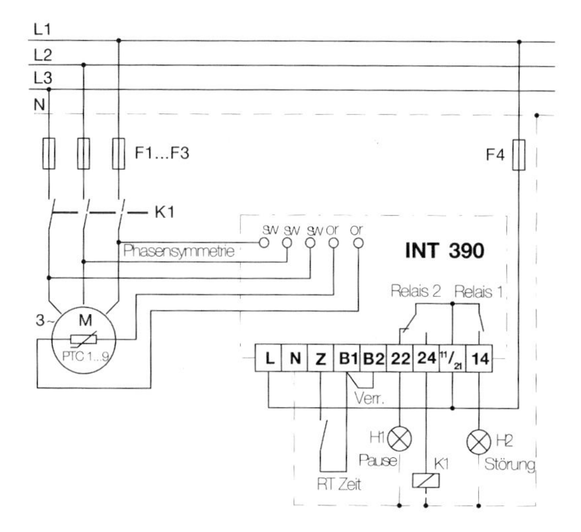

Bild 12.33
Auslösegerät INT 390 *(Kriwan)*

Ölheizung in Betrieb gehen. Im Strompfad 8 ist bei Verdichterstillstand das Magnetventil Y3 für den Stillstands-Bypass geschaltet. Durch einen weiteren Schließer des Hilfsschützes K1A des Ölniveauwächters im Strompfad 7 wird das rückfallverzögerte Zeitrelais K3T angesteuert, welches seinen Schließer im Strompfad 1 bei genügend Ölniveau sofort schließt. Schaltet nun der Raumthermostat B1 den Verdichter ein, so wird das Hauptschütz für die erste Teilwicklung eingeschaltet. Gleichzeitig bekommen die Zeitrelais K1T und K2T Spannung. Das Zeitrelais K2T schaltet nach ca. 1 Sekunde im Strompfad 4 die zweite Teilwicklung zu. Jetzt öffnet auch das Magnetventil für die Öleinspritzung Y1 im Strompfad 5. Das Magnetventil in der Flüssigkeitsleitung Y2 im Strompfad 6 ist mit dem Schütz für die erste Teilwicklung sofort geöffnet worden. Die Funktion des Zeitrelais K1T ist bei der Untersuchung des Auslösegerätes INT 69 VS bereits beschrieben worden. Mit dem Einschalten der ersten Teilwicklung durch das Schütz K1 sind sowohl das Magnetventil Stillstands-Bypass Y3 als auch die Ölheizung über den jeweiligen Öffner von K1 weggeschaltet worden. Sollte während der Startphase das Ölniveau länger als 120 Sekunden zu niedrig bleiben, so öffnet das rückfallverzögerte Zeitrelais K3T den Kontakt im Strompfad 1 und schaltet den Verdichter ab. Hat sich aber innerhalb von 120 Sekunden ein genügend hohes Ölniveau eingestellt, so zieht K1A innerhalb dieser Zeit an und das Zeitrelais K3T bekommt Spannung wodurch der Kontakt im Strompfad 1 geschlossen bleibt (vgl. Bild 9.49 Rückfallverzögertes Zeitverhalten in Kapitel 9.4).

Die Steuerungen von Schraubenverdichtern kann auch mit Stern-Dreieck-Anlauf oder Direkteinschaltung in Verbindung mit einer Absaugschaltung kombiniert werden. Zur Leistungsregelung ist eine **drehzahlgeregelte Steuerung** mit einem **Dahlandermotor** möglich. Das steuerungstechnische Grundprinzip für die Sicherheitseinrichtungen und die Ölversorgung bleibt dabei im wesentlichen gleich. Je nach Anlagenbedingung können aber Besonderheiten auftreten, die dann in den Handbüchern der Hersteller angegeben sind.

13 Drehzahlsteuerungen in der Kältetechnik

Wie in Kapitel 8.4.3 bereits erwähnt wurde, ist eine Änderung der Drehzahl über die Frequenz oder die Polpaarzahl möglich. Bei Motoren, die mit Änderung der Polpaarzahl ihre Drehzahl verändern, sind im wesentlichen zwei Ausführungen möglich. Dies sind Motoren mit:

- getrennten Wicklungen
- angezapften Wicklungen

Drehzahlgeregelte Antriebe kommen in der Kältetechnik bei der Ansteuerung von **Verflüssigerventilatoren** oder aber auch zur **Leistungsregelung** von Verdichtern vor.

13.1 Getrennte Wicklungen

Diese Motoren haben Wicklungen mit unterschiedlicher Polpaarzahl. Die Wicklungsenden sind am Motorklemmbrett getrennt für jede Drehzahl herausgeführt. Für jede Drehzahl ist ein Hauptschütz notwendig.

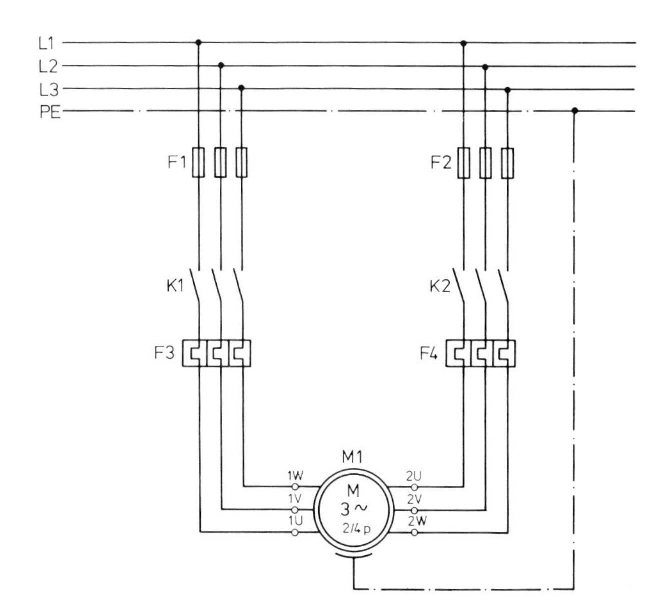

Bild 13.11
Hauptstromkreis eines drehzahlgeregelten Motors mit getrennten Wicklungen (zwei Drehzahlen)

Wie aus Bild 13.11 ersichtlich wird, ist der Motor für jede Drehzahl getrennt abgesichert. Schütz K1 schaltet den Motor in der niedrigen Drehzahl und Schütz K2 in die hohe Drehzahl. Beim Anschluß des Motors muß darauf geachtet werden, daß die Drehrichtung für beide Drehzahlen gleich ist. Die Drehfelddrehzahl kann man der Angabe im Motorsymbol entnehmen. Ist die hohe Drehzahl eingeschaltet, ist die zweipolige Wicklung (Polpaarzahl $p = 1$) in Betrieb und hat somit eine Drehfelddrehzahl von $3000 \frac{1}{\text{min}}$. Bei der niedrigen Drehzahl ist die vierpolige Wicklung eingeschaltet und hat demnach eine Drehfelddrehzahl von $1500 \frac{1}{\text{min}}$. Bei den normgerechten Bezeichnungen der Anschlußklemmen des Motors ist darauf zu achten, daß die Zahlen den Buchstaben vorgestellt werden. Dabei gibt die niedrigere Zahl auch die niedrige Drehzahl an (vgl. Bild 8.412).

Steuerungstechnisch muß bei drehzahlgeregelten Antrieben darauf geachtet werden, daß die **Rückschaltung** von der hohen Drehzahl auf die niedrige Drehzahl nicht sofort erfolgt. Bei der Rückschaltung von der hohen auf die niedrige Drehzahl wird ein Zeitrelais angesteuert, welches den Motor spannungslos schaltet und die niedrige Drehzahl erst einschaltet, wenn der Motor sich in etwa in diesem Drehzahlbereich befindet. Der Motor wird also bei der Rückschaltung für die am Zeitrelais eingestellte Zeit spannungslos geschaltet. Außerdem muß durch eine Verriegelung sichergestellt werden, daß das Schütz für die jeweilige Drehzahl erst anziehen darf, wenn das andere Schütz abgefallen ist. Wird ein drehzahlgeregelter Motor gleichzeitig zur **Anlaufstrombegrenzung** eingesetzt, so muß steuerungstechnisch sichergestellt werden, daß der Motor immer erst auf der niedrigen Drehzahl anläuft und dann auf die hohe Drehzahl umschalten kann.

Bild 13.12 zeigt den Steuerstromkreis eines drehzahlgeregelten Verdichters mit zwei Drehzahlen, der zwangsweise immer in der niedrigen Drehzahl anläuft. Ein **Zweistufenthermostat** schaltet in die entsprechende Drehzahl um.

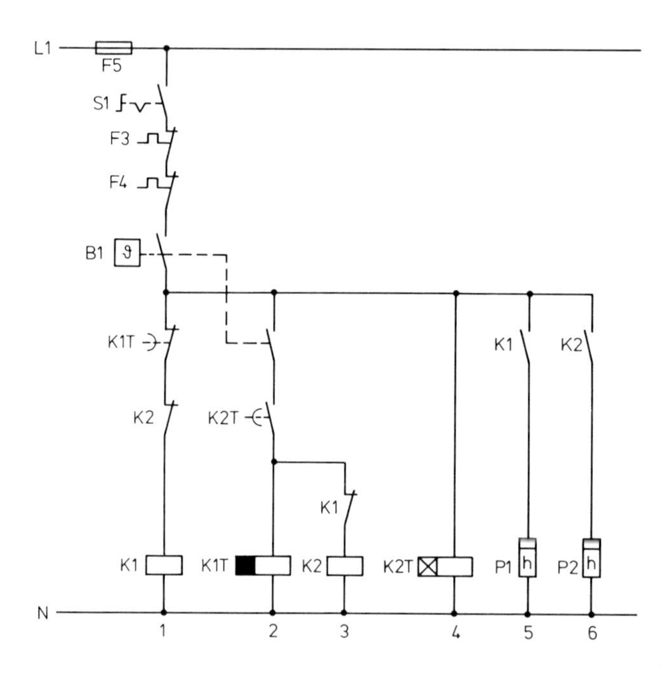

Bild 13.12
Steuerstromkreis eines drehzahlgeregelten Verdichters

Legende:
- F3 : Thermischer Überstromauslöser niedrige Drehzahl
- F4 : Thermischer Überstromauslöser hohe Drehzahl
- F5 : Steuersicherung
- S1 : Steuerschalter
- B1 : Zweistufen-Raumthermostat
- K1 : Schütz niedrige Drehzahl
- K2 : Schütz hohe Drehzahl
- K1T: Zeitrelais Rückschaltung
- K2T: Zeitrelais Anlaufstrom
- P1 : Betriebsstundenzähler niedrige Drehzahl
- P2 : Betriebsstundenzähler hohe Drehzahl

Funktionsbeschreibung:
Schaltet der Zweistufen-Raumthermostat B1 bei geschlossenem Steuerschalter S1 zunächst im Strompfad 1, zieht Schütz K1 an. Der Verdichter arbeitet mit niedriger Drehzahl. Schaltet nun der Kontakt des Raumthermostaten – bei zu hoher Temperatur – im Strompfad 2, so kann Schütz K2 anziehen, wenn die am Zeitrelais K2T eingestellte Zeit für den Anlauf des Verdichters abgelaufen ist. Zunächst zieht aber das rückfallverzögerte Zeitrelais K1T im Stromkreis 2 an und öffnet seinen Kontakt im Stromkreis 1 zum Schütz für die niedrige Drehzahl. Ist K1 abgefallen, so kann Schütz K2 im Strompfad 3 anziehen. Der Verdichter arbeitet in der hohen Drehzahl.

Der zweite Kontakt des Raumthermostaten im Strompfad 2 öffnet sobald die Raumtemperatur unter den eingestellten Wert gefallen ist. Schütz K2 und das Zeitrelais K1T werden stromlos. Damit ist der Verdichter zunächst abgeschaltet, da das Schütz für die niedrige Drehzahl erst wieder anziehen kann, wenn die am Zeitrelais K1T eingestellte Zeit abgelaufen ist. Das Zeitrelais K1T sollte schalten, sobald die Verdichterdrehzahl im stromlosen Zustand etwa auf den Wert der niedrigen Drehzahl abgefallen ist.

Wird die Drehzahlregelung gleichzeitig als Verfahren zur Anlaufstrombegrenzung eingesetzt, so muß beachtet werden, daß der Verdichter immer zwangsweise zuerst in der niedrigen Drehzahl anläuft. Sollten – z. B. bei Inbetriebnahme des Verdichters – beide Kontakte des Zweistufen-Thermostaten geschaltet haben, muß sichergestellt sein, daß der Verdichter – sobald der Steuerschalter eingeschaltet wird – zuerst in der niedrigen Drehzahl anläuft. Diese Funktion übernimmt das zweite Zeitrelais K2T im Strompfad 4, dessen Kontakt im Strompfad 2 für die zeitliche Verzögerung der hohen Drehzahl im Anlaufmoment verantwortlich ist.

Die Verdichterbetriebsstunden für die hohe und niedrige Drehzahl werden durch die **Betriebsstundenzähler** P1 und P2 festgehalten.

13.2 Angezapfte Wicklungen (Dahlanderschaltung)

Die zweite Möglichkeit der Drehzahlregelung über die Polpaarzahl stellt die Dahlanderschaltung dar. Motoren, die nach der Dahlanderschaltung arbeiten, benötigen keine zweite Wicklung. Die Ständerwicklungen müssen aber pro Strang in zwei Wicklungshälften aufgeteilt sein. Alle Wicklungsenden und die Punkte zwischen den aufgeteilten Wicklungen müssen als Klemmpunkte am Motor herausgeführt sein.

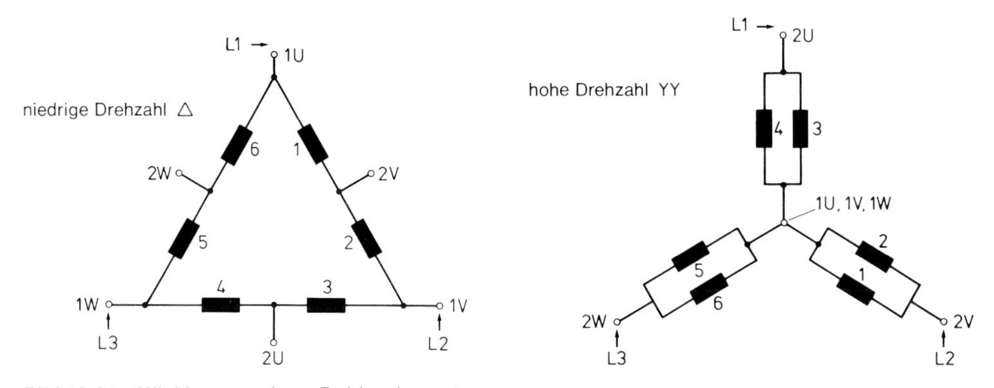

Bild 13.21 Wicklungen eines Dahlandermotors

In der niedrigen Drehzahl ist der Motor in Dreieck geschaltet. Die Außenleiter werden dabei wie folgt angeschlossen:

Niedrige Drehzahl: L1 an 1U
L2 an 1V
L3 an 1W

Bei der Umschaltung auf die hohe Drehzahl erfolgt die Schaltung in den sog. „Doppelstern" YY. Dabei werden die Klemmen 1U, 1V und 1W zusammengeschlossen und bilden den Sternpunkt der Doppelsternwicklung. Die Phasen werden dann an die Klemmen zwischen den geteilten Wicklungen angeschlossen.

Hohe Drehzahl: 1U, 1V und 1W kurzgeschlossen
L1 an 2U
L2 am 2V
L3 an 2W

Damit sich die gewünschte Drehzahländerung einstellt, müssen die sechs Wicklungsteile im Motor nach einem ganz bestimmten Wicklungsschema angeordnet werden. Es stellt sich bei der Dahlanderschaltung immer eine **Drehzahländerung im Verhältnis 2 : 1** ein (vgl. Kapitel 8.4.3).

Ähnlich der Stern-Dreieck-Schaltung, sind bei der Dahlanderschaltung drei Schütze zur wechselweisen Ansteuerung der beiden Drehzahlen notwendig. Ein Schütz muß für die niedrige Drehzahl die Außenleiter an die Klemmen 1U, 1V und 1W legen. Bei der hohen Drehzahl muß ein Schütz die Verbindung der Klemmen 1U, 1V und 1W übernehmen. Ein weiteres Schütz schaltet dann die drei Phasen an die Klemmen 2U, 2V und 2W.

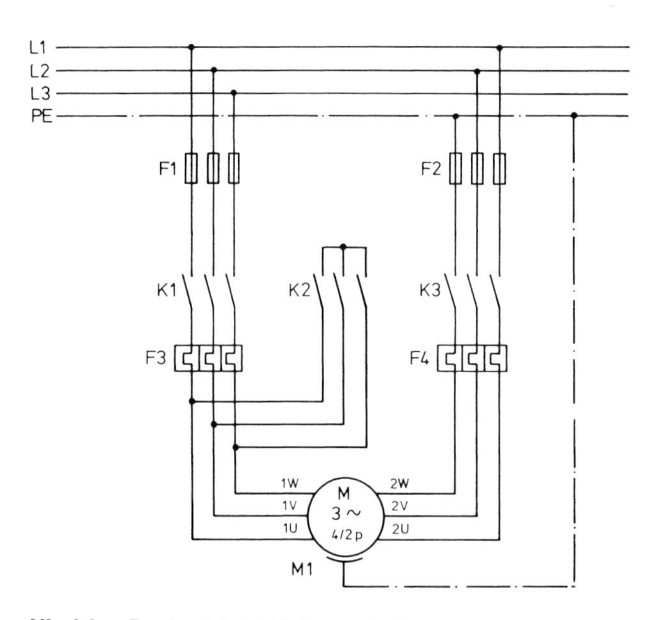

Bild 13.22
Hauptstromkreis einer Dahlanderschaltung

Niedrige Drehzahl: K1 ist geschaltet
Hohe Drehzahl : K2 und K3 sind geschaltet

Die thermischen Überstromauslöser sind auf den Betriebsstrom, der sich in der jeweiligen Drehzahl ergibt, einzustellen. Beim Anschluß der Phasen ist unbedingt darauf zu achten, daß der Motor in jeder Drehzahl die **Drehrichtung** beibehält.

Schraubenverdichter können zur Leistungsregelung mit einem Dahlandermotor betrieben werden. Dazu sind steuerungstechnisch einige Änderungen zum Schaltplan nach Bild 12.32 (Haupt- und Steuerstromkreis eines Schraubenverdichters mit Teilwicklungsanlauf) vorzunehmen.

In Bild 13.23 ist der Schaltplan eines **drehzahlgeregelten Schraubenverdichters** dargestellt.

Bei den Betriebsmitteln der Sicherheitseinrichtungen hat sich – gegenüber dem Schaltbild des Schraubenverdichters nach Bild 12.32 – nichts geändert, so daß eine nochmalige Beschreibung entfallen kann (vgl. Kapitel 12.3).

Im Hauptstromkreis erkennt man die Steuerung für die Dahlanderschaltung. Der Motor ist hier in beiden Drehzahlen über den Kurzschlußschutz F2 gemeinsam abgesichert. Da die Phasensymmetrie bei laufendem Motor in beiden Drehzahlen durch das Steuergerät des INT 390 überwacht werden muß, ist das Hilfsschütz K2A notwendig, welches bei eingeschaltetem Motor in beiden Drehzahlen eingeschaltet ist.

Im Steuerstromkreis schaltet der Zweistufen-Raumthermostat B1 die erste Stufe (niedrige Drehzahl) im Strompfad 1. Dadurch zieht das Hilfsschütz K2A für die Überwachung der Phasensymmetrie an. Wenn der Steuerschalter S1 im Hauptstromkreis geschlossen war, ist die Zeit am anzugsverzögertem Zeitrelais K4T abgelaufen und das Schütz K1 schaltet den Verdichter in der niedrigen Drehzahl ein. Der Schließerkontakt von K1 im Strompfad 7 schaltet die Magnetventile für die Öleinspritzung und Flüssigkeitsleitung. Mit den beiden Öffnern von K1 in den Strompfaden 12 und 13 wird das Magnetventil für den Stillstands-Bypass Y3 und die Ölheizung E1 weggeschaltet.

Schaltet der Zweistufen-Thermostat den Kontakt für die zweite Stufe (hohe Drehzahl) im Strompfad 2, so bekommt das Zeitrelais K2T Spannung. Dieses schaltet nach einer Zeit von ca. 300 Sekunden den Wechslerkontakt im Strompfad 5. Durch diese Zeitverzögerung wird eine Mindestlaufzeit des Verdichters in der ersten Stufe erreicht. Außerdem verhindert man, daß bei einer nur kurzzeitig auftretenden Anforderung der hohen Drehzahl sofort umgeschaltet wird. Ist die Umschaltung erfolgt, so fällt K1 ab und die Schütze für die hohe Drehzahl K2 und K3 ziehen an. Die Magnetventile Y1 und Y2 bleiben durch den Schließer von K2 im Strompfad 8 geschaltet. Das Magnetventil Y3 und die Ölheizung E1 bleiben durch die Öffner von K2 in den Strompfaden 12 und 13 weggeschaltet.

Ist die Raumtemperatur für die zweite Stufe erreicht, so öffnet der Kontakt des Zweistufen-Thermostaten im Strompfad 2 und schaltet das Zeitrelais K2T ab. Dadurch schaltet der Wechslerkontakt von K2T im Strompfad 5 zurück. Die Schütze für die hohe Drehzahl werden weggeschaltet. Schütz K1 für die hohe Drehzahl kann aber erst wieder einschalten, nachdem das Zeitrelais K4T im Strompfad 10 geschaltet hat und damit den Schließer im Strompfad 4 betätigt. Das Zeitrelais wird durch den Öffner von K2 angesteuert. Die am Zeitrelais K4T eingestellte Zeit von ca. 150 ms sorgt dafür, daß die Drehzahl des Motors etwa auf die niedrige Drehzahl abgefallen ist. Der Motor ist in dieser Zeit spannungslos.

13.3 Drehzahlgeregelter Verflüssigerventilator

Eine weitere wichtige Anwendung der Drehzahlregelung in der Kälteanlagentechnik, stellt neben der Leistungsregelung von Verdichtern, die Änderung des Luftvolumenstroms und damit der Verflüssigerleistung durch die Änderung der Drehzahl des Ventilatormotors dar. Geeignete Motoren für die Drehzahländerung von Ventilatoren sind neben den **polumschaltbaren** – wie in den Kapiteln 13.1 und 13.2 beschrieben – auch Motoren, die mit einer **Stern-Dreieck-Umschaltung** betrieben werden.

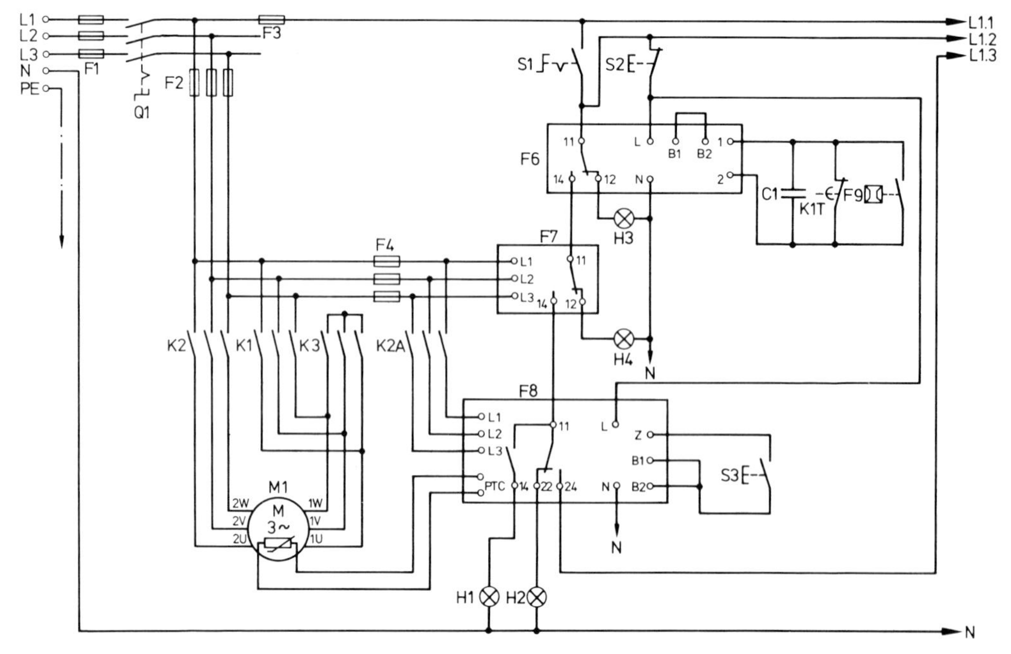

Hauptstromkreis mit Sicherheitseinrichtungen

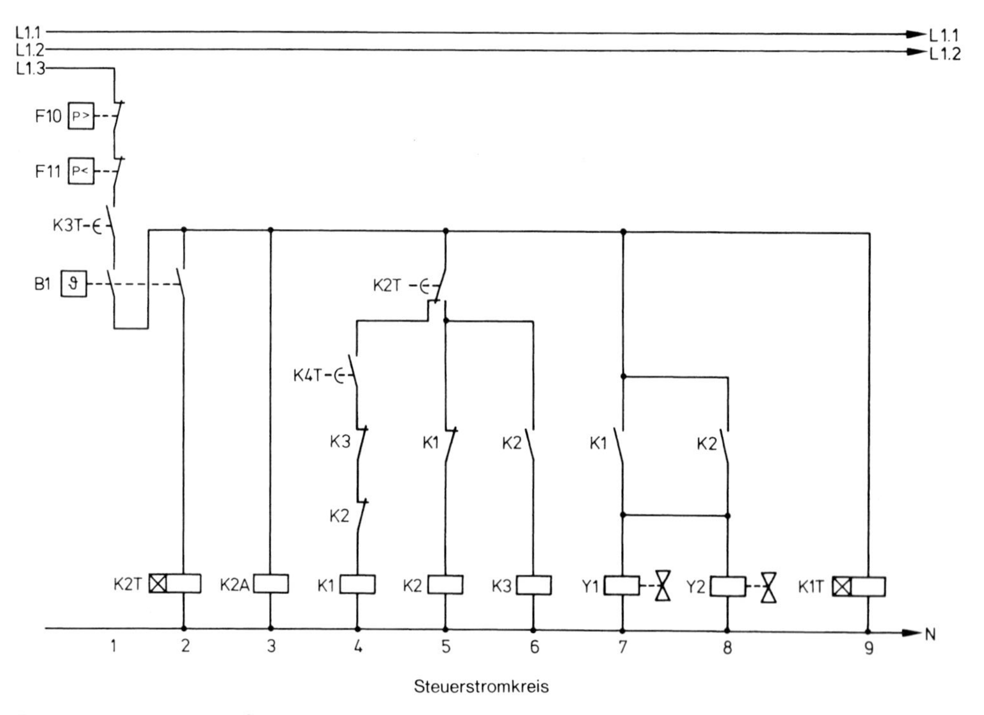

Steuerstromkreis

Bild 13.23 Haupt- und Steuerstromkreis eines drehzahlgeregelten Schraubenverdichters in Dahlanderschaltung

Legende:

- F1 : Hauptsicherung
- F2 : Verdichtersicherung
- F3 : Steuersicherung
- F4 : Kurzschlußschutz Phasenfolgerelais und INT 390
- F6 : Auslösegerät INT 69 VS
- F7 : Phasenfolgerelais
- F8 : Auslösegerät INT 390
- F9 : Strömungswächter für Öleinspritzung
- F10 : Hochdrucksicherheitswächter
- F11 : Niederdrucksicherheitswächter
- F12 : Ölniveauwächter
- Q1 : Hauptschalter
- S1 : Steuerschalter
- S2 : Resettaster Öl- und Motorstörung
- S3 : Rückstelltaster Zeitfunktion
- K1 : Schütz niedrige Drehzahl
- K2 : Schütz hohe Drehzahl
- K3 : Schütz hohe Drehzahl
- K1A: Hilfsschütz Ölniveauwächter
- K2A: Hilfsschütz Phasensymmetrie INT 390
- K1T: Zeitrelais Strömungswächter
- K2T: Zeitrelais hohe Drehzahl
- K3T: Zeitrelais Ölniveauwächter
- K4T: Zeitrelais Rückschaltverzögerung
- Y1 : Magnetventil Öleinspritzung
- Y2 : Magnetventil Flüssigkeitsleitung
- Y3 : Magnetventil Stillstands-Bypass
- H1 : Meldeleuchte Übertemperatur und Phasenausfall
- H2 : Meldeleuchte Pausenzeit
- H3 : Meldeleuchte Öldurchflußstörung
- H4 : Meldeleuchte Phasenfolge
- H5 : Meldeleuchte Ölniveaustörung
- B1 : Zweistufen-Raumthermostat
- B2 : Ölthermostat
- E1 : Ölheizung
- C1 : Kondensator für Zeitverzögerung Öldurchflußwächter
- M1 : Verdichter in Dahlanderschaltung

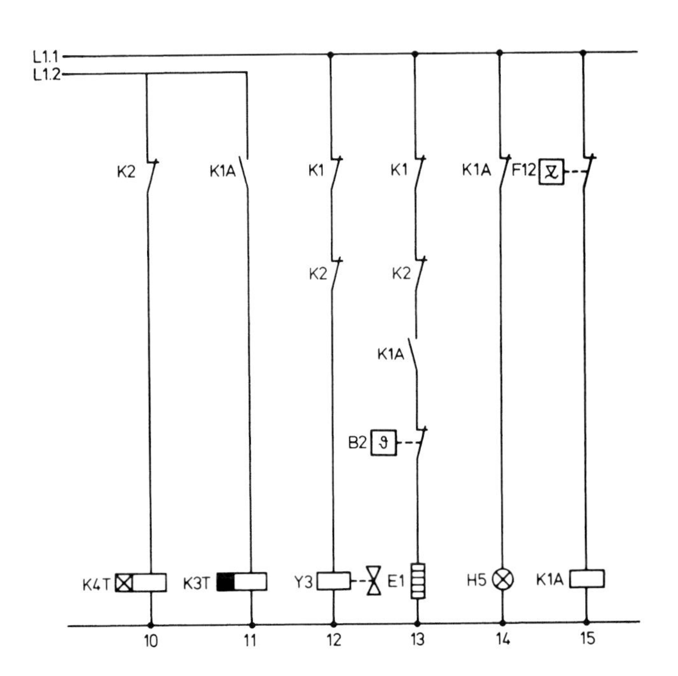

Fortsetzung Bild 13.23

13.3.1 Verflüssigerventilator mit Stern-Dreieck-Schaltung

Motoren mit Stern-Dreieck-Schaltung sind in Kapitel 11 bereits als Verfahren zur Anlaufstrombegrenzung beschrieben worden. Eine weitere Anwendung stellt hier die Drehzahlregelung dar. Dabei muß betont werden, daß es sich bei diesen Motoren um besondere Ausführungen handelt. Die Motoren haben konstruktive Eigenschaften, so daß eine Drehzahländerung bei Ventilatoren und Pumpen, durch die Umschaltung von Sternbetrieb auf Dreieckbetrieb, möglich ist. Sie nehmen bei den Verfahren der Drehzahländerung eine Art **Sonderstellung** ein und sind auch in der Kälteanlagentechnik nur einsetzbar bei Ventilator- und Pumpenbetrieb.

Die hohe Drehzahl erreicht der Motor im Nennbetrieb in Dreieckschaltung. Wird der Ventilatormotor in den Sternbetrieb umgeschaltet, so reduziert sich die Drehzahl bei dieser Art von Motoren um ca. 20 bis 40% der hohen Drehzahl.

Motorleistungen

Type G-AH... G-AV...	N Normalausführung		L Leise Ausführung		S Sehr leise Ausführung		E Extrem leise Ausführung	
	Δ	Y	Δ	Y	Δ	Y	Δ	Y
50 A/1 bis 50 C/4	P = 650 W I = 1,15 A (380 V) n = 1330 min^{-1}	P = 460 W I = 0,79 A (380 V) n = 1035 min^{-1}	P = 240 W I = 0,60 A (380 V) n = 880 min^{-1}	P = 140 W I = 0,32 A (380 V) n = 620 min^{-1}	P = 120 W I = 0,32 A (380 V) n = 670 min^{-1}	P = 75 W I = 0,16 A (380 V) n = 520 min^{-1}	P = 80 W I = 0,18 A (380 V) n = 580 min^{-1}	P = 40 W I = 0,09 A (380 V) n = 370 min^{-1}
65 A/1 bis 65 C/6	P = 1900 W I = 3,45 A (380 V) n = 1310 min^{-1}	P = 1200 W I = 2,10 A (380 V) n = 1050 min^{-1}	P = 750 W I = 1,65 A (380 V) n = 880 min^{-1}	P = 470 W I = 0,90 A (380 V) n = 680 min^{-1}	P = 350 W I = 0,85 A (380 V) n = 660 min^{-1}	P = 210 W I = 0,43 A (380 V) n = 500 min^{-1}	P = 160 W I = 0,55 A (380 V) n = 420 min^{-1}	P = 80 W I = 0,22 A (380 V) n = 310 min^{-1}
80 A/1 bis 80 B/6	P = 1650 W I = 3,35 A (380 V) n = 880 min^{-1}	P = 1050 W I = 2,0 A (380 V) n = 650 min^{-1}	P = 700 W I = 1,8 A (380 V) n = 650 min^{-1}	P = 500 W I = 1,0 A (380 V) n = 500 min^{-1}	P = 620 W I = 1,25 A (380 V) n = 580 min^{-1}	P = 340 W I = 0,67 A (380 V) n = 380 min^{-1}	P = 270 W I = 0,75 A (380 V) n = 430 min^{-1}	P = 150 W I = 0,36 A (380 V) n = 310 min^{-1}
100 A/1 bis 100 A/6	P = 2100 W I = 5,6 A (380 V) n = 660 min^{-1}	P = 1200 W I = 2,8 A (380 V) n = 490 min^{-1}	P = 1250 W I = 2,8 A (380 V) n = 530 min^{-1}	P = 820 W I = 1,6 A (380 V) n = 405 min^{-1}	P = 700 W I = 1,8 A (380 V) n = 420 min^{-1}	P = 380 W I = 1,0 A (380 V) n = 300 min^{-1}	P = 380 W I = 1,0 A (380 V) n = 300 min^{-1}	P = 190 W I = 0,55 A (380 V) n = 180 min^{-1}
125 A/1 bis 125 B/4	P = 4200 W I = 9,0 A (380 V) n = 640 min^{-1}	P = 2500 W I = 5,2 A (380 V) n = 460 min^{-1}	P = 2200 W I = 5,0 A (380 V) n = 510 min^{-1}	P = 1200 W I = 2,6 A (380 V) n = 390 min^{-1}	P = 1300 W I = 2,9 A (380 V) n = 400 min^{-1}	P = 700 W I = 1,5 A (380 V) n = 300 min^{-1}	P = 700 W I = 1,5 A (380 V) n = 300 min^{-1}	P = 300 W I = 0,7 A (380 V) n = 180 min^{-1}
65 A/2x2 bis 65 C/2x6	P = 1900 W I = 3,45 A (380 V) n = 1310 min^{-1}	P = 1200 W I = 2,1 A (380 V) n = 1050 min^{-1}	P = 750 W I = 1,65 A (380 V) n = 880 min^{-1}	P = 470 W I = 0,90 A (380 V) n = 680 min^{-1}	P = 350 W I = 0,85 A (380 V) n = 660 min^{-1}	P = 210 W I = 0,43 A (380 V) n = 500 min^{-1}	P = 160 W I = 0,55 A (380 V) n = 420 min^{-1}	P = 80 W I = 0,22 A (380 V) n = 310 min^{-1}
80 A/2x2 bis 80 B/2x6	P = 1650 W I = 3,35 A (380 V) n = 880 min^{-1}	P = 1050 W I = 2,0 A (380 V) n = 650 min^{-1}	P = 700 W I = 1,8 A (380 V) n = 650 min^{-1}	P = 500 W I = 1,0 A (380 V) n = 500 min^{-1}	P = 620 W I = 1,25 A (380 V) n = 580 min^{-1}	P = 340 W I = 0,67 A (380 V) n = 380 min^{-1}	P = 270 W I = 0,75 A (380 V) n = 430 min^{-1}	P = 150 W I = 0,36 A (380 V) n = 310 min^{-1}
100 A/2x2 bis 100 A/2x6	P = 2100 W I = 5,6 A (380 V) n = 660 min^{-1}	P = 1200 W I = 2,8 A (380 V) n = 490 min^{-1}	P = 1250 W I = 2,8 A (380 V) n = 530 min^{-1}	P = 820 W I = 1,6 A (380 V) n = 405 min^{-1}	P = 700 W I = 1,8 A (380 V) n = 420 min^{-1}	P = 380 W I = 1,0 A (380 V) n = 300 min^{-1}	P = 380 W I = 1,0 A (380 V) n = 300 min^{-1}	P = 190 W I = 0,55 A (380 V) n = 180 min^{-1}

Bild 13.31 Motordaten von Verflüssigerventilatoren in Stern-Dreieck (aus Katalog *Reis-Kälte-Klima,* Güntner Axialventilatoren)

Bildet man für einige Motoren aus Bild 13.31 das Verhältnis der Drehzahlen in Sternbetrieb zum Dreieckbetrieb, so kann man die prozentuale Drehzahländerung feststellen, die bei den einzelnen Motortypen unterschiedlich ausfällt.

Die Impulsgeber für die Drehzahländerung sind Thermostate oder Pressostate, die in Abhängigkeit der Temperatur oder des Verflüssigungsdruckes die entsprechende Drehzahl einschalten. Die Impulsgeber müssen steuerungstechnisch den Motor bei der niedrigen Drehzahl in Stern und bei der hohen Drehzahl in Dreieck schalten.

Funktionsbeschreibung der Steuerung nach Bild 13.32:

Den Schaltplan nach Bild 13.32 muß man sich als Teil einer kompletten kälteanlagentechnischen Steuerung vorstellen. Im Hauptstromkreis befindet sich der Verflüssiger-Ventilator in Stern-Dreieck-Schaltung. In diesem Beispiel arbeiten drei Verdichter gemeinsam auf den Verflüssiger. Die Verdichter werden jeweils durch die Netzschütze K5, K6 und K7 eingeschaltet. Jeweils ein Schließerkontakt der Verdichterschütze befindet sich parallelgeschaltet in den Stromkreisen 1, 2 und 3. Somit arbeitet der Verflüssiger-Ventilator erst bei Verdichterbetrieb. Der auf den niedrigen Druck eingestellte Impulsgeber B1 schaltet zunächst das Netzschütz K1 und das Sternschütz K2 ein. Der Ventilator ist somit in Stern geschaltet und arbeitet in der niedrigen Drehzahl. Steigt der Druck weiter an, so schaltet der Impulsgeber B2 im Strompfad 6 das Zeitrelais K1T, dessen

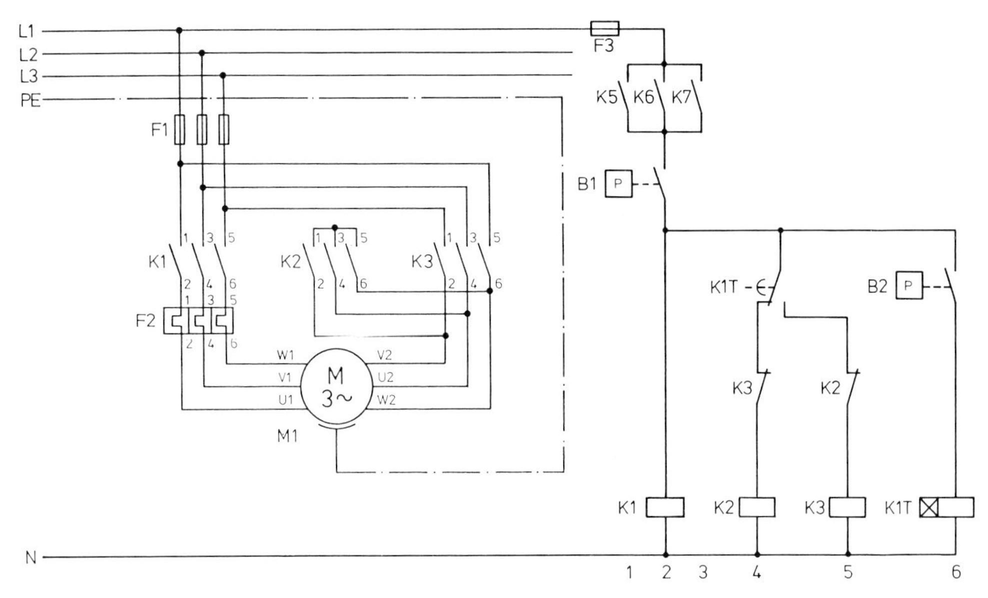

Bild 13.32 Haupt- und Steuerstromkreis eines Verflüssigerventilators mit zwei Drehzahlen in Stern-Dreieck-Schaltung

Legende:

- F1 : Kurzschlußsicherungen
- F2 : Thermischer Überstromauslöser
- F3 : Steuersicherung
- K1 : Netzschütz (niedrige/hohe Drehzahl)
- K2 : Sternschütz (niedrige Drehzahl)
- K3 : Dreieckschütz (hohe Drehzahl)
- K5 : Netzschütz Verdichter 1
- K6 : Netzschütz Verdichter 2
- K7 : Netzschütz Verdichter 3
- K1T: Zeitrelais Umschaltverzögerung
- B1 : Impulsgeber niedrige Drehzahl
- B2 : Impulsgeber hohe Drehzahl
- M1 : Verflüssiger-Ventilator

Wechslerkontakt sich im Strompfad 4 befindet und nach der am Zeitrelais K1T eingestellten Zeit das Sternschütz K2 abschaltet und das Dreieckschütz K3 einschaltet. Der Ventilator arbeitet jetzt in der hohen Drehzahl. Sinkt der Druck wieder unter den am Impulsgeber B2 eingestellten Wert, so öffnet dieser den Stromkreis zum Zeitrelais K1T. Der Wechsler des Zeitrelais schaltet zurück, wodurch das Sternschütz K2 wieder anzieht und den Ventilator in die niedrige Drehzahl schaltet.
Mit dem Zeitrelais K1T wird erreicht, daß wenn der Ventilator bei hohem Druck eingeschaltet wird (B1 und B2 sind geschlossen), dieser immer erst für die am Zeitrelais eingestellte Zeit zwangsweise in der niedrigen Drehzahl arbeitet. Somit ist dem Verfahren der Anlaufstrombegrenzung mit Stern-Dreieck-Anlauf bei Ventilatoren mit großer Leistung genüge getan. Zum anderen verhindert das Zeitrelais, daß bei kurzzeitigem Druckanstieg sofort auf die hohe Drehzahl geschaltet wird und verhindert somit ein mögliches Takten zwischen den Drehzahlen.

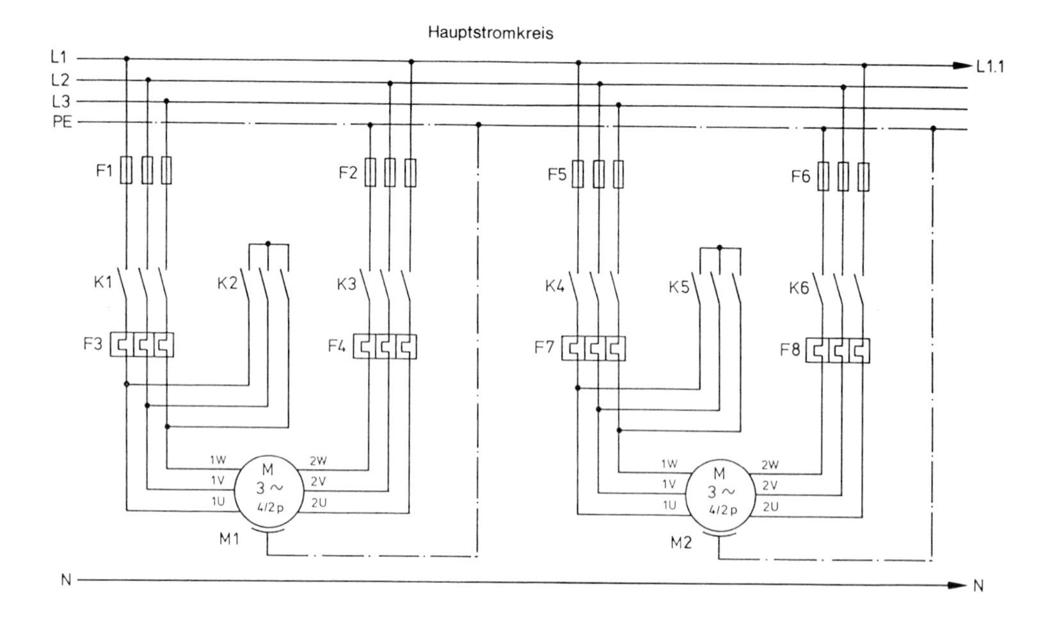

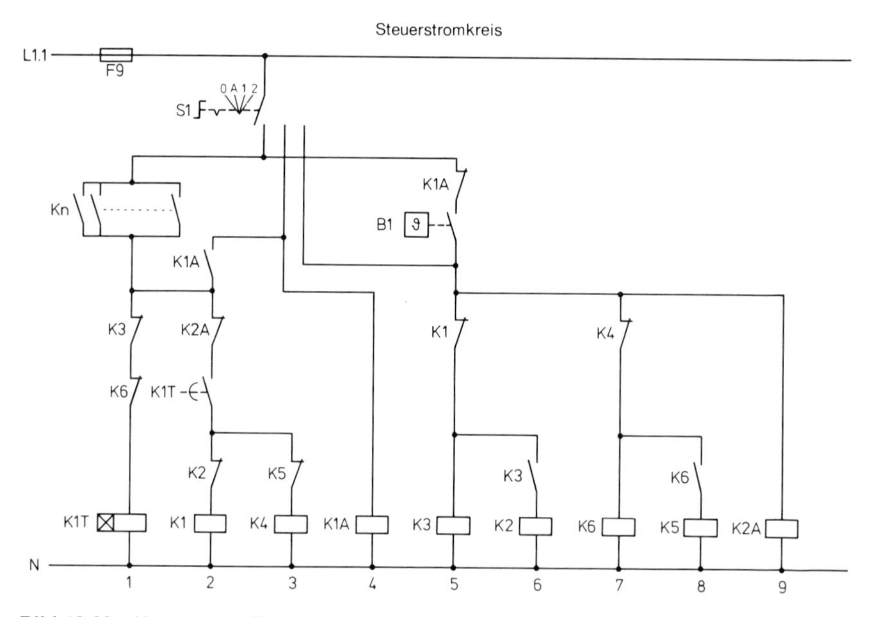

Bild 13.33 Haupt- und Steuerstromkreis zweier Verflüssigerventilatoren mit zwei Drehzahlen in Dahlanderschaltung

Legende:

- F1 : Sicherung niedrige Drehzahl Ventilator 1
- F2 : Sicherung hohe Drehzahl Ventilator 1
- F3 : Überstromauslöser niedrige Drehzahl Ventilator 1
- F4 : Überstromauslöser hohe Drehzahl Ventilator 1
- F5 : Sicherung niedrige Drehzahl Ventilator 2
- F6 : Sicherung hohe Drehzahl Ventilator 2

- F7 : Überstromauslöser niedrige Drehzahl Ventilator 2
- F8 : Überstromauslöser hohe Drehzahl Ventilator 2
- F9 : Steuersicherung
- M1 : Ventilatormotor 1
- M2 : Ventilatormotor 2
- S1 : Steuerschalter 0 – A – 1 – 2
- B1 : Raumthermostat (Regelthermostat)
- Kn : Verdichterschütze
- K1 : Schütz niedrige Drehzahl Ventilator 1
- K2 : Schütz hohe Drehzahl Ventilator 1
- K3 : Schütz hohe Drehzahl Ventilator 1
- K4 : Schütz niedrige Drehzahl Ventilator 2
- K5 : Schütz hohe Drehzahl Ventilator 2
- K6 : Schütz hohe Drehzahl Ventilator 2
- K1A: Hilfsschütz niedrige Drehzahl
- K2A: Hilfsschütz hohe Drehzahl
- K1T: Zeitrelais Rückschaltverzögerung

13.3.2 Verflüssigerventilator mit Dahlanderschaltung

Soll die Drehzahländerung des Verflüssigerventilators etwa im Verhältnis 1:2 stehen, so muß der Ventilatormotor in Dahlanderschaltung ausgeführt sein.

Anlagenbeschreibung:
In einem Supermarkt betreiben mehrere einzelne Verdichter eine Vielzahl von Kühlstellen. Die Verdichter arbeiten gemeinsam auf einen Verflüssiger, der mit zwei in Dahlander geschalteten Ventilatormotoren ausgestattet ist. Dabei ist der Verflüssiger mit im Maschinenraum aufgestellt. Ein im Maschinenraum befindlicher Raumthermostat regelt die Drehzahl der Ventilatormotoren. Bei einer Raumtemperatur $< +15\,^{\circ}C$ arbeiten beide Ventilatoren zusammen in der kleinen Drehzahl. Steigt die Raumtemperatur über $+15\,^{\circ}C$ an, so schalten beide Ventilatoren auf die hohe Drehzahl um.

Die Ventilatoren können mit einem Schalter in die hohe Drehzahl, niedrige Drehzahl, Automatik und AUS geschaltet werden.

Dieser Schalter hat die Stellungen:

- 0: AUS
- A: Automatik (über Regelthermostat)
- 1: ständig niedrige Drehzahl
- 2: ständig hohe Drehzahl

Ein Zeitrelais sorgt für die notwendige Rückschaltzeit von der hohen auf die niedrige Drehzahl (siehe Bild 13.33).

Funktionsbeschreibung:

1. Steuerschalter S1 in Stellung „A“
Schließt in dieser Schalterstellung einer der Verdichterschützkontakte Kn im Strompfad 1, so wird das Zeitrelais K1T aktiviert. Der Schließer des Zeitrelais im Strompfad 2 schaltet nach abgelaufener Zeit die Schütze K1 und K4. Somit schalten beide Ventilatoren in der niedrigen Drehzahl ein. Steigt die Raumtemperatur über $+15\,^{\circ}C$ an, so schließt der Kontakt des Regelthermostaten B1 im Strompfad 5 und schaltet damit das Hilfsschütz K2A, dessen Öffner im Strompfad 2 die beiden Schütze K1 und K4 für die niedrige Drehzahl wegschaltet. Die beiden Öffner der Schütze in den Strompfaden 5 und 7 schließen den Strompfad zu den Schützen K3 und K6 und damit zu K2 und K5. Die

Ventilatoren arbeiten beide jetzt in der hohen Drehzahl. Gleichzeitig wird durch die Öffner von K3 und K6 im Strompfad 1 das Zeitrelais für die Rückenschaltverzögerung abgeschaltet.

Fällt die Raumtemperatur wieder unter +15 °C, so öffnet der Regelthermostat im Strompfad 5 und schaltet die Schütze für die hohe Drehzahl ab. Damit schließen die beiden Öffner im Strompfad 1 für das Zeitrelais K1T. Nach abgelaufener Rückschaltverzögerung schaltet der Kontakt des Zeitrelais im Strompfad 2 die Schütze für die niedrige Drehzahl K1 und K4 wieder ein. Die Ventilatoren arbeiten wieder in der niedrigen Drehzahl.

2. Steuerschalter S1 in Stellung „1"
In dieser Schalterstellung zieht das Hilfsschütz K1A im Strompfad 4 an. Der Schließer von K1A schaltet im Strompfad 1 das Zeitrelais K1T und nach abgelaufener Zeit die Schütze K1 und K4 für die niedrige Drehzahl. Da in dieser Schalterstellung auch der Regelthermostat B1 nicht auf die hohe Drehzahl umschalten darf, befindet sich ein Öffner des Hilfsschützes K1A im Strompfad 5. Beide Ventilatoren arbeiten jetzt unabhängig vom Regelthermostaten in der niedrigen Drehzahl.

3. Steuerschalter in der Stellung „2"
Nur die Schütze in den Strompfaden 5 bis 8 bekommen in dieser Schalterstellung Spannung. Beide Ventilatoren arbeiten unabhängig vom Regelthermostaten auf der hohen Drehzahl. Bei geschlossenem Regelthermostaten kann auch keine Rückspannung auf das Zeitrelais K1T kommen, da die Kontakte K3 und K6 im Strompfad 1 geöffnet sind und so eine Rückschaltung auf die niedrige Drehzahl nicht möglich ist. Außerdem hat der Kontakt K2A im Stromkreis 2 geöffnet. Bei einer Rückschaltung mit dem Steuerschalter auf die Stellung „1" in die niedrige Drehzahl, wirkt auch hier zunächst die Rückschaltverzögerung durch das Zeitrelais K1T.

4. Steuerschalter in der Stellung „0"
Der Steuerstromkreis für beide Ventilatoren wird stromlos geschaltet.

14 Kälteanlagentechnische Steuerungen

In den vorangegangenen Kapiteln wurden die wesentlichen Teile einer **Kälteanlage** unter steuerungstechnischen Merkmalen einzeln betrachtet. In einer Kälteanlage sind diese Teile (Verdichter, Verflüssiger, Verdampfer, Abtauheizung usw.) zu einer Einheit zusammengefaßt. Damit beinhaltet die Steuerung einer kompletten Kälteanlage auch alle steuerungstechnischen Teile, die je nach **Anlagenbedingung** vorgegeben sind.

An mehreren Beispielen werden nachfolgend Kälteanlagen für unterschiedliche Einsatzbedingungen beschrieben und steuerungstechnisch umgesetzt.

Beispiel 1:
In Bild 14.11 ist eine Steuerung eines **Serienschaltschrankes** dargestellt. Bei dieser Art der Darstellung sind Haupt- und Steuerstromkreis sowie die Klemmleiste gemeinsam ausgeführt. Der Schaltschrank ist nach Herstellerangaben geeignet für 1-Phasen-Wechselspannungs-Kälteanlagen im Kühlbereich über 0 °C. Der Anschluß einer elektrischen Abtauheizung ist daher nicht vorgesehen. Der Verdichtermotor darf eine Nennleistung bis 2,2 kW haben. Der Schaltschrank ist bestückt mit einem abschließbaren Hauptschalter, einer 16 A Hauptsicherung und einem Schütz für den Verdichter.

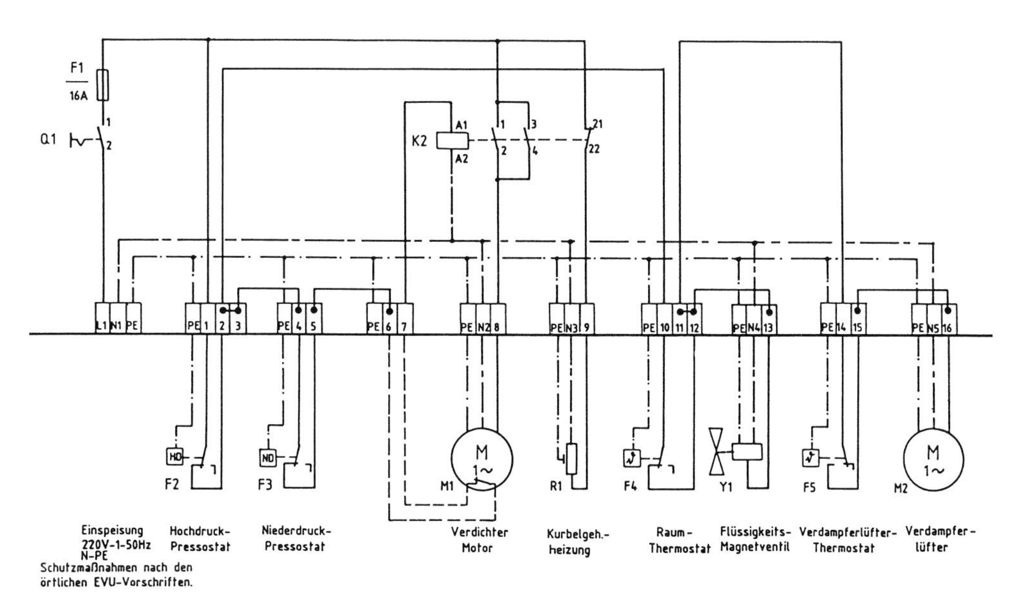

Bild 14.11 Schaltplan eines Serienschaltschrankes für eine Kälteanlage mit 1-Phasen-Wechselspannung im Kühlbereich über 0 °C (aus Katalog *Fischer Kälteklima*)

Durch die vorgegebenen Anschlußmöglichkeiten kann der Verdichter mit einer pump-down-Schaltung betrieben werden. Der Verdampferventilator kann mit einem Verdampferthermostaten angesteuert werden.

In Bild 14.12 ist die Steuerung des Serienschaltschrankes nochmals dargestellt. Dabei wurden Stromlaufplan und Klemmplan getrennt ausgeführt.

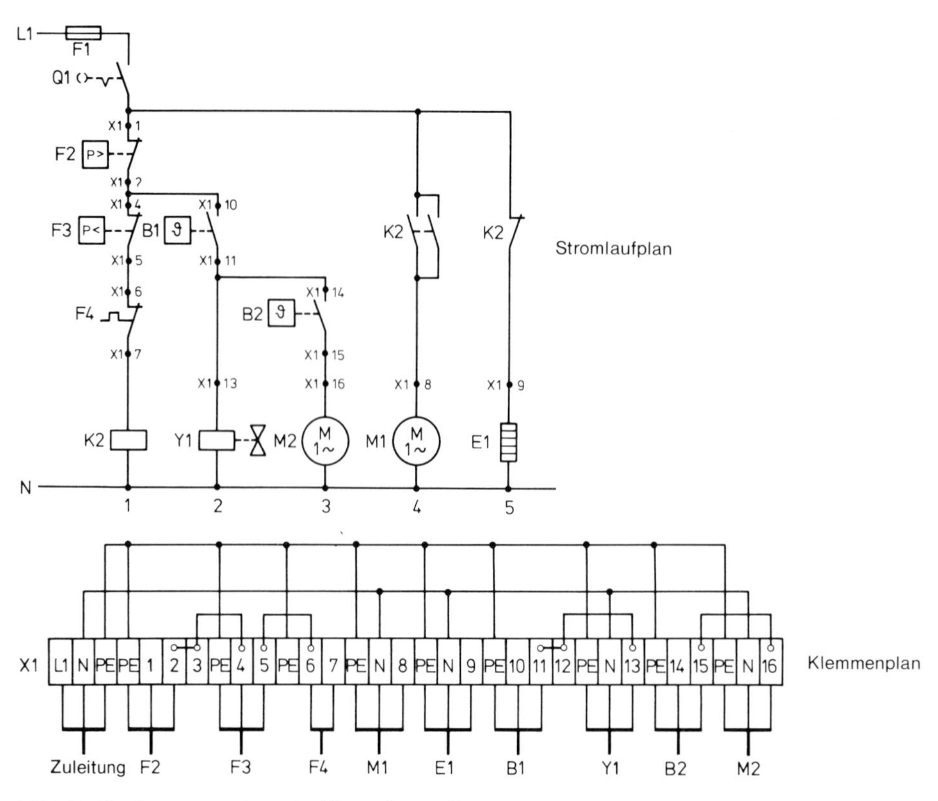

Bild 14.12 Steuerung in aufgelöster Darstellung

Legende:

- F1 : Hauptsicherung
- F2 : Hochdruckwächter
- F3 : Niederdruckwächter/Niederdruckschalter
- F4 : Interner Motorschutzschalter Verdichter
- B1 : Raumthermostat
- B2 : Verdampferventilatorthermostat
- Y1 : Magnetventil Flüssigkeitsleitung
- M1: Verdichter
- M2: Verdampferventilator
- E1 : Kurbelwannenheizung
- Q1 : Hauptschalter
- K2 : Verdichterschütz

Der Niederdruckpressostat F3 übernimmt in der Steuerung die Funktion des Niederdruckschalters für die pump-down-Schaltung sowie auch eine Sicherheitsfunktion nach DIN 32733. Der Raumthermostat und der Verdampferventilatorthermostat werden mit dem Kennbuchstaben B gekennzeichnet, da die beiden Thermostate eine Regelfunktion haben. Die Kurbelwannenheizung wird nach Tabelle 9.7 mit dem Kennbuchstaben E gekennzeichnet.

Die zusammenhängende Darstellung nach Bild 14.11 ist bei umfangreicheren Steuerungen nicht vorteilhaft, da die Funktion der Steuerung – durch die vielen zeichnerischen Kreuzungen in der Schaltungsunteranlage – nur sehr schwer nachvollziehbar wird. Dies macht bereits ein Vergleich der beiden Darstellungen deutlich.

Beispiel 2:
Das oben angesprochene Problem der unübersichtlichen Darstellung, soll an diesem Beispiel nochmals verdeutlicht werden. Bei der Steuerung nach Bild 14.13 handelt es sich um eine Dreiphasen-Wechselstrom-Kühlraumsteuerung für den Tiefkühlbereich mit Anschluß einer Abtauheizung. Der Serienschaltschrank ist wie folgt bestückt:

– 1 abschließbarer Hauptschalter
– 3 Hauptsicherungen 16 A
– 1 Steuersicherung 10 A
– 1 Schütz für den Verdichter
– 1 Schütz für die Abtauheizung
– 1 Schütz für den Verdampferventilator
– 1 Abtauuhr PolarRex KKT
– 2 Meldeleuchten: „Verdichter EIN" und „Sammelstörung"
– 1 Thermischer Überstromauslöser (auf Wunsch) für Verdichter

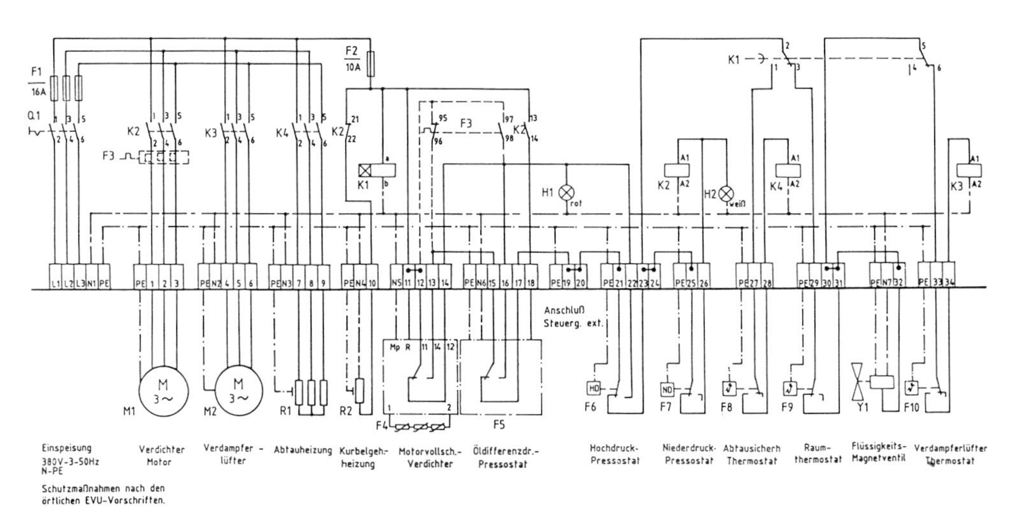

Bild 14.13 Schaltplan eines Serienschaltschrankes für eine Dreiphasen-Wechselstrom-Tiefkühlanlage (aus Katalog *Fischer Kälte-Klima*)

Die Funktion der Kühlraumsteuerung – mit allen nach Bild 14.13 dargestellten externen Betriebsmitteln – läßt sich am einfachsten erklären, wenn man die Steuerung in aufgelöster Darstellung neu zeichnet. Dabei werden die Betriebsmittel nach DIN 40719 normgerecht dargestellt und gekennzeichnet.

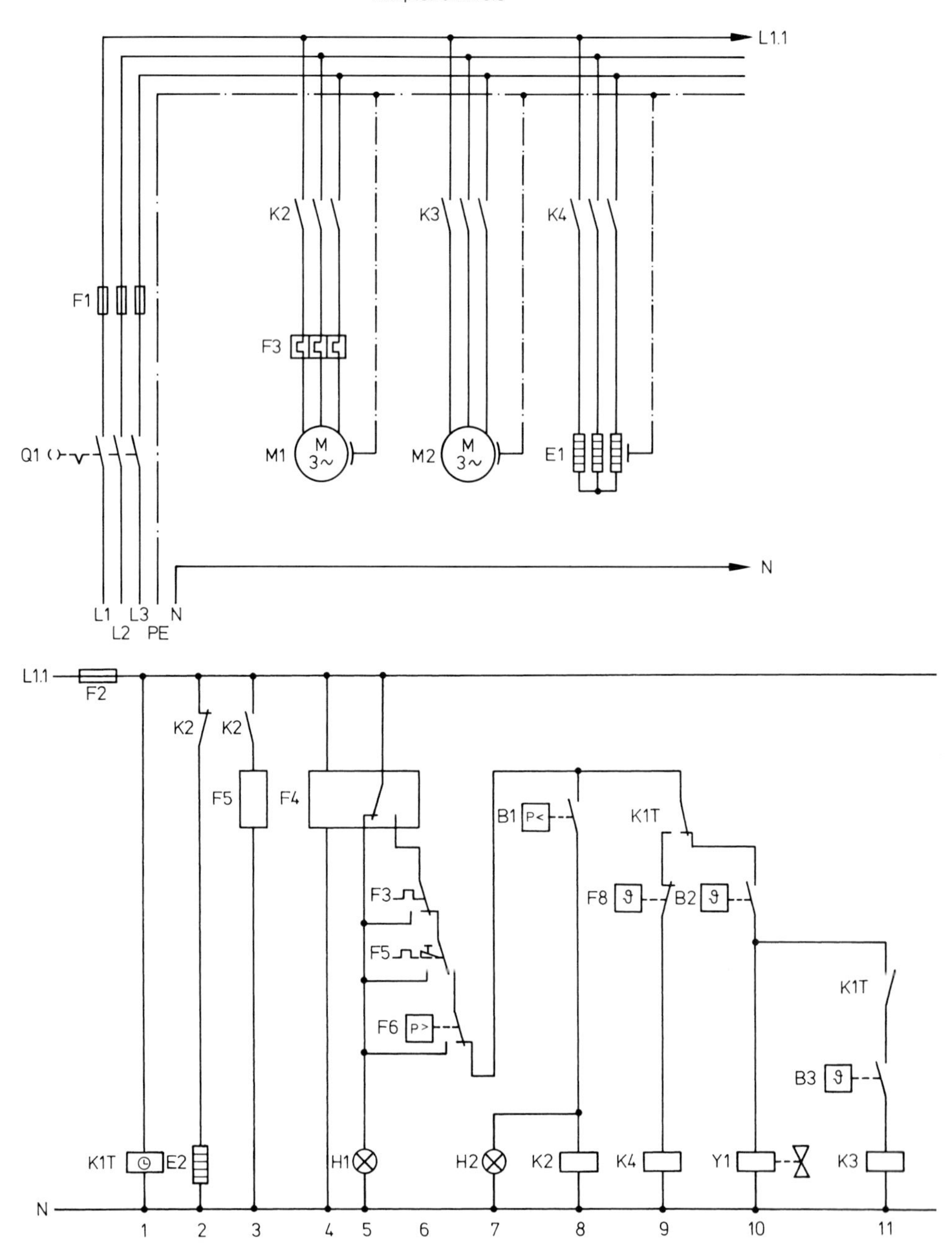

Bild 14.14 Steuerung Bild 14.13 in aufgelöster Darstellung

Legende:
- Q1 : Hauptschalter
- F1 : Hauptsicherung
- F2 : Steuersicherung

- F3 : Thermischer Überstromauslöser Verdichter
- F4 : Thermistor-Motorschutz
- F5 : Öldruckdifferenzdruckschalter
- F6 : Hochdruckwächter
- F8 : Abtausicherheitsthermostat
- B1 : Niederdruckpressostat
- B2 : Raumthermostat
- B3 : Verdampferventilator-Thermostat
- K1T: Abtauuhr Polarex KKT
- K2 : Verdichterschütz
- K3 : Verdampferventilatorschütz
- K4 : Schütz Abtauheizung
- Y1 : Magnetventil Flüssigkeitsleitung
- M1 : Verdichter
- M2 : Verdampferventilator
- E1 : Abtauheizung
- E2 : Kurbelwannenheizung
- H1 : Meldeleuchte „Sammelstörung"
- H2 : Meldeleuchte „Verdichter EIN"

Anmerkungen zur Steuerung:

Der thermische Überstromauslöser F3 befindet sich nach dem Schaltplan im Bild 14.13 vor dem Thermistor-Motorschutz F4. Da sich bei dieser Anordnung Leitungskreuzungen – in der aufgelösten Darstellung – ergeben würden, befindet sich F3 nach dem Thermistor-Motorschutz F4 und ist als Wechsler ausgeführt. Die Sicherheitseinrichtungen F3 bis F6 sind in einer Sicherheitskette, die als Sammelstörung ohne Resetfunktion ausgeführt ist, eingebunden.

Im Hauptstromkreis ist zu erkennen, daß der Verdichter, der Verflüssigerventilator und die Abtauheizung nicht separat gegen Kurzschluß abgesichert sind. Bei jedem Fehlerfall der drei Betriebsmittel löst immer sofort die Hauptsicherung aus.

Die Nachlaufsteuerung des Verdampferventilators erfogt zum einen über den Verdampfer-Thermostat, zum anderen über den zeitverzögerten Öffner der Abtauuhr KKT (vgl. Kapitel 9.4.5). Dabei ist der Verdampferventilator nur dann in Betrieb, wenn der Raumthermostat B2 geschaltet hat. Soll der Verdampferventilator auch bei abgeschaltetem Raumthermostat nachlaufen, weil im Verdampferpaket noch genügend Kälte gespeichert ist, muß dieser vor dem Raumthermostaten angesteuert werden. Dazu muß nach Bild 14.13 die Brücke 30 – 31 der Klemmleiste geöffnet werden und eine Brücke zwischen den Klemmen 24 – 30 hergestellt werden.

Verwendet man in der Kälteanlage einen **kombinierten Hoch-Niederdruck-Pressostaten**, so muß darauf geachtet werden, daß für die pump-down-Schaltung der Kombipressostat mit zwei getrennten Kontaktsystemen ausgeführt ist.

Beispiel 3:

Anlagenbeschreibung einer Drehstrom-Tiefkühlanlage.

- Drehstromverdichter in pump-out-Schaltung mit Anlaufentlastung, die 2 Sekunden nach Umschaltung auf Dreieckbetrieb schaltet. Zur Anlaufstrombegrenzung wird der Verdichter in Stern-Dreieck-Anlauf geschaltet. Der Verdichter ist mit einer Kurbelwannenheizung ausgestattet, die immer bei Verdichterstillstand in Betrieb ist.
- Der Verdampferventilator ist ein Drehstrommotor, der direkt (ohne Verfahren zur Anlaufstrombegrenzung) geschaltet wird. Der Ventilator wird nur durch ein Verdampferventilator-Thermostaten angesteuert.
- Die Abtauheizung ist in Stern geschaltet. Der Abtauvorgang wird über die Abtauuhr PolarRex KIT eingeleitet. Dabei darf die Abtauheizung – wegen der hohen Leistung

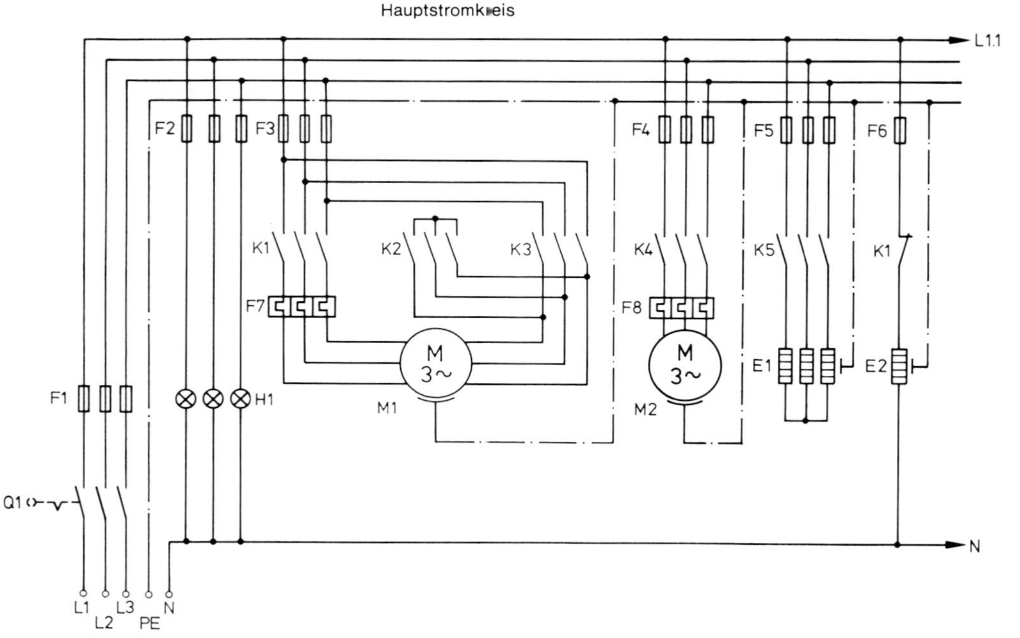

Bild 14.15 Haupt- und Steuerstromkreis einer Drehstrom-Tiefkühlanlage

Legende:

- F1 : Hauptsicherungen
- F2 : Vorsicherungen Phasenkontrollampen
- F3 : Vorsicherungen Verdichter
- F4 : Vorsicherungen Verdampferventilator
- F5 : Vorsicherungen Abtauheizung
- F6 : Vorsicherung Kurbelwannenheizung
- F7 : Thermischer Überstromauslöser Verdichter
- F8 : Thermischer Überstromauslöser Verdampferventilator
- F9 : Steuersicherung
- F10 : Hochdrucksicherheitswächter
- F11 : Abtaubegrenzungsthermostat
- B1 : Niederdruckpressostat
- B2 : Raumthermostat
- B3 : Verdampferventilator-Thermostat
- Q1 : Hauptschalter
- S1 : Steuerschalter
- S2 : Resettaster
- K1 : Netzschütz Verdichter

- K2 : Sternschütz Verdichter
- K3 : Dreieckschütz Verdichter
- K4 : Netzschütz Verdampferventilator
- K5 : Netzschütz Abtauheizung
- K1T : Abtauuhr
- K2T : Zeitrelais Stern-Dreieck-Umschaltung Verdichter
- K3T : Zeitrelais Anlaufentlastung
- K1A : Resetschütz Sammelstörung
- K2A : Hilfsschütz pump-out
- K3A : Hilfsschütz Abtauheizung erst bei Verdichterstillstand
- M1 : Verdichter
- M2 : Verdampferventilator
- E1 : Abtauheizung
- E2 : Kurbelwannenheizung
- H1 : Phasenkontrollampen
- H2 : Meldeleuchte Verdichterbetrieb
- H3 : Meldeleuchte Abtauung
- H4 : Meldeleuchte Sammelstörung

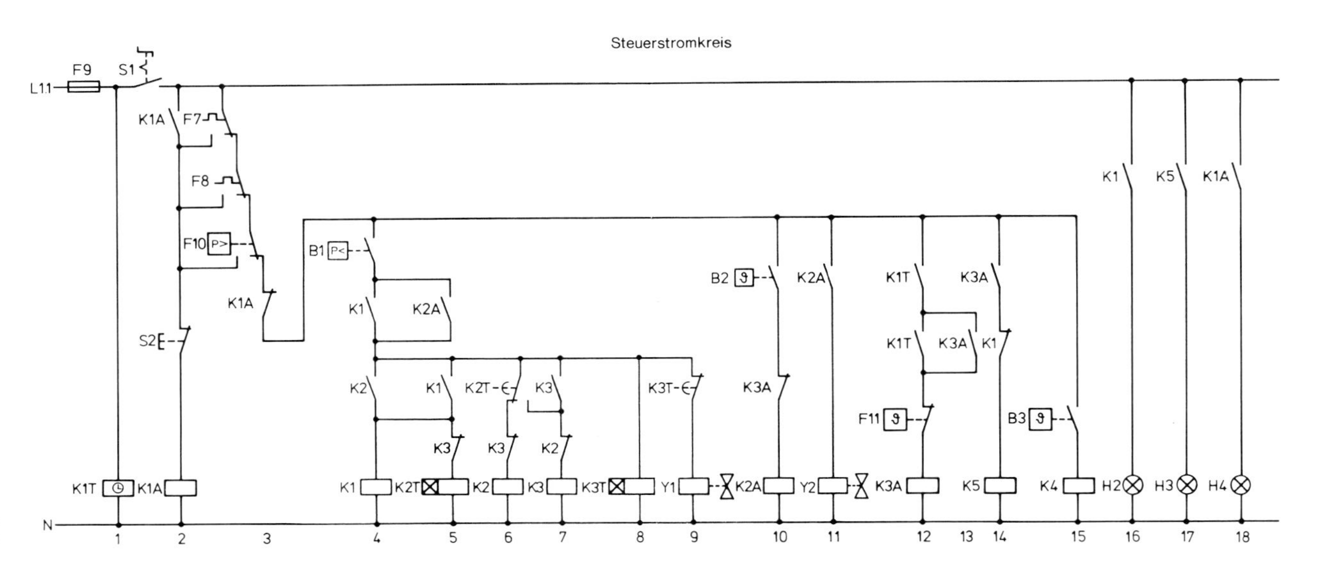

— erst in Betrieb gehen, wenn der Verdichter abgeschaltet hat **(Abtauung erst bei Verdichterstillstand)**. Ein Abtaubegrenzungsthermostat kann den Abtauvorgang beenden.

- In der Sicherheitskette befinden sich:
  - Thermischer Überstromauslöser Verdichter
  - Thermischer Überstromauslöser Verdampferventilator
  - Hochdrucksicherheitswächter

  Die drei Sicherheitseinrichtungen gehen in eine Sammelstörung mit Resetfunktion ein.
- Meldeleuchten:
  - Verdichterbetrieb
  - Abtaubetrieb
  - Sammelstörung
- Die Kälteanlage kann mit einem schlüsselbetätigten dreipoligen Hauptschalter betriebsbereit geschaltet werden und ist mit einem zusätzlichen Steuerschalter versehen, der den Steuerstromkreis einschaltet.
- Eine Hauptsicherung und Vorsicherungen für die Betriebsmittel im Hauptstromkreis sowie eine Steuersicherung sind vorzusehen.
- Nach Betätigung des Hauptschalters zeigen drei Meldeleuchten an, daß die drei Phasen (Außenleiter) anliegen **(Phasenkontrollampen)**.

Anmerkungen zur Steuerung:
Im **Hauptstromkreis** befinden sich die Betriebsmittel, die über ein Hauptschütz eingeschaltet werden. Ausnahme bilden die Phasenkontrollampen und die Kurbelwannenheizung, die über einen Öffner des Verdichterschützes (Netzschütz) geschaltet wird. Alle Betriebsmittel — auch die Phasenkontrollampen und die Kurbelwannenheizung — sind mit Vorsicherungen abgesichert.

Im **Steuerstromkreis** wird die Abtauuhr vor dem Steuerschalter (Strompfad 1) — aber nach der Steuersicherung — geschaltet. Dies hat den Vorteil, daß eine Abtauuhr ohne Gangreserve (Gangreserve bedeutet: Abtauuhr arbeitet eine bestimmte Zeit ohne Spannung weiter) bei Ausschalten der Steuerung durch den Steuerschalter noch weiterläuft und somit nicht neu eingestellt werden muß. Nach Herausnehmen der Steuersicherung ist der gesamte Steuerstromkreis — und damit auch die Abtauuhr — stromlos.

In den Strompfaden 2 und 3 befinden sich die Einrichtungen der Sicherheitskette mit der Sammelstörung und dem Resetschütz K1A sowie dem Resettaster S2. Die Strompfade 4 bis 11 stellen die Steuerung der Stern-Dreieck-Schaltung mit Anlaufentlastung und pump-out-Schaltung dar. Zu dieser üblichen Steuerung (vgl. Bild 12.15) ist im Strompfad 10 der Öffner des Hilfsschützes K3A hinzugekommen. Dieser ist wegen der Bedingung, daß die Abtauheizung erst bei Verdichterstillstand schalten darf, notwendig geworden.

Damit die **Abtauheizung erst bei Verdichterstillstand** schalten darf, wird im Strompfad 12 und 13 zunächst — bei Abtaubedarf — durch die Kontakte der Abtauuhr K1T das Hilfsschütz K3A geschaltet. Der Schließer von K3A schaltet im Strompfad 14 das Schütz der Abtauheizung K5. Das Heizungsschütz kann aber erst anziehen, wenn der Öffner des Verdichterschützes im Strompfad 14 zurückgeschaltet hat, der Verdichter also ausgeschaltet ist. Der Verdichter muß bei Anforderung durch die Abtauuhr zwangsweise abgeschaltet werden. Bei einer Absaugschaltung (pump-down oder pump-out) muß der Stromkreis zum Magnetventil in der Flüssigkeitsleitung geöffnet werden. Diese zwangsweise Abschaltung des Verdichters über den Niederdruckpressostaten bei einer Absaugschaltung übernimmt der Öffner des Hilfsschützes im Strompfad 10 zum Hilfsschütz pump-out K2A, der damit den Stromkreis zum Magnetventil in der Flüssigkeitsleitung Y2 öffnet. Nachdem der Verdichter über den Niederdruckpressostaten abgeschaltet worden ist, kann das Schütz K5 die Abtauheizung einschalten, da der Strompfad 14 durch den Öffner von K1 geschlossen worden ist.

Wird ein Abtauvorgang eingeleitet während der Verdichter ausgeschaltet ist, so geht die Abtauheizung über das Hilfsschütz K3A sofort in Betrieb.

Der Verdampferventilator wird nur durch den Verdampferventilator-Thermostat B3 im Strompfad 15 geschaltet. Der Verdampferventilator wird also nur in Abhängigkeit der Pakettemperatur des Verdampfers geschaltet. Ist die Temperatur – auch zu Beginn der Abtauphase – noch tief genug, so bleibt der Ventilator eingeschaltet. Steigt die Temperatur im Verdampfer während der Abtauphase an, so schaltet der Verdampfer-Thermostat den Ventilator ab, und nach der Abtauphase erst wieder ein, wenn die Temperatur tief genug ist, um weder Warmluft noch Tauwasser in den Kühlraum zu transportieren.

In den Strompfaden 16, 17 und 18 befinden sich die Meldeleuchten für Verdichterbetrieb H2, Abtaubetrieb H3 und Sammelstörung H4.

Beispiel 4:
Anlagenbeschreibung einer Tiefkühlanlage mit zwei Verdampfern:

Der Verdichter wird in einer pump-down-Steuerung direkt geschaltet. Die beiden Verdampferventilatoren werden über je einen Verdampferventilator-Thermostaten geschaltet. Beide Verdampfer werden mit einer elektrischen Abtauheizung abgetaut. Die Einleitung der Abtauphase übernimmt für beide Verdampfer nur eine **gemeinsame Abtauuhr** nach dem Abtauprinzip einer KIT von PolarRex (vgl. Bild 9.414).

Jeder Verdampfer hat einen eigenen Abtaubegrenzungsthermostaten, der die Abtauung eines Verdampfers beenden kann, auch wenn der andere Verdampfer noch abgetaut wird. Beide Verdampfer sollen also mit einer Abtauuhr so abgetaut werden, als würde jeder Verdampfer mit einer eigenen Abtauuhr, die zeitgleich schaltet, ausgestattet sein.

Die Abtauung darf erst bei Verdichterstillstand erfolgen. Die Anlage darf auch erst wieder in Kühlbetrieb gehen, wenn die Abtauung für beide Verdampfer beendet ist.

Bild 14.16 zeigt die prinzipielle Steuerung dieses Abtauproblemes für zwei Verdampfer, die mit einer Abtauuhr geschaltet werden.

Anmerkungen zur Steuerung:
Damit die in der Anlagenbeschreibung geforderten Bedingungen erfüllt werden, ist das Hilfsschütz K1A notwendig. Schaltet die Abtauuhr K1T nach erreichter Abtauzeit die Kontakte in den Strompfaden 4 und 5, so zieht zunächst das Hilfsschütz K1A an, welches mit dem Kurzzeitkontakt der Abtauuhr angesteuert wird. Der Langzeitkontakt der Abtauuhr im Strompfad 5 kann – bei eingeschaltetem Verdichter – die beiden Heizungsschütze K2 und K3 – durch die Öffner von K1 – noch nicht in Betrieb nehmen.

Der Öffner des Hilfsschützes K1A im Strompfad 3 schaltet das Magnetventil in der Flüssigkeitsleistung Y1 ab. Der Verdicher saugt das Kältemittel weiter ab, bis der Niederdruckpressostat B1 den Verdichter abschaltet. Jetzt können die beiden Abtauheizungen über die Schütze K2 und K3 in Betrieb gehen.

Nach Ablauf der Kurzzeit der Abtauuhr schaltet K1T im Strompfad 4 das Hilfsschütz K1A. Das Magnetventil in der Flüssigkeitsleitung kann durch die beiden Öffner der Heizungsschütze K2 und K3 im Strompfad 3 nicht einschalten, solange einer der beiden Abtauheizungen noch in Betrieb ist.

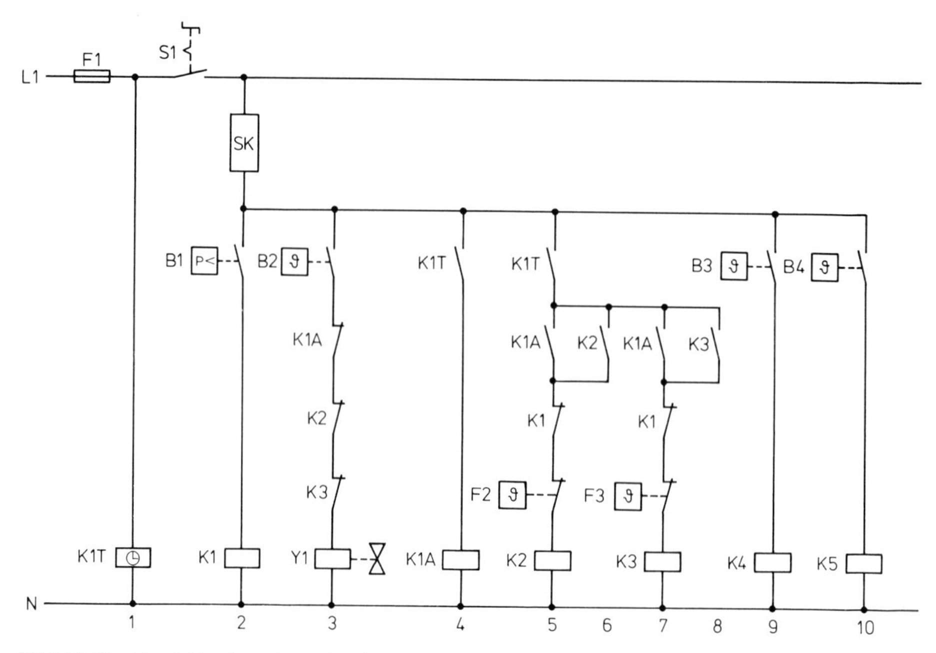

Bild 14.16 Zwei Verdampfer mit einer Abtauuhr in pump-down-Schaltung

Legende:

- F1 : Steuersicherung
- F2 : Abtaubegrenzungsthermostat Verdampfer 1
- F3 : Abtaubegrenzungsthermostat Verdampfer 2
- B1 : Niederdruckpressostat
- B2 : Raumthermostat
- B3 : Verdampferventilator-Thermostat Verdampfer 1
- B4 : Verdampferventilator-Thermostat Verdampfer 2
- K1T: Abtauuhr KIT PolarRex
- K1A: Hilfsschütz Abtauung
- K1 : Verdichterschütz
- K2 : Heizungsschütz Verdampfer 1
- K3 : Heizungsschütz Verdampfer 2
- K4 : Verdampferventilatorschütz Verdampfer 1
- K5 : Verdampferventilatorschütz Verdampfer 2
- Y1 : Magnetventil Flüssigkeitsleitung
- S1 : Steuerschalter

Wird der Abtauvorgang durch einen der beiden Abtaubegrenzungsthermostate F2 oder F3 beendet, nachdem der Kurzzeitkontakt der Abtauuhr geöffnet hat, so kann die entsprechende Abtauheizung auch nicht mehr geschaltet werden, da K1A als auch die entsprechenden Schließer K2 oder K3 in den Strompfaden 6 oder 8 geöffnet sind. Erst wenn beide Abtaubegrenzungsthermostate – oder der Langzeitkontakt der Abtauuhr – die Abtauung beendet haben, kann der Raumthermostat B2 das Magnetventil in der Flüssigkeitsleitung – und damit den Kühlbetrieb – wieder einschalten.

Bei der Steuerung der Abtauheizung zweier Verdampfer über eine Abtauuhr nach Bild 14.16 ist zu beachten, daß die Zeit, die der Verdichter zum Absaugen – und damit dem Wegschalten des Verdichters über den Niederdruckpressostaten – benötigt, nicht größer sein darf, als die des Kurzzeitkontakten der Abtauuhr. Sollte der Kurzzeitkontakt bereits geöffnet haben bevor der Verdichter abgeschaltet hat, so kann danach kein Abtauvorgang mehr eingeleitet werden, da die beiden Schließer des Hilfsschützes K1A in den Strompfaden 5 und 7 bereits wieder geöffnet haben.

Schaltet die Abtauuhr bei ausgeschaltetem Verdichter einen Abtauvorgang ein, so können die beiden Abtauheizungen sofort einschalten.

Wie die Beispiele in diesem Kapitel gezeigt haben, lassen sich alle kälteanlagentechnischen Steuerungen aus den Teilsteuerungen der vorangegangenen Kapitel aufbauen. Man kann in diesem Fall von einer **„Modulbauweise“** sprechen. So kann z. B. für den Stern-Dreieck-Anlauf eines Verdichters – an gleicher Stelle in einem Schaltplan – die Steuerung für einen Teilwicklungsmotor nach Bild 11.22 oder der Schaltplan eines Schraubenverdichters nach Bild 11.32 stehen.

Dies gilt gleichermaßen für drehzahlgeregelte Steuerungen von Verdichtern, Verflüssigerventilatoren oder leistungsgeregelten Verdichtern. Auch die unterschiedlichen Steuerungen für Sicherheitseinrichtungen lassen sich modulhaft ersetzen.

15 Elektronische Komponenten in der Steuerungstechnik für Kälte- und Klimaanlagen

In den Steuerungen für Kälteanlagen befinden sich eine Vielzahl von elektronischen Komponenten. In dem nachfolgenden Kapitel werden nur exemplarisch zwei dieser elektronischen Komponenten beschrieben. Die rasante Weiterentwicklung auf diesem Gebiet, läßt daher auch nur eine prinzipielle Darstellung einiger Einsatzmöglichkeiten in der Steuerungstechnik für Kälte- und Klimaanlagen zu.

15.1 Elektronischer Motorstart

Das Anwendungsgebiet von elektronischen Motorstartern ist das sanfte Anlassen von Drehstrom-Asynchronmotoren. In Kapitel 8.4.2 wurden bereits die Verfahren zur Anlaufstrombegrenzung beschrieben. Der in Kapitel 8.4.2.4 dargestellte Widerstandsanlauf ist in vielen Fällen durch den elektronischen Motorstart ersetzt worden.

Dabei handelt es sich um einfach zu bedienende, wirtschaftliche und zuverlässige, mikroprozessorgesteuerte Geräte. Die Elektronik steuert dabei die Klemmenspannung des Motors von 40 bis 100% der Betriebsspannung. Entsprechend steigt die Drehzahl und somit werden die Stromspitzen reduziert und Drehmomentstöße vermieden.

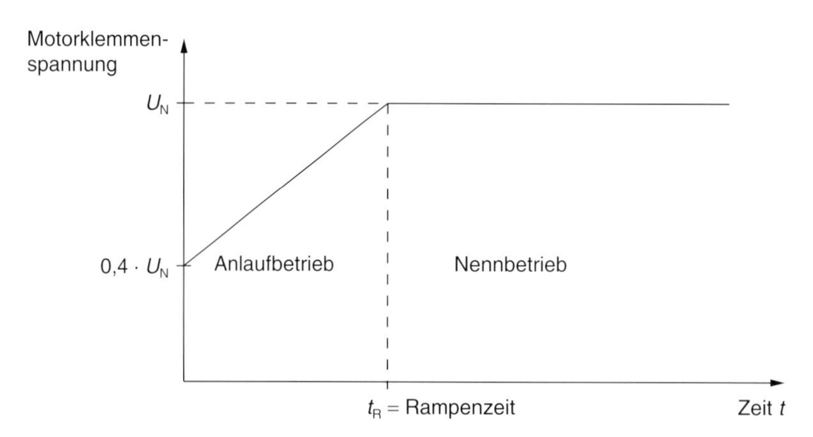

Bild 15.11 Anlaufcharakteristik der Motorklemmenspannung bei Sanftanlauf

Die Höhe der Anlaufstrombegrenzung ist durch ein Potentiometer einstellbar. Kurze Hochlaufzeiten ergeben einen höheren Anzugsstrom, längere Hochlaufzeiten einen geringeren Anzugsstrom. Die am Gerät eingestellten Hochlaufzeiten werden „Rampenzeiten" genannt.

Mit dem SOFT START der Firma VSB ist es möglich die Anlaufstromspitzen auf den ca. 1,5 bis 2,5fachen Nennstrom bei Anlaufentlastung zu reduzieren. Ohne Anlaufentlastung ist eine Reduzierung auf ca. 2,5 bis 3,5fachen Wert möglich. Die Geräte sind zusätzlich mit einer sog. „Einschaltsperre" ausgerüstet. Damit kann verhindert werden, daß ein Verdichter zu oft startet. Die Geräte können mit und ohne diese Einschaltsperre betrieben werden. Der einstellbare Bereich liegt zwischen 0 und 30 Minuten und kann in 2-Minuten-Schritten programmiert werden.

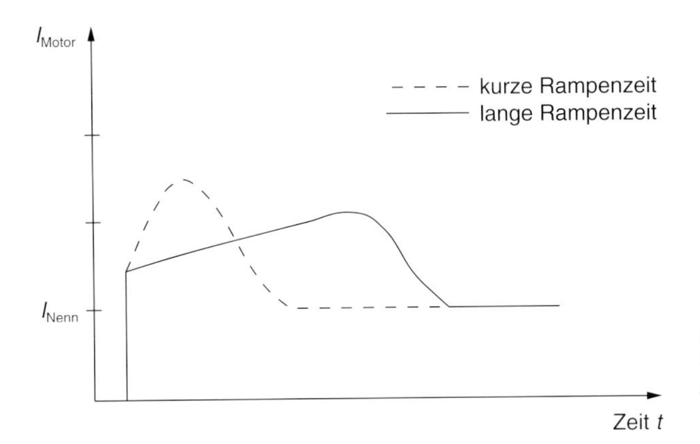

Bild 15.12
Einfluß der Rampenzeit auf den Anlaufstrom

Bild 15.13
Softstarter von VSB

Elektronische Motorstarter verfügen auch über eine sog. „Strombegrenzung". Damit kann ein maximal zulässiger Anlaufstrom vorgegeben werden. Ist der eingestellte Sollwert erreicht, wird die Spannungsrampe angehalten und die momentane Klemmenspannung des Motors wird konstant gehalten, bis sich der Motorstrom verringert hat. Um diese Zeitspanne t_1 verlängert sich die Anlaufzeit des Motors.

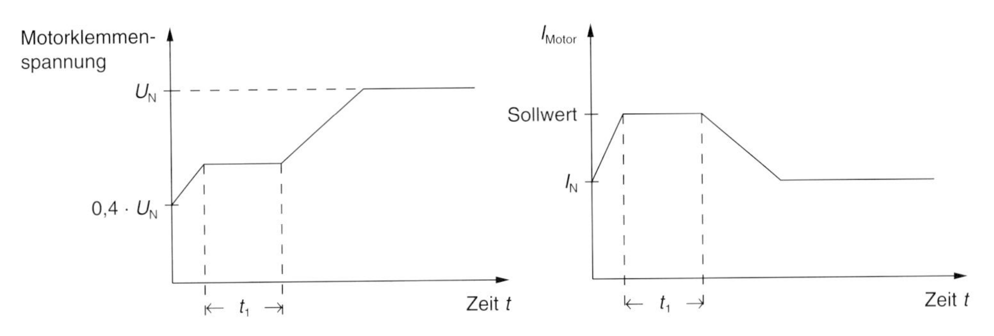

Bild 15.14 Anlauf mit Strombegrenzung

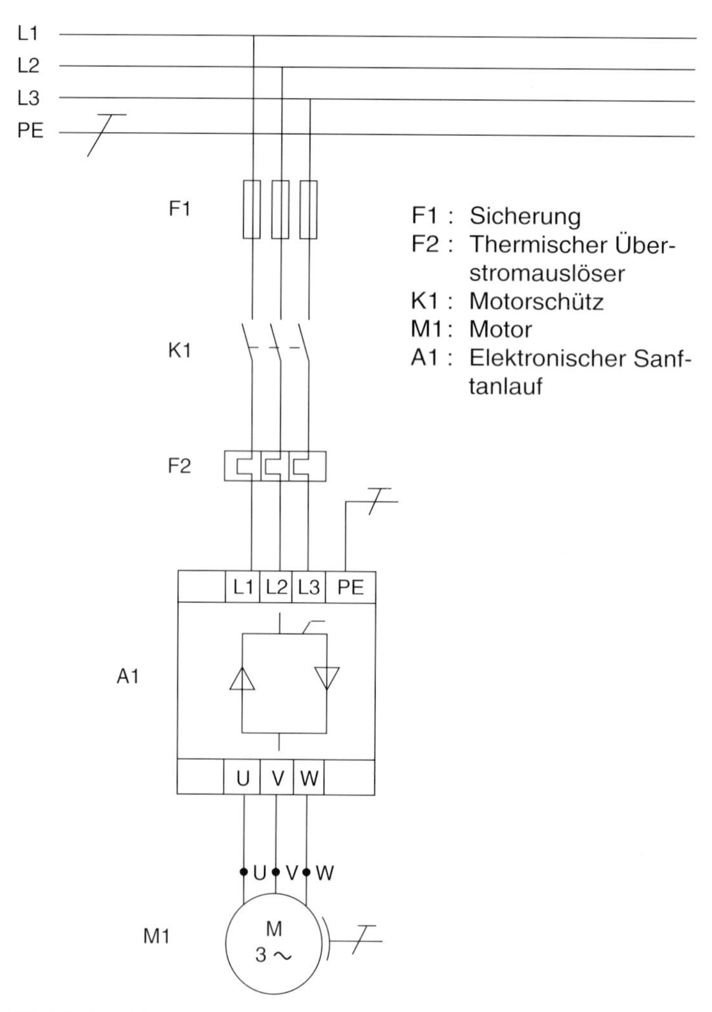

Bild 15.15 Hauptstromkreis eines Verdichters mit „Elektronischem Sanftanlauf“

Der elektronische Sanftanlauf wird zwischen den Motorklemmen U-V-W und den Phasen L1-L2-L3 angeschlossen. Bei Geräten mit Ventilatoren sind zusätzlich die Klemmen L und N zu belegen und an 230 V Spannung anzuschließen. Weitere zusätzliche Kontakte z. B. zur Ansteuerung eines Bypass-Magnetventils sind vorgesehen.

Elektronische Sanftanlaufgeräte sind für Verdichtermotoren in der Größenordnung von 6 kW bis 300 kW erhältlich. Dies entspricht Nennströmen von 11,5 A bis 505 A.

15.2 Speicherprogrammierbare Steuerungen SPS

Mit der elektronischen Steuerungseinheit SPS werden alle zum Ablauf einer Steuerung notwendigen logischen Parameter durch eine Programmierung der Steuerungseinheit bestimmt. Für die Ansteuerung einer Kälte- oder Klimaanlage sind im wesentlichen nur die Eingangssignale (Temperatur, Druck, Feuchte, etc.) und die Ausgangssignale (Verdichterschütz, Abtauheizungsschütz, Magnetventile, Meldeleuchten, etc.) wichtig. Ob die logischen und zeitlichen Verknüpfungen mittels Zeitrelais und Hilfsschützen oder durch eine elektronische Logik realisiert werden ist zunächst unerheblich.

Immer dort, wo die Steuerungsaufgaben durch eine festverdrahtete Relaistechnik (Verbindungsprogrammiert VPS) vorgenommen wird, muß mit mechanischem Verschleiß gerechnet werden. Auch bei größeren Steuerungen ist die Ersparnis von Zeit- und Kostenaufwand bei einer speicherprogrammierbaren Steuerung gegenüber einer VPS erheblich.

Jeder Steuerungsprozess beinhaltet drei Ebenen:

- Eingabeebene
- Verknüpfungsebene
- Ausgabeebene

In der Verknüpfungsebene kommt nun entweder die herkömmliche Verbindungstechnik mit Schützen und Relais (VPS) oder die Elektronik mit der SPS zum Einsatz.

Zur Verdeutlichung nehmen wir das Beispiel 3 aus Kapitel 9.6 (Einfache Kontaktsteuerungen). Dabei war folgende Steuerungsaufgabe verlangt:

- Zur Temperaturüberwachung wird ein Thermostat, der nur einen Öffnerkontakt hat, eingesetzt. Bei Temperaturüberschreitung öffnet dieser.
- Die Temperaturüberschreitung soll optisch angezeigt werden.
- Hat der Thermostat länger als 10 min ausgelöst, soll zusätzlich ein akustisches Signal ertönen, das mit einem Taster gelöscht werden kann, auch wenn die Störung noch ansteht. Eine Löschung des akustischen Signals vor Ablauf der 10 min ist ebenfalls möglich.

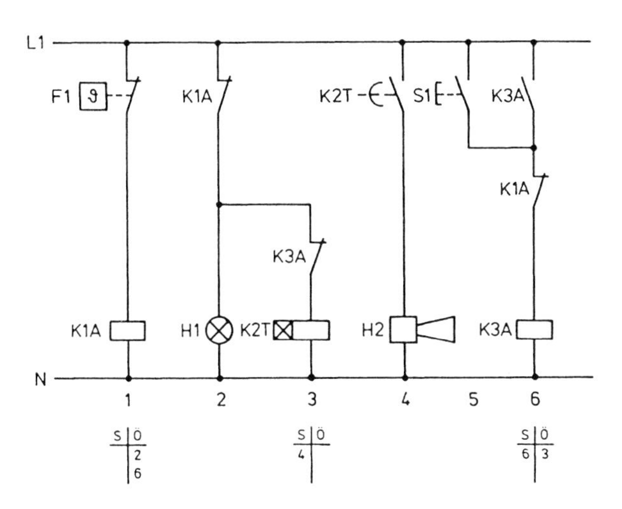

Bild 15.21
Verbindungsprogrammierte Steuerung VPS

Bild 15.21 zeigt die Lösung der Steuerungsaufgabe als VPS mit Schützen und Zeitrelais.

Der Eingangsebene sind folgende Betriebsmittel zuzuordnen:

- Alarmthermostat F1
- Taster „Hupe AUS“ S1

Betriebsmittel der Ausgangsebene sind:

- Meldeleuchte H1
- Hupe H2

Die zur Lösung der Steuerungsaufgabe notwendigen Verknüpfungen werden durch die Hilfsschütze K1A, K3A und durch das Zeitrelais K2T gelöst. Die Verknüpfung wird im Schaltschrank durch das zusammenschalten von Öffner- und Schließerkontakten mit den Betriebsmitteln der Ein- und Ausgangsebene erreicht. Genau diese Aufgabe der Verknüpfungsebene kann durch eine SPS gelöst werden.

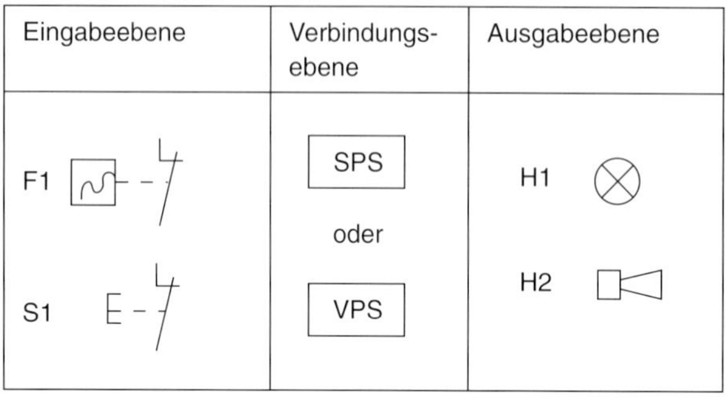

Eingabeebene	Verbindungs-ebene	Ausgabeebene
F1 S1	SPS oder VPS	H1 H2

Bild 15.22
Eingabe-, Ausgabe- und Verknüpfungsebene

Die im Inneren einer SPS vorhandene Elektronik übernimmt durch entsprechende Programmierung die Logik der Verknüpfungsebene. An die Eingänge der SPS werden die Betriebsmittel angeschlossen. Die Eingänge erkennen nur ein logisches 0- oder 1-Signal. D. h. über die Kontakte der Betriebsmittel der Eingangsebene wird eine Klein-

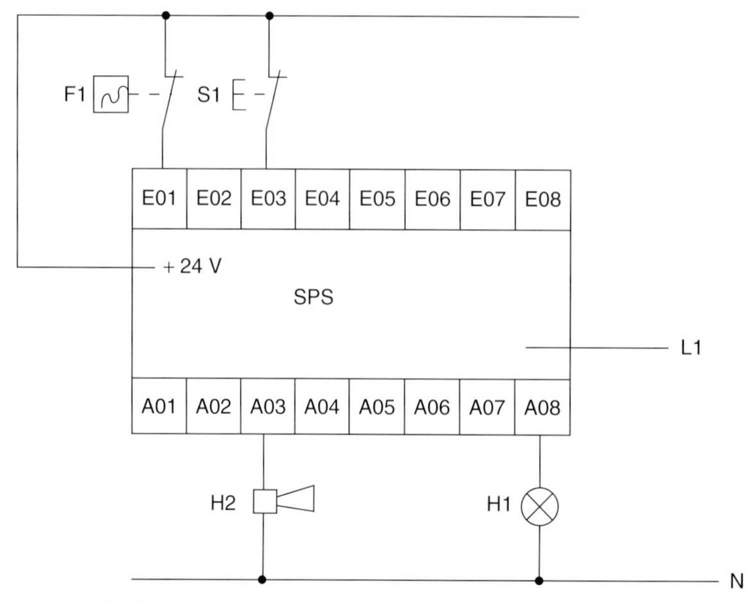

Bild 15.23 Beschaltung einer SPS

spannung der SPS an die Eingänge gelegt. Dies wird wie folgt interpretiert:

S1 geschlossen → Spannung am Eingang → Logisches 1-Signal

Über die Relaisausgänge der SPS kann man 230 V Spannung an die Betriebsmittel der Ausgangsebene legen. In Abhängigkeit vom Zustand der Eingangssignale und der logischen Verknüpfung innerhalb der SPS werden die Ausgänge geschaltet.

Die Belegung der Ein- und Ausgänge werden frei durch den Programmierer der SPS bestimmt. Im Beispiel nach Bild 15.23 wurde der Eingang E01 mit dem Öffnerkontakt des Alarmthermostaten F1 und der Eingang E03 mit dem Öffnerkontakt des Quittiertasters S1 belegt. Für die Ausgangsbelegung wurde die Meldeleuchte H1 an den Ausgang A08 und die Hupe H2 an den Ausgang A03 gelegt.

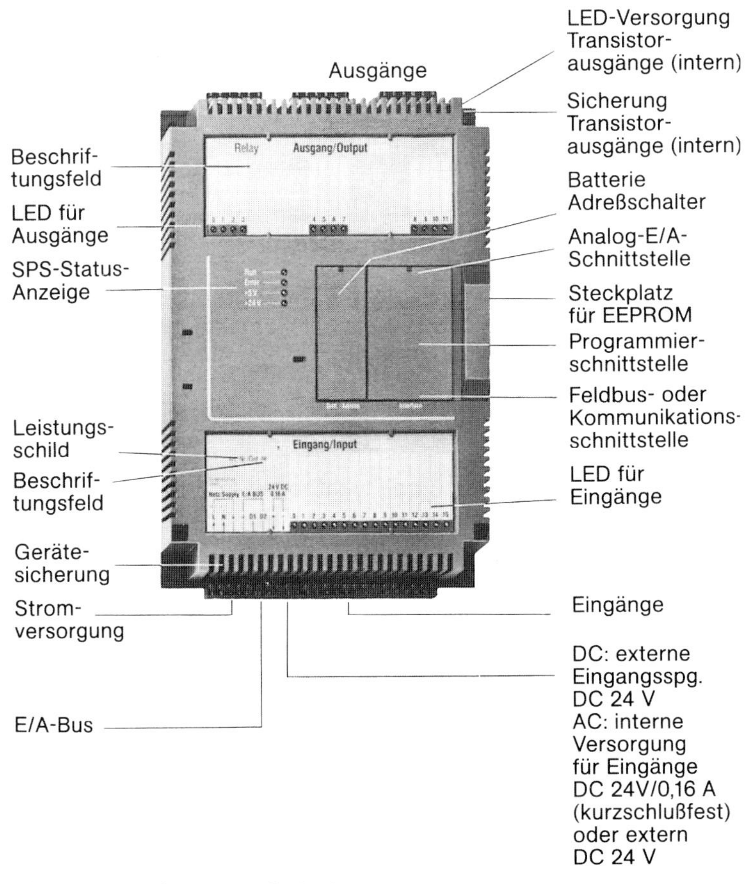

Bild 15.24 Aufbau einer SPS (S 400 von Schiele)

Die Programmierung einer SPS basiert im wesentlichen auf den logischen Verknüpfungen „UND“ und „ODER“ und deren Negationen. Zeitliche Verknüpfungen werden durch TIMER und Echtzeituhren programmiert, die auch die Elektronik der SPS übernehmen.

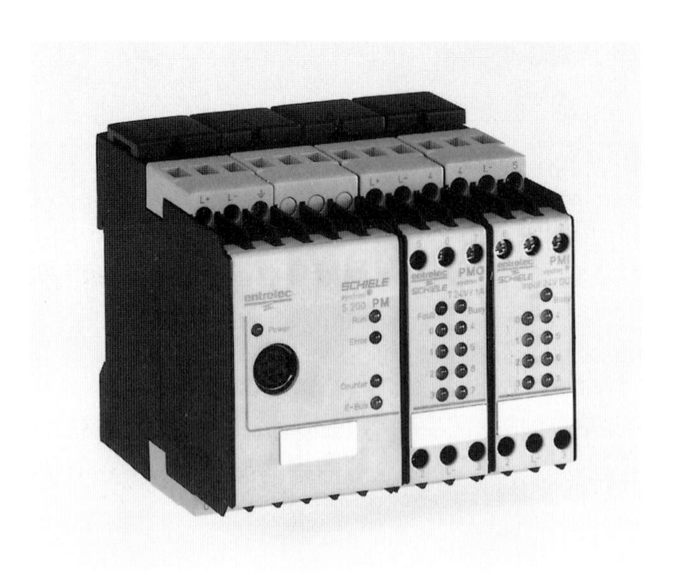

Bild 15.25 SPS (S 200 von Schiele)

Literaturnachweis

Breidert/Schittenhelm: Formeln, Tabellen und Diagramme für die Kälteanlagentechnik, 2. Auflage 1999 (Verlag C. F. Müller)

Breidenbach, Karl H.: Der Kälteanlagenbauer. Bd. 2: Kälteanwendung. Karlsruhe, 3. Aufl. 1990 (Verlag C. F. Müller)

Boy, Hans/Flachmann, Horst/Mai, Otto: Elektrische Maschinen und Steuerungstechnik. Würzburg, 8. Aufl. 1990 (Vogel-Verlag)

DIN-Taschenbuch 501: Elektroinstallation, Schaltzeichen, Schaltungsunterlagen. Berlin o. J. (Beuth Verlag)

Klein, Martin: Einführung in die DIN-Normen. Berlin, 10. Aufl. 1989 (Beuth Verlag)

Just, Wolfgang: Blindstromkompensation in der Betriebspraxis. Berlin, 3. Auflage 1991 (vde-verlag)

Bitzer: Technische Informationen

Bock: Technische Informationen

Danfoss Journal: Kompressoren und Thermostate

Danfoss: Zweipunktregelung

DWM: Technische Mitteilungen, Basisunterlagen

Klöckner Moeller: Technische Informationen, Schaltungsbuch

Kriwan: Technische Mitteilungen

Maneurop: Technische Mitteilungen

Siemens: Technische Erläuterungen und Kenndaten

Bildnachweis

BITZER, Sindelfingen

BOCK, Nürtingen

DANFOSS, Offenbach

DWM, Berlin

FISCHER-KÄLTE-KLIMA, Stuttgart

KLÖCKNER MOELLER, Bonn

KRIWAN, Forchtenberg

KÜBA, Baierbrunn

LEGRAND, Soest

L'UNITE, Frankfurt

REIS-KÄLTE-KLIMA, Offenbach

RIES MANEUROP, Mainz

ROLLER, Gerlingen

SCHIELE, Hornberg

Stichwortverzeichnis

BOCK STARK
Die „bockstarken" halbhermetischen Verdichter haben es in sich:
Für jede Gewichtsklasse das Richtige:
Hubvolumen von 13 m^3/h bis 184 m^3/h.
Bock hat einiges draufgepackt:
Eine Ölsumpfheizung und ein zusätzlicher Anschluß für Ölspiegelregulator – beides serienmäßig ohne Aufpreis.
An stärkere Herausforderungen ist gedacht:
Bei allen 4/6-Zylindermodellen sind/ist der Zylinderdeckel für Leistungsregulierung vorbereitet.
Das Wichtigste:
Durch die Vielzahl an halbhermetischen Verdichtervarianten ist für jede Aufgabe garantiert der passende Verdichter verfügbar – und dies mit allen gängigen Kältemitteln.
Über unsere Hotline erhalten Sie jederzeit weitere Informationen:
00 800 / 800 000 88
Bock GmbH & Co.
Kältemaschinenfabrik
Benzstraße 7
D-72636 Frickenhausen
Telefon (0 70 22) 94 54-0
Telefax (0 70 22) 94 54-137
mail@bock.de
http://www.bock.de
Die Halbhermetischen von Bock – für die Zukunft gerüstet.
BOCK
KÄLTEMASCHINEN
WA Beck KG

Danfoss
Maneurop
P.O.E. 160 PZ
Danfoss Maneurop S.A.
SC10GH
104G
R134a
8040
DANFOSS COMPRESSORS
R134a

Wenn Sie mehr erwarten